解析專利資訊

魯明德　編著

U0072934

全華圖書股份有限公司

劉序

近年來除了高科技產業外，傳統產業爲尋求轉型，也逐漸開始重視智慧財產權，坊間有關智慧財產權的書籍，大多是從法律面切入探討，難免使得剛入門的讀者感到艱深難懂，而失去興趣。

其實智慧財產管理是一個結合法律、科技與管理的學問，三者缺一不可，本書除了在法律面，以淺顯易懂的生活化案例對智慧財產權的各項法律條文做解釋，以使非法律背景的讀者，能夠很快的了解法條的含意外，也著重從科技與管理面，探討專利說明書中所隱含的資訊，這是坊間一般書籍較少探討的議題。

專利資訊除了可以提供管理者做決策參考外，亦是研發人員尋求創意的一個重要來源，善用專利資訊可以縮短研發時程、減少研發經費。大多數的公司會要求專利工程師撰寫專利說明書，但是一個稱職的專利工程師應該不只是會寫專利說明書，還要能解析專利說明書中所隱含的資訊。

藉由本書的導引，可使專利工程師一步一步做專利的精準檢索，並對所檢索出來的專利做出有意義的分析，本書十分適合研發人員及專利工程師做爲入門閱讀的書籍，也適合學校做爲智慧財產管理的基礎教育用書。

國立政治大學智慧財產研究所

94年10月

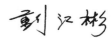

自序

隨著經濟環境的改變，臺灣的經濟從傳統的農業社會演變爲工業社會後，在全球化的經濟體之下，由於產業競爭形態的改變，又從製造業轉型走向知識經濟的社會。當產業由製造走向研發與品牌之後，企業對於研發成果的保護，就顯得日趨重要了。國內外企業對本身智財權的保護更是不遺餘力，光是2005年國內就發生多起案例或判決，如Intervedio vs. Acer案、Kuro案、ezPeer案、肯德基 vs. KLG案、肯德基 vs. 吮指王案…等，不勝枚舉。預料未來將會有更多的智財權侵害案產生，顯示大家對智財權的保護愈來愈重視。

環顧目前坊間的智財權相關書籍，大多偏向在法律面的探討，對於非法律出身的研發人員，很難理解枯燥的法律概念，本書除了介紹法律概念外，也試著將法律概念用生活化的案例加以說明，以使非法律系的讀者能夠容易了解。

本書的重點雖然在專利資訊的解析，但是，筆者期許能使讀者對智慧財產權有一個整體的概念，本書在第二章中會介紹智慧財產權的相關法令——著作權法、商標法、營業秘密法及積體電路電路佈局保護法，對於初入門的讀者，可以先對智慧財產權有一個初步的認識，再把重點置於專利權。如果讀者已經對智慧財產權有初步認識，可以略過第二章，直接進入第三章專利的基本概念。

智慧財產權的管理運用，將會是未來影響企業營運良窳的重要因素。WIPO的調查顯示，專利文件中含有90至95%的研發成果，這些研發成果中又有80%是沒有記載在其他文獻中。也有很多的公司已不再要求研發人員撰寫研發記錄簿，而要求一定要將研發成果申請專利保護，企業如果能善用專利資訊，可以節省40%研發經費、縮短研發時程60%。

專利說明書是一分結合法律與技術的文件，而法律與技術分處二個不同的專業領域，要讓二個不同領域的人去正確解讀同一份文件，是相當不容易的事。很多人對專利說明書的反映是：有字天書——有看沒有懂。本書的主要目的是要讓讀者在閱讀專利文件時，能夠了解其中所隱含的意義，進而從中看出技術的精髓，以達到妥為運用專利資訊的目的。

專利從申請、審查獲證至維護，在其生命週期的每一個階段，都有不同的要求及專業分工，本書的編排考量不同讀者的需求，使每一位讀者都可以直接閱讀工作所需的章節，而不用考量其連貫性。在第三章中介紹專利的基本概念，主要在使初入門的讀者了解專利制度之演進，使其對專利能有個基本認識，俾利後續的閱讀。

第四章專利審查與實施則是著重介紹專利的審查制度與實施方式，使從事專利管理的讀者在閱讀完後，能了解專利要件，知道什麼樣技術可以申請專利、如何申請專利。

在第五章中除了會介紹申請專利時，專利說明書的內容怎麼寫，最重要的是在本書中對請求項中的獨立項與附屬項所用的連接詞，做一詳細說明並佐以案例，使專利工程師在撰寫專利說明書時，能巧妙的運用連接詞，同時，對連接詞的了解與運用，也是下一章專利侵害鑑定的基礎。

一個專利如果不被其競爭公司告，就顯不出其價值，同樣的，一個專利如果沒有被其競爭者的技術所侵害，也不是一個好的專利。在本書的第六章將會介紹專利侵害如何鑑定？以保障二造雙方的權益。

第七章除了介紹專利公報所隱含的資訊外，也告訴讀者何處可獲得免費的專利資訊。第八章則是從管理的角度，介紹專利的資訊應該如何做分析、專利地圖應該如何製作，這是坊間書籍中較少見的內容。

本書是將筆者近年來在智慧財產權管理方面的工作心得做一整理，爲有別於坊間的相關書籍都是從法律面著墨，特別從管理面來探討專利的資訊，內容除了適用於一般的專利從業人員，也可以做爲學校智慧財產權教育用書，專利從業人員著重在後半段的實務運用，在校學生則可做爲智慧財產權的基礎教育，藉此散布智慧財產權的觀念。

會走入智慧財產權管理的領域是一個偶然，感謝國立政治大學智慧財產研究所所長劉江彬教授當年引領入門，讓我能踏入這個領域。但是，這條路走了近十年卻是非常孤獨，今天在智慧財產管理領域中的專業如果能被肯定，應該要感謝電子系統研究所技術推廣組余秋玥小姐，沒有余姐這幾年對我默默的栽培，在這個專業領域中，不會有今天的我。感謝智財經營管理辦公室召集人蘇玉玲博士，於今年初

辦公室成立時，在不認識我的情況下，敢找我加入團隊，讓我在這個領域中找到夥伴、不再感到孤獨，也感謝智財經營管理辦公室所有同仁在這段時間中給我的幫忙。

　　這本書寫了一年多，總算要完工付梓了，感謝內人玉梅這些日子對家庭的付出與支持，讓我能無後顧之憂的投入這個當初乏人問津的領域。

魯明德

94年8月

四版序

　　感謝讀者的愛護與全華同仁的努力，這本書終於要出第四版了，因為工作的關係，從規劃要改版到完稿，花了將近一年的時間，謝謝孟玟在這段時間不斷的督促。

　　因為專利法及商標法在這二年都大翻新，甚至於新專利法才上路不到半年，又修訂部分條文，本書亦配合新法的實施，做了相關的修正，讓讀者能接收到最新的訊息。

　　由於讀者希望能增加一些專利檢索的案例，因此，在這一版中，特別將原來第七章的專利資訊拆成兩章，第七章著重在介紹常用的專利資料庫，包括我國、美國及歐洲等專利資料庫，第八章則偏向專利檢索的理論與運用，除了檢索的理論外，也運用實例讓讀者了解如何在這三個資料庫，找到自己需要的資料。

　　為了讓讀者看完本書對專利資訊分析過程，有一完整的印象，方便日後的運用，原來第八章的專利資訊分析改為第九章後，在最後一節中，也以特定用途的馬達為例，進行專利資訊分析，讓讀者可以透過實例了解專利分析是如何進行的，讀者可將其做為製作專利地圖範本，但表內的數字涉及計畫已經修飾。

　　筆者才疏學淺，承蒙各界先進支持與指導，方能不斷修正、進步，本書雖已盡力校正，疏失之處仍請各界先進不吝指正，俾於下次改版修正。

魯明德

2013年7月7日

目錄

第一章

知識經濟時代的新思維

隨著知識經濟（Knowledge Economic）時代的來臨，無形資產（Intangible Assets）對企業的貢獻已凌駕有形資產（Tangible Assets）對企業的貢獻，各行各業對無形資產的價值已日漸重視。

國內除了高科技廠商重視研發（Research and Development, R&D）外，愈來愈多的傳統產業也投入研發的行列中，企業在投入研發之後，自然就有技術（Technology）的產出。當然，技術的來源除了靠企業本身的創新研發外，也有可能來自外界的技術移轉（Technology Transfer），本章將先從這二方面來探討技術的形成。在企業擁有了技術之後，對於知識管理的需求開始增加，本章的第三節將討論知識管理的相關議題。

1-1 技術創新

在談到技術創新之前，先把技術定義清楚，從廣義來說，凡是能夠把資源轉換成產出的所有活動，都稱為是技術。對企業來說，凡是存在於企業內的所有知識與經驗，都可稱為技術。

所以，技術在企業中所含蓋的範圍就包括了：配方、製程、機器、設備…等，而技術取得的方式，則不外乎是企業內部自行研發產生、從外部研發機構以技術移轉的方式引進、透過與產業內的同業共同合作開發獲得…等方式，在本節中將先討論經由企業內部自行研發創新所產生的技術。

1-1-1 創新（Innovation）

Allan提出創新的活動如圖1-1所示，他認為創新是利用新的技術以及新的市場知識，提供顧客新的產品及服務，其中技術的知識包括零件的知識、零件的結合、製程方法…等，而市場知識則包括了通路、銷售、價格、客戶的喜好…等。

新產品指的是使用低成本的新材料或新製程方法生產出來的產品，如半導體的產品，由於製程不斷的進步，使得產品的體積愈來愈小而速度及功能愈來愈好。或者是改善舊產品的某些屬性，如以前腳踏車的骨架都是鐵製的，但是，鐵製骨架

的腳踏車重量較重，不利久騎，於是開發出碳纖維的骨架，大大的減輕腳踏車重量。

新產品的另一種型態是具備前所未有的屬性，亦即市場上從未出現的產品，如Polaroid推出拍立得相機，突破以往照相後必須等底片拍完，送到照相館沖印才能看到照片，而是利用其特有之技術，讓使用者在完成拍照後幾分鐘，即可看到照片。就當時的市場來看，即是一種創新，所以，新產品本身即是一種創新。

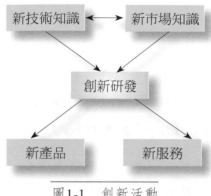

圖1-1　創新活動

創新活動的另一種產出是新服務。服務不像產品一樣會有具體的產出，但是，它也是利用新技術及新市場知識所開發出來的，如裕隆公司近幾年所推出的TOBE，即是一種結合全球定位系統（Global Position System, GPS）、通訊技術（Communication Technology）、資訊科技（Information Technology, IT）所開發的服務。

Rogers從組織的角度則認為創新是組織的一項全新的構想，Damanpour亦認為創新可分為技術創新與經營創新，技術創新指的是產品、程序及服務上的改良或全新的產品，而經營創新則是指組織結構與管理程序上的創新。

1-1-2 創新模型

我們在研究問題時，常常會用模型來做為分析的工具，例如在經濟學中，就常用供需模型來探討個體經濟學中的各種現象，在決策的過程中，也會發展一些模型來進行模擬，以提供決策參考。因此，在探討創新時，我們先討論創新模型（Innovation Model）。

Allan把創新模型分爲靜態模型（Static Model）與動態模型（Dyna-mic Model）二類，靜態模型探討的是跨領域的企業能力、知識及企業的投資誘因；但是，在靜態模型中，並沒有深入研究廠商在引進技術之後，如何進行後續的發展。動態模型則是從縱向觀點來分析創新，並探討開發之後的演進，將技術視爲是有生命的東西，每一階段都可能導致不同型態的企業成功。以下將分別予以說明。

一、靜態模型

在靜態模型中，本書將介紹Abernathy-Clark模型及Henderson-Clark模型。

（一）Abernathy-Clark模型

在Abernathy-Clark模型中強調支持創新的知識有二種，一種是技術知識，另一種是市場的知識。當企業的市場能力停滯時，技術能力可能因而也逐漸失去，此時，企業的市場能力相對來說是重要的，而且不易獲得，則企業在技術能力遭到破壞時，還可以利用它既有的市場能力來提高新進入者的進入障礙。

Abernathy-Clark模型是從創新對企業的技術能力與市場能力來進行分析，以策略方格（Strategy Grid）的方式表示如圖1-2，圖中的橫座標是技術能力，又分爲保持及破壞二個構面，縱座標則是市場能力，也可以分爲保持與破壞二個構面，在這四個構面組成的二維空間中，將創新的型態分爲四個象限來表示，分別是規律型（Regular）、革命型（Revolutionary）、利基型（Niche）及結構型（Architectural）。

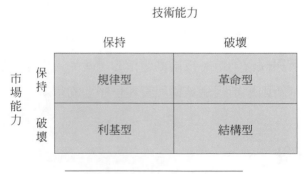

圖1-2　Abernathy-Clark模式

當創新的型態是保持原來的市場能力及技術能力，則這樣的創新模式稱爲規律型創新。當創新的行爲係保留原來的技術能力，但是採取某種方式改變了產品的市場能力，這種創新稱爲利基型創新。如果企業的創新改變了原來的技術能力，但

是仍然維持既有的市場能力，則這種創新稱為是革命型的創新。最後一種創新的型態是結構型創新，它同時改變了企業的市場能力與技術能力。

（二）Henderson-Clark模型

Abernathy-Clark的模型是從市場能力及技術能力的觀點去看創新，但是，它並不能有效的解釋某些漸進式（Incremental）的創新行為，於是後來就發展出Henderson-Clark模型，用以解釋漸進式的創新，漸進式創新依據Allan的定義係指利用現有的知識來從事創新活動。

Henderson-Clark模型認為產品是由零件所組成，所以，一個產品的產生需要具有二種知識：元件的知識（Components Knowledge）及結構的知識（Architectural Knowledge）。

從元件的知識及結構的知識又可各衍生出二個構面──加強與改變，於是也產生了一個策略方格，在圖1-3中的橫座標是結構的知識，它有二個構面分別是加強與改變，縱座標是元件的知識，它也擁有加強與改變二個構面，這四個構面亦形成一個二維空間，它的四個象限定義了四個創新方式分別是漸進式、結構式、模組式（Module）及突破式（Radical）。

結構的知識

	加強	改變
元件的知識 加強	漸進式	結構式
元件的知識 改變	模組式	突破式

圖1-3　Henderson-Clark模式

在Henderson-Clark模型中認為創新可以來自元件的知識，也可以來自於結構的知識，也可能二者都有，所以對企業而言，不同的創新會產生不同的影響。當創新的過程中同時強化了元件及結構的知識，則這種創新稱為漸進式創新。如果創新的過程中改變了元件的知識，但是強化了結構的知識，則這種創新的活動稱為是模組式創新。

企業在創新的過程中，如果只有結構的知識被改變，而元件的知識被強化，這種創新的行為則被稱爲是結構式創新。最後，創新的過程如果同時改變元件的知識及結構的知識，這種創新方式被稱爲是突破式的創新。

二、動態模型

創新的動態模型是從縱向的觀點來剖析創新，在創新的動態模型中，本書將介紹常見的Utterback-Abernathy模型、Tushman-Rosenkopf 模型及S-Curve。

（一）Utterback-Abernathy模型

Utterback-Abernathy模型主要在描述產業及企業在技術創新的動態過程，它認爲技術的創新可以分爲三個時期—浮動期（Fluid Phase）、轉換期（Transitional Phase）及專業期（Specific Phase），如圖1-4所示。

圖1-4　Utterback-Abernathy模型

當技術處於浮動期時，在市場及技術本身都存在著許多的不確定性，而且企業也不能確定是否需要投入研發，無法確認何時會投資、在那裡投資……，程序的創新較少出現，輸入的原料及製程所需的設備，都不是重點，產業競爭的基礎在於產品的功能。

技術在經過浮動期之後，生產者與客戶間經過一段時間的互動，生產者對於客戶的需要更加了解，因此，在市場上會出現一些產品的標準，主流設計[1]相繼出現，市場中的不確定性大幅降低，主流設計的變動減少，技術進入轉換期。

轉換期競爭的重點從產品的功能移轉到客戶的需要上，產品必須要符合特定客戶的需要，因此，產品本身的創新率會降低。但是，程序的創新會增加，也使得原料及製程所需的設備變得較爲特殊，相對的，價格也會變高，此時產業的競爭基礎在於異質性的產品。

---

1. 主流設計係指主要主件與核心觀念在產品之間的變動變小，且該設計已有很高的市場占有率。

最後，技術會進入專業期，在專業期，產品是依照主流設計所製成，產業著重於程序的創新，使原料製程設備更加的特殊化，產業中競爭的基礎轉為低成本，因為競爭者之間的產品差異性已經非常低，個別企業唯有降低成本，才能提高競爭力。

（二）Tushman-Rosenkopf模型

Tushman-Rosenkopf模型認為企業對創新的演進，決定於技術的不確定程度，而這個技術的不確定程度也就是決定在技術的複雜度及進化階段。其中技術的複雜度受到四個因素的影響，分別為創新的好處、創新與互補創新之間的介面數、組成創新組件及連接數、受到創新所影響的組織數。

Tushman-Rosenkopf的技術生命週期模型是從技術的不連續性開始，這個技術的不連續性可能會變成一種能力的增強，也可能會變成一種能力的破壞。而這裡所謂的技術不連續，依Tushman及Rosenkopf的定義，指的是稀有、無法預測的創新，而且大幅的超越相關技術的範圍。因為技術的不連續性，造成產品或服務在設計上產生了差異，這些差異使得新產品與現有產品間，在成本、品質、效能上產生重大的差異。

在技術的不連續期之後，則是醞釀期（Era of Ferment），在醞釀期中，技術與市場的不確定性均高，不同的產品設計之間也存在高度的競爭性，而且在新、舊技術間也存在著競爭性。

Tushman-Rosenkopf模型如圖1-5中所示，它的橫座標是進化的階段，分為二個構面—醞釀期及漸進式改變期，縱座標是技術的複雜性，也有二個構面，分別為複雜性的高與低。

進化的階段

	醞釀期	漸進式改變期
高	高度不確性	中度不確性
低	些許不確定性	最低不確定性

複雜性

圖1-5　Tushman-Rosenkopf模式

愈複雜的產品，愈容易受到技術以外的因素影響，所以在醞釀期的技術，如果它的技術複雜度較高，不確定性相對也會較高，也就是受到非技術性因素的影響會比較高。但是，當主流設計出現後，可以有效的減少技術的不確定性，進入漸進式改變期。

漸進式改變期之後，一些重要的技術問題已經可以被解決，而且產品的功能也已經確定，產業的注意力就會轉移到漸進式創新。

（三）S-Curve

S-Curve以科技績效參數為縱座標、時間為橫座標，其所顯示的圖形類似英文字母S形狀，所以稱為S-Curve，如圖1-6所示。其中縱座標的科技績效參數可以視需要用各種的特性予以取代，例如積體電路中的電晶體數量、飛機的時速…等。

從圖1-6中可以看出在S-Curve把技術發展的生命週期分成四個部分，分別是萌芽期、成長期、成熟期及衰退期。

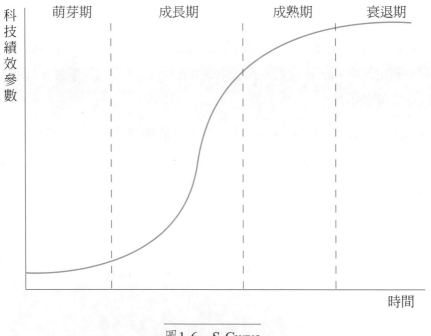

圖1-6　S-Curve

技術處於萌芽期表示這是一個新興的技術，可能剛在發明階段，從圖上可以發現，在這個階段中技術的發展較為緩慢，透過技術經驗的累積及不斷的嘗試錯誤，使得技術慢慢的進步。但是，由於技術在萌芽期時仍是在研發中，而且尚未被接受，企業需要以創新來增加服務或產品的價值。

到了技術的成長期，技術的發展持續且快速的成長，各式各樣的產品或技術的改良，都不斷的推陳出新，市場可謂百家爭鳴。在技術成長期，企業可以利用該技術擴大產品或服務的市場占有率，而且在這一階段，技術仍然在持續的發展中，可以增加企業的競爭條件，企業必須平衡技術的成長策略及市場策略，讓市場在成長中亦不影響企業持續的創新。

當技術發展成長開始呈現緩慢，技術的生命週期則進入到成熟期，技術在成熟期時，它的發展受到某種限制，使得它無法繼續成長，所以，成熟期的技術，其創新速度開始下滑，進而讓該技術變成一種普通商品，產業中的任何競爭者都可以取得，無法再為企業帶來競爭優勢。

這是自然法則的限制，必須要等突破這個限制的技術產生時，技術又會進入下一個生命週期，如此週而復始，技術得以不斷的成長。例如真空管的發展受到真空管尺寸的大小及能源消耗…等因素的限制，成為電子傳導的自然障礙，直到電晶體出現才解決這個問題。

電晶體出現後，電子可以在固態材料中傳導，進而可以改變尺寸及能源消耗…等自然限制，也使得真空管逐漸走入歷史。所以，當技術走入成熟期後，很容易被其它技術取代，而成為一種衰退的技術，進入衰退期的技術將會逐漸消失。

1-1-3　創新的階段

技術創新就是將知識轉換為有用的產品或服務；因此，需要將創新的發明與現存的技術予以整合，有助於將創新技術導入市場，技術的創新過程Khalil將之分為八個階段，這八個階段看似獨立，但是，在技術創新的過程中，某些活動可能會跨越不同的階段。以下對技術創新的八個階段做一說明。

一、基礎研究階段

基礎研究的目的在增加對自然定律的了解，希望藉由基礎研究能產生許多有用的知識，以為日後從事應用研究之基礎。

二、應用研究階段

應用研究是為了解決某種特殊問題而從事的研究，它有系統的利用既有的知識來創造新的知識，並推動科學的進步，成功的應用研究可以發展出具有產業利用的技術。

三、技術發展階段

技術發展是將人類的知識及構想轉換成具體的產品或服務的過程，包含證明構想的可行性、確認設計的概念及建立、測試雛型產品。

四、技術實行階段

技術的實行階段包含了一連串將產品或服務導入市場的活動，並且能使構想或產品在市場上產生實際的作用。這個階段的工作包含所有可以確保產品或服務能成功商品化的要素，如成本控制、安全因素…等。

五、生產階段

生產階段主要是將構想或概念轉換為產品或服務的過程，包含了製造、後勤支援、物流…等。

六、行銷階段

行銷階段的活動主要是為了確保消費者對新技術的接受程度，包括市場評估、通路策略、產品促銷…等。

七、擴展階段

擴展階段是以開發各種技術的應用方式以及行銷技術的手段，推廣新技術的應用範圍，以占有市場。

八、技術提升階段

技術提升的最主要目的在維持技術的競爭優勢，包括技術的改良、新技術的開發、品質的改善、成本的降低…等。

1-2 技術移轉

　　企業的技術來源除了本身的研發外，也可以從企業外部獲得所需的技術，在本節中將介紹從企業外部獲取技術的方法與技術移轉過程中所涉及的技術與市場知識。

1-2-1 技術取得的方法

　　目前最為人所熟知的技術取得方法，不外乎：內部自行研發、參與合資、委外研發、技術授權及購買技術等。內部自行研發顧名思義，即是由企業內部的研發團隊，自行進行技術的研發，相關議題已在前一節中說明過，在這一節中將針對其他的技術取得方法做 說明。

一、參與合資

　　合資係指二家以上的企業，結合它們的知識以及技術等資源，共同開發新的技術。例如當年由IBM、Motorola及Apple等公司合資發展Power PC Chip即是。

二、委外研發

　　企業以簽約委外（Outsourcing）的方式，委託具有相關技術研發能力的企業、研發機構或學術機構進行研發，以減少研發的成本。例如國內的財團法人工業技術研究院，本身除了接受經濟部委託的科技專案外，也接受產業界的廠商委託，從事相關研究。各國立大學在相繼納入校務基金運作後，亦開始接受業界委託進行相關研究，這些資源都是產業界可以利用的。

三、技術授權

　　授權這個名詞來自英文的License，它的原意是特權或許可的意思，也就是授權人將其所享有的特殊使用權利，允許他人分享。

　　技術授權則是指由技術的擁有者提供專利權、著作權、商標權…等智慧財產權，在約定的時間中，將全部或一部分的權利由技術被授權者運用；所以，技術授權簡單的說就是購買別的企業所擁有的技術之使用權。

技術授權的標的除了前述之專利權、商標權、著作權…等受法律保障的智慧財產權外,凡是被買賣雙方認為是具有經濟價值的技術或知識,都可以做為授權的標的,如具有特殊商業利益的作業流程、物流管理的制度…等,都可以做為技術授權的標的。

四、購買技術

另外一種獲得具技術的方式,就是向擁有技術者以買斷的方式取得該技術,但是,這種方法有某種程度上的風險,因為購買者所買斷的技術中,可能並未包含某些實施該技術時其他必要性技術支援,或是購買以後,原來的技術擁有者所提供的相關服務。

為了確保日後持續及適時的技術支援,技術的購買者必須要和技術的擁有者維持良好的關係,才能使技術的生命週期得以延長,所以,這種技術取得的方式適於用在技術的外在類型。

1-2-2 技術移轉的議題

在這一小節中將討論在組織間進行技術移轉及國際間的技術移轉其成功的因素。

一、組織之間技術移轉成功因素

組織間的技術移轉除了指二個公司之間的技術移轉外,也包括公司內部的部門之間的技術移轉,當一個技術在研發過程中產生後,它必須變成藍圖才能轉移到製造部門的生產線上從事生產,在這個過程中就涉及到部門之間的技術移轉。而上一小節中所述之委外研究,當學校將技術研發完成後,也需要透過技術移轉的過程,將技術教給委託者,俾進行後續生產作業,這種技術移轉的型態就是組織之間的技術移轉。

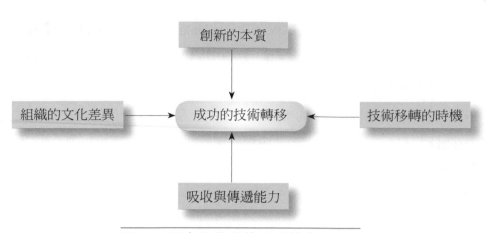

圖1-7　國內組織間技術移轉成功因素

　　不論是組織內部或是組織之間的技術移轉，其成功因素Allan歸納為創新的本質、技術移轉的時機、組織的文化差異及吸收與傳遞能力等四項，它們之間的關係如圖1-7所示，以下將個別予以說明。

（一）創新的本質

　　技術移轉是否會成功與技術創新的本質有關，尤其要注意的是該創新屬於突破性創新或是漸進性創新、複雜或簡單、是否明確…等。如果技術移轉的標的對企業而言是屬於一種突破性創新，則可能連移轉的人都很難描述其內容，而且技術的接受者也不一定具備馬上接手的能力，對於這類的技術標的，移轉的過程中也會增加風險。

　　技術創新的內容愈複雜，技術移轉的困難度也會愈高，因為複雜的技術它所需要移轉的知識數量相對的增多，在技術移轉的過程中會涉及的介面也就相對的變多。

　　最後，技術移轉的標的是否明確，亦是影響技術移轉成功與否的因素，愈不明確的技術，愈需要雙方人員的互動與溝通，才能順利的完成移轉。

（二）技術移轉的時機

　　有時候創新的價值跟時間有關，在某個時間內有機會使設計或製程達到最佳化，可是，一旦當這個技術的主流產品出現後，非主流產品就很難在市場中占有一席之地，很可能就此消失。

例如當年錄影機的技術主要掌握在JVC（Japan Victor Company）與Sony二家公司，經過二家公司激烈的競爭後，最後，由JVC的VHS型錄影機成為主流規格，Sony的Betamax機型退出市場。

所以，技術移轉時機非常的重要，當主流產品出現在市場以後，所有的焦點都集中在製程與漸進式的創新上，而製程的創新與漸進式的創新在創新初期的競爭非常重要，如果任何技術或市場的知識目的在用來生產該類的產品，則一定要在該技術的設計或製程尚未達最佳化時，就要進行技術移轉，否則市場可能永遠不在。

其次，對於已建立外部網路及顧客群的產品而言，顧客與互補性創新產品會排斥因交易網路或公司能力受到破壞而產生改變。例如目前個人電腦（Personal Computer, PC）的作業系統（Operation System, OS），大家都習慣用微軟（Microsoft）的Windows系列的產品，雖然市場上還有Linux的產品，但是，由於使用者不願學習使用新的作業系統，且它的應用軟體支援少，以致其市場一直無法打開。

技術移轉的時機也取決於該技術在生命週期中的位置，在生命週期的初期階段，技術的不確定性較高，在這個階段技術移轉的效用就比不上在生命週期末段移轉的效用，因為在技術生命週期的末期階段，技術的不確定性相對較低，同時移轉者與接受者也比較能建立移轉及接受能力。

（三）組織的文化差異

組織的文化指的是「擁有共同價值觀和做事方法的體系，透過該體系與組織內部人員、組織架構及制度的相互作用，進而產生行為準則」，對於個別公司而言，由於公司文化強度的不同，可能還會有附屬文化存在，而這些不同的文化對公司內部的技術移轉，無形中都會產生或多或少的影響。

例如研發部門的設計如果很少考量製造的可行性，二個部門就會產生齟齬，製造部門把研發部門的設計視為不食人間煙火的理想派，久而久之，二個部門之間的合作必然困難重重。

同一公司內部之間的合作都會因為文化的不同，而產生間隙，而不同公司之間若要進行技術移轉，更可能會因為二個公司間文化的差異，而增加技術移轉的困難度。

（四）吸收與傳遞能力

　　成功的技術移轉還決定於接受技術移轉者所具備的相關知識的強弱，要接受該項技術移轉者必須對該項技術的基本知識有一了解，才能進行技術的移轉，否則在技術移轉的過程中會形成雞同鴨講的情況。

　　這就好像我們在修管理會計或高等會計之前一定要先修過會計學一樣，必須先具備基礎的知識，才能修習進階的課程。同樣的，技術也是一樣，當公司要引進資訊科技時，如果大部分的員工都沒碰過電腦，那就很難期待它會成功。

　　這個情況不只是存在於公司的內部，公司之間的技術移轉也是一樣，如果接受技術移轉的公司，對於要移轉的技術，其基礎能力薄弱的話，成功機率自然就減少。所以，一個技術移轉的個案是否會成功，接受移轉的公司必須要具備足夠傳遞技術的能力，並且要具備吸收創新再加以發展的能力。

二、跨國技術轉移成功因素

　　在全球化的時代中，技術移轉已跨越國界的限制，在跨國的技術移轉過程中，其成功因素除了前一節所談的創新的本質、技術移轉的時機、組織的文化差異及吸收與傳遞能力外，還要考慮到競合者的影響。所謂的競合者包括供應商、客戶、競爭及互補創新者，公司為了要能成功必須與他們合作或競爭，這五種因素之間的關係如圖1-8所示。

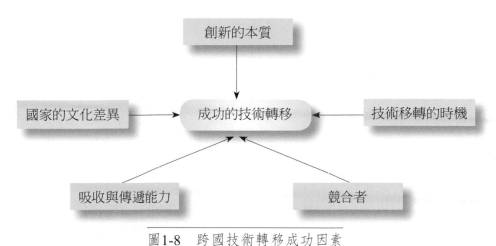

圖1-8　跨國技術轉移成功因素

（一）創新的本質

同一種技術在不同的國家中，可能處於不同的生命週期階段，因為技術處於不同階段，在轉移時所面臨的問題就不一樣。以第三代無線通訊的技術為例，它在韓國已是趨於成熟的技術，而在我國則是正在發展中的技術，而在其他開發中的國家，它可能根本尚未開始發展。

所以，一項技術在不同的國家中，因為它所處環境的不同，引進時所面臨的問題不同，困難度也不同。再以前面所述之第三代無線通訊技術為例，我國無線通訊的技術已有第二代的基礎，在引進部分技術並投入資源研發後，即可建立相關技術能量。但是，對於其他開發中國家而言，可能無法如此順利的獲得相關技術。所以，一個國家本身的科技能力將會影響到技術移轉的成功與否。

（二）技術移轉的時機

同樣的，因為一項技術在不同的國家中，其所處的生命週期不同，所以，在不同的國家中，它願意接受該項技術移轉的時機也不同，有的國家會等到產品的成本下跌後，國內具有足夠創新的能力以後，才有可能被接受。也有的國家充滿冒險犯難的精神，在一項新技術開發後，就願意投入資源進行後續產品的開發。所以，國家對技術移轉的政策，也會影響到技術移轉的時機。

（三）組織的文化差異

在前一小節中已說明組織的文化代表組織所擁有的共同價值觀和做事方法的體系，透過該體系與組織內部人員、組織架構及制度的相互作用，進而產生組織的行為準則。但是，對於跨國公司而言，這個文化又跟公司所在國的文化密切相關，由於文化的差異，對創新技術的移轉多少會造成一些阻礙。

以日常生活管理為例，某公司的政策是嚴禁吸煙，這就迫使與它合作的公司的工程師必須到室外去吸煙，這些訊息如果事前沒有溝通好，二邊的工程師可能就會產生代溝，進而影響到工作。

在領導風格上也是，有的管理者認為員工都是被動的，所以採取緊迫盯人的管理方法，這對另一個國家習慣自由的員工，可能就不能適應，因此，二者在溝通上也會有問題，凡此種種或多或少影響到技術移轉工作的進行。

（四）吸收與傳遞能力

由於技術移轉是跨國進行的，它的成功與否就受到國家間教育程度不同的影響，研究型大學設立多的國家，表示其人民受教育的程度可能較高，對於移轉的技術吸收能力可能也相對較高，成功的機率也相對較高。

其次，接受技術移轉的公司所在國其相關產業發展情形與競爭者的集中程度，也會影響到技術移轉的成功與否，國內競爭者集中且相關產業發展良好，代表著在技術移轉的過程中，該公司可能有更多的機會和當地的其他公司溝通，並吸取相關知識，有助於技術移轉的成功。

（五）競合者

競合者指的是在一個國家或地區內，對於某一技術的移轉過程中，提供相關支援的供應商、要素條件、競爭者…等，前面在談到吸收與傳遞能力時，也提到如果國內的競爭者集中或者相關產業發展良好，均會增加技術移轉的成功機率，所以，當國內有良好的產業競合者，將會有助於技術移轉的進行。

然而，不同的國家中，它的競合者的特性可能有很大的差異，例如在臺灣，對於資訊科技產業已經是一個成熟的技術，它的供應商、競爭者…等都很多，可以很容易獲得該產業所需的相關技術，但是，對於其他國家，例如東南亞國家，可能就完全不一樣了。

所以，在跨國性的技術移轉模式中，如果只考慮到技術移轉者與接受移轉者的能力，而忽略了競合者的影響，可能會造成偏差。因此，在研究跨國性的技術移轉時，很重要的一個因素是不能只考慮到交易雙方的配合程度，尤其重要的是雙方的競合者是不是能夠配合。

1-3 知識管理

由前一節中的討論，讀者已經了解到企業中的知識來源有二個，一個是來自於企業內部的研發，一個則來自企業外部的技術移轉，而不管從那一種方式所獲得的知識，在企業內都必須要予以妥善的管理，才能發揮效益。在這一節中我們將繼續討論知識管理的定義、知識活動的特徵。

1-3-1 知識管理的定義

知識管理是近年來頗受到各界重視的一個專業領域，在談到知識管理之前，我們要先要知道知識是怎麼產生的？在日常生活中，我們常常會把資料（Data）、資訊（Information）、知識（Knowledge）及智慧（Intellectual）四種概念混淆，陳永隆與莊宜昌在《知識價值鏈》一書中，將四者的關係表示如圖1-9。

圖1-9　資料、資訊、知識及智慧的關係

資料指的是在某一段時間所蒐集到的原始資料，如便利商店的銷售點系統（Point of Sales, POS），可以蒐集便利商店存貨的銷售狀況；高速公路收費站可以蒐集每天通過的車輛數⋯等，這些都是未經過處理的原始資料，只能顯示某一個時點的狀況。

如果把前面所蒐集的資料，依我們所需要的目的加以處理、分析，可以得到某些訊息，這個有用的訊息就稱之為資訊。再以前段所述的銷售點系統為例，如果把銷售點系統所蒐集的資料，依地區別、產品別可以分別計算產品在各地區的銷售狀況，如果再把時間加上，就可以知道那一種產品在什麼時候的銷售最好，或者那一種產品在什麼時候的銷售量較差等。

知識是藉由分析資訊來掌握先機的能力，也是開創價值所需的直接材料，如各項的調查報告、演講資料⋯等。而智慧則是以知識為根基，運用個人的應用能

力、實踐能力來創價值的泉源。智慧乃因人而異,因為各種的調查報告、計畫書…等,都需要由人來判斷與執行,而這個判斷且能創造有價值、有意義的能力,往往是需要智慧的累積。

了解知識產生的過程後,接下來我們要定義什麼是知識管理?KPMG管理顧問公司認為知識管理就是透過系統化、組織化的方法運用企業內部知識,以提升營運績效。日本學者春田申太郎則認為知識管理是尋找一個最好的方法,運用在公司內部。

勤業管理顧問公司認為知識管理是為了適應複雜化的社會,以創造價值為目的的一個策略性議題,它可以同時提升組織內創造性知識的質與量,並強化知識的可行性與價值。

知識管理很重要的一個概念是把知識具體化、文件化,但是知識管理與文件管理是不一樣的,企業對於文件管理的目的,在於管理過去的記錄,而這只是知識的一部分。

企業所累積的文件雖然可以為企業累積一些價值,但是,如果能把文件具體化為知識,並且加以活用,則可以透過各種的活動來支援創新,同時創造其價值,這是它與文件管理最大的不同點。

1-3-2 知識創造的模式

組織中所產生的知識可以分為內隱知識(Tacit Knowledge)與外顯知識(Explicit Knowledge),內隱知識指的是一種隱藏在大腦中對事情的方法、經驗、判斷…等,它是主觀、不易口語化及形式化的知識,必須透過個人的經驗與熟練的技術…等方式,才能展現出來,例如廚師做料理的技術、修車師傅修車技術…等。外顯知識則是將內隱的知識用客觀的方法,加以表達的概念,而且具有語言性與結構性,能夠以文字、聲音…等方式予以呈現,以供他人學習、觀察,例如工作報告、技術手冊…等。

所以,企業對於知識管理很重要的一件事,就是如何把內隱知識變成外顯知識?唯有將內隱知識予以外顯化之後,才能加以分類整理,進而能夠分享、再利用。

Nonaka將知識的轉換模式分為社會化（Socialization）、外化（Externalization）、連結化（Combination）及內化（Internalization）四個過程，其間的關係如圖1-10所示。而知識的轉換過程先由內隱到內隱，進而歷經內隱到外顯、外顯到外顯的過程，最後由外顯再到內隱，這樣的過程是不斷重複循環、交互作用，使知識能夠提升。以下將逐一說明這個轉換的過程。

	內隱知識	外顯知識
內隱知識	社會化	外化
外顯知識	內化	連結化

圖1-10　知識轉換的模式

一、從內隱到內隱

知識從內隱知識到內隱知識的過程稱之為社會化，它主要是把內隱的知識利用經驗分享、心得交換的方式，將個人的經驗或技術傳遞給他人。例如廚師利用口語相傳的方式將烹飪的技術傳授給徒弟，由於內隱知識常常涉及到個人的經驗、學習的成果，所以，知識從內隱到內隱的過程，雖然可以透過社會化的程序進行，但是，仍然會面臨到很多困難。

二、從內隱到外顯

知識的外化過程是從內隱知識到外顯知識，它是以內隱知識為基礎，經過消化吸收後，創造出組織所需要且可以分享的新知識。要把內隱知識變成外顯知識的方式很多，可以利用會議、口述、觀念說明等方式，甚至於可以文字化來表示。

再以烹飪技術為例，社會化的程序中，師傅用口述及實作的方式將其烹飪的知識傳授給他的徒弟，但是這樣的傳授容易受到師傅的表達技巧及徒弟的吸收能力的影響，所以，在外化的過程中，則是希望師傅能夠把他的技術以文字方式記錄下來，例如寫成食譜，即是讓內隱知識能夠外顯。

三、從外顯到外顯

連結化則是將現存的外顯知識、觀念或想法，以有系統的方式變成組織內可以分享的知識，並且讓組織能夠利用它再創造新的價值。也就是說，將組織現有的各種外顯知識如文件、檔案…等，予以重新的組合、分析，以創造出新的知識。

在前面提到當烹飪師傅把烹飪的技術寫成食譜，是把內隱知識外顯化，當徒弟在研讀了這些食譜進而消化吸收之後，可能再予以發揮，創造出新的烹飪方法，即是將外顯知識再予以外顯化的過程。

四、從外顯到內隱

知識從外顯知識轉化為內隱知識的過程稱之為內化，它是將組織所擁有的外顯知識，經由個人的體會、學習及精進，而將他人的知識或經驗，轉換成為自己的技藝，以減少錯誤與學習的時間。

當徒弟在學到了新的烹飪方法後，再學習別人的技術，加以精進、改良，進而創造出具有自己特色的菜餚，而這項新的技術就成了自己的內隱知識。

知識的發展是透過這四個過程不斷的循環而持續進步的，當知識從外顯知識再度變成內隱知識後，又要經過社會化、外化、連結化的過程，將之具體表示出來，如此不斷的週而復始，世界才能永無止盡的進步。

1-3-3 知識活動的特徵

在了解了知識管理的定義之後，在這一小節中將討論知識活動的特徵，知識活動的特徵Thomas將它分為四種，以下將逐一說明。

一、知識可以被創造

人類與其他動物最大的不同在於人類會去構思、儲存及控制各種思想觀念，所以，人類的特徵就是擅長於創造、擁有、控制各種形式的知識。企業中主要的知識來源，除了人類自身的知識以及大量的心智活動成果外，同時也來自電腦所產生的大量且重要的知識。

由於知識的創造活動，來自於人類的心智活動及電腦的人工智慧成果，所以，企業內具有創新能力的知識工作者，可以利用這些工具，不斷的創造出新的知識，使組織在遭遇強烈的環境變遷之際，仍能持續成長。

二、知識會消失

企業中的知識既然是由知識工作者所創造，當然可能會隨著知識工作者的不在而消逝，這個「不在」首先發生在擁有知識者的凋零，企業中很多的知識經過累積後存在於員工的腦中，如臺灣鐵路局中維修蒸氣火車頭的師傅，當初因為年紀到了而退休，再加上臺灣鐵路局已無該型火車頭，於是，這項維修的技術就失傳了，到了CK101火車頭要復出時，只好再把當初這些已退休的老師傅請出來，依照他們當初維修的經驗，再以手工打造出損壞及已停產的零件，以使蒸氣火車頭復出。

現在這些有經驗的老師傅都還在，如果再過幾年，這些老師傅都已凋零，則這項技藝將就此失傳，為了讓這些經驗所累積的知識不會隨人員的不在而消失，企業開始想辦法希望這些知識能夠文件化，以傳承經驗，但是效果仍然相當有限。

另外一種情形則是擁有知識的員工因為組織瘦身而遭資遣或被高薪挖角離職，如果在事前未能將知識做好有效的管理，亦將隨著人員的離職而消失，甚至可能被競爭對手拿去做為競爭之用。所以，從知識管理的角度而言，自組織中將具有經驗及知識能力的員工資遣，將會是一件得不償失的策略。

知識也可能會因為典範轉移（Paradigm Shift）而消失，當典範轉移發生時，知識資源都會快速的流向新的典範，於是舊典範的知識將會快速的流失。也就是說當舊典範解體之後，在舊典範中所使用的知識也會因此而流失。

三、知識可以被擁有

大部分可以創造出財富的知識都是屬於私人所擁有的，但是，未涉及財富的知識，仍然是可以免費獲得的公共財。除了這些公共財以外，具有專業的知識都是一些來自於不是輕易就可以獲得的專業知識。

既然是叫做專業知識，就不是隨隨便便可以獲得，可能是企業投入大量的研發經費，耗費相當時日才能得到的，這些知識由企業投入相當的資源才獲得，其所產生的知識，在專利權部分係歸屬於企業所擁有，而著作權部分，則歸屬於著作權人所有。由此可見，知識是可以被人所擁有的，既然是可以被人所擁有的，就衍生出權利的行使、轉讓、維護…等的問題。

四、知識可以被儲存

在過去的二十幾年間，知識產出與儲存的數量，已遠超過以往整個人類先前所產生的知識的總和，尤其是在進入了網際網路（Internet）的世界之後，幾乎每週都有數以萬個的網站出現，網路上所能提供的知識已到了過載（Overload）的程度。

雖然我們快速的擁有了這麼多的外顯知識，但是，隨之而來的，我們也面臨到如何將這些外顯知識予以內化的問題。由於資訊科技的發達，知識的儲存量愈來愈大，如何能夠快速的從數以百萬計的資料庫中找到企業所需的知識，則是即將面臨的挑戰。

第二章

智慧財產權

　　企業中的知識主要來自於二方面，一個是由企業內部自行研發獲得，另一個則是由外部引進的技術，由外部引進的技術，該技術的擁有者事先一定會對該技術進行必要的保護，而自己研發的技術，當然更需要保護，以免遭到侵害後，無法受到保護。

　　近年來，高科技產業的智慧財產議題，受到各界的高度關注，一旦爆發出侵權的糾紛，多少都會對公司的商譽（Goodwill）造成無形的損失，輕者連續數天股價下跌，重者纏訟數年。國內企業在經過多次的訴訟後，已開始逐漸重視智慧財產的保護，政府在每年的對美貿易談判上，亦不斷在美國的301法案壓力下，近年來逐步的修訂智慧財產權的相關法案，以提升國內的智慧財產保護措施。

　　就專利法（含專利法施行細則）而言，為了配合進入世界貿易組織（World Trade Organization, WTO），從2001年至今已陸續有多次的修訂，著作權法也在最近幾年歷經多次的修法，這些措施均在向國際宣誓我們保護智慧財產權的決心，也顯示智慧財產在未來企業競爭中，將占有非常重要的戰略位置。

　　既然智慧財產是以法律來加以保護，對於法律人才的培育必須要重新的思考，東吳大學法律系首開風氣之先，於80學年度起，開設碩士班乙組，招收非主修法律學之大學畢業生，施以法學專業教育及實務訓練，以培養跨領域的法律人材。

　　國立政治大學法律系自86學年度起，於碩士班增設學士後法學組，招收非主修法學之大學畢業生，著重於法律專業與特殊專業領域之結合。世新大學除了在2000年設立法律學系－碩士在職進修專班乙組，以科技法為發展主軸外，則是在法學院碩士在職專班下設智慧財產權法學組，招收非法律系的畢業生。

　　以上均為傳統法律系所因應智慧財產議題，對於育方向所做的一個調整，而國內各大專院校在對智慧財產權的保護逐漸重視，最早是由國立交通大學成立的企業法律中心，為產業界培訓了數以千計的專利工程師，並於2000年成立了科技法律研究所，結合「法律」、「科技」與「產業」等專業領域，招收具有學士學位之學生進行科技、法律整合之養成教育。

　　同年，國立清華大學亦成立科技法律研究所，目的在培養兼具科學與法學研究能力之專業人才。國立政治大學則在2002年成立全國第一個智慧財產研究所，結合「科技」、「管理」、「法律」等二個領域的知識。

　　國立臺灣大學則於2004年在法學院下成立科際整合法律學研究所，招收非法律學系所的畢業生。國立政治大學2004年在法學院下設置法律科技整合研究所，招收非法律學系及語文學系的畢業生。

　　為了讓讀者在進入專利分析前，能對智慧財產權的相關觀念有一初步的了解，本章將先介紹與智慧財產有關的幾個權利：專利權（Patent）、著作權（Copyright）、商標權（Trade Mark）、營業秘密（Trade Secret）及積體電路電路布局（Integrated Circuit Layout Protection），這些權利都有相配套的法律予以保護。

　　對智慧財產權已經有初步概念的讀者，為節省閱讀時間，可以跳過本章直接進入第三章，對智慧財產權領域中的初學者，本章可說是入門的知識，必須要精讀方能對智慧財產有一個概念。

2-1 專利權

　　在瑞士洛桑國際管理學院（International Institute for Management Development, IMD）的全球競爭力報告中，衡量一個國家的競爭力指標有8個，分別是國內經濟實力、政府效率、國際化程度、基礎建設、金融實力、科技實力、企業管理能力及人才與生活素質，其中的科技實力一項中包含研發資源、技術管理、智財權保護、科學教育等，近年來各國在智財權的保護上可謂是不遺餘力。

　　專利權則是整個智財權保護的一環，它的目的鼓勵、保護、利用發明與創作，以促進產業發展，但是，保護個人的發明與創作屬私利的範疇，而促進產業發展又是屬於公益的範圍，二者要同時達到是非常困難的事。

　　為了能夠在產業公益與個人私利之間取得一個平衡點，於是專利制度在設計上，即是讓國家與個人間訂定一個合約，在合約中要求發明人必須要公開他的發明內容，以換取國家給他在一段時間內的獨占權利。

產業中的其他廠商或者研究者，因爲看到已經被公開的發明，就不需要再投入資源在相同的技術研發上，可以利用現有的技術再予以精進，進而使得產業能夠不斷的進步。

也因爲專利權人擁有技術獨占的權利，在這一段獨占的時間，他可以採取各種法定的權利防止他人未經過授權的製造、爲販賣之要約、販賣、使用、進口，所以，擁有專利的技術之後，不但可以阻止產業內的跟隨者追隨的腳步，還可以爲企業帶來無窮的收益。

Qualcomm公司在第三代無線通訊（Third Generation, 3G）的寬頻分碼多工存取（Wideband Code Division Multiple Access, WCDMA）技術上，擁有將近1700件專利，使得後續想要投入第三代無線通訊的廠商都要取得Qualcomm的授權，才能進行後續的研發或生產。

再以IBM（International Business Machine）公司爲例，IBM在西元1998年的專利授權金收入約10億元美金，到了西元2000年，授權金收入已達到17億元美金，可以預期的是，在未來的幾年中，IBM公司的專利授權金收入會再創新高。

而利用專利來阻礙產業內競爭者的例子也是層出不窮的，其中賠償金額空前但不一定絕後的就是Polaroid vs. Kodak一案，Polaroid於1948年發明所謂的拍立得相機，但當時的底片仍是由Kodak供應，到了1976年，Kodak也推出了立即相機及底片，Polaroid一週內即控告Kodak侵害Polaroid的12項立即攝影的專利，其中10項專利侵權案進入司法程序。

本案纏訟近10年，到1985年地方法院才判決Kodak侵害Polaroid的7項專利，經過Kodak上訴後，聯邦巡迴上訴法院於1986年4月29日判定維持原判，Polaroid隨即提出民事賠償案，1990年地方法院判決Kodak必須賠償Polaroid 454,205,801美元，同時需支付這段時間的利息455,201,766美元，賠償金額超過9億元美金，如果再加計廠房投資的損失、收回市面上的相機…等損失，Kodak整體損失應該超過10億美元。

專利的侵權訴訟除了看得到的財務損失外，更嚴重的是企業無形的商譽損失，但是，如果企業能妥爲規劃本身的專利布局，就有可能像IBM公司一樣，利用專利授權爲它帶來非常大的利益，而且這項收益所花費的邊際成本非常的低，對企

業的財務挹注卻相當的大。所以，近年來國內外企業都非常重視研發的投入及專利的產出與布局，甚至於像Xerox公司已要求公司的研發產出都以專利的方式顯現，而不再要求其研發人員撰寫技術報告了。

國內廠商在經歷過國外廠商多次的索取權利金案以後，已經開始逐漸的重視專利的申請，最近的專利申請案與核准案，從經濟部智慧財產局的統計資料，加以整理後如圖2-1所示，由專利的申請案來看，從1979年到1996年幾乎是呈直線增加，自1997年以後，國內專利的申請案大幅的增加，至2006年以後，每年的專利申請案已超過80,000件，顯示國內的廠商已經愈來愈重視專利了。至於專利的發證數，則自2004年後，有減少的趨勢，這應與經濟部智慧財產局的審查委員人數有關。

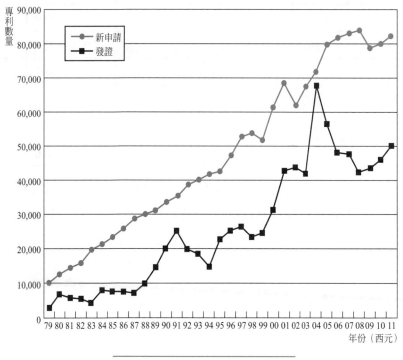

圖2-1　國內專利歷年統計圖

將2011年各國來臺申請專利數予以分類統計如表2-1，由表中所示可以發現，申請專利仍以本國為多，約52,000餘件，約占63％，其次為日本約13,400件，約占16％，排名第三的是美國約7,700件，約占9％。這三個國家所申請的專利數就接近全部專利申請案的90％。

　　若以申請專利的類別來分析，我國業者所申請的專利大部分是新型專利，其次才是發明專利，反觀其他國家來臺申請的專利，除中國大陸外，主要都是以發明專利為主，由此看來，我國的廠商未來要在世界產業上，占有一定地位，應再多投入資源在發明專利上。

表2-1　2012年國內專利各國申請統計表

國籍	新申請案				
	發明	新型	新式樣	合計	百分比
中華民國	23,518	24,094	4,609	52,221	62.93％
日本	11,833	91	1,442	13,366	16.11％
美國	7,088	133	494	7,715	9.3％
南韓	1,664	21	102	1,787	2.15％
德國	1,349	28	212	1,589	1.91％
中國大陸	698	501	130	1,329	1.6％
瑞士	540	5	147	692	0.83％
荷蘭	507	0	111	618	0.74％
香港	318	145	125	588	0.71％
法國	390	11	65	466	0.56％

　　再從國內法人及企業的專利申請案數來看，2012年國內廠商專利申請案數統計如表2-2所示，其中申請專利數最多的企業仍然是鴻海精密工業股份有限公司，共申請約3,400件專利，與二年前相較，成長有限。第二名的是財團法人工業技術研究院，申請專利800件，申請專利數大約只是排名第一的鴻海精密工業股份有限公司申請專利數的四分之一，可見得鴻海精密工業股份有限公司對智慧財產權保護的重視。

　　不過，從鴻海精密工業股份有限公司所申請的專利來看，以發明專利最多，且發明專利所占比重較以往大幅提升，顯見其申請專利的重點聚焦在發明專利。

　　第二名的財團法人工業技術研究院大部分的專利申請案也都是發明專利，該院是以技術的研發為主，所以發明專利的申請案較多。緯創資通股份有限公司2012年在專利上的表現也十分突出，以約570件專利排名第三，也是以發明專利為主。

在前20名的專利申請人中，值得注意的是除了企業與研發機構外，有5家大學列名其中，約占25％，可見得我國的大學已開始把學術研究與產業做結合，從統計中也可以看出：技職體系的科技大學，在專利申請上大多以新型專利為主，而高教體系的研究型大學，其專利申請則是以發明專利為主，這也符合學校的定位。

表2-2 2012年國內廠商專利申請案數統計表

排名	申請人名稱	新申請案件數			
		發明	新型	新式樣	合計
1	鴻海精密工業股份有限公司	2,999	278	90	3,367
2	財團法人工業技研究院	774	24	2	800
3	緯創資通股份有限公司	463	102	2	567
4	遠東科技大學	51	433	0	484
5	宏碁股份有限公司	389	45	39	473
6	友達光電股份有限公司	414	2	5	421
7	英業達股份有限公司	351	0	0	351
8	南臺科技大學	63	198	7	268
9	宏達國際電子股份有限公司	232	1	13	246
10	臺達電子工業股份有限公司	200	11	10	221
11	正崴精密工業股份有限公司	5	107	105	217
12	國立成功大學	192	19	1	212
13	臺灣積體電路製造股份有限公司	210	0	0	210
14	中華電信股份有限公司	152	29	12	193
15	中國鋼鐵股份有限公司	130	53	0	183
16	隆達電子股份有限公司	125	24	25	174
17	國立臺灣大學	165	7	1	173
18	奇美通訊股份有限公司	120	15	37	172
19	聯華電子股份有限公司	170	1	0	171
20	清雲科技大學	24	135	4	163

以國外廠商在國內的專利申請案分析，2012年國外廠商申請案數統計如表2-3所示，前20名的申請人中約有50％是日本公司，可見得日本廠商對其智慧財產的保護亦是相當重視，除了將研發成果在國內申請專利保護外，亦到相關國家申請專利。

　　申請專利件數最多的是英特爾股份有限公司，它的專利申請案約700件，大部分是發明專利。其次是東京威力科創股份有限公司約450件，緊接在後的是住友化學股份有限公司及新力股份有限公司，其專利申請數分別約440件及410件。

　　國外廠商來臺申請專利，仍然是以發明專利為主，其次是新式樣專利，可見這些廠商都有經過審慎的布局，把技術含量高的發明專利，布局在其產品可能銷售的地方。

表2-3　2012年國外廠商專利申請統計表

排名	申請人名稱	新申請案件數			
		發明	新型	新式樣	合計
1	英特爾股份有限公司	684	8	0	692
2	東京威力科創股份有限公司	434	0	17	451
3	住友化學股份有限公司	433	0	3	436
4	新力股份有限公司	340	0	69	409
5	日東電工股份有限公司	391	0	1	392
6	松下電器產業股份有限公司	312	0	50	362
7	半導體能源研究所股份有限公司	329	0	0	329
8	蘋果股份有限公司	273	3	40	316
9	應用材料股份有限公司	289	5	4	298
10	東芝股份有限公司	266	0	28	294
11	三菱電機股份有限公司	257	0	34	291
12	富士軟片股份有限公司	274	0	3	277
13	富士康（香港）有限公司	121	6	127	254
14	美國博通公司	249	0	0	249
14	夏普股份有限公司	243	0	6	249
16	三星顯示器有限公司	239	0	0	239
17	群康科技（深圳）有限公司	232	0	0	232
18	3M新設資產公司	195	7	29	231
19	高通公司	218	0	0	218
20	旭硝子股份有限公司	213	0	0	213

由前面的資料顯示目前各個國家對智慧財產權的保護都非常重視，而政府歷經多次貿易談判及進入世界貿易組織，也在制度面對智慧財產的保護做了不少次的修正，國內的企業在多次訴訟經驗中，也學會了對自己研發成果的保護。專利已逐漸成為企業創造競爭優勢的一個策略工具。

從前面的討論中已經知道，專利的目的是在鼓勵、保護、利用發明與創作，以促進產業發展，而為了在產業公益與個人私利之間取得一個平衡點，所以，讓國家與個人間訂定一個合約，在合約中要求發明人必須要公開他的發明內容，以換取國家給他在一段時間內的獨占權利。

但是，發明人什麼樣的技術才能給他獨占權利而不會影響他人？而又要將他的發明公開到什麼程度才稱得上是公開？獨占的時間應該多久，才不會影響到產業的整體進步？誰有權利代表政府授予獨占權利？

在專利法中將專利的類型原分為發明、新型及新式樣等三種，在2011年專利法修正時，將新式樣專利改為設計專利，因此，目前我國的專利類型分為發明、新型、設計等三種。

發明是指利用自然法則的技術思想之創作，是三者中難度最高的，所以，在專利法中給予它的保護期間是自申請日起20年，在2003年專利法修訂時，除了物的發明與方法發明外，又加入了用途發明，將物質用途及物品新用途都列入發明專利所保護的標的。

新型專利指利用自然法則之技術思想，對物品之形狀、構造或組成之創作，所以，新型專利的標的物必須要是占有一定空間的實體物品，並且在它的形狀、構造或組成上有具體的創作或改良才行，因此，方法專利是不可以申請新型專利的，新型專利的保護期間是自申請日起10年。

設計專利則是指對物品之全部或部分之形狀、花紋、色彩或其結合，透過視覺訴求之創作，因為涉及到形狀、花紋及色彩，所以，設計專利與新型專利一樣，必須附著在物品上一起申請，它的專利期間是自申請日起12年。

既然專利權是一種獨占的權利，所以，為了調和公益與私利，當然不能隨隨便便的就同意發給專利，首先它必須要不屬於專利法第二十四條所規定的不予專利條件。其次，申請專利的標的必須要具備產業利用性，當然，很重要的一點是要具

備新穎性，既然要促進產業進步，就不能拿已有的技術來請專利，這對原來已經使用的人是不公平的。在這個創新技術已經符合了申請專利的條件、也具備了產業利用性與新穎性之後，最後該項技術還要具備進步性，才能發給予專利。專利申請案經過審查後，由經濟部智慧財產局於公告後，發給專利申請人專利證書。

了解了專利對企業的重要性及國內外廠商申請專利的情況，本書將在下一章中介紹專利法的相關基本知識，在第五章中說明專利說明書如何閱讀。

2-2 著作權

專利雖然可以對於研發成果加以保護，但是，並不是所有的研發成果都可以採用專利加以保護，如電腦軟體，因為專利並不保護演算法（Algorithm），所以，對於純粹的電腦軟體就不易受到保護。對於研發成果的保護方式，除了可以採用專利予以保護外，還可以採用著作權予以保護。

2-2-1 著作權意義

著作權最原始的目的，是在阻止對於印刷品逐字照抄的行為，也就是賦予權利人得以將某項著作加以複製的權利，後來除了在阻止他人逐字照抄的行為外，同時也可以禁止他人模仿及改編的行為。

著作權主要保護的是作品的表達（Expression），而不保護它所隱含的思想、觀念（Idea），例如我們看到一張淡水暮色的照片，這是它對夕陽落日的一種表達，這是受到著作權所保護的，他人若是未經授權而加以複製，則是侵害作權的行為。但是，如果我們看到它的表達以後感覺很好，也到漁人碼頭同樣的地方、同樣的角度，照了一張同樣是夕陽的照片，這照片是對同樣思想的不同表達，所以，同樣會受到著作權的保護。

一、著作權定義

　　為了防止他人對於著作權人的作品非法的抄襲、模仿，著作權人對於他的著作有二種權利：一種是保護著作權人財產利益的權利，另一種是保護著作權人人格利益的的權利。

　　保護著作權人財產的權利稱為著作財產權，包括了重製權、公開口述權、公開播送權、公開上映權、公開演出權、公開展示權、編輯權、改作權、出租權…等。保護著作權人人格利益的權利稱為著作人格權，包含公開發表權、姓名表示權…等。

二、立法目的及管理機關

　　在著作權法第一條中就說明了著作權的立法目的，是為了保障著作人著作權益，調和社會公共利益，促進國家文化發展。著作權的第二條中訂定本法的主管機關為經濟部。著作權業務，由經濟部指定專責機關辦理。而經濟部所指定的專責機關目前為經濟部的智慧財產局。

三、著作權的國際相關公約

　　由於著作權的保護具有屬地主義的特性，因為它是一種無形的權利，可能全世界都有加以利用的機會，因此需要受到各個保護國家的法律保護。為了讓著作權受到國際的保護，於是就有締結公約的必要，透過公約的約定使得國與國之間的著作權受到保護。

　　目前在著作權的保護上，比較有關的有：伯恩公約（Berne Convention for the Protection of Literary and Artistic Works）、世界著作權公約（Universal Copyright Convention）、羅馬公約（International Convention for the Protection of Performers, Producers of Phonograms and Broadcasting Organizations）及與貿易有關之智慧財產權協定（Agreement on Trade-Related Aspects of Intellectual Property Right, TRIPS）。

（一）伯恩公約

　　由於對於著作權的保護，各國的做法都不一樣，文學與藝術國際聯盟（Litéraire et Aristique International）於1878年巴黎成立，希望能夠以國際性的著作權公約，來代替各國間的條約。各國在瑞士首都伯恩經過多次會議後，終於在1886年9月9日簽訂伯恩公約，並自1887年9月5日正式生效。

伯恩公約是國際間對於著作權保護最早的公約，它保護的對象分為人與著作。

1. 保護的人：伯恩公約保護的人分為以下五種：

   (1) 會員國國民之著作，不論已經發行與否。

   (2) 非會員國國民，但其著作首次發行於會員國之一的領土之內，或同時首次發行於會員國及非會員國領土之內。

   (3) 非會員國著作人於會員國之一有恆久住所者視同住所地國國民。

   (4) 30天之內於二個以上國家首次發行者，該著作即為同時在各該國發行。

   上面所說的「已經發行著作」一詞，係指經著作人同意而發行者，其製作程序如何並不重要，以依著作性質能滿足大眾適當需求為要件。戲劇、歌劇、電影或音樂著作之表演、文學著作之公開朗誦、文學或藝術著作之有線傳播、藝術著作之展示及建築著作之付諸建造等，俱非著作之發行。

2. 保護的著作：伯恩公約所保護的著作有下列六種，說明如下：

   (1) 以任何方式表達之文學、科學及藝術範圍產品，諸如：書籍、散裝頁及其他撰著；講義、演說、布道及其他類似同性質之著作、戲劇或歌劇著作；舞蹈著作及娛樂啞劇、樂譜或配合歌詞者、電影化著作及其同族類以雷同程序表達之著作；繪畫、建築、雕塑、版畫及蝕版著作、攝影化著作及其同族類以雷同程序表達之著作；應用藝術著作、圖解、地圖、計畫、素描及地理、地形、建築或科學有關之立體性著作。

   (2) 會員國得以國內法規定概括或特定之著作，須以具體形態附著始受制定法保障。

   (3) 音樂之翻譯、改作、改編及文學或藝術著作之其他改作，在不損害原著著作權下，與原著享有相同之保障。

   (4) 立法、行政及司法性質等公務文書及其官定譯文，應否予以保障，則是由各會員以國內法自行決定。

   (5) 文學或藝術著作之集著，諸如：百科全書、詩集文選。其能按分子著作既存內容，經由採擇及改編，從而構成知能之創作，且無傷各分子著作原有著作權者，得就該集著之整體著作權加以保障。

   (6) 會員國得以國內法決定保障應用藝術、工商設計及模型之範圍及其條件。

3. 保護原則：著作人受到伯恩公約保障者，就其各別之著作，享有各會員國法律現在或將來賦予其內國民之同等權利，以及本公約特定之權利，而且各項權利之享有與行使，不須履行任何形式。各國對著作權之保障依其國內法，但受本公約保障而非該國國民者，仍應享有該國國民同等之權利，這即是所謂的國民待遇原則（The Principle of National Treatment）。

4. 保護期間：伯恩公約對於著作權的保護期，分爲以下幾種：

   (1) 一般保護期間：伯恩公約所定之著作權保障期間爲著作人終身並及於其死亡後50年。

   (2) 視聽著作：對於電影類著作，會員國得以國內法規定其保護期間，自著作人同意公開其著作起算50年，或自製作完成之日起算50年。

   (3) 匿名或筆名著作：對於匿名或筆名之著作，伯恩公約所賦予之保障爲自該著作合法公開起算50年屆滿。但著作人採用之筆名與其本名並無差異者，則保障期間仍適用終身及死後50年。

   如果以著作人之筆名或匿名的著作，於發行50年間之內，揭露其本名者，則保障期間仍適用前面的一般保護期間之規定，亦即自著作人同意公開其著作起算50年，或自製作完成之日起算50年。

   而匿名或以筆名發行之著作，依合理原則推定著作人已死亡50年者，會員國毋須保障。

   (4) 攝影及美術著作：將攝影及應用藝術類著作視同工藝著作保障之會員國，其保障期間由各該國以國內法定之。但至少自各該著作完成時起算，不得短於25年。

   (5) 共同著作：共同著作亦適用前面所述之關於保障期間之規定，但著作人死後保障期間之核計，以共同著作人中最後一人死亡之日期爲準。

   前面所述對於著作人死後之保障期間，應依死亡日期或各該項法律事實發生日期爲準，但保障期間之起算應自前述準據日期之次年元月一日開始。

5. 著作財產權：在伯恩公約中律定了著作權人的著作財產權，包含：翻譯權、重製權、摘錄權、大眾傳播權、表演權、播送權、公開口述權、改作權、上映權及增值共享權等權利。

（二）世界著作權公約

世界各國在1886年簽訂伯恩公約後，美國一直未簽署，到了第二次世界大戰之後，美國的國力強盛且逐漸成為世界上著作物的主要出口國，這個時候世界上其他國家要求美國遵守多邊著作權公約的聲浪也開始高漲。

直到聯合國教育科學文化組織（United Nations Education Scientific and Cultural Organization, UNESCO）配合聯合國通過的世界人權宣言（Universal Declaration of Human Right），自1947年起由美國發起陸續召開一連串的會議，並於1952年9月6日簽署通過世界著作權公約。締約國必須要承諾，對文學、科學及藝術著作（包括文字著作、音樂、戲劇及電影、繪畫、版畫及雕塑等著作）之著作人及著作權人之權利，給予充分而有效之保障。

1. 受保護的著作：在世界著作權公約中，將受保護的著作分為已發行的著作與未發行的著作二類，對於這二類的受保護著作都以受到內國民待遇為原則，亦即要求其締約國對其境內任何居民得依其本國法給予內國民待遇。

   (1) 已發行的著作：任何締約國都應給予其他締約國的國民及首次發行於其他締約國之著作以本國國民同等之特定保障。

   (2) 未發行的著作：任何締約國應給予其他締約國國民未發行的著作，以本國國民未發行之著作同等之特定保障。

2. 保護要件：締約國依其國內法，須以樣品送存、登記、標記、公證文件、繳納登記費、製作條款或發行等形式手續為取得該國著作權保障之要件者，則凡是依本公約所有應受保障之著作，縱然首次發行於外國之外國人著作，其於適當位置刊標示有©符號、著作權人姓名、初版年份者，即應認為已滿足該國法定手續而予保障。

   而且締約國就其境內首次發行之著作或其本國人民不論發行於何地之著作，得以國內法規定其著作權之形式手續或其他條件，但是不能以其他方法將其排除在保護之外。

   同時，締約國得以國內法規定著作權司法救濟程序。如：當事人須透過該國律師、向法院或行政機構送存涉案之著作樣本。但縱未滿足上述司法程序，其著作權也仍屬有效，且司法程序對任何他締約國國民，也需符合國民原則，不得有差別待遇。

3. 保護期間：依本公約保障之著作，其著作權期間不得短於著作人終身及死後25年。但任何締約國於本公約在該國生效之日，業已將若干類著作之期間，依首次發行日期限制其期間者，得維持此項例外規定，並得擴充至其他類著作，惟此類著作自首次發行日起算，至少仍不得短於25年。

　　任何締約國於本公約在該國生效之日，並非依著作人終身為其保障期間之基準者，得依著作首次發行日期或發行前登記日期為其核計基準，視情節而定。但不論何種情節，其期間均不得短於25年。但是前面所述的各項保護期間，不適用於攝影類或應用藝術著作，但其國內法業已依工藝著作保障之締約國，則上述各類著作之保障期間不得短於10年。

4. 著作人的權利：對於著作權人之權利，應兼含保證著作人經濟利益之基本權利，包括授與任何方法重製、公開上演及播送等排他權。凡公約保障下之著作，著作人的權利將延伸及於各該著作之原型及其任何可辨認之衍生著作。

（三）羅馬公約

　　傳統的著作權保護僅止於文學及美術的著作，而未將演奏、表演…等納入保護，但實際上，演奏、表演…等本身也具有原創性，所以，在錄音、錄影及傳播技術已經相當發達的今天，有關藝術範疇的著作，也有加以保護的必要。

　　在伯恩公約及世界著作權公約中，已經規定對於作者（Authors）及著作物（Works）必須以國民待遇原則對待，但是某些權利到底是屬於作者權或者是屬於著作權，有時仍然是非常的模糊，不易予以歸類，以致於無法適用於民待遇原則。例如音樂家算不算是作者？將聲音錄製而成的重製物算不算是一種著作？這些問題在當初都是各國所爭議的問題，有的國家予以保護，有的國家不予以保護。

　　對於錄音物（Sound Recordings）的保護方式，有「實用主義」（Utilitarianism）及「國民待遇原則」二個主要的理論。採取實用主義的國家以美國為主，認為不管是否存在有作者或作品，只要著作權有必要存在，就要予以保護，以便資訊及娛樂產品可以源源不絕的被生產和散布。所以在美國的著作權法中，將錄音物及文學、藝術創作…等，都納入了著作權保護的範圍。

　　而法國等主張國民待遇原則的國家，則認為有二個原因不應對錄音物以著作權加以保護，第一個原因是只有自然人才可以成為受到保護的著作人，以像電影公司、唱片公司這類的法人，是不能成為受到保護的著作人。其次，如果一項作品

要受到著作權保護，則該作品必須要具有創意（Creative），而且能反映出作者的人格特質。所以，這些國家對於錄音物是不以著作權加以保護的，基於國民待遇原則，當然對於其他國家的錄音著作不予保護。

由於錄音物、廣播缺乏了具有創意的人格特質，所以在實施國民待遇的國家中，無法受到著作權的保護，造成採行實用主義的國家保護了實施國民待遇則國家的著作物的著作權，而這些國家的國民著作物，卻無法在實施國民待遇原則的國家中受到保護，顯然是不公平的。

為了消除二者間的不公平，採行實用主義的國家就提出了鄰接權（Neighboring Right）的制度，來保護錄音及廣播…等著作權。對於廣播或者是電視節目，雖然這些節目的編輯（Editing）及製作（Production）需要具有創意（Creativity），但是，這種創意還是無法符合原創性（Originality）的標準，因此，最好的方法就是把些錄音物或廣播的著作權視為鄰接權而加以保護。

為避免著作物的鄰接權遭到濫用，在1961年10月26日在羅馬簽訂了羅馬公約，當時有35個國家簽約，以保護表演家、發音片製作人及傳播機構之權利。所謂的表演家，係指演員、歌星、音樂家、舞蹈家以及其他將文學或美術的著作物，加以上演、歌唱、演述、朗誦、扮演或以其他方法加以表演之人，發音片製作人，則是指最初固定表演或其他的自然人或法人。

1. 內國民待遇原則：羅馬公約對於表演家、發音片製作人及傳播機構的保護，與其他著作權相關公約一樣，都是採取內國民待遇原則，依以下規定之被要求保護之締約國以國內法令定之：

   (1) 對於表演家為其國民，而於其本國領域內為表演、廣播或最初固定者。

   (2) 對於發音片製作人為其國民，而於其本國領域內最初固定或最初發行者。

   (3) 對於在其本國有主事務所之傳播機構，而其為傳播之傳播設備設於其本國者。

2. 對表演家的保護：每一個締約國，應對於下列的表演家賦與內國國民待遇之保護：

   (1) 在其他締約國的表演家。

   (2) 表演被併入受本公約第五條保護之發音片者。

   (3) 表演並未被固定於發音片上，而被放入受本公約第六條保護之傳播中者。

3. 對發音片製作人的保護：每一個締約國，應對於下列的發音片製作人賦與內國國民待遇之保護：

(1) 發音片製作人為其他締約國之國民者（以國籍為標準）。

(2) 發音的最初固定係在其他締約國者（以固定為標準）。

(3) 發音片的最初發行係在其他締約國者（以發行為標準）。

　　如果發音片最初在非締約國發行，而在該最初發行後30天內也在締約國發行者（同時發行），亦視為該發音片在該締約國最初發行。

4. 對傳播機構的保護：每一個締約國，應對於下列的傳播機構賦與內國國民待遇之保護：

(1) 傳播機構之主事務所設於其他締約國者。

(2) 為傳播之傳播設備設於其他締約國者。

5. 保護期間：羅馬公約對於著作所賦與之保護期間，自下列所規定事項之翌年起算，至少不得短於20年：

(1) 對於發音片或表演被固定於發音片者，以發音片被固定之年為基準。

(2) 對於表演未被固定於發音片者，以表演演出之年為準。

(3) 對於傳播者，以傳播播放之年為準。

（四）與貿易有關之智慧財產權協定

　　1980年初，聯合國的聯合國貿易暨發展會議（United Nations Conference on Trade and Development, UNCTAD）所召集的巴黎公約修正會議中，討論到如何配合科技的發展與智慧財產權的保護，來修改巴黎公約以符合現況之需求。美國認為當時的各項國際智慧財產權條約，都無法有效的保護美國的智慧財產權，於是在關稅暨貿易總協定（The General Agreement on Tariff and Trade, GATT）的烏拉圭回合（Uruguay Round）談判中提議，將智慧財產權一併納入考量。

　　根據美國的提議及構想，關稅暨貿易總協定乃簽訂了一個「GATT智慧財產協定」（GATT Arrangement on Intellectual Property），以建立一個較高的智慧財產權保護標準，以保護傳統及新興的智慧財產權。而為了能確實執行對智慧財產權的保護，美國亦建議要建立爭端解決（Dispute Resolution）的制度，並要求各會員國以立法的方式將其納入。

　　由於此項協定含蓋的範圍包括了與貿易有關的智慧財產權及防止仿冒的行為，內容含蓋了著作權、商標、工業設計、專利、積體電路布局、營業秘密…等，所以稱之為與貿易有關之智慧財產權協定。經過了7年的談判，終於在1993年12月15日的烏拉圭回合談判中達成協議完成最終協議的簽署，並在1994年摩洛哥舉行的部長級會議中正式簽署。

　　與貿易有關之智慧財產權協定訂定的宗旨，在認為對智慧財產權之保護及執行，必須有助於技術發明之提昇、技術之移轉與散播及技術知識之創造者與使用者之相互利益，並有益於社會及經濟福祉，及權利與義務之平衡。而其原則有二，其一是會員於訂定或修改其國內法律及規則時，為保護公共衛生及營養，並促進對社會經濟及技術發展特別重要產業之公共利益，得採行符合該協定規定之必要措施。其二是會員必須承認，為防止智慧財產權權利人濫用其權利，或不合理限制貿易或對技術之國際移轉有不利之影響時，而採行符合該協定規定之適當措施者，可能有其必要。

　　有關與貿易有關之智慧財產權協定中重要的內容將說明如下：

1. 國民待遇原則及最惠國待遇（Most-Favored-Nations Treatment, MFN）：在與貿易有關之智慧財產權協定中，除巴黎公約、伯恩公約、羅馬公約及積體電路智慧財產權條約所規定之例外規定外，就智慧財產權保護而言，每一會員給予其他會員國民之待遇不得低於其給予本國國民之待遇，此即所的國民待遇原則。

　　對於智慧財產保護而言，如果有一會員給予任一其他國家國民之任何利益、優惠、特權或豁免權，應立即且無條件給予所有其他會員國民，也就是說，只要每一個國家所享有的權利或利益都是一樣的，這就是所謂的最惠國待遇。

2. 與伯恩公約的關係：與貿易有關之智慧財產權協定的會員國，應遵守伯恩公約第一條～第二十一條及附錄之規定，但會員所享有之權利及所負擔之義務，不及於伯恩公約第六條之一之規定所賦予或衍生之權利。且與貿易有關之智慧財產權協定中，對著作權之保護範圍僅及於表達，不及於思想、程序、操作方法或數理概念等。

3. 對電腦程式及資料編輯之保護：對電腦程式而言，不論是原始碼或目的碼，均應以伯恩公約所規定之文學著作保護之。對資料或其他素材之編輯，不論係藉

由機器認讀或其他形式，如其內容之選擇或編排構成智慧之創作者，即應予保護。但該保護不及於資料或素材本身，且對該資料或素材本身之著作權不生影響，這一個條款成為日後各界對資料庫保護的濫觴。

4. 出租權：與貿易有關之智慧財產權協定的會員國，在電腦程式及電影著作方面，至少應賦予著作人及其權利繼受人，有授權或禁止將其著作原件或重製物對公眾商業性出租之權利。但在電影著作方面，除非此項出租導致該項著作在會員國之國內廣遭重製，實質損害著作人及其權利繼受人之專有重製權外，會員國得不受前揭義務之限制。就電腦程式而言，如電腦程式本身並非出租之主要標的者，則會員國對該項出租，不須賦予出租權。

5. 保護期間：對於著作之保護期間，除攝影著作或應用美術著作以外，在不以自然人之生存期間為計算標準之情況下，應自授權公開發表之年底起算至少50年，如著作完成後50年內未授權公開發表者，應自創作完成之年底起算50年。

四、著作權對外國人的保護

基於國民待遇原則，在著作權法第四條中對於外國人之著作之保護有所規定，只要該著作合於下列情形之一者，得依本法享有著作權。

1. 於中華民國管轄區域內首次發行，或於中華民國管轄區域外首次發行後30天內在中華民國管轄區域內發行者。但以該外國人之本國，對中華民國之著作，在相同之情形下，亦予保護且經查證屬實者為限。

2. 依條約、協定或其本國法令、慣例，中華民國人民之著作得在該國享有著作權者。

由前面的條文中可以很清楚的看出，外國人的著作如果要在我國境內受到保護，首要條件必須要是在我國所管轄的區域內首次發行，也就是說在我國發行前，並未在其他地區發行過。其次，如果著作的首次發行不在我國境內，在著作於其他國家中首次發行的30天內，再到我國來發行，亦能受到我國著作權法的保護，但是，前提是該著作權人的本國也要對我國國民的著作權加以保護才行，這是國民待遇的原則。

但是為了實際執行時的需要，以上的規定也有例外的情形，如果條約或協定另有約定時，經立法院議決通過者，還是可以從其約定。

2-2-2 著作權的主體

著作權法中將著作權的主體分為著作人與著作財產權人二類，以下將分別予以討論。

一、著作人

依著作權法第三條中的定義，著作人（Author）係指創作著作的人，且目前我國的著作權法中對著作權係採創作保護主義，而非註冊保護主義，所以，在第十條中規定了著作人於著作完成時，即享有著作權（Copyright）。這裡所謂的著作權依著作權法第三條的定義，就包含了著作人格權（Moral Rights）及著作財產權（Economic Rights）[1]。而著作權的保護僅及於該著作之表達，而不及於其所表達之思想、程序、製程、系統、操作方法、概念、原理、發現。

由於著作人對於著作權的歸屬影響甚鉅，所以，對於著作人的認定是非常重要的，如果該創作是由一個人獨立所完成，則是一種較為單純的狀況，著作人就是創作的人。但是，有的時候狀況並非如此的單純，有時候對於創作人的身分不是那麼容易的分辨，例如名作家苦苓，他的著作上都是以筆名發表，我們並不知道他的本名，在這種情形下如何知道著作權是誰的？

在實際的運作上對於著作人有爭議時，著作權法的第十三條對於著作人的推定有明確的定義，第十三條規定在著作之原件或其已發行之重製物上，或將著作公開發表時，以通常之方法表示著作人之本名或眾所周知之別名者，推定為該著作之著作人。而這項規定，對於著作發行日期、地點及著作財產權人之推定，也準用之。值得注意的是這裏所稱的別名指的是筆名、藝名…等。

依據該條的規定，上面我們所舉的例子中，苦苓所寫的文章，就推定他是著作人，如果他不是真正的著作人，則可以由真正的著作人舉證證明，如果有具體的事證證明他不是該著作的真正著作人，則他就不具有該著作之著作權。

一般企業中的研發成果在著作權上不外乎二類，一類是由公司的員工自行研發而來的，另一類是基於專業分工，將某部分自己無法處理的部分委由專業公司辦理，因此，在著作權的保護下就要非常的注意了，在著作權法中對這二種情形都有規範。

---

1. 著作財產權的英文，係根據智慧財產局公布的英文版著作權法，翻譯為Economic Rights。

（一）職務上的著作

對於公司的研發人員所研發的成果，為了能彰顯真正從事創作之人對於文化發展的貢獻，在著作權法的第十一條中規定：受雇人於職務上完成之著作，是以該受雇人為著作人。但是，由公司出資所完成的著作，其著作權歸員工所有，好像又有點不合邏輯，例如公司聘請某甲開發一個資訊系統，開發完成後資訊系統的著作權屬於某甲，怎麼看都好像不對，這樣怎麼會有公司願意投入研發，還好這些問題立法時都有想到。

所以，為了不讓公司或出資者減低投資在創作上的意願，以致於對於社會整體的文化發展造成不利的影響，在著作權法第十一條中留有一個但書，就是如果契約約定以雇用人為著作人者，從其約定。而且以受雇人為著作人時，其著作財產權歸雇用人享有，也就是說受雇的員工所拿到的是著作人格權，著作財產權還是由雇用人所擁有。但契約約定其著作財產權歸受雇人享有者，從其約定。前面所稱受雇人，包括公務員。

（二）外包完成的著作

研發成果的另一種類型是將部分的研發委由專業的公司執行，也就是所謂的外包（Outsourcing），這在專業分工愈來愈明確的業界，已經快成為常態了。提到外包大家想到的可能都是清潔、打掃之類的，除此之外，其實還有很多，例如資訊系統不是貴公司的專長，想要開發管理資訊系統（Management Information System, MIS），最好的方法就是請專業的公司來協助建置，這就一種外包的行為。其次，很多的中小企業都沒有研發部門，想要發展新的技術又沒有足夠的資源，它可以委託學校或者是財團法人工業技術研究院協助進行研發，這也是一種外包的型態。

對於外包委託他人所完的著作之著作權，著作權法也有相關的規定，在第十二條規定，出資聘請他人完成之著作，除了第十一條的情形外，以該受聘人為著作人。但契約約定以出資人為著作人者，從其約定。考量到前面所的問題，如果以受聘人為著作人時，其著作財產權依契約約定歸受聘人或出資人享有，如果沒有約定著作財產權之歸屬者，以其著作財產權歸受聘人享有。但是，如果著作財產權歸受聘人享有者，出資人得利用該著作。

二、著作財產權人

著作財產權人是著作財產權歸屬的主體，在著作權法的第三條中規定著作權是指因著作完成所生之著作人格權及著作財產權，第十條中也說明了著作人於著作完成時享有著作權，所以，理論上著作人應該就是著作財產權人。

但是，著作權包含了著作人格權及著作財產權，這二種權利的型態又可以分開處理，所以，著作人可能是著作財產權人，也可能不是著作財產權人，於是問題就來了。上一小節中討論到職務上的著作，一個著作的著作人格權可能屬於著作人，而著作財產權屬於雇用人，二者分離後，我們對於著作財產權的管理就非常重要了。

在著作權法的第三十六條規定了著作財產權得全部或部分讓與他人或與他人共有，著作財產權之受讓人，在其受讓範圍內，取得著作財產權。可見得擁有著作財產權的人才能處分其著作物，如果你要花錢購買一著作物，必須要先確認與你交易的人是不是對該著作物擁有著作財產權，否則花了大把的銀子，買到的可能只是一個影子。

2-2-3 著作權客體

在前一小節中已經知道著作權的主體指的是著作財產權人，這一小節中將探討著作權的客體，亦即著作權到底是保護哪些標的？哪些著作是不受到著作權保護的？依著作權法第三條的定義，著作是指屬於文學、科學、藝術或其他學術範圍之創作，所以，很明確的，著作權所保護的標的首先必須是屬於文學、科學、藝術或其他學術範圍之創作。

其次，在蕭雄淋的研究中認為除了上述的屬於文學、科學、藝術或其他學術範圍之創作外，受保護的著作還需具備：原創性（Originality）、客觀化的一定形式及非不受保護的著作。

所謂的原創性係指受保護的著作必須是獨立創作（Independent Creation）的，而不管是不是與其他的著作實質上的近似（Substantially Similarly），也就是說，只要是著作人獨立的創作，不是抄襲的作品，都可受到著作權的保護。原創性是一個相對的、比較的概念，二個著作即使相同，但無法證明一著作抄襲另一著作，即具有原創性而受到著作權的保護。

著作權法第十條之一規定：著作權所保護的標的僅及於該著作之表達，而不及於其所表達之思想、程序、製程、系統、操作方法、概念、原理、發現。所以，客觀的一定形式就是要把思想、程序…等，以文字、圖形…等其他媒介展現，才能受到著作權的保護。

一、著作權保護標的

著作權法第五條中係以正面表列的方式列出受到著作權保護的標的有：語文著作（Oral and Literary Works）、音樂著作（Musical Works）、戲劇、舞蹈著作（Dramatic and Choreographic Works）、美術著作（Artistic Works）、攝影著作（Photographic Works）、圖形著作（Pictorial and Graphical Works）、視聽著作（Audiovisual Works）、錄音著作（Sound Recordings）、建築著作（Architectural Works）、電腦程式著作（Computer Programs）。

1. 語文著作：語文著作指以語文體系所表現的著作，包括詩、詞、散文、學術論文、演講…等文字著作與語言著作。

2. 音樂著作：音樂著作指以音或旋律所表現的著作，包括樂曲及樂譜。

3. 戲劇、舞蹈著作：戲劇、舞蹈著作是以身體動作所表現的著作，包括話劇、歌劇…等。

4. 美術著作：美術著作是把思想或感情，以線條、色彩、形狀或明暗…等平面或立體的方式，加以表現的著作，又可分為純美術（Fine Art）及應用美術（Applied Art），包括繪畫、書法、美術工藝品…等。

5. 攝影著作：攝影著作是將感情或思想以一定的固定影像加以表現的著作，包括照片、幻燈片…等。

6. 圖形著作：圖形著作是將感情或思想，以圖的形狀加以表現的著作，包括地圖、工程設計圖、各種圖表…等。

7. 視聽著作：視聽著作是將感情或思想，以連續的影像加以表現的著作，包括電影、錄影…等。

8. 錄音著作：錄音著作是藉機械或設備來表現一系列的聲音，而能附著在任何媒體上的著作，包括錄音帶、唱片…等。

9. 建築著作：建築著作是將感情或思想，以在土地上的工作物加以表現的著作，包括建築設計圖、模型、建築物…等。

10. 電腦程式著作：電腦程式著作是直接或間接使電腦產生一定結果為目的，所組成的指令的組合，包括套裝軟體、應用程式…等。

著作權法除了對上面的10種著作加以保護外，對於由原著作改作的衍生著作（Derivative Work）、選擇資料並加以編排之編輯著作（Compilation Work）及二人以上共同完成之共同著作（Joint Work）都予以保護。

二、著作權不保護標的

並不是所有符合屬於文學、科學、藝術或其他學術範圍之創作、具有原創性及客觀化的一定形式的著作，都能受到著作權的保護，著作權法第九條中規定以下各項著作是不受著作權法所保護的。

1. 憲法、法律、命令或公文：國家制定憲法、法律、命令或公文的目的就要讓全體民眾能夠知悉，所以，不宜以著作權加以保護，但是，政府所發行的文書，如果具有學術意義，不是要一般民眾都知悉的著作，則仍然要受到著作權的保護。

2. 中央或地方機關就憲法、法律、命令或公文等著作作成之翻譯物或編輯物：中央或地方機關就憲法、法律、命令或公文作成之翻譯物或編輯物，目的是要讓全體國民知悉，也是具有公共服務的性質，為了調和公益，因此，在著作權法中也不予以保護。

3. 標語及通用之符號、名詞、公式、數表、表格、簿冊或時曆：標語的目的是要讓大家都知道某些訊息，通用之符號、名詞、公式、數表、表格、簿冊或時曆則因不具原創性，所以都不受到著作權的保護。

4. 單純為傳達事實之新聞報導所作成之語文著作：單純為傳達事實之新聞報導係報導日常生活所發生的事，與社會公益有關，為避免遭到獨占所以不予以保護。但是，如果是類似報紙的社論文章，作者對於新聞事件提出自己的評論及看法，則這類的著作是受到著作權所保護的。

5. 依法令舉行之各類考試試題及其備用試題：只有依法令舉行之各類考試試題及其備用試題才不受著作權所保護，如考試院高普考的試題、監理站考駕照的試題…等是不受保護的，但是，其他的試題是不受到限制，仍然受到著作權保護，如托福試題…等。

2-2-4 著作權

我國的著作權理論採二元說，認為著作權應包含著作人格權及著作財產權，此二者係性質相容之複合權。所以在著作權法的第三條中很明確的定義：著作權是指因著作完成所產生之著作人格權及著作財產權。

一、著作人格權

著作人格權係用以保護著作人的名譽、聲望或其他無形的人格利益為標的的權利，它是專屬於著作人本身，不能讓與也不能繼承。對於著作人格權在著作權法第十五條規定：著作人就其著作享有公開發表之權利，且第二十一條中亦規定：著作人格權專屬於著作人本身，不得讓與或繼承。

同時為了防止擁有著作人格權的著作人於死亡後，他人任意公開發表其著作，或變更著作人名稱或內容，在著作權法第十八條中規定：著作人死亡或消滅者，關於其著作人格權之保護，視同生存或存續，任何人不得侵害。但依利用行為之性質及程度、社會之變動或其他情事可認為不違反該著作人之意思者，不構成侵害。

著作人格權的內容，可以分為：公開發表權（Right of Publication）、姓名表示權（Right of Paternity）及同一性表示權（Right of Integrity）。

（一）公開發表權

所謂的公開發表權係指著作人就其著作，擁有可以自行決定是否要公開發表的權利，以及要如何公開發表的權利。因此，在著作權法第十五條中就規定了：著作人就其著作享有公開發表之權利。在著作權法第三條中也對公開發表做一定義，其所稱的公開發表是指權利人以發行、播送、上映、口述、演出、展示或其他方法向公眾公開提示著作內容。

從著作權法的規定中，可以看出著作人有權利決定是不是要讓他的著作公開發表，也包括何時發表他的著作，及用什麼方式發表他的著作…等權利，他人如果未經著作人許可，即擅自發表其著作，即侵害著作權人的公開發表權。

（二）姓名表示權

姓名表示權是指著作人對於著作之原件或其重製物上，或於著作公開發表時，有表示其本名、別名或不具名之權利。因此，著作人可以要求利用著作物的人，在其著作物上表示其姓名的權利，也有要求利用著作物的人不要在著作物上表示其姓名的權利。同時，著作人對其著作所生之衍生著作，亦有相同之姓名表示權。

（三）同一性表示權

著作的同一性表示權在蕭雄淋的研究中又稱為禁止醜化權，目的是在防止損害著作人人格利益的行為，並避免著作人的著作因遭受到違反其意思的刪、改，而損及著作人的名譽或聲譽。在著作權法第十七條中規定：著作人享有禁止他人以歪曲、割裂、竄改或其他方法改變其著作之內容、形式或名目致損害其名譽之權利。

二、著作財產權

著作財產權在著作權法中規定計有：重製權（Reproduce）、公開口述權（Public Recitation）、公開播送權（Public Broadcast）、公開上映權（Public Presentation）、公開演出權（Public Performance）、公開展示權（Public Display）、改作權（Adaptation）及出租權（Rent）等權利，其中重製權、公開展示權及出租權屬於有形利用的權利，公開口述權、公開播送權、公開上映權及公開演出權為無形再現的權利。著作財產權可以自由的轉讓繼承。

（一）重製權

重製權是著作財產權中一項重要的權利，因為著作唯有經過重製以後，才能實現它的經濟價值。在著作權法中所謂的重製是指以印刷、複印、錄音、錄影、攝影、筆錄或其他方法直接、間接、永久或暫時之重複製作。如果對於劇本、音樂著作或其他類似著作，在演出或播送時予以錄音或錄影，或依建築設計圖或建築模型建造建築物者，亦是屬於重製的行為。

在著作權法中對於重製權於第二十二條中規定：著作人除了在著作權法另有規定的情況外，專有重製其著作之權利。表演人專有以錄音、錄影或攝影重製其表演之權利。但是以上的規定，如果於專為網路中繼性傳輸，或使用合法著作，屬技術操作過程中必要之過渡性、附帶性而不具獨立經濟意義之暫時性重製，不適用之。

但電腦程式不在此限,亦即電腦程式仍不適用於暫時性重製。前項網路中繼性傳輸之暫時性重製情形,包括網路瀏覽、快速存取或其他爲達成傳輸功能之電腦或機械本身技術上所不可避免之現象。在這條規定中將前一陣子爭議許久的網路瀏覽所造成的暫時性重製,予以排除。

(二)公開口述權

公開口述是指以言詞或其他方法向公眾傳達著作內容,我們常在聽演講的場合中,聽到主辦單位會告知聽眾爲尊重演講者的智慧財產權,現場禁止錄音,這就是演講者的公開口述權,著作權法第二十三條規定,著作人有公開口述其語文著作之權利。所以,公開口述權只限於語文著作才有這項權利,其他的著作不太可能以公開口述的方式展現。

(三)公開播送權

公開播送指基於公眾直接收聽或收視爲目的,以有線電、無線電或其他器材之廣播系統傳送訊息之方法,藉聲音或影像,向公眾傳達著作內容。由原播送人以外之人,以有線電、無線電或其他器材之廣播系統傳送訊息之方法,將原播送之聲音或影像向公眾傳達者,也是一種公開播送的行爲。

著作人除本法另有規定外,專有公開播送其著作之權利。但是,表演人就其經重製或公開播送後之表演,再公開播送者,不適用前項規定。由於公開播送權係利用廣播電臺、無線電視臺及有線電視的節目播放,所以,語文著作、音樂著作、視聽著作及美術著作等都具有公開播送權。

(四)公開上映權

公開上映指以單一或多數視聽機器或其他傳送影像之方法,於同一時間向現場或現場以外一定場所之公眾傳達著作內容。這裡所定義的「現場或現場以外的一定場所」包含了電影院、交通工具(汽車、飛機…等)、KTV、MTV…等場所。

所以,在著作權法第二十五條中規定:著作人專有公開上映其視聽著作之權利,由法律條文中很明顯的看出,著作財產權中的公開上映權只限於視聽著作才有,其餘類型的著作是沒有公開上映權,而且就算是合法取得之視聽著作,如果沒有取得著作人的同意及授權,也是不能於不特定人進出的場所中公開放映。

（五）公開演出權

公開演出指以演技、舞蹈、歌唱、彈奏樂器或其他方法向現場之公眾傳達著作內容。以擴音器或其他器材，將原播送之聲音或影像向公眾傳達者，亦屬之。在著作權法第二十六條中即規定，著作人除本法另有規定外，專有公開演出其語文、音樂或戲劇、舞蹈著作之權利。

（六）公開展示權

公開展示指向公眾展示其著作的內容，著作權法第二十八條規定：著作人專有公開展示其未發行之美術著作或攝影著作之權利，所以，只有未經發表的美術著作或攝影著作的著作人，才具有公開展示權，享有向公眾展示其著作之權利。

（七）改作權

改作係指以翻譯、編曲、改寫、拍攝影片或其他方法就原著作另為創作，在著作權法第二十八條中規定：著作人專有將其著作改作成衍生著作或編輯成編輯著作之權利。但表演不適用之。

從著作權法的規定中可以看出，著作人對於其著作，擁有翻譯成其他國家語言的權利、重新編曲的權利、將小說改寫成電影或電視劇本或將小說拍成電影…等權利。

（八）出租權

出租係指將著作物或其重製物給他人使用而收取租金的行為，著作權法第二十九條規定：著作人除本法另有規定外，專有出租其著作之權利。表演人就其經重製於錄音著作之表演，專有出租之權利。可見出租權為著作人專有的一個權利，但是，在著作權法的第二十九條中也有一個但書存在，就是如果另有規定外出租權也會排除適用。

考量所有合法的重製物都需要由著作人同意才可以出租，將會影響到著作物的流通，所以，在著作權第六十條中又規定了，著作原件或其合法著作重製物之所有人，得出租該原件或重製物。由於著作權法第六十條的規定，使得我們可以到十大書坊去租書、到百事達去租錄影帶。

但者量錄音及電腦程式著作，重製非常容易，為避免有心人士利用租賃的方式，達到使用的目的，而不再花錢購買，所以，在著作權法的第六十條中有一個但

書，規定錄音及電腦程式的所有人，不可以將其所擁有的錄音或電腦程式著作予以出租，除此之外，合法取得著作物原作或其重製物的所有人，均可不需經著作人的授權，即可出租該重原著或重製物。

由於科技的發展，很多的電器用品或機器都需要以電腦控制其功能，也需要所謂的驅動程式或控制程式…等，以使其能順利的運作，所以，在著作權法第六十條中規定：附含於貨物、機器或設備之電腦程式著作重製物，隨同貨物、機器或設備合法出租且非該項出租之主要標的物者，不適用六十條但書之規定。也就是說，如果電腦程式必須要隨著機器設備一同出租時，且出租的標的是機器而非軟體時，則電腦程式是可以隨著機器一起出租。

以上所述之著作權的保護標的與其著作財產權間的關係，為方便讀者的閱讀與查閱，本書將之整理如表2-4所示，其中表內打「✓」者係表示該著作權保護標的，可享有該著作財產權之保護。

表2-4 著作財產權標的與其所受保護關係表

	重製	公開口述	公開播送	公開上映	公開演出	公開展示	改作	出租
語文著作	✓	✓	✓		✓		✓	✓
音樂著作	✓		✓		✓		✓	✓
戲劇舞蹈著作	✓				✓			✓
美術著作	✓		✓			✓	✓	✓
攝影著作	✓					✓	✓	✓
圖形著作	✓						✓	✓
視聽著作	✓		✓	✓			✓	✓
錄音著作	✓						✓	
建築著作	✓						✓	✓
電腦程式著作	✓						✓	

2-2-5 著作權的限制

著作權的立法目的在保障著作人著作權益，調和社會公共利益，促進國家文化發展，既是爲了調和社會公益、促進文化發展，就必須要對其權利加以某種程度的限制。

一、保護期限

著作人的創作係植基於前人的努力，所以，如果對於著作人的創作無限制的保護，將會影響到人類文化的發展，因此，在著作權法中將著作人的著作財產權予以一定期限的保護，超過了保護期限，則該著作即成爲公共財（Public Domain），任何人都可以加以利用。

我國著作權法對於著作財產權的保護期限，係根據伯恩公約規定，在著作人完成著作時即享有著作權。著作物的著作財產權，除著作權法另有規定外，存續於著作人之生存期間及其死亡後50年。至於共同著作之著作財產權，則是存續至最後死亡之著作人死亡後50年。

如果著作是以別名或不具名之著作，其著作財產權，則是存續至著作公開發表後50年。但是，如果可以證明其著作人死亡已逾50年者，其著作財產權消滅。這項規定，對於著作人之別名爲眾所周知者，不適用之。

對於以法人爲著作人之著作，則是以著作的公開發表爲基準，其著作財產權存續至其著作公開發表後50年。但著作在創作完成時起算50年內未公開發表者，其著作財產權存續至創作完成時起50年。而攝影、視聽、錄音及表演之著作財產權皆存續至著作公開發表後50年。

二、自由利用

著作人的創作雖然是他自己努力的結果，但是，著作人的努力還是需要受到其他文化的影響，所以，在給予著作財產權保護的同時，也需要給予些許的限制，使得著作人的創作在能在一定的範圍內，供其他人在某種限制下得以自由利用。

所以爲了保護著作人的著作財產權，並兼顧到調和公共利益，在著作權法中對著作財產權亦有合理使用（Fair Use）的限制，准許在必要時，可以在合理範圍內重製他人的著作。在著作權法中對於著作的合理使用有以下的限制：

（一）立法或行政目的

為了讓政府執行公權力的機關能夠順利正常的運作，著作權法中特別允許中央或地方各級的機關，因為立法或行政的目的，在一定的範圍內可以不須經過著作人的同意，重製其著作。

在著作權法第四十四條中規定：中央或地方機關，因立法或行政目的所需，認為有必要將他人著作列為內部參考資料時，在合理範圍內，得重製他人之著作。但依該著作之種類、用途及其重製物之數量、方法，有害於著作財產權人之利益者，不在此限。

（二）司法程序所需

著作權法的目的在保護著作人的權益，同樣的，為了司法判決所需，在著作權法第四十五條中亦規定：專為司法程序使用之必要，在合理範圍內，得重製他人之著作。允許特定在司法程序中有需要時，可以重製他人的著作。在重製時其重製的數量及方法，不能損害著作財產權人的利益。

（三）學校教育所需

教育的目的在傳播知識，而著作權的目的即是保障著作人著作權益，調和社會公共利益，促進國家文化發展，所以，如果給予教育行為太多的限制，又會影響到教育工作的進行，使整體的社會公益及文化發展受到影響。因此，在著作權法中基於學校授課及教育的目的，同意可以在一定條件下，不需經過著作人的同意而合理使用其著作。

在著作權法第四十六條中規定：依法設立之各級學校及其擔任教學之人，為學校授課需要，在合理範圍內，得重製他人已公開發表之著作。所以，根據著作權法第四十六條，學校及教師可以因為教學的需要，而重製他人已發表的論文供學生研讀。

同時為了教育的目的，可以將他人已經公開的著作，不需要經過著作權人的同意即收錄在教科書中，在著作權法第四十七條規定：為編製依法令應經教育行政機關審定之教科用書，或教育行政機關編製教科用書者，在合理範圍內，得重製、改作或編輯他人已公開發表之著作。而且這項規定，於編製附隨於該教科用書且專供教學之人教學用之輔助用品，準用之。也就是說目前隨書附贈給教師的教師手冊

或教學投影片，也可以不需著作人同意，將之引用，但以上的這些行為以該教科用書編製者編製為限。

在資訊科技日益進步的今日，為了達到終身學習的目的，不論是同步抑或非同步的遠距教學目前都已相當普遍，基於教育的目的，在著作權第四十七條也規定：依法設立之各級學校或教育機構，為教育目的之必要，在合理範圍內，得公開播送他人已公開發表之著作。

為使身心障礙者能及時接觸資訊，著作權法於2014年1月7日修訂時，考量無障礙格式版本著作製作及取得不易，特將第五十三條修訂為：中央或地方政府機關、非營利機構或團體、依法立案之各級學校，為專供視覺障礙者、學習障礙者、聽覺障礙者或其他感知著作有困難之障礙者使用之目的，得以翻譯、點字、錄音、數位轉換、口述影像、附加手語或其他方式利用已公開發表之著作。

第五十三條第一項中所稱的障礙者或其代理人為供該障礙者個人非營利使用，也準用第一項的規定。而且依規定製作之著作重製物，得於所規定的障礙者、中央或地方政府機關、非營利機構或團體、依法立案之各級學校間散布或公開傳輸。

（四）學術研究目的

著作權法的目的在調和社會公益、促進文化發展，所以，為了學術研究的目的，在第四十八條中也規定：供公眾使用之圖書館、博物館、歷史館、科學館、藝術館或其他文教機構，於下列情形之一，得就其收藏之著作重製之：

1. 閱覽人供個人研究之要求，重製已公開發表著作之一部分，或期刊或已公開發表之研討會論文集之單篇著作，每人以一份為限。
2. 基於保存資料之必要者。
3. 就絕版或難以購得之著作，應同性質機構之要求者。

而在第四十八條之一中亦規定：中央或地方機關、依法設立之教育機構或供公眾使用之圖書館，得重製下列已公開發表之著作所附之摘要：

1. 依學位授予法撰寫之碩士、博士論文，著作人已取得學位者。

2. 刊載於期刊中之學術論文。

3. 已公開發表之研討會論文集或研究報告。

其次，為了研究的目的，著作權法第五十二條規定：為報導、評論、教學、研究或其他正當目的之必要，在合理範圍內，得引用已公開發表之著作。引用他人已公開發表之著作時，需依著作權法第六十四條中規定，應標明引用著作之出處及著作人的資料。

（五）時事報導及資訊流通

為了不要因為對著作權的保護，而阻礙資訊的傳遞與流通，影響到一般大眾知的權利，在時事報導方面，著作權法第四十九條規定：以廣播、攝影、錄影、新聞紙、網路或其他方法為時事報導者，在報導之必要範圍內，得利用其報導過程中所接觸之著作。但這項規定僅限於對時事的報導，如果不是時事報導，則仍然需要著作權人的同意。

至於著作如果是揭載於新聞紙、雜誌或網路上有關政治、經濟或社會上時事問題之論述，著作權法第六十一條規定得由其他新聞紙、雜誌轉載或由廣播或電視公開播送，或於網路上公開傳輸。但經註明不許轉載、公開播送或公開傳輸者，不在此限。

如果著作是以中央或地方機關或公法人之名義公開發表，為了達到廣為人知的目的，在著作權法第五十條規定：於合理範圍內，得重製、公開播送或公開傳輸。但是，如果專就某一特定人之演說或陳述，編輯成編輯著作時，依著作權法第六十二條，應該要先經過著作財產權人之同意。

（六）個人非營利使用目的

基於科技的進步，重製的行為將會日益方便、普遍，特別是個人的重製行為及需要性亦隨之增加，所以，在著作權法第五十一條規定：供個人或家庭為非營利之目的，在合理範圍內，得利用圖書館及非供公眾使用之機器重製已公開發表之著作。依該條的規定，個人或家庭非營利的目的的重製，只能利用圖書館及非供公眾使用之機器為之。

（七）考試目的

著作權法第五十四條規定：中央或地方機關、依法設立之各級學校或教育機構辦理之各種考試，得重製已公開發表之著作，供為試題之用。但已公開發表之著作如為試題者，不適用之。

（八）非營利使用

為促進公共利益與文化交流，著作權法中也允許公益活動中使用他人的著作，第第五十五條規定：非以營利為目的，未對觀眾或聽眾直接或間接收取任何費用，且未對表演人支付報酬者，得於活動中公開口述、公開播送、公開上映或公開演出他人已公開發表之著作。

（九）文化的保存與傳播

文化資產的累積是文化進步的基石，所以，在著作權法中對於文化的保存及傳播，都特別允許在一定條件之下，可以重製他人的著作。首先，在第五十六條規定：廣播或電視，為公開播送之目的，得以自己之設備錄音或錄影該著作。但以其公開播送業經著作財產權人之授權或合於本法規定者為限。而且這項錄製物除經著作權專責機關核准保存於指定之處所外，應於錄音或錄影後六個月內銷燬之。同時，為加強收視效能，得以依法令設立之社區共同天線同時轉播依法設立無線電視臺播送之著作，不得變更其形式或內容。

對於美術著作與攝影著作的重製，著作權法第五十七條也規定：美術著作或攝影著作原件或合法重製物之所有人或經其同意之人，得公開展示該著作原件或合法重製物。經過同意而從事公開展示之人，為向參觀人解說著作，得於說明書內重製該著作。

如果是於街道、公園、建築物之外壁或其他向公眾開放之戶外場，所長期展示之美術著作或建築著作，為了不要侵害著作人的經濟利益，著作權法第五十八條規定除下列情形外，得以任何方法利用之：

1. 以建築方式重製建築物。
2. 以雕塑方式重製雕塑物。
3. 為於第五十八條規定之場所長期展示目的所為之重製。
4. 專門以販賣美術著作重製物為目的所為之重製。

（十）電腦程式的限制

著作財產權人對於其著作之原件或合法重製物之散布權（Right of Distribution），係採權利耗盡原則（The Doctrine of Exhaustion），又稱第一次銷售原則（The First Sale Doctrine），意即著作財產權人對於其著作原件或合法重製物之散布權，於第一次出售時或因其他的原因而將所有權轉移給他人後，其對於該著作物或其合法重製物之所有權即耗盡，此時擁有該著作原件或合法重製物之所有人，得以自行進行出租、出售…等處分行為，原著作財產權人不得再對其主張散布權。

權利耗盡原則依其範圍不同，又可分為全球耗盡（Global Exhaustion）或國際耗盡（International Exhaustion）及區域耗盡（Regional Exhaustion）或國家耗盡（Na-tional Exhaustion）。全球耗盡或國際耗盡指著作物一旦因為出售或其他原因而轉移了所有權，其散布權即已在國內、外全部耗盡，不得再於其他的地方主張或請求保護。區域耗盡或國家耗盡則是採屬地主義，權利的耗盡只在特定的區域，在該區域之外的地區，著作財產權人仍可主張其權利。

> **例**
>
> 董哥在書局中購買了一本吳思華教授所著之「策略九說」，基於權利耗盡原則，則董哥即為該合法重製物之所有人，可以自由處分該書，這裡的處分包括轉賣、出租…等，不需要再徵求著作人同意。
>
> 但是，如果董哥是購買微軟公司（Microsoft）的Windows8作業系統，則他就不能因為主張權利耗盡原則，而將其所購之軟體出租給余姐，因為董哥的出租行為，使得他人可以用較低的價格達到使用的目的，而降低購買意願，進而損害了著作權人的經濟利益，因此，在著作權法第六十條特別規定電腦程式著作是不可以出租的。

電腦程式著作除了有出租的限制外，對於程式的修改、備份，在著作權法中也有相關的規定，在第五十九條中規定：擁有合法電腦程式著作重製物之所有人，得因配合其所使用機器之需要，修改其程式，或因備用存檔之需要重製其程式。但是以上這些修改及備份的重製，僅限於該所有人自行使用，如果所有人喪失原重製物之所有權時，除經著作財產權人同意外，應將其修改或重製之程式銷燬之。

三、合理使用的判斷標準

著作權法的目的在保障著作權人的權利，並促進社會的進步，爲了怕過度的保護著作人的權利，而使得學術及文化的發展與知識的傳遞受到阻礙，因此，有了所謂合理使用的理論，在上一小節中已經討論了合理使用的各種情形，但是，什麼樣的使用程度才屬於對著作的合理使用？什麼樣的行爲不屬於合理使用？而有侵害之虞。

對於著作物的合理使用與否之判斷，在著作權法第六十五條中規定：著作之利用是否合於第四十四條至第六十三條所定之合理範圍或其他合理使用之情形，應審酌一切情狀，尤應注意下列事項，以爲判斷之基準：

1. 利用之目的及性質，包括係爲商業目的或非營利教育目的。
2. 著作之性質。
3. 所利用之質量及其在整個著作所占之比例。
4. 利用結果對著作潛在市場與現在價值之影響。

2-2-6 著作權的異動

在著作權法的第三條中規定了著作權包含了著作人格權及著作財產權，其中著作人格權在第二十一條中明定係專屬於著作人本身，不得與或繼承，至於著作財產權，在著作權法第三十六條第一項中亦明確的說明：著作財產權得全部或部分讓與他人或與他人共有。

由於著作物的著作人格權與著作財產權是分離的，因此，一著作物的著作人格權與著作財產權可能分屬於不同的人，而著作財產權又可以全或部分讓與他人或與他人共有，致使一個著作物又可能有多人擁有其著作財產權。本節將針對著作財產權因轉讓、繼承、授權等原因造成的異動進行說明。

一、讓與、繼承

著作財產權計有：重製權、公開口述權、公開播送權、公開上映權、公開演出權、公開展示權、改作權及出租權等權利，在著作權法第三十六條第一項中規定著作財產權得全部或部分讓與他人或與他人共有，既然著作權法中規定可以將著作

財產權部分讓與他人，就必須要非常小心，讓與的人應注意其所讓與的是哪一部分的權利，被讓與的人也要知道自己可以實行哪些權利，以免日後有侵權的爭議。

[例]

> 董哥畫了一幅素描送給小恩恩，並且將這美術著作之公開展示權讓與給小恩恩，但董哥仍保有其他的著作財產權，則日後董哥即使行使其重製權，該重製的著作也無法公開展示。同樣的，小恩恩擁有的是該素描的公開展示權，他也不能任意在未獲董哥同意前，將該素描予以重製。
>
> 從另一角度來看，如果董哥把素描送給小恩恩，同時只把素描的重製權讓與給小恩恩，則將來董哥就不能重製該素描，但是還擁有其他的權利，日後小恩恩即使重製該素描，也不能在未經董哥的允許下予以公開展示。如果未來大眼妹看到該素描後非常喜歡，想要予以重製珍藏，因為董哥對該素描已無重製權，故需經過擁有重製權的小恩恩同意，才可將其畫作重製後收藏。

從上面的案例中可以看出著作財產權既然可以自由的予以分割、讓與，為了日後對於權利的行使不造成困擾，在著作權法的第三十六條第二項中也明確的說明了：著作財產權之受讓人，在其受讓範圍內，取得著作財產權，也就是說，未讓與的範圍是沒有著作財產權的。

為了爾後不造成權利行使的爭議，在同條第三項中也規定：著作財產權讓與之範圍依當事人之約定；其約定不明之部分，推定為未讓與。準此，讓與人與受讓人在訂定讓與契約時，必須將著作財產權的讓與範圍定清楚，否則在發生爭議需主張權利時，約定不明的部分為被推定為未讓與，而造成權利的損害。

著作權法第三十條規定著作財產權存續的期間為著作人之生存期間及其死亡後50年，既然在著作權人死亡後50年仍擁有著作權，自然由其繼承人依民法相關規定繼承其權利，直至權利消滅為止。

一、授權

既然著作財產權是可以分割，著作財產權人可以自行行使其權利，有時候為了擴大其著作流通量，亦考量授權他人利用其著作。再以前面的例子予以說明，董哥看上小恩恩的行銷能力，於是將素描授權給小恩恩在中國大陸地區重製1,000份銷售，如果在契約中訂定時間只有一年，則一年後小恩恩就沒有該項權利了。

因應著作物授權的需要,在著作權法第三十七條中規定:著作財產權人得授權他人利用著作,其授權利用之地域、時間、內容、利用方法或其他事項,依當事人之約定,同樣的,如果其約定不明之部分,則會被推定為未授權。前述董哥將著作物授權小恩恩在中國大陸地區重製1,000份銷售一年,即是對授權利用之地域、時間、內容、利用方法…等進行約定。

授權又可分為專屬授權(Exclusive Licensee)與非專屬授權(Non-exclusive Licensee),專屬授權是指被授權人在被授權範圍內,得以著作財產權人之地位行使權利,並得以自己名義為訴訟上之行為,而著作財產權人在專屬授權範圍內,不得行使權利。非專屬授權則是將著作物的著作財產權授權多人行使,其被授權人非經著作財產權人同意,不得將其被授與之權利再授權第三人利用。

接續前面的例子,如果董哥將中國大陸的重製及銷售權利,專屬授權給小恩恩,則董哥本身也不能在該地區內從事重製銷售之行為,將來大眼妹如果在中國大陸地區從事重製該著作的行為,小恩恩可以對大眼妹提起訴訟,請求損害賠償。如果當初董哥係將權利以非專屬權的方式,授權給小恩恩,則將來有一天大眼妹看到中國大陸的市場一片大好,也可以向董哥要求非專屬授權,在同一地區進行重製與銷售。

2-2-7 著作權的侵害與救濟

著作權是一種權利,本節將討論著作權人的權利遭侵害的態樣與尋求救濟的途徑。

一、著作權的侵權態樣

著作權分為著作人格權與著作財產權,所以,在討論著作權的侵權態樣時,也可以分為著作人格權的侵害與著作財產權的侵害二方面來討論。

(一)侵害著作人格權

著作人格權包含了公開發表權、姓名表示權及同一性保持權,因此,其權利遭侵害的態樣也可以分為三部分。

1. 公開發表權:著作權法規定著作人對其著作享有公開發表之權利,也就是說,著作權人對其著作可以公開發表,也可以不公開發表,因此,如果將他人不想公開發表的著作予以公開發表,即侵害了著作權人的公開發表權。

例

　　某日小邱寫了一封文情並茂的情書給大眼妹表達愛慕之意，小邱擁有該著作之公開發表權，如果這封情書被小玲拿到公布欄公布給大家看，則小玲的行為就侵害了小邱對著作的公開發表權。

2. 姓名表示權：著作人對於著作之原件或其重製物上或於著作公開發表時，有表示其本名、別名或不具名之權利。以前一小節的例子來看，董哥將其素描原件贈與小恩恩，同時同意其公開發表，則小恩恩在公開發表董哥的素描時，需將董哥的姓名依其意願以本名或別名表示，如果小恩恩以其自己的名字發表，即侵害了董哥的姓名表示權。

3. 同一性表示權：著作人對於其著作，享有禁止他人以歪曲、割裂、竄改或其他方法改變其著作之內容、形式或名目致損害其名譽之權利。近日來電視名嘴汪笨湖先生與立法委員沈富雄先生二人隔空交戰的新聞，鬧得沸沸揚揚，占據多日媒體新聞的版面，如果評論者僅憑其自己的想法予以斷章取義的報導，則有侵害二人同一性保持權之虞。

（二）侵害著作財產權

　　著作財產權在著作權法中規定計有：重製權、公開口述權、公開播送權、公開上映權、公開演出權、公開展示權、改作權及出租權等權利，在第二十二條到第二十九條之間，對於這些權利的權限也做了規範。其侵權的態樣首先是未經著作財產權人的同意授權，即從事重製、公開口述、公開播送、公開上映、改作、出租⋯等行為。

　　其次是超出授權範圍外之利用，如前一小節中所舉的例子，董哥只授權小恩恩在中國大陸地區重製其畫作1,000份出售，小恩恩看到市場前景一片看好，於是重製了2,000份出售，則這多出的1,000份即是超出原授權範圍的利用，亦為侵權的一種態樣。

　　除此之外，在著作權法第八十七條中亦臚列侵害著作權的行為：

1. 以侵害著作人名譽之方法利用其著作者。
2. 明知為侵害製版權之物而散布或意圖散布而公開陳列或持有者。
3. 輸入未經著作財產權人或製版權人授權重製之重製物或製版物者。
4. 未經著作財產權人同意而輸入著作原件或其國外合法重製物者。
5. 以侵害電腦程式著作財產權之重製物作為營業之使用者。

6. 明知爲侵害著作財產權之物而以移轉所有權或出租以外之方式散布者，或明知爲侵害著作財產權之物意圖散布而公開陳列或持有者。

7. 未經著作財產權人同意或授權，意圖供公衆透過網路公開傳輸或重製他人著作，侵害著作財產權，對公衆提供可公開傳輸或重製著作之電腦程式或其他技術，而受有利益者。

二、救濟途徑

著作權人對於著作權遭他人不法侵害後，可以依著作權法採取民事救濟，也可以依民法、民事訴訟法、仲裁法…等相關法律，以非訟途徑尋求救濟。

（一）非訟途徑

非訟途徑的救濟係依民法、民事訴訟法、仲裁法…等相關法律爲之，可分和解、仲裁及調解三類。

1. 和解：和解可以分爲民法上的和解與訴訟上的和解，民法上的和解有使當事人所拋棄的權利消滅及使當事人取得和解契約所明定權利之效力，著作權的權利人與侵害依民法上的和解，達成協議即可消除紛爭。訴訟上的和解則是當事人在訴訟繫屬中，在受訴法院受命法官或受託法官前約定相互讓步以終止爭執，或防止爭執發生，並合意終結訴訟，其結果與判決確定同效。

2. 仲裁：著作權的侵權糾紛，除了可在法院中尋求和解外，也可以依仲裁法，以仲裁的方式進行，仲裁的結果與法院判決確定同樣的效果。

3. 調解：各鄉鎮市都設有調解委員會，經過調解委員會的調解後，經過法院核定就具有判決確定的效力，日後當事人對於該事件不得再行起訴、告訴或自訴。

（二）民事救濟

對於著作權的侵害，除了可以利用上述的非訟途徑尋求救濟外，在著作權法第八十四條至第九十條中亦訂有相關的救濟方式，著作權侵害的救濟的方法不外乎是排除侵害與損害賠償。

1. 排除侵害：著作權法第八十四條規定：著作權人或製版權人對於侵害其權利者，得請求排除之，有侵害之虞者，得請求防止之。當著作權人發現他人侵害其權利時，著作權法第一百零三條中規定，司法警察官或司法警察對侵害他人之著作權或製版權，經告訴、告發者，得依法扣押其侵害物，並移送偵辦。因

此，我們常常可以在電視新聞中看到檢察官指揮警察、憲兵、調查人員等具司法警察身分者，破獲盜錄光碟業者，即是協助合法業者維護其著作權。

在第八十四條中除了對侵害權利者可以請求排除外，對於有侵害之虞者，也可以請求防止之，準此，在第九十條之一第一項即規定：著作權人或版權人對輸入或輸出侵害其著作權或製版權之物者，得申請海關先予查扣。即是在防止著作權被侵害。

2. 損害賠償：對於著作人格權的侵害，其損害賠償包含了名譽回復與金錢賠償，在金錢的賠償方面，著作權法第八十五條第一項中規定：侵害著作人格權者，負損害賠償責任，而且就算沒有財產上之損害，被害人亦得請求賠償相當之金額。至於回復名譽，同條第二項規定：被害人並得請求表示著作人之姓名或名稱、更正內容或為其他回復名譽之適當處分。第八十九條中亦規定：被害人得請求由侵害人負擔費用，將判決書內容全部或一部登載新聞紙、雜誌。

至於對著作財產權的侵害，在著作權法第八十八條中規定：因故意或過失不法侵害他人之著作財產權或製版權者，負損害賠償責任。數人共同不法侵害者，連帶負賠償責任。也就是說，如果不是因為故意或過失不法侵害，是不需負損害賠償之責。

對侵害人的損害賠償，被害人可以從下面選擇一種方式進行：

(1) 依民法第二百十六條之規定請求。但被害人不能證明其損害時，得以其行使權利依通常情形可得預期之利益，減除被侵害後行使同一權利所得利益之差額，為其所受損害。

(2) 請求侵害人因侵害行為所得之利益。但侵害人不能證明其成本或必要費用時，以其侵害行為所得之全部收入，為其所得利益。

如果被害人不易證明其實際損害金額，也可以請求法院依侵害情節，在新臺幣1萬元以上100萬元以下酌定賠償額。如損害行為屬故意且情節重大者，賠償額得增至新臺幣500萬元。

要注意的是不論是著作財產權或是著作人格權遭到侵害，其損害賠償請求權，自請求權人知有損害及賠償義務人時起二年間不行使就會消滅，而無法再行求償。或者是自有侵權行為時起，超過十年者亦無法再行求償，這是需要注意的。

三、網路服務免責條款

由於網路複製與傳輸技術之便捷，造成侵權行為的盛行，而此類侵害行為不僅件數龐多，且具擴散特性，著作權人實難對侵害者逐一進行法律訴追，因此，嚴重衝擊著作權及製版權之保護。

對網路服務提供者（Internet Service Provider, ISP）而言，各類侵權行為皆係透過其提供之服務，予以遂行，因此，各類網路服務提供者亦常常需面對被告侵權之訴訟風險，凡此種種皆不利於網路產業之發展。

在2009年著作權法修訂時，即增訂第六章之一網路服務提供者之民事免責事由，建立網路服務提供者的責任避風港。該章共有第九十條之四至第九十條之十二等九條條文。其所規範的網路服務提供者包括：連線服務提供者（Connection Service Provider）、快存取服務提供者（Caching Service Provider）、資訊儲存服務提供者（Information Storage Service Provider）及搜尋服務提供者（Search Service Provider）。

所謂連線服務提供者指透過所控制或營運之系統或網路，以有線或無線方式，提供資訊傳輸、發送、接收，或於前開過程中之中介及短暫儲存之服務者。快速存取服務提供者係應使用者之要求傳輸資訊後，透過所控制或營運之系統或網路，將該資訊為中介及暫時儲存，以供其後要求傳輸該資訊之使用者加速進入該資訊之服務者。

資訊儲存服務提供者指透過所控制或營運之系統或網路，應使用者之要求提供資訊儲存之服務者。搜尋服務提供者則是提供使用者有關網路資訊之索引、參考或連結之搜尋或連結之服務者。

只要網路服務提供者能符合下列規定，即可適用免責條款：

1. 以契約、電子傳輸、自動偵測系統或其他方式，告知使用者其著作權或製版權保護措施，並確實履行該保護措施。

   (1) 契約方式：訂定使用者約款，載明使用者應避免侵害他人著作權或製版權，及使用者如涉有侵害他人著作權或製版權時，網路服務提供者得為之處置方式，並將此等約款納入各種網路服務相關契約中。

(2) 電子傳輸方式：網路服務提供者在使用者上傳或分享資訊時，可以用跳出視窗提醒上傳或分享之使用者，必須取得合法授權，始得利用該服務等訊息，以提醒使用者避免侵害他人著作權或製版權。

(3) 自動偵測系統：可使用自動或半自動之偵測或過濾侵害著作權或製版權內容之技術。

(4) 其他方式：其他方式係指除了上所述的方式，如設置專人處理著作權或製版權侵害之檢舉事宜，並在具體個案中積極協助釐清是否涉有侵權之爭議。

2. 以契約、電子傳輸、自動偵測系統或其他方式，告知使用者若有三次涉有侵權情事，應終止全部或部分服務。

3. 公告接收通知文件之聯繫窗口資訊。

4. 執行第三項之通用辨識或保護技術措施。

　　至於免責條款的內容，將視不同的網路服務提供者所提供之服務內容而有所不同。

　　對連線服務提供者而言，只要符合以下二個條件，對其使用者侵害他人著作權或製版權之行為，即可不負賠償責任：

1. 其所傳輸資訊係由使用者所發動或請求。

2. 資訊傳輸、發送、連結或儲存，係經由自動化技術予以執行，且連線服務提供者未就傳輸之資訊為任何篩選或修改。

　　對快速存取服務提供者，只要符合以下三個條件，對其使用者侵害他人著作權或製版權之行為，即可不負賠償責任：

1. 未改變存取之資訊。

2. 於資訊提供者就該自動存取之原始資訊為修改、刪除或阻斷時，透過自動化技術為相同之處理。

3. 經著作權人或製版權人通知其使用者涉有侵權行為後，立即移除或使他人無法進入該涉有侵權之內容或相關資訊。

　　資訊儲存服務提供者只要符合以下三個條件，對其使用者侵害他人著作權或製版權之行為，即可不負賠償責任：

1. 對使用者涉有侵權行為不知情：所謂「不知情」，包含：對具體利用其設備、服務從事侵權一事確不知情及不瞭解侵權活動至為明顯之事實或情況者。

2. 未直接自使用者之侵權行為獲有財產上利益：未直接自使用者之侵權行為獲有財產上利益，係指網路服務提供者之獲益與使用者之侵權行為間不具有相當因果關係。而財產上利益，指金錢或得以金錢計算之利益，如廣告收益及會員入會費均屬之。

提供網拍的平臺，對使用者收取費用，該等費用之收取係使用者使用其服務之對價，不論使用者所販買的是合法或是非法的商品，一律收取費用，這種行為則難以認定其係直接自侵權行為獲有財產上利益。

而網路服務提供者之廣告收益，則是需要視個案決定是否為直接獲自侵權行為的利益。如其提供之所有服務中，侵權活動所占之比率甚微時，則難認定該廣告收益係屬直接自使用者侵權行為所獲之財產上利益。反之，若其提供之所有服務中，侵權活動所占之比率甚高時，則該廣告收益即可能構成直接自使用者侵權行為獲有財產上利益。

3. 經著作權人或製版權人通知其使用者涉有侵權行為後，立即移除或使他人無法進入該涉有侵權之內容或相關資訊。

搜尋服務提供者只要符合以下三個條件，對其使用者侵害他人著作權或製版權之行為，即可不負賠償責任：

1. 對所搜尋或連結之資訊涉有侵權不知情。

2. 未直接自使用者之侵權行為獲有財產上利益。

3. 經著作權人或製版權人通知其使用者涉有侵權行為後，立即移除或使他人無法進入該涉有侵權之內容或相關資訊。

至於網路服務提供者自行移除侵權者的侵權內容或相關資訊的行為，只要符合以下條件，則不需負賠償責任：

1. 依著作權法第九十條之六至第九十條之八之規定，移除或使他人無法進入該涉有侵權之內容或相關資訊。

2. 知悉使用者所為涉有侵權情事後，善意移除或使他人無法進入該涉有侵權之內容或相關資訊。

2-3 商標權

　　二岸關係日漸和緩，貿易往來也愈來愈多，隨之而來的商標侵權糾紛，也開始在二岸間蓬勃發展。2005年8月間大陸的三一汽車集團以「SANY及圖」商標（圖2-2），指定用在大客車、卡車、小汽車等15種類型車商品的商標，向經濟部智慧財產局申請商標註冊獲准。

圖2-2　三一汽車商標

　　BENZ車的製造商德商戴姆勒公司認爲：三一集團的商標與該公司BENZ車的5種商標近似，於是向智慧局申請評定。2008年5月間經濟部智慧財產局評定原核准給三一集團的商標，應予撤銷。三一集團不服評定，於訴願不成後，逐提起行政訴訟。

　　本案經上訴至最高行政法院，最高行政法院認爲賓士車及其商標在1968就在臺灣取得商標權，該商標在臺灣使用期間很長久，使用範圍也很廣泛，已廣爲我國相關消費者所熟悉。而三一集團的商標，則是在2007年才經經濟部智慧財產局核准註冊，在臺灣還沒有普遍使用，難以認定這兩公司的商標在臺已併存多年。因此，裁定上訴駁回。

　　爲了加入世界貿易組織（World Trade Organization, WTO），在多次的中美貿易諮商談判中，媒體所報導與談論的焦點大多放在專利權及著作權上，而較少談到商標權的問題，其實在智慧財產權的領域中，除了大家所熟知的專利權與著作權外，還有其他的部分，在本節中將先討論商標權。商標法在最近幾年中亦歷經多次的修訂，目前所使用的是在2011年5月31日立法院三讀通過，2011年6月29日總統令修正公布，2012年7月2日施行的版本。

　　商標是由文字、圖形、記號、顏色、立體形狀、動態、全像圖、聲音等，或其聯合式所組成，同時應足以使商品或服務之相關消費者認識其爲指示商品或服務來源，並得藉以與他人之商品或服務相區別。

商標的所有人為了行銷的目的，可以將商標用於商品、服務或其有關之物件，或利用平面圖像、數位影音、電子媒體或其他媒介物足以使相關消費者認識其為商標。所以，一個在消費者心目中有好印象的商標，對企業的商譽（Goodwill）而言，是有加分的作用，世界上各知名的企業對於維護其商標的價值，都是不遺餘力的。

商標權與專利權一樣必須要經過申請及審核程序才能擁有權利，經過多年的推廣，國內企業對於保護智慧財產權的觀念逐漸增強，根據經濟部智慧財產局對於商標的申請與核准之案數統計如圖 2-3 所示。

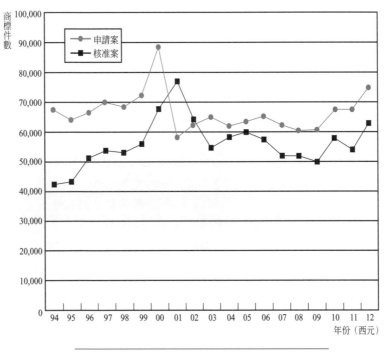

圖2-3　國內商標申請及核准案件統計圖

從圖2-3中可以發現商標申請案，每年約維持在60,000～70,000件之間，唯在2000年則突然暴增至88,002件，研判其可能的原因是1998年修訂商標規費收費準則，並自2001年起實施，收費標準大幅提升，造成各家廠商趨在調整規費前搶先註冊，2001年以後的商標申請案亦成穩定的成長。

商標的核准案件數每年亦維持約在50,000件～60,000件之間，2001年達到高峰，是因為在2000年時申請增多所致。由圖中亦可發現商標的核准時間約落後申請案一年。

再依經濟部智慧財產局所公布的資料顯示，以國內商標的申請及核准案做統計，其結果如表2-5所示，在2012年，國內商標的申請與核准案都以我國為最多，其次是日本及美國。值得注意的是中國大陸的企業已經注意到商標權的重要性，其在2012年於我國內申請的商標案已有約2,500件，排名第四名，香港地區的商標申請案數也有約1,100件，由這些統計中可以看的出來，他們對於商標權已經開始重視了。

表2-5　2012年商標申請案及公告註冊前10名國家統計表

排名	申請案	件數	公告註冊	件數
1	中華民國	55,696	中華民國	45,659
2	日本	4,270	日本	3,619
3	美國	3,841	美國	3,570
4	中國大陸	2,544	中國大陸	2,061
5	香港	1.095	德國	889
6	德國	823	香港	812
7	法國	718	法國	660
8	瑞士	715	瑞士	611
9	南韓	611	南韓	538
10	英國	594	英國	444

商標法立法的目的是為保障業者的商標權、證明標章權、團體標章權、團體商標權及消費者利益，並維護市場公平競爭，以促進工商企業正常發展，同時必須經過申請、審核及註冊的程序，才能擁有該商標的使用權。

2-3-1 商標註冊

一、註冊

商標必須經過註冊後，才能擁有權利，對於商標的註冊，在商標法第十九條中規定：申請商標註冊時，必須由申請人備具申請書，並在申請書中載明申請人、商標圖樣、指定使用之商品或服務及其類別，向商標專責機關經濟部智慧財產局申請。

對於聲音商標及立體形狀商標，因為涉及商標審查及註冊之公告，所以為了能明確的表示，應限定須以視覺可感知之圖樣表示之，例如聲音可以五線譜或其他表現音符之方式，立體形狀商標以透視圖或其他繪圖方式表示之。因此，在同條的第三項中亦規定了申請人欲申請註冊的商標圖樣，應以清楚、明確、完整、客觀、持久及易於理解的方式呈現。

我國的商標法採先申請主義，所以，當糾紛產生時，商標的申請日也就非常重要了，商標法的第十九條第二項中對於商標申請日，律定以提出申請書當日為申請日。商標申請人在申請商標註冊時，應依商標法施行細則所規定之商品及服務分類表，指定使用商標的商品類別及名稱。

在舊的商標法中規定一件商標申請案，只能申請一種類別的商品或服務，這種做法造成了申請中相當的不便，因為如果一個公司同時要推出二種以上的產品，就必須要針對每一產品提出一個申請案，相當的不便民。在2003年的商法修訂予以修訂，申請人得以一商標註冊申請案，指定使用於二個以上類別之商品或服務。2011年商標法修訂時，在第十九條第四項規定：申請商標註冊，應以一申請案一商標之方式為之，並得指定使用於二個以上類別之商品或服務。

如果二人以上於同日以相同或近似之商標，於同一或類似之商品或服務各別申請註冊商標，有致相關消費者混淆誤認之虞時，基於先申請主義，應由先申請者獲得，但是如果不能辨別時間先後，則依據商標法第二十二條由各申請人協議定之；如果不能達成協議時，則以抽籤的方式決定。

二、異動

商標法規定商標需經註冊才有獨占使用的權利，因此，商標註冊申請事項之變更，應向商標專責機關經濟部智慧財產局申請核准。但是，由於商標及其指定使用之商品或服務，涉及商標申請日之認定，在商標法第二十三條中規定：商標圖樣及其指定使用之商品或服務，申請後即不得變更。但如果不是商標圖樣的實質變更，如申請人的名稱、地址、代理人或其他註冊申請事項的變更，還是可以依第二十四條予變更的。

三、分割

商標法修訂後，由於一個商標申請案可以申請二個以上類別的商品或服務，為符合申請人實務上的需求，在商標法第二十六條規定：申請人得就所指定使用之商品或服務，向商標專責機關請求分割為二個以上之註冊申請案，並且以原註冊申請日為申請日。

四、移轉

商標權類似專利權或著作財產權，其權利是可以移轉的，所以在商標法的第二十七條中就規定：因商標註冊之申請所生之權利，得移轉於他人。

2-3-2 商標的審查及核准

商標的審查可分為程序審查及實體審查二階段，程序審查指審查委員就商標註冊所需繳交之規費、文件…等進行形式審查，若有缺件或錯誤者，即要求商標申請人限期補正或抽換，逾期將逕行處分申請無效，程序審查合格之申請案，才會進入實體審查階段。實體審查的重點在申請商標之圖樣、與所指定使用之商品，是否具備申請商標之要件，申請商標之要件又可分為積極要件與消極要件，商標申請案必須經過審查後，符合申請商標的要件，才會被授予商標專用權。

一、商標之積極要件

商標的積極要件，在商標法第十八條規定：商標得以文字、圖形、記號、顏色、立體形狀、動態、全像圖、聲音等，或其聯合式所組成，而這些商標應足以使商品或服務之相關消費者認識其為指示商品或服務之來源，並得藉以與他人之商品或服務相區別。

由此規定可以看出：商標可能是文字、圖形、記號、顏色、立體形狀、動態、全像圖、聲音等，也可能是文字、圖形、記號、顏色、立體形狀、動態、全像圖、聲音等的聯合式之組成，所以，商標不再是我們以往認定的文字、圖形，單一的顏色、多種顏色的組合也可以成為商標，甚至於聲音若具有識別性者，亦可以為一種商標，除了平面的圖形外，也陸續把立體形狀、動態及全像圖等列入商標的範圍。

不具有識別性的商標，在第二十九條規定不得註冊，其態樣有三：描述性標識、通用標章、不具識別性標識。

（一）描述性標識

商標法第二十九條第一款規定：商標僅由描述所指定商品或服務之品質、用途、原料、產地或相關特性之說明所構成者，不得註冊。因爲這類的商標只對指定商品或服務的品質、用途、原料、產地等特性，做直接、明顯之描述，消費者很容易會把它視爲是商品或服務的說明，而非識別來源的標識。

同時，其他的競爭同業在交易過程中，也有使用這些標識來說明商品或服務之需要，若賦予一人排他專屬權，將會影響市場公平競爭，造成不公平競爭。例如：把「燒烤」用做商標，使用於餐廳服務，把「霜降」做爲肉類商品的商標，均屬於描述性商標。

描述性標識經申請人使用且在交易上已成爲申請人商品或服務之識別標識者，則可檢送相關使用證據，依商標法第二十九條第二項規定申請註冊，不受描述性商標的限制。

（二）通用標章、名稱

商標法第二十九條第二款規定：商標僅由所指定商品或服務之通用標章或名稱所構成者，不得註冊。通用標章是業者就特定商品或服務所共同使用之標識，如理容院門口所用的紅、藍、白三色旋轉霓紅燈，是該行業所通用的標識。通用名稱則爲業者通常用以表示商品或服務之名稱，包括其簡稱、縮寫及俗稱，如阿月渾子的果實大家都稱它爲開心果，一旦開心果被註冊爲商標，將會影響市場的競爭。

（三）不具識別性標識

商標法第二十九條第三款規定：商標僅由其他不具識別性之標識所構成者，不得註冊。除了描述性標識及通用標章、名稱外，其他商標整體僅由不具識別性標識所構成者，亦不得註冊商標，如把XL做爲衣服的商標，就會讓消費者把該商標誤認爲是衣服的型號。但是，如果一個原來不具識別性的商標，經過申請人使用，且在交易上已成爲申請人商品或服務之識別標識者，則可檢送使用證據，依商標法第二十九條第二項規定申請註冊，不受本款限制。

二、商標之消極要件

商標的消極要件就是法律規定不予商標權的項目，原來是在第二十三條列出十八種不予商標權的態樣，在2011年的商標法修訂後，把商標識別性的積極要件列於第二十九條，第三十條則列出不得註冊的消極要件，共計十五種。

1. 僅爲發揮商品或服務之功能所必要者。

2. 相同或近似於中華民國國旗、國徽、國璽、軍旗、軍徽、印信、勳章或外國國旗，或世界貿易組織會員依巴黎公約第六條之三第三款所爲通知之外國國徽、國璽或國家徽章者。

3. 相同於國父或國家元首之肖像或姓名者。

4. 相同或近似於中華民國政府機關或其主辦展覽會之標章，或其所發給之褒獎牌狀者。

5. 相同或近似於國際跨政府組織或國內外著名且具公益性機構之徽章、旗幟、其他徽記、縮寫或名稱，有致公眾誤認誤信之虞者。

6. 相同或近似於國內外用以表明品質管制或驗證之國家標誌或印記，且指定使用於同一或類似之商品或服務者。

7. 妨害公共秩序或善良風俗者。

8. 使公眾誤認誤信其商品或服務之性質、品質或產地之虞者。

9. 相同或近似於中華民國或外國之葡萄酒或蒸餾酒地理標示，且指定使用於與葡萄酒或蒸餾酒同一或類似商品，而該外國與中華民國簽訂協定或共同參加國際條約，或相互承認葡萄酒或蒸餾酒地理標示之保護者。

10. 相同或近似於他人同一或類似商品或服務之註冊商標或申請在先之商標，有致相關消費者混淆誤認之虞者。但經該註冊商標或申請在先之商標所有人同意申請，且非顯屬不當者，不在此限。

11. 相同或近似於他人著名商標或標章，有致相關公眾混淆誤認之虞，或有減損著名商標或標章之識別性或信譽之虞者。但得該商標或標章之所有人同意申請註冊者，不在此限。

12. 相同或近似於他人先使用於同一或類似商品或服務之商標，而申請人因與該他人間具有契約、地緣、業務往來或其他關係，知悉他人商標存在，意圖仿襲而申請註冊者。但經其同意申請註冊者，不在此限。

13. 有他人之肖像或著名之姓名、藝名、筆名、字號者。但經其同意申請註冊者，不在此限。

14. 有著名之法人、商號或其他團體之名稱,有致相關公眾混淆誤認之虞者。但經其同意申請註冊者,不在此限。

15. 商標侵害他人之著作權、專利權或其他權利,經判決確定者。但經其同意申請註冊者,不在此限。

當商標申請案不符合商標的要件時,依商標法第三十一條,應予核駁審定。在核駁審定前,應將核駁理由以書面通知申請人,並限期陳述意見。商標註冊申請案經審查無不符商標要件規定之情形者,依商標法第三十二條規定,應予核准審定。

經核准審定之商標,申請人應於審定書送達後2個月內,繳納註冊費後,始予註冊公告,並發給商標註冊證;屆期未繳費者,不予註冊公告,原核准審定,失其效力。

如果申請人不是因為故意的原因,而未能於所定期限繳費者,得於繳費期限屆滿後6個月內,繳納2倍之註冊費後,由商標專責機關經濟部智慧財產局公告之。但是,如果在這段時間內,會影響第三人於此期間內申請註冊或取得商標權者,則不得補繳費。

2-3-3 商標權

我國的商標法係採註冊主義與先申請主義,商標必須經過審核,確定所申請之商標符合商標要件,並完成註冊手續後,才會取得商標權,商標的註冊人只有在商標權效力範圍內,才可行使其權利。

一、商標權的期限

依商標法第三十三條第一項規定:商標自註冊公告當日起,由權利人取得商標權。也就是說,只有商標權人才能合法的使用該商標,同時在商標法第三十三條第一項亦規定商標權的權力期間為10年。商標權期間得申請延展,每次延展專用期間為10年。

二、權利範圍

商標法第三十五條規定商標權人對於經過註冊指定之商品或服務,取得商標權,其他人在未經商標權人同意前不得從事以下行為:

1. 於同一商品或服務，使用相同於註冊商標之商標者。例如「寶島」被註冊為鐘表類的商標，他人就無法再在鐘表類中，以「寶島」申請商標的註冊。

2. 於類似之商品或服務，使用相同於註冊商標之商標，有致相關消費者混淆誤認之虞者。例如大碩補習班在補教業中小有名氣，如果我們開了一家美語補習班，也取名為大碩美語補習班，則有可能讓消費者誤認，而無法獲得商標權。

3. 於同一或類似之商品或服務，使用近似於註冊商標之商標，有致相關消費者混淆誤認之虞者。例如大家都知道7-11便利商店是由統一企業所經營的，如果我們也開一個便利商店名為7-21，則可能會讓消費者造成混淆，就不能授予商標權。

三、商標權行使的例外

商標法係採註冊主義及先申請主義，但是，有時候商標的使用人並未去辦理申請註冊，而他人申請註冊的商標在該商標使用之後，為了保護原來就在使用商標的人，在商標法第三十六條第三款中就規定商標權行使的例外狀況，允許在他人商標註冊申請日前，善意使用相同或近似之商標於同一或類似之商品或服務者，可以繼續使用該商標，但以原使用之商品或服務為限，而且商標權人並得要求其附加適當之區別標示。

為了因應目前推陳出新之各種商業活動，有關商品說明之表示樣態，如果都要求需附在商品上，可能會有實際的困難，且為配合商標表彰者包括服務之規定，在商標法第三十六條第一款中規定：以符合商業交易習慣之誠實信用方法，表示自己之姓名、名稱，或其商品或服務之名稱、形狀、品質、性質、特性、用途、產地或其他有關商品或服務本身之說明，非作為商標使用者，可不受他人商標權之拘束。

為避免商標權人於授權他人使用商標後又後悔，或商標權人再向後來的購買者主張商標權，造成交易秩序的混亂，基於權利耗盡理論，在商標法第三十六條第二項中規定：附有註冊商標之商品，由商標權人或經其同意之人於國內外市場上交易流通，商標權人不得就該商品主張商標權。但為防止商品流通於市場後，發生變質、受損，或有其他正當事由者，不在此限，亦即商標權人仍然可以主張其商標權。

四、商標權的分割與變更

在商標法第三十七條中考量商標權人的實際需要，允許商標權人得就註冊商標指定使用之商品或服務，向商標專責機關經濟部智慧財產局申請分割商標權，商標在異議、評定或廢止案件未確定前，依第三十八條第三項規定：亦得申請分割商標權或減縮指定使用商品或服務。

由於商標法係採行註冊主義，因此，商標註冊事項之變更，應向商標專責機關經濟部智慧財產局登記，未經登記者，不得對抗第三人，也就是說，如果未經註冊變更，在他人侵害商標權時，就無法主自己的權利了。

商標註冊後，商標及其指定使用之商品或服務即被認定為商標權之範圍，故註冊後即不得變更。但指定使用商品或服務之減縮，為權利的限縮，則可以被同意，所以，在商標法第三十二條規定：商標圖樣及其指定使用之商品或服務，註冊後即不得變更。但指定使用商品或服務之減縮，不在此限。

五、商標權的授權與移轉

由於商標係代表一個企業商譽，商標權人對其註冊商標之維護，一定是不遺餘力的，一旦授權他人製作、銷售…等，一定會監督其被授權人維護其商品之品質，以免影響到本身的商譽。其於這樣的考量，商標法中亦同意商標權人將其商標授權他人，所以，在第三十九條中規定：商標權人得就其註冊商標指定使用商品或服務之全部或一部，指定地區為專屬或非專屬授權。但是基於商標法係採註冊主義，因此這項授權，應向商標專責機關經濟部智慧財產局登記，如果未經登記者，不得對抗第三人之侵權行為，而被授權人經商標權人同意，再授權他人使用者，亦需要再行登記，才具有保護的作用。

商標權是一種財產權，既然是財產權，就可以進行轉移，在商標法第四十二條中就對商標權的轉移做了相關的規定，在商標權進行移轉時，應向商標專責機關經濟部智慧財產局登記，如果未經登記，在發生侵權行為時，是無法對抗第三人的侵權行為。

由於商標權可指定跨類商品或服務，並可分割商標權，又可自由移轉，這時如果商標移轉之結果，有讓相關購買人混淆誤認之虞者，將會造成交易秩序的大亂。

　　為了避免這種情況的發生，在商標法的第四十三條中規定：移轉商標權之結果，有二個以上之商標權人使用相同商標於類似之商品或服務，或使用近似商標於同一或類似之商品或服務，而有致相關消費者混淆誤認之虞者，各商標權人使用時應附加適當區別標示。

六、商標權的消滅

　　商標權有幾種狀況會消滅，首先是商標權人依第四十五條規定，自己拋棄商標權，應以書面向商標專責機關經濟部智慧財產局為之。商標權人自行拋棄商標權時，其發生時效，依商標法第四十七條第三款規定，其商標權自其書面表示到達商標專責機關經濟部智慧財產局之日消滅。

　　第二種情況是商標權人死亡而無繼承人者。第三種情況是商標權人未依第三十四條第一款規定辦理延展註冊，則其商標權自該商標權期限屆滿後即消滅。

2-3-4 商標權的異議、評定及廢止

　　為了避免商標在註冊後，有違法情事，因此，在商標法中訂定了相關的補救措施，依時間的不同分別是異議（Opposition）、評定（Invalidation）及廢止（Revocation）。

一、異議

　　依TRIPS第十五條第五項之規定，於商標註冊前或註冊後，應立即公告商標，並提供撤銷該註冊之合理機會。而依我國現行的商標法第三十二條規定，商標一經核准審定，且繳納註冊費後即予註冊公告，因此，商標在註冊前即無予外界申請撤銷該註冊之機會。

　　為了保有商標的公眾審查制度，在商標法的第四節中特別訂定了異議制度，規定商標自註冊公告之日後3個月內，如果有以下情事者，任何人都可以向商標專責機關經濟部智慧財產局提出異議。

1. 違反商標法第二十九條第一項所列不具識別性情事（請參閱本書2-3-2　商標的積極要件中所列各項）。
2. 違反商標法第三十條第一項所列不得註冊情事（請參閱本書2-3-2　商標的消極要件中所列各項）。

3. 因自行變換商標或加附記，致與他人使用於同一或類似之商品或服務之註冊商標構成相同或近似，而有使相關消費者混淆誤認之虞者，而遭廢止商標，3年內又註冊商標。

在提出異議時，異議人應就每一註冊商標各別申請異議，但是，得就註冊商標指定使用之部分商品或服務進行異議。

> **例**
> 　　某公司申請甲、乙、丙三個商標，異議人若對該公司的甲、乙二商標有異議，則需提二份異議書載明事實理由向商標專責機關經濟部智慧財產局提出異議。如果甲商標中所申請的商品有A、B、C三項，異議人可以僅就其中的一項或二項提出異議。

經濟部智慧財產局在收案後，會指定先前未曾審查原案之審查人員重新審查，並將異議書送達商標權人限期答辯，等商標權人送回答辯書後，經濟部智慧財產局會把答辯書再送給異議人限期陳述意見。

一旦異議案件經審定異議成立者，智慧財產局應撤銷其註冊，如果撤銷註冊的事由，係存在於註冊商標所指定使用之部分商品或服務者，得僅就該部分商品或服務撤銷其註冊。

在異議程序進行中，如果被異議之商標權發生移轉時，異議程序不受影響，商標權受讓人得聲明承受被異議人之地位，繼續進行異議程序。異議人得於異議審定書送達前，撤回其異議，但是，為避免異議人之反覆，而造成社會交易秩序的混亂，商標法第五十三條中特別規定：異議人在撤回異議後，不得以同一事實、同一證據及同一理由，再提異議或評定。為維持市場交易的安定性，第五十六條也規定：經過異議確定後之註冊商標，任何人不得就同一事實，以同一證據及同一理由，再提異議或評定。

二、評定

在上一小節所討論對商標的異議，要在商標註冊公告後3個月內為之，如果在該商標註冊公告3個月之後，才發現有違反商標法的情事時，則可以由利害關係人申請或審查人員提請商標專責機關經濟部智慧財產局評定其註冊是否有效。

1. 違反商標法第二十九條第一項所列不具識別性情事（請參閱本書2-3-2 商標的積 極要件中所列各項）。

2. 違反商標法第三十條第一項所列不得註冊情事（請參閱本書2-3-2 商標的消極要件中所列各項）。

3. 因自行變換商標或加附記，致與他人使用於同一或類似之商品或服務之註冊商標構成相同或近似，而有使相關消費者混淆誤認之虞者，而遭廢止商標，3年內又註冊商標。

　　商標案件的評定係由商標專責機關首長指定審查人員三人以上為評定委員評定之，評定案件經決定成立者，應撤銷其註冊。但不得註冊情形已不存在者，經斟酌公益及當事人利益之衡平，得為不成立之評定。

　　為避免浪費行政資源，及對商標權人迭生困擾，評定案件經處分後，任何人不得以同一事實，以同一證據及同一理由，再申請評定。

三、廢止

　　為促使商標權人於商標註冊後，對其所申請之商標合法使用，在商標法中規定商標權人若有以下情事，則商標專責機關經濟部智慧財產局可依職權或據申請廢止其註冊：

1. 自行變換商標或加附記，致與他人使用於同一或類似之商品或服務之註冊商標構成相同或近似，而有使相關消費者混淆誤認之虞者。

2. 無正當事由迄未使用或繼續停止使用已滿3年者。但被授權人有使用者，不在此限。

3. 移轉商標權之結果，有二個以上之商標權人使用相同商標於類似之商品或服務，或使用近似商標於同一或類似之商品或服務，而有致相關消費者混淆誤認之虞者，各商標權人使用時未附加適當區別標示。但於商標專責機關處分前已附加區別標示並無產生混淆誤認之虞者，不在此限。

4. 商標已成為所指定商品或服務之通用標章、名稱或形狀者，而失其識別性者。

5. 商標實際使用時有致公眾誤認誤信其商品或服務之性質、品質或產地之虞者。

2-3-5 證明標章、團體標章及團體商標

一、證明標章（Certification Marks）

如果要以標章證明他人商品或服務之特定品質、精密度、原料、製造方法、產地或其他事項，並藉以與未經證明之商品或服務相區別，則應申請註冊證明標章。但是，證明標章之申請人，以具有證明他人商品或服務能力之法人、團體或政府機關為限。如果申請人係從事於欲證明之商品或服務之業務者，是不得申請註冊證明標章的。

證明標章之使用，不同於一般商標之使用，主觀上係指證明標章權人為證明他人商品或服務之特性、品質、精密度、原料、製造方法、產地或其他事項之意思，客觀上則是經標章權人同意之人，依證明標章使用規範書所定之條件，使用該證明標章。

證明標章如果是要用來證明產地，若該地理區域之商品或服務應具有特定品質、聲譽或其他特性，證明標章之申請人得以含有該地理名稱或足以指示該地理區域之標識申請註冊為產地證明標章。

二、團體標章（Collective Membership Marks）

團體標章權之權利歸屬，應以具權利能力者，因此，商標法第八十五條規定：團體標章係指具有法人資格之公會、協會或其他團體，為表彰其會員之會籍，並藉以與非該團體會相區別之標識。

團體標章之使用，指團體會員為表彰其會員身分，依團體標章使用規範書所定之條件，使用該團體標章。團體標章註冊之申請，應以申請書載明相關事項，並檢具團體標章使用規範書，向商標專責機關經濟部智慧財產局申請。

三、團體商標（Collective Trademark）

凡具有法人資格之公會、協會或其他團體，為指示其會員所提供之商品或服務，並藉以與非該團體會員所提供之商品或服務相區別之標識，得申請註冊為團體商標。

團體商標之使用，指團體或其會員依團體商標使用規範書所定之條件，使用該團體商標，在主觀上有為表彰團體之成員所提供之商品或服務之意思，客觀上則由團體之成員將團體商標使用於商品或服務上，並得藉以與他人之商品或服務相互

區別。申請團體商標應以申請書載明商品或服務，並檢具團體商標使用規範書，向商標專責機關經濟部智慧財產局申請。

以上所提之證明標章權、團體標章權或團體商標權，在商標法中規定均不得移轉、授權他人使用，或作為質權標的物。但是如果其移轉或授權他人使用，無損害消費者利益及違反公平競爭之虞，經商標專責機關經濟部智慧財產局的核准者，則不在此限。

證明標章權人、團體標章權人或團體商標權人有下列情形之一者，商標專責機關經濟部智慧財產局得依任何人之申請或依職權廢止證明標章、團體標章或團體商標之註冊：

1. 證明標章作為商標使用。
2. 證明標章權人從事其所證明商品或服務之業務。
3. 證明標章權人喪失證明該註冊商品或服務之能力。
4. 證明標章權人對於申請證明之人，予以差別待遇。
5. 違反前條規定而為移轉、授權或設定質權。
6. 未依使用規範書為使用之管理及監督。
7. 其他不當方法之使用，致生損害於他人或公眾之虞。

2-4 營業秘密

在2003年底2004年初，在高科技產業中最引人注目的一個新聞即是友訊科技股份有限公司（以下簡稱友訊）控告威盛電子股份有限公司（以下簡稱威盛）涉嫌竊取其商業機密案。

根據報導所載，威盛董事長及總經理為取得友訊受經濟部委託承辦執行之專案計畫「多協定標記交換技術」中第一分項系統平臺技術必要設計之第三層交換器必備IC晶片模擬測試程式「sim-common_ClkSre_3S_ ent.vhd」檔案電腦程式，派遣張姓工程師於2000年2月底，先佯裝自威盛公司離職，並自2000年3月1日起潛至友訊公司取得職務。張員於友訊任職期間，藉其職務上之機會取得友訊上開機密電腦

程式檔案，上傳重製、散布、洩漏至威盛公司，並於2001年5月29日向友訊請辭離職，隨即返回威盛任職。

本案在沸沸揚揚一陣之後，隨即兩造即達成和解，其間所曝露的問題除了電腦程式之著作權外，即是所謂營業秘密的議題。營業秘密一詞依據美國法律協會（American Law Institute）在侵權行為彙編（Restatement of Torts）中的定義，係指任何應用於營業中資訊之公式、型式、裝置或編輯等，而企業對此等資訊之利用，可使其在於對手競爭時，因競爭對手不知該資訊或未利用該資訊，而取得競爭優勢的機會。同時，在侵權行為彙編中亦說明了營業秘密的範圍包括：化學成分的公式、製造過程、原料處理或保存、機器的型式或裝置，甚至於客戶的名單都包括在營業秘密的範圍中。

2-4-1 營業秘密的濫觴

在早期的智慧財產權相關國際公約上，對於營業秘密的保護並無明文規定，隨著工商業的發達及高科技產業的興起，傳統對智慧財產權保護的思維也開始改變，這種變化可以從國際公約對營業秘密的保護看出來。

一、巴黎公約

在巴黎公約（Paris Convention for the Protection of Industrial Property）中，其保護的的工業財產權依據其第二條規定，係指專利（Patents）、實用新型（Utility Models）、工業新式樣（Industrial Designs）、商標（Trademarks）、服務商標（Service Marks）、商號名稱（Trade Names）、產地表示（Indications of source）或原產地名稱（Appellations of Origin）、防止不公平競爭（The Repression of Unfair Competition）等，並無明文規定對營業秘密的保護。

雖然在巴黎公約中並未對於營業秘密的保護加以明文規定，但是，在其防止不公平競爭的規定中，已隱含有營業秘密保護的概念。在巴黎公約第十條第一項中規定：各聯盟國必須對其國民保證給予取締不公平競爭之有效保護，同條第二項規定凡在工商業活動中違反誠實慣例的競爭行為，即構成不公平競爭之行為，第三項第一款更明白的指出不論以何種方法，在性質上對競爭的營業處所、商品或工商業活動造成混淆的一切行為，都在禁止的範圍內。從第三項第一款來看，如果以不正當的手段來獲取別人的營業秘密，並從事競爭的行為，即是其所禁止的行為。

二、北美自由貿易區協定

　　在各個相關的國際公約中，北美自由貿易區協定（North American Free Trade Agreement, NAFTA）是最早對於營業秘密明文規定予以保護的。在北美自由貿易區協定中的第1711條明確的律定了營業秘密的定義、要件、保護期限、授權…等。

　　它要求其會員國必須對合法控制營業秘密者，給予法律上的保護，以使該營業秘密在未經合控制該資訊者同意之下，被他人以違反誠實商業實務的方法所取得、使用或洩露。

　　至於什麼樣的資訊可以成為營業秘密，在北美自由貿易區協定的第1711條中列舉了三個要件：首先，該資訊必須要具備有秘密性（Secret），也就是說，要成為營業秘密的資訊不是經常接觸該種知識的人所共同都知道的、或者是渠等可輕易得知者。其次，該資訊必須是要因為其秘密性而有商業價值，而這裏所謂的商業價值可能是現在的商業價值，也可能是未來所具有的商業價值。最後，合法控制該資訊者必須已經採取了合理的步驟以保持其秘密性。

　　只要上面所述的三個要件持續存在，則該項資訊就持續的獲得保護，而為了避免產生營業秘密是否還存在的爭議，在1711條第二項中也特別規定，欲獲得營業秘密的資訊，必須經由文件、電磁方法、光碟、微縮影片…等工具加以證明。

三、與貿易有關之智慧財產權協定

　　與貿易有關之智慧財產權協定第39條中規定對未經公開的資料或提交政府或政府相關機構之資料，均需予以保護，前面所謂的未經公開的資料即是指營業秘密。

　　這些資料只要具有以下條件，則不論是自然人及法人對其合法持有之資料，應有防止被洩露或遭他人以有違商業誠信方法取得或使用之可能。

1. 具有秘密性質，且不論由就其整體或細節之配置及成分之組合視之，該項資料目前仍不為一般處理同類資料之人所得知悉或取得者。
2. 因其秘密性而具有商業價值。
3. 且業經資料合法持有人以合理步驟使其保持秘密性。

　　上述有違商業誠信方法包括違約、洩密、誘使他人洩密…等，如果透過第三人取得未公開的資訊，而該第三者明知或因重大過失而不知該資訊的取得係屬違背誠實之商業行為等，均是屬於有違商業誠信的行為。

2-4-2 我國的營業秘密法

我國的營業秘密法是在1996年1月17日正式由立法院通過並由總統公布施行，雖然全部總共只有共十六條條文，但是，其所含蓋的意義，從產業倫理面來看，研發人員或企業必須要尊重他人的研發成果，從商業秩序面而言，可以禁止以不正當的方法，取得他人的營業秘密進而從事競爭行為。

隨著國際商業活動日趨複雜，產業界陸續發生幾件離職員工盜用或外洩原任職公司營業秘密，以及以不法手段竊取臺灣產業營業秘密之嚴重案件，不但侵害產業重要研發成果，更嚴重影響產業之公平競爭。

我國遂於2012年著手修訂營業秘密法，增訂刑事責任、加重域外處罰、刑事罰併同處罰等條款，全案於2013年1月11日經立法院三讀通過，2013年1月30日總統公布實施。

一、立法目的

營業秘密法立法的目的在保障營業秘密，維護產業倫理與競爭秩序，調和社會公共利益。秘密的價值在於該資訊僅為產業界中少數人所知，而這些人可加以利用並獲得競爭優勢，如果不能予以保障，將會使企業降低投資於研發上的意願，進而影響到整個社會的進步。營業秘密法只有十六條，其未規定的部分，仍將適用其他法律之規定。

二、範圍與要件

在營業秘密法中所稱之營業秘密，係指方法、技術、製程、配方、程式、設計或其他可用於生產、銷售或經營之資訊。因此，營業秘密本身即是一種資訊，舉凡技術性的資訊、經營管理上的資訊…等，都是營業秘密法中所保護的客體。但是，要成為營業秘密法中所保護的標的，需具備以下的要件：

（一）非一般涉及該類資訊之人所知者

如果一項資訊雖然不是眾所週知，但卻是一般涉及該領域者都能知悉，則該項資訊並無加以保護的必要。如果這項資訊是一般涉及該領域者都知悉，但是，實施運用到其他產品上，卻是一般人不易得知，則該資訊仍可受到營業秘密的保護。

（二）因其秘密性而具有實際或潛在之經濟價值者

　　一項資訊被視為秘密而以營業秘密加以保護，該秘密的持有人在主觀上必須要將其視為一種秘密，但是在客觀上，如果該秘密不具有產業競爭的意義，則亦無加以保護之必要。因此，秘密必須要具備實際或潛在的經濟價值，一旦公開後，對企業的競爭力會造成相當的影響，才需要加以保護。

（三）所有人已採取合理之保密措施者

　　營業秘密的持有人對於其認為必須保守秘密的資訊，必須要採取一定的保密作為，例如將公司的機密文件設定保密區分等級、妥善保管、管制接觸人員…等措施。

三、營業秘密的歸屬

　　營業秘密的產出來自於企業的研發投入，依企業投入的不同，研發成果可以由企業內部自行研發而來，也可能以外包的方式委由專業公司協助研發，因此，營業秘密的歸屬亦可從職務上的營業秘密、外包的營業秘密及共同持有的營業秘密三方面加以討論。

（一）職務上的營業秘密

　　由於受雇人在僱傭關係中已取得適當的報酬，而該營業秘密的研究開發又是利用雇主所提供的設備及資源產生的，因此，職務上的營業秘密依營業秘密法第三條規定：受雇人於職務上研究或開發之營業秘密，歸雇用人所有。但契約另有約定者，從其約定。

　　但是，受雇人於非職務上研究或開發之營業秘密，歸受雇人所有。但其營業秘密係利用雇用人之資源或經驗者，雇用人得於支付合理報酬後，於該事業使用其營業秘密。

（二）外包產生的營業秘密

　　由於產業已漸漸走向專業分工，將技術的研發外包給專業公司的情事將會不斷的增加，對於外包的研發成果，其營業秘密的歸屬在營業秘密法第四條中有明確的規定：出資聘請他人從事研究或開發之營業秘密，其營業秘密之歸屬依契約之約定；契約未約定者，歸受聘人所有。但出資人得於業務上使用其營業秘密。

從營業秘密法的條文中可以看出，對於外包研發所得之營業秘密，由法律的度來看，是以合約的規定為優先，亦即先看合約規定屬於那一方所有，如果合約中未約定，才是屬於受聘人所有。當營業秘密歸屬於受聘人所有時，出資人可以取得該營業秘密之法定授權，於其業務上使用其營業秘密。

（三）共同持有之營業秘密

數位時代是一個團隊合作的時代，很多的研發工作無法由一個人獨立去完成，尤其是一些大的開發案，更是需要大家一起去完成它，因此，也就衍生出多人擁有的營業秘密之歸屬問題。

營業秘密法第五條對於共同持有之營業秘密規定下：數人共同研究或開發之營業秘密，其應有部分依契約之約定；無約定者，推定為均等。第六條也規定：營業秘密得全部或部分讓與他人或與他人共有。

但是，當營業秘密為多人所共同擁有時，對營業秘密之使用或處分，如果契約中沒有約定時，應得到共有人之全體同意，才能使用或處分。對於營業秘密的使用或處分，各共有人無正當理由，不得拒絕同意。各共有人非經其他共有人之同意，不得以其應有部分讓與他人。但契約另有約定者，從其約定。

四、授權

營業秘密除了自己使用之外，為了擴大其效用，以獲得更大的經濟利益，營業秘密所有人得授權他人使用其營業秘密，至於授權使用之地域、時間、內容、使用方法或其他事項，則依當事人之約定。營業秘密的授權可分為專屬授權（Exclusive Licensing）與非專屬授權（Non-exclusive Licensing）二種。

但是，營業秘密的被授權人非經營業秘密所有人同意，不得將其被授權使用之營業秘密再授權第三人使用。營業秘密共有人非經共有人全體同意，也不得授權他人使用該營業秘密。但各共有人無正當理由，不得拒絕同意。

五、侵害

營業秘密的侵害態樣有下列五種：

1. 以竊盜、詐欺、脅迫、賄賂、擅自重製、違反保密義務、引誘他人違反其保密義務或其他類似之方法取得營業秘密者。
2. 知悉或因重大過失而不知其為前款之營業秘密，而取得、使用或洩漏者。

3. 取得營業秘密後，知悉或因重大過失而不知其為以不正當方法取得之營業秘密，而使用或洩漏者。

4. 因法律行為取得營業秘密，而以不正當方法使用或洩漏者。

5. 依法令有守營業秘密之義務，而使用或無故洩漏者。

六、救濟

（一）民事賠償

因故意或過失不法侵害他人之營業秘密者，負損害賠償責任。數人共同不法侵害者，連帶負賠償責任，請求損害賠償時，可以從以下二種方法擇一請求：

1. 依民法第二百十六條之規定請求。但被害人不能證明其損害時，得以其使用時依通常情形可得預期之利益，減除被侵害後使用同一營業秘密所得利益之差額，為其所受損害。

2. 請求侵害人因侵害行為所得之利益。但侵害人不能證明其成本或必要費用時，以其侵害行為所得之全部收入，為其所得利益。

侵權人的侵害行為如屬故意，法院得因被害人之請求，依侵害情節，酌定損害額以上之賠償，但不得超過已證明損害額之3倍。損害賠償的請求權，自請求權人知有行為及賠償義務人時起，2年間不行使而消滅；自行為時起，逾10年者亦同。

（二）刑事處罰

2012年營業秘密修法時，納入刑事罰則，共計四條，置於第十三條之下。

1. 刑事責任：意圖為自己或第三人不法之利益，或損害營業秘密所有人之利益，依第十三條之一規定，有下列情形之一，處5年以下有期徒刑或拘役，得併科新臺幣一百萬元以上一千萬元以下罰金：

(1) 以竊取、侵占、詐術、脅迫、擅自重製或其他不正方法而取得營業秘密，或取得後進而使用、洩漏者。

(2) 知悉或持有營業秘密，未經授權或逾越授權範圍而重製、使用或洩漏該營業秘密者。

(3) 持有營業秘密，經營業秘密所有人告知應刪除、銷毀後，不為刪除、銷毀或隱匿該營業秘密者。

(4) 明知他人知悉或持有之營業秘密有前三款所定情形，而取得、使用或洩漏者。

2. 域外加重處罰：意圖在外國、大陸地區、香港或澳門使用，而犯第十三條之一第一項各款之罪者，處1年以上10年以下有期徒刑，得併科新臺幣三百萬元以上五千萬元以下之罰金。

3. 刑事罰併同處罰：法人之代表人、法人或自然人之代理人、受雇人或其他從業人員，因執行業務，犯第十三條之一、第十三條之二之罪者，除依該條規定處罰其行為人外，對該法人或自然人亦科該條之罰金。但法人之代表人或自然人對於犯罪之發生，已盡力為防止行為者，不在此限。

2-5 積體電路電路布局

　　積體電路電路布局保護法是一個很特別的法律，它是專為保護積體電路電路布局而設的，積體電路是在半導體材料，經由一連串的物理及化學製程，使得半導體的特性改變後，將電晶體（Transistor）以及其他的電子元件集積（Integrated）於該半導體上，以執行特定的電路功能，所以，積體電路也被稱為半導體晶片（Semiconductor Chip）。

　　在積體電路電路布局保護法第二條中對積體電路的定義是：將電晶體、電容器、電阻器或其他電子元件及其間之連接線路，集積在半導體材料上或材料中，而具有電子電路功能之成品或半成品。而電路布局指的是在積體電路上之電子元件及接續此元件之導線的平面或立體設計。

　　積體電路電路的設計是人類智慧的結晶，是一種技術層次相當高的無形智慧資產，如果未加保護而任由他人抄襲，則對於投入資源進行開發的企業產生不公平競爭，而使其競爭力遭受到威脅。若用一般所熟知的智慧財產權相關法律（如專利法、著作權法…等）加以保護，可能會有不週全之處，因此，美國在1984年通過半導體晶片保護法（The Semiconductor Chip Protection Act, SCPA），我國亦於1995年8月11日公布積體電路電路布局保護法。

2-5-1 積體電路簡介

　　傳統的電路設計是先在印刷電路板（Printed Circuit Board, PCB）上把電路洗出來，再將電晶體、電阻（Resister）、電容（Capacity）…等電子零件，以銲錫等銲接劑（Solder）將其銲在電路板上相關位置，以構成一個電路。

　　而積體電路則是把這些電路設計所需的電子零件及其間的連接關係，完全濃縮在一個很小的半導體材料（Semiconductor Materials）上，這個半導體材料是一種介於導體（Conductor）與絕緣體（Insulator）之間的物質，如果加入了適當的雜質（Impurities）後，會使它具有導電性或非導電性。

　　一般常見的半導體材料有矽（Silicon）、鍺（Germanium）、鎵（Gallium），由於積體電路係將電子零件及其間之接合線以蝕刻（Etching）的方式置於晶片上，因此，不會有一般在印刷電路板中常見的接觸不良的問題，大大的提升電路的可靠度。同時，由於晶片的面積小，所以，電流通過的時間相對減少，速度也就加快，加上一片晶片上可以容納大量的電子零件，處理效率也相對提升。基於以上的優勢，使得積體電路近年的發展一日千里。

　　積體電路的製作是一個專業分工非常精細的產業，很少有企業可以從頭做到尾的，Hong Xiao則將積體電路產業中的公司分為二大類—晶圓代工公司及無晶圓廠的半導體設計公司，晶圓代工公司擁有晶圓製程工廠，但沒有自己的半導體設計部門，只接受其他公司的訂單，替客戶處理晶圓及製造晶片。無晶圓廠的半導體計公司則是只有自己的設計小組及測試中心，主要在接受客戶的訂單，並依據客戶需求來設計晶片，再交由晶圓代工公司從事生產。

　　積體電路的製造流程可概分為五個步驟：電路設計、晶圓、光罩製作、晶片製造及晶片封裝，每一個步驟中都有不同的企業參與。

一、電路設計

　　國內的積體電路設計公司經營型態在劉常勇的研究中將其分為四類：獨立之專業設計公司、IC製廠之設計部門、系統廠商之設計部門及跨國公司之計部門，不論是那一種設計公司，積體電路的電路設計首先要考量成本及市場，以確定產品的規格，接著決定晶片上的各個電子零件應如何連接才能達到所需的功能，並將其轉換為電路的結構圖（Schematic Diagram），最後，把結構圖製作成三度空間的立體電路圖（Circuit Diagram），以決定晶片上各種電子零件的數量及位置。

在做立體電路圖設計時，必須要把電路圖上的電路進行布局（Layout），使得製作積體電路的半導體基材（Substrate）的面積縮到最小，也就是說，要設法讓同一面積的積材能夠蝕刻出最多的電子零件與線路，以降低成本、增加電流通過的速度，從另一方面來看，當晶片中電子零件數目增加，密度提高以後，會因為散熱不良而造成短路的問題，致使產品的良率（Yield）下降。

立體電路圖經過一定步驟的測試驗證確定無誤之後，即利用電腦輔助工具將之轉換成平面的電路圖，俾進行後續的蝕刻作業，在電路設計時需考量功能、晶粒尺寸、設計時間及可測試性。

二、晶圓

晶圓（Wafer）的製程包括清洗、氧化、微影技術、離子布植、蝕刻、光阻剝除、化學氣相沉積、物理氣相沉積、化學機械研磨、快速退火等過程。晶圓是由石英砂經過處理而產生，石英砂的主要成分是二氧化矽，在高溫時與碳反應產生高純度的多晶態矽，再經過純化後可達到純度99.9999999%的三氯矽烷，高純度的三氯矽烷與氫作用後會沉積為高純度的多晶態矽，這種高純度的多晶態矽稱為電子級矽材料（Electronic Grade Silicon）。

電子級矽材料和一個單晶矽種晶（Silicon Seed）在高溫下一起熔化，這個融熔的矽依照與種晶相同的晶體結構凝固，就會形成單晶矽。產生單晶矽的方法有「查克洛斯基法」（Czochralski Method, CZ）及「懸浮帶區法」（Floating Zone Method, FZ）二種，CZ法是晶圓業者較常用的一種方法，可以做出直徑大於200 mm的晶圓，且能做出高摻雜的單晶矽。而FZ法所製造的晶圓其直徑最大僅能達到150 mm，但是FZ法可以得到純度更高的矽。

晶圓完成後則利用機械製程進行拋光作業，將晶圓的邊緣因為在切片製程中所產生的鋒利邊緣磨光，以避免這些鋒利的邊緣在爾後的製程中造成缺口或碎裂。最後，晶圓再用傳統的研磨方式進行粗磨拋光，以移除在切片製程中所造成的表面損傷，形成平坦的表面以符合微影技術所需。

三、光罩製作

積體電路設計完成後產生的布局圖像（Layout Image），每一層的圖像將被製成一張光罩（Mask），在製作光罩時，是將先前所設計的電路布局，由電腦控制的雷射光束將布局圖像投射在被光阻塗布的鉻玻璃表面，借由光化學反應改變曝光

光阻（Exposed Photoresist）的化學性質，再用鹼性顯影劑將其溶解，積體電路的電路布局圖像便轉印到石英玻璃的鉻金屬層上。

製作光罩時，也可以用電腦控制的電子束來使光阻曝光，而達到圖案轉印的目的，因為高能電子束的波長較紫外線短，所以可以得到較高的解析度，並且在鉻膜玻璃上產生更精細的影像。

光罩通常是以1：1的比例將圖像轉印到晶圓表面上，但是，當鉻膜玻璃上的圖像僅能覆蓋晶圓的部分區域時，則此種光罩稱之為倍縮光罩（Reticle），使用倍縮光罩時，往往需要多次的曝光才能覆蓋整個晶圓，在重複曝光的過程中，為了能準確的曝光，較先進的半導體廠都會用光罩步進機（Stepper）來曝光。

四、晶片製造

一個晶圓上通常可以同時進行多個晶片（Chip）的製造，最後再將晶圓用鑽石鋸刀（Diamond-impregnated Saws）以20,000轉/分的高速，沿著切割線將個別的晶粒切成小塊的晶片，從晶圓上分離。製作完成的晶片為了用於電子產品上或與其他電路連接，還需在晶片的周圍接上金線，俾日後與其他電路相連。

五、晶片封裝

晶片封裝的目的有：提供晶片物理性的保護、提供一個阻隔以防止化學雜質及濕氣、確保晶片能經由接腳與電路相連、散熱。過去的封裝技術多採用陶瓷封裝、塑膠封裝，近來常用的封裝技術為覆晶接合技術（Flip Chip Technology），它是在蝕刻鈍化保護介電質層後，於晶片表面形成金屬凸塊（Metal Bumps）而非傳統的接合墊片，加熱時金屬凸塊與引線會熔在一起，並在冷卻後粘合住，可以顯著的縮小封裝尺寸。

2-5-2 積體電路電路布局保護

一、立法目的

積體電路電路布局法係為保障積體電路電路布局，並調和社會公共利益，以促進國家科技及經濟之健全發展，而訂定的法律，它的主管機關目前是經濟部智慧財產局。

二、電路布局的登記

　　積體電路電路布局的保護係採登記制，電路布局之創作人或其繼受人，就其電路布局得申請登記。申請應備具申請書、說明書、圖式或照片，向電路布局專責機關經濟部智慧財產局提出申請，申請時已商業利用而有積體電路成品者，應檢附該成品，如果所附的圖式、照片或積體電路成品，涉及積體電路製造方法之祕密者，申請人得以書面敘明理由，以其他資料代替之。如果創作人或繼受人為多數人時，應共同申請登記。但契約另有訂定者，從其約定。

　　對於電路布局的登記，在積體電路電路布局保護法第七條規定：企業員工受雇在職務上完成之電路布局創作，由其雇用人申請登記，但是，契約另有訂定者，從其約定。如果是出資聘請他人完成之電路布局創作，則登記的權利在出資人，雖然電路布局權的登記為雇用人或出資人，但是，受雇人或受聘人，本於其創作之事實，仍然享有姓名表示權。

三、電路布局權

　　積體電路電路電路布局權係採登記制，未經登記的電路布局是無法主張權利、獲得保護的，電路布局權的期限，以電路布局的申請日或首次商業利用之日二者較早發生者為起始日，保護期間為10年。所謂申請日係指申請電路布局登記規費繳納及規定之文件齊備之日，商業利用（Commercial Exploitation）則是指為商業目的公開散布電路布局或含該電路布局之積體電路。如果電路布局在首次商業利用後超過二年，則不得再申請登記電路布局權。

　　受到電路布局保護的標的必須具備二個要件：首先必須是由創作人之智慧努力而非抄襲之設計，其次在創作時就積體電路產業及電路布局設計者而言非屬平凡、普通或習知者。

　　電路布局權人取得電局保護後，專有排除他人未經其同意而複製電路布局之一部或全部及為商業目的輸入、散布電路布局或含該電路布局之積體電路之權利。所謂的複製（Reproduce）係指以光學、電子或其他方式，重複製作電路布局或含該電路布局之積體電路。散布（Distribute）則是指買賣、授權、轉讓或為買賣、授權、轉讓而陳列。

四、電路布局權的限制

　　爲了促進產業整體的進步，在積體電路電路布局保護法第十八條中訂定了電路布局權的例外情形，對其權利加以限制，認爲以下情況是電路布局權利所不及者：

1. 爲研究、教學或還原工程之目的，分析或評估他人之電路布局，而加以複製者。

2. 依研究、教學或還原工程方式分析或評估之結果，完成符合電路布局保護要件或據以製成積體電路者。

3. 合法複製之電路布局或積體電路所有者，輸入或散布其所合法持有之電路布局或積體電路。

4. 取得積體電路之所有人，不知該積體電路係侵害他人之電路布局權，而輸入、散布其所持有非法製造之積體電路者。

5. 由第三人自行創作之相同電路布局或積體電路。

　　所謂的還原工程（Reverse Engineering）是指經分析、評估積體電路而得知其原電子電路圖或功能圖，並據以設計功能相容之積體電路之電路布局。還原工程與抄襲的差異，在洪麗玲的研究中指出，還原工程的目的雖然也是在製造相同功能的晶片，但是它具有改良原晶片的動機，且需要投入相當的人力、財力、時間等資源進行研究分析，並非是不獲的抄襲行爲，而且是半導體業者間所共同承認的一種公平的競爭方式。

五、權利的消滅

　　電路布局權權利的消滅除了第十九條規定的保護期間屆滿外，符合以下條件者，電路布局權人的權利也會消滅：

1. 電路布局權人死亡，無人主張其爲繼承人者，電路布局權自依法應歸屬國庫之日消滅。

2. 法人解散者，電路布局權自依法應歸屬地方自治團體之日消滅。

3. 電路布局權人拋棄者，自其書面表示之日消滅。

第三章

專利的基本概念

過去評估一個企業的經營大多依靠其所擁有的土地與自然資源，但是在知識經濟的時代中，創意已經取代傳統的土地與資源，而成為經濟成長與商業利益的泉源。我們都是處於這個創意就代表財富的世界中，創意既然是一種財富的表示，我們應如何對於我們所擁有的財富加以保護？則是一個非常嚴肅的問題。

紐約時報（New York Times）曾經提到：「智慧財產已經從企業與法律的冷宮中，變成高科技的火車頭」，其實對於智慧財產重視的產業，已不再只是侷限在高科技產業了，它徹底改變了整個產業競爭的結構。以往的商戰重點在搶占市場及原料，現在則是在如何先擁有新點子，並掌握其獨占權，企業以前怕競爭對手的產能或市場占有率比自己高，現在則擔心公司生產所需的核心技術（如Polaroid vs. Eastman Kodak），甚至是基本營運的商業概念（如Amazon vs. Barnes & Noble）已經被競爭對手先申請專利。

世界上的大公司，如：IBM、INTEL……已經將其公司的智慧財產權策略視為企業的核心競爭力，不願輕易示於他人，具有遠見的公司都希望透過智慧財產權，能讓自己站在市場上有利的位置，甚至於智慧財產權也成為企業購併的一個原因，如當初在美國線上（America Online）併購網景（Netscape）時，昇陽電腦（Sun）願意出高價介入，即是因為昇陽電腦看上網景的智慧財產可以彌補其不足。

在上一章中已經介紹過智慧財產權中的著作權、商標權、營業秘密、積體電路電路布局保護等權利，想必讀者看完後，對於智慧財產權已經有一個初步的概念。從本章開始進入本書的主要部分，本章將專門探討專利權，為使讀者能對專利有完整的概念，會先介紹專利制度及專利要件，接著逐一對發明、新型、新式樣專利做說明，至於專利的授權、實施與侵害、救濟…等問題將在下一章中再行討論，專利說明書的結構與撰寫將於第五章中討論。

3-1 專利制度

談到專利制度的起源，最早可以朔及西元十七世紀，英國在西元1624年由英王James I頒布專賣條例（Statute of Monopolies），確認了授予專利的基本原則，它認為獨占是違反了普通法（Common Law），原則上是不被同意的，但是，如果發明是有利於社會公益，而且發明者是真正最先的新穎物製造者（True and First Inventolllllr），則可以由國家授予其獨占的權利。

而專利制度的本質，不同的學者有不同的看法，大致可以歸納為以下幾種學說：創新報酬說、發明激勵說、秘密公開說、不當競爭防止說及綜合說。

一、創新報酬說

創新報酬說係從個人的私利出發，認為發明人既然從事發明創新活動，基於公平正義原則，國家就應給予一定的報酬，但是，它卻沒有考慮到專利制度的設計是要發明人公開其發明，以促進整體產業技術進步的目的。

二、發明激勵說

發明激勵說的出發點則是與創新報酬說剛好相反，它完全是從社會公益的觀點出發，認為為了社會的公共利益，應當要求發明人公開其發明的技術內容，但是，它忽略了保護個人的研發成果。

三、秘密公開說

秘密公開說則是認為專利權係國家與發明人間的一種合約行為，根據二造所簽訂的合約，國家給予發明人一段時間對其發明的獨占權與排他權，以做為發明的獎勵與報酬，同時也要求發明人必須公開其發明的內容，使社會大眾不致重覆投資而浪費資源，甚至於能在該發明的基礎上更進一步發展，以促進產業技術的進步。

四、不當競爭防止說

不當競爭防止說認為專利制度的目的就是在禁止他人任意、擅自仿冒發明人的研發成果，因此，設計了專利制度，授予發明人專利權，以創造及維持產業的競爭秩序，防止企業的不公平競爭。

五、綜合說

　　主張綜合說的學者認爲在專利申請階段，是由個人向國家提出申請，所以專利權具有公權的性質，在授予發明人專利權之後，專利權的行使涉及人格權與財產權，應屬私權保護的範圍，因此，認爲專利權係一種結合公權與私權的權利。

　　以上五種學說中，或偏向公益或偏向私利的角度，也有從公平競爭的角度出發，我國的專利法則是接近秘密公開說與綜合說，認爲專利權乃國家與發明人間所訂定的契約，兼具促進產業技術進步的公益及保護個人研發成果的私利目的。

　　專利制度的設計是一種結合公益與私利的制度，所以，在我國的專利法第一條開宗明義就說明了：制定專利法的目的是爲了鼓勵、保護、利用發明與創作，以促進產業發展。其中的「爲鼓勵、保護、利用發明與創作」，係由保護發明人的私利著眼，而「促進產業發展」則是從社會公益的角度考量。

3-2 專利要件

　　專利要件（Patentability of Inventions）是檢驗發明或創作是否能授予專利的法定要件，一般來說包括：產業利用性（Industrially Applicable）、新穎性（Novelty）及進步性（Non-Obviousness）。也有學者認爲專利的要件除了產業利用性、新穎性及進步性之外，還應包含專利的適格標的及充分揭露，因專利的適格標的依專利的類型不同而不同，本書將於3-3-1至3-3-3。中分別介紹，至於充分揭露則是涉及專利說明書撰寫，將於第五章中再行介紹。

3-2-1 產業利用性

　　產業利用性是指該發明可以在產業上加以實施、利用，也就是說，專利的客體必須能夠在產業上製造與使用，且能產生積極的利益。在經濟部智慧財產局所公布的專利審查基準中認爲：申請專利之發明必須可供產業上利用，始符合申請發明專利之要件，稱爲產業利用性。

所謂的「產業」，在陳智超的研究中定義，產業包含工業、礦業、農業、漁業、水產業、林業、畜牧業等生產事業，以及交通業、運輸業等輔助產業，甚至於銀行業、服務業等亦可納入。專利審查基準中指出產業應包含任何領域中利用自然法則之技術思想而有技術性的活動，亦即包含廣義的產業，例如工業、農業、林業、漁業、牧業、礦業、水產業等，甚至包含運輸業、通訊業、商業等。

產業利用性係取得發明專利的要件之一，由於其係發明專利本質上的規定，不須進行檢索即可判斷，故通常在審查申請案是否具新穎性及進步性之前即應先行判斷。一般在專利訴訟中，產業利用性通常不是爭議的焦點，因為從另一個角度來看，沒有產業利用性的專利就不會有產品出現，沒有產品出現就沒有經濟利益，沒有經濟利益的專利就不會進行訴訟。

對申請專利之標的，其產業利用性的要件，在專利法第二十二及一百二十二條分別規定：可供產業上利用之發明、設計，得依本法申請取得發明、設計專利。新型專利依第一百二十條準用第二十二條規定。

3-2-2 新穎性

專利制度係授予發明人專有排他性之權利，以鼓勵其公開發明，使公眾能利用該發明之制度，因此，對於申請專利前已公開而能為公眾得知，或已揭露於另一先申請案之發明，並無授予專利之必要。

申請專利範圍中所記載之發明，如果不是先前技術（Prior Art）的一部分時，該發明就具備了新穎性，新穎性係取得發明專利的要件之一，在專利審查基準中也規範專利要件的審查順序：申請專利之發明是否具新穎性，通常於其具產業利用性之後始予審查。

準此，在專利法第二十二條第一項中就規定：申請專利之發明，在申請前已見於刊物、已公開實施或已為公眾所知悉者，皆不得取得發明專利。同時，在專利法第一百二十二條第一項也規定：申請專利之設計，如果在申請前有相同或近似之設計已見於刊物、已公開實施，或申請前已為公眾所知悉者，均不得申請設計專利。因為在專利申請前不管是已見於刊物、已公開使用或已為公眾所知悉者，基本上都已喪失其發明之新穎性。

而在專利法所謂的「申請前」係指在申請日之前，但不包括申請日當天所公開的新技術。「已見於刊物」係指將文書或載有資訊之其他儲存媒體，置於公眾得以閱覽而揭露技術內容，至於是不是真的有人會去閱覽或據以實施，則不在考慮之內。

只要是向公眾公開之文書或載有資訊之其他儲存媒體，不論其於世界上任一地方或以任一種文字公開，只要得經由抄錄、攝影、影印、複製或網際網路傳輸等方式，使公眾得以獲知其技術內容，均屬於刊物。

因此，刊物的形式不限於紙本形式，亦包含以電子、磁性、光學或載有資訊之其他儲存媒體，如磁碟、磁片、磁帶、光碟片、微縮片、積體電路晶片、照相底片、網際網路或線上資料庫等。至於其內容，則包括專利公報、期刊雜誌、研究報告、學術論著、書籍、學生論文、談話紀錄、課程內容、演講文稿等。

「公開實施」在專利法修訂前稱為公開使用，在2011年修法時，配合第五十八條第二、三項的修正，參酌日、韓等國的專利法用語，因此改為公開實施。公開實施係指透過製造、為販賣之要約、販賣、使用或為上述目的而進口等行為，而揭露技術內容，使該技術能為公眾得知之狀態。

技術的公開實施，不以公眾實際上已實施或已真正獲知該技術內容為必要，例如在參觀工廠時，如果該工廠物或方法之實施，能為訪客在參觀的過程中得知其結構或步驟者，即會被視為公開實施。

如果在參觀工廠的過程中，未經說明或實驗，所屬技術領域中具有通常知識者仍無法得知物的結構、元件或成分等及方法的條件或步驟等技術特徵者，則不構成公開實施。

「公眾所知悉」指以口語或展示等方式揭露技術內容，包括以口語交談、演講、會議、廣播或電視報導等方式或藉公開展示圖面、照片、模型、樣品等方式，悄會使該技術能為公眾得知。

公眾知悉並不以公眾實際上已聽聞、閱覽或已真正獲知該技術內容為必要，凡是以口語或展示等行為，使技術內容能為公眾得知時，即視為該技術已為公眾所知悉。

雖然在專利法第二十二條及第一百二十二條的第一項中規定了專利喪失新穎性的條件，但是在第二十二條第三項中亦有但書的規定，如果因實驗而公開、因於

刊物發表、陳列於政府主辦或認可之展覽會、非出於本意而洩漏，以致於喪失新穎性者，可以在事實發生後6個月內申請，而不會受到新穎性的限制。

第一百二十二條第三項中亦有類似的但書規定，如果因於刊物發表、陳列於政府主辦或認可之展覽會、非出於本意而洩漏，以致於喪失新穎性者，可以在事實發生後6個月內申請，而不會受到新穎性的限制。

此外，專利法第二十三條亦規定：申請專利之發明與申請在先而在其申請後才公開或公告之發明或新型專利申請案所附說明書、申請專利範圍或圖式載明之內容相同者，亦不得取得發明專利。對於擬制新穎性的規定，新型專利在第一百二十條中準用第二十三條規定。

鑑於新型專利改為形式審查後，申請時間減少，為了早日取得專利，因此，在實務上有些創作人會在同一天將同一技術，同時申請一個發明專利跟一個新型專利，等到發明專利核定後，再放棄原核定的新型專利。

因此，在2011年專利法修訂時，特別為此在第三十二條中規定：同一人就相同創作，於同日分別申請發明專利及新型專利，其發明專利核准審定前，已取得新型專利權，專利專責機關應通知申請人限期擇一；屆期未擇一者，不予發明專利。

設計專利的擬制新穎性在第一百二十三條中也有類似規定：申請專利之設計，與申請在先而在其申請後始公告之設計專利申請案所附說明書或圖式之內容相同或近似者，不得取得設計專利。但其申請人與申請在先之設計專利申請案之申請人相同者，不在此限。

一、新穎性的審查原則

新穎性的審查原則，在專利審查基準中有明確規定，應以引證文件中所公開之內容為準，這些內容包含形式上明確記載的內容及形式上雖然未記載但實質上隱含的內容，而且引證文件揭露之程度必須足使該發明所屬技術領域中具有通常知識者能製造或使用申請專利之發明。

實質上隱含的內容，係指該發明所屬技術領域中具有通常知識者參酌引證文件公開時的通常知識，能直接且無歧異得知的內容。在審查實務中，主要係引用已見於刊物的先前技術，而以刊物作為引證文件，引證文件中明確敘及之先前技術文件，應屬於引證文件的一部分。

引證文件中包括圖式者，若無文字說明，僅圖式明確揭露之技術內容始屬於引證文件有揭露者，而由圖式推測的內容，例如從圖式直接量測之尺寸，常常會因為影印的縮放而產生差異，則不屬於引證文件的一部分。

新穎性的審查原則，在專利審查基準中可以分為逐項審查與單獨比對。

（一）逐項審查

經濟部智慧財產局對專利的新穎性之審查，是以每一個請求項中所記載之發明為對象，並就每一個請求項逐項判斷是否具新穎性，以擇一形式記載之請求項，則就各選項所界定之發明為對象分別審查。附屬項為其所依附之獨立項的特殊實施態樣，獨立項具備專利要件時，其附屬項必然具備專利要件，得一併做成審查意見；但獨立項不具專利要件時，附屬項仍有具備專利要件之可能，應分項做成審查意見。

（二）單獨比對

單獨比對指的是就申專利之發明與單一先前技術單獨進行比對，亦即將發明與單一先前技術單獨比對，但是不能將該發明與多份引證文件中之全部或部分技術內容的結合，或一份引證文件中之部分技術內容的結合，或將引證文件中之技術內容與其他形式已公開之先前技術內容的結合進行比對。

二、新穎性的判斷基準

專利新穎性的審查是以單一請求項為對象，與引證文件中所揭露先前技術之事項逐一進行判斷，經過逐項審查及單一比對後，結果有下列情形之一者，則會被判定為不具新穎性。

（一）完全相同

如果申請專利之發明與先前技術在形式上及實質上均無任何差異，則該項發明就不具新穎性。

（二）差異僅在於文字的記載形式或能直接且無歧異得知之技術特徵

申請專利之發明與先前技術之差異經審查後，僅在於文字的記載形式上有差異，但實質上並無差異，或者差異處僅在於部分相對應的技術特徵，而該發明所屬技術領域中具有通常知識者，基於先前技術形式上明確記載的技術內容，即能直接且無歧異得知其實質上單獨隱含或整體隱含申請專利之發明中相對應的技術特徵，則該發明亦不具新穎性。

但是，如果先前技術所揭露之技術特徵，包含很多個意義，而申請專利之發明僅限定於其中一個意義，則在審查時，不會認定該發明中之技術特徵由該先前技術即能直接且無歧異得知。

例如先前技術揭露之技術手段包含一個技術特徵為彈性體，但未記載橡膠為彈性體之實施例，而申請專利之發明中所記載之相對應技術特徵為橡膠，由於彈性體包含了橡膠及彈簧…等，所以，不能認定該發明中所提的橡膠可由該先前技術中之彈性體，即能直接且無歧異得知。

（三）差異僅在於相對應之技術特徵的上、下位概念

若先前技術為下位（Species）概念的發明，由於其內容已隱含或建議其所揭露之技術手段可以適用於其所屬之上位（Genus）概念發明，故下位概念發明之公開會使其所屬之上位概念發明不具新穎性。例如先前技術為「用銅製成的產物A」，會使後申請專利之發明「用金屬製成的產物A」喪失新穎性。

但是，上位概念發明之公開並不影響下位概念發明之新穎性。例如先前技術為「用金屬製成的產物A」，如果申請專利之發明是「用銅製成的產物A」，則因為先前技術是上位概念，所以不會讓「用銅製成的產物A」喪失新穎性。

3-2-3 進步性

當一發明經審查具有新穎性後，接著會再審查其是否具有進步性，如果一個專利經審查不具新穎性，即不具備專利要件，無需再就是否具備進步性加以審查。雖然要申請專利之發明與先前技術之間有差異存在，但是，該發明之整體（as a whole）係該發明所屬技術領域中具有通常知識者依申請前之先前技術所能輕易完成時，則該發明將會被認定不具進步性。

所謂的「該發明所屬技術領域中具有通常知識者」，係指在申請時，具有該發明所屬技術領域中之一般知識及普通技能，而能理解、利用申請時之先前技術的人。

「先前技術」不包含在申請日及申請後才公開或公告的技術，也不包括申請在先而在申請後才公開或公告之發明專利或新型專利的先申請案。原則上，在審查

進步性時,所考量的先前技術應屬於該發明所屬或相關之技術領域,但若不相關之技術領域中的先前技術與申請專利之發明有共通的技術特徵時,該先前技術亦適用於判斷進步性。

「輕易完成」在專利審查基準中認為與「顯而易知」為同一概念,指該發明所屬技術領域中具有通常知識者,若是以先前技術為基礎,再經過邏輯分析、推理或試驗即能預期做出申請專利之發明時,該發明則會被認定是顯而易知,而不具進步性。

一、進步性的審查原則

進步性之審查原則也是以專利說明書中的每一請求項中所記載之發明的整體為對象,也就是將該發明所欲解決之問題、解決問題之技術手段及對照先前技術之功效作為一整體予以考量,逐項進行判斷。

審查進步性時,是以每一個請求項所記載之發明的整體為對象,逐項作成審查意見,當審查認定獨立項具有進步性時,其附屬項當然具有進步性;但獨立項不具進步性時,其附屬項未必不具進步性,審查時會分項作成審查意見。

二、進步性的判斷基準

依專利法第二十二條第二項規定必須是在所屬技術領域中具有通常知識者,依申請前之先前技術所無法輕易完成時,才能給予發明專利(新型專利準用)。設計專利在專利法第一百二十二條中也有相關的規定,必須是其所屬技藝領域中具有通常知識者,依申請前之先前技藝不易於思及者,才能申請取得設計專利。

要判斷發明是否具有進步性,首先要確定申請專利之發明的範圍及相關先前技術所揭露的內容,接著確定申請專利之發明,於申請日時其所屬技術領域中具有通常知識者之技術水準,並確認申請專利之發明與相關先前技術之間的差異,最後,審酌該發明所屬技術領域中具有通常知識者,參考相關先前技術所揭露之內容及申請時的通常知識,判斷是否能輕易完成申請專利之發明的整體,如果能輕易完成者,則該發明就不具進步性。

3-3 專利的類型

　　我國專利的類型在專利法第二條中即明確規定，包含發明專利（Invention Patents）、新型專利（Utility Model Patents）及設計專利（Design Patents）等三類。

3-3-1 發明專利

　　發明專利在專利法第二十一條中定義為：利用自然法則之技術思想之創作，由定義可以知道，發明必須要具有技術性（Technical Character），也就是說，發明所解決問題的手段必須是涉及技術領域的技術手段。因此，自然法則本身、單純的發現、違反自然法則及非利用自然法則等，都不屬於發明的範圍。

一、自然法則本身

　　專利法第二十一條規定發明是利用自然法則之技術思想之創作，若是自然法則未付諸實際利用，則其本身不具有技術性，自然不屬於發明，例如能量不滅定律或萬有引力定律等自然界原有的規律，不能視為發明。只有將自然法則付諸實際利用，並記載為申請專利之發明的技術特徵，使發明之整體對於先前技術的貢獻具有技術性時，才符合發明之定義。

二、單純的發現

　　「發現」指自然界中固有的物、現象及法則等之科學發現，發現自然界中已知物之特性的行為本身並無技術性，不符合發明之定義。但是，如果將所發現之特性付諸於實際利用，利用該特性所得之物或方法，則符合發明之定義。

　　例如發現奈米材料之特性係單純的發現自然界中物的特性，並不符合發明之定義，但是如果能利用奈米材料製成物品，則該物品之發明即可符合發明之定義。再如鹵化銀遭受光或放射線照射時，會分解成金屬銀與鹵素氣體，而產生出銀的化學反應，如果要申請發明專利，由於這只是揭露出鹵化銀的感光性而已，並未達成以光或放射線之照射量測定此一性質之技術手段，或利用此一性質於照相材料之技術手段，不具有任何技術性，只是單純的發現，當然也就不能給予專利。

三、違反自然法則

發明必須利用自然法則之技術思想，如果所界定的申請專利範圍違反自然法則，則該發明不符合發明之定義。例如違反能量守恆定律所製作出的永動機，即是違反自然法則、非可供產業利用，而不能給予專利。

又例如在化學上，鐵比銅更易有離子化的傾向，如果只是把銅片浸在含有鐵離子之水溶液中，就可以在銅片上形成鐵之電鍍層，這是不可能發生的現象。因此，這樣的發明就違反自然法則，不符合發明之定義。

四、非利用自然法則

申請專利之發明如果是利用自然法則以外的方法，因為該發明本身不具有技術性，因此，不符合發明之定義，但是，如果方法發明中之技術特徵包含數學操作之代表符號，而該符號所代表的物理量，被認為係規定物理、化學作用之內容時，若該發明整體對於先前技術的貢獻具有技術性，則符合發明之定義。

例如數學方法、遊戲或運動之規則或方法等人為之規則、方法或計畫，或其他必須藉助人類推理力、記憶力等心智活動始能執行之規則、方法或計畫，因為不具技術性，所以，不能視為是發明，但是，如果遊戲機具或實施規則、方法或計畫的設備本身可能具有技術性，而符合發明之定義。

再例如，中東地區出產原油但是缺水，如果油輪到產油國裝油前，先在船艙內裝載大量的清水，自原油昂貴而清水便宜的地區航往清水昂貴而原油便宜的地區，俟卸下清水、再於船艙內灌滿原油後回航，如此一來，在往、返程均可有效使用船艙，不僅可賺得原油、清水之運費，亦可賺得原油與清水間之差價。這樣的一個運輸方法並未利用自然法則，只是一個經濟的活動，故不符合發明的原則。

除了上述違反發明定義不能授予專利外，另在專利法第二十四條中亦臚列出三項法定不予專利的項目：

一、動、植物及生產動、植物之主要生物學方法

「動、植物」一詞在專利審查基準中認為應涵蓋動物及植物，亦包括轉殖基因之動物及植物。因為以動物或植物為申請標的者，不論是現存者還是新品種，考量有違公序良俗，因此法定不予專利。

　　但是，對於生產動、植物之方法，即使其直接產物涉及法定不予專利之動、植物，只要該方法並非主要生物學方法或該方法爲微生物學之生產方法，在專利法第二十四條第一款中仍有但書給予以專利。

二、人類或動物之診斷、治療或外科手術方法

　　基於社會的倫理道德的考量，並顧及社會大眾在醫療上的權益以及人類之尊嚴，使醫生在診斷、治療或外科手術過程中，有選擇各種方法和條件的自由，因此，人類或動物之診斷、治療或外科手術方法，都屬於法定不予發明專利之項目。

　　但是，在人體或動物疾病之診斷、治療或外科手術方法中所使用之器具、儀器、裝置、設備或藥物（包含物質或組成物）等物之發明，則不屬於法定不予專利之項目。

　　在專利法第二十四條第二款中包含了三個部分：人類或動物疾病之診斷方法、人類或動物疾病之治療方法及人類或動物疾病之外科手術方法，分別說明如下：

（一）人類或動物疾病之診斷方法

　　人類或動物疾病之診斷方法，包括檢測有生命之人體或動物、評估症狀及決定病因或病灶狀態的整個步驟過程，據以瞭解人體或動物之健康狀態，掌握其病情之方法。所以，法定不予專利的項目必須具備三個條件：

1. 以有生命的人體或動物爲對象：如果所申請的專利需用在有生命的人體或動物上實施檢測或處理，則法定不給予專利，但是，如果是在已經死亡的人體或動物上，實施之檢測、解剖或處理方法，則可以授予專利。例如屍體的病理解剖，或在已經脫離人體或動物之組織、體液或排泄物上所實施之檢測或處理方法，均不屬於不予發明專利之項目。

2. 有關疾病之診斷：與疾病之診斷有關的方法，考量社會大眾的公益，不宜授予專利，但是，與疾病之診斷無關之方法或僅是量測人體或動物特性之方法，則不在此限，例如測量身高、體重或測定膚質等方法。

3. 以獲得疾病診斷結果爲直接目的：以獲得疾病的診斷結果爲直接目的之診斷方法，基於社會公益之考量，不宜授予專利，但是如果該方法發明之最終目的是診斷疾病，且其直接目的並非診斷疾病，所獲得的資訊僅作爲中間結果，無法直接獲知疾病之診斷結果者，則不在此限，例如X光照射、血壓量測等。

（二）人類或動物疾病之治療方法

人類或動物疾病之治療方法，除了使有生命之人體或動物恢復或獲得健康為目的之治療疾病或消除病因的方法外，還包含以治療為目的或具有治療性質的其他各種方法。

所以，以有生命之人體或動物為對象，以治療或預防疾病為直接目的之方法，均是法定不予專利的項目。如：外科手術的方法、以治療為目的紅外線照射方法、護理上的傷口處理方法、蛀牙的預防方法、人工呼吸方法…等。

但是，如果不是以有生命的人體或動物體為對象，或不以治療或預防疾病為直接目的之方法，則不屬於法定不予專利的項目。如：假牙或義肢的量測或製作技術、不涉及外科手術的塑身美容方法、製作標本的方法…等。

（三）人類或動物疾病之外科手術方法

外科手術的方法，如果必須利用器械對有生命之人體或動物實施剖切、切除、縫合、紋刺、注射及採血等創傷性或介入性之治療或處理方法，包括非以診斷、治療為目的之美容、整形方法，考量社會公益不適宜給予專利。但是，如果不是以有生命之人體或動物為對象而實施的外科手術方法，如皮膚消毒、麻醉的方法…等，則不在此限。

三、妨害公共秩序或善良風俗者

基於維護倫理道德及排除社會混亂、失序、犯罪…等違法行為，如果說明書、申請專利範圍或圖式中所記載之發明的商業利用（Commercial Exploitation）會妨害公共秩序、善良風俗或衛生，則應認定該發明屬於法定不予專利之項目。例如郵件炸彈及其製造方法、吸食毒品之用具及方法…等。

發明的商業利用雖然不會妨害公共秩序、善良風俗或衛生，但是，該發明如果被濫用則會有妨害公序良俗之虞時，基於社會公益的理由，仍非屬法定不予專利之項目，例如各種棋具、牌具，或開鎖、開保險箱之方法，或以醫療為目的而使用各種鎮定劑、興奮劑之方法等。

發明是利用自然法則的技術思想之創作，在專利審查基準中將發明專利分為物的發明、方法發明及用途發明三種，其間的關係如圖3-1所示。物的發明又可以分為物質及物品，物質指的是化學的化合物或者是醫學上用的藥品，如阿斯匹靈

（Aspirin），物品則是具有一定空間的產品、機具⋯等，如光碟片（Compact Disc, CD）。

方法發明分為物的製造方法及無產物技術方法，物的製造方法是指物質或物品的製造方法，如阿斯匹靈或光碟片的製造方法，無產物技術方法則是該發明的技術，不會產生實體產品，如檢測空氣中二氧化碳濃度的方法，最近電子商務方興未艾，許多商業模式（Business Model）的專利都是屬於無產物技術方法的發明專利。用途發明指的是物品或物質的新用途，物質的新用途包括已知物質的新用途及新物質的新用途，如威而剛（Viagra）原來是治療心血管疾病的藥，後來意外發現它可以用在治療性功能障礙上，即是一種新的用途。

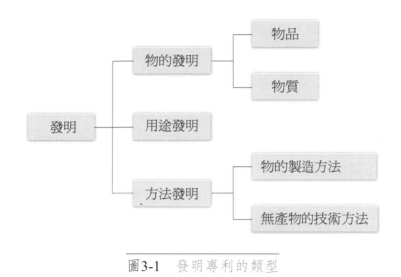

圖3-1　發明專利的類型

3-3-2 新型專利

專利法中所稱的新型專利，在第一百零四條中定義係指利用自然法則之技術思想，對物品之形狀、構造或組合之創作。所以新型專利除了跟發明專利一樣，必須是利用自然法則的技術思想外，還必須要對物品之形狀、構造或組合進行創作或改良才行。

在新型專利中所謂的「物品」係指占據一定空間者，亦即，新型專利之標的為物品之形狀、構造或組合，必須有具體表現且占有一定空間，並具有使用價值和實際用途而能被製造之物品實體，如：扳手、起子、溫度計、杯子⋯等。

一、形狀

所謂的形狀，在專利審查基準中定義係指物品具有可從外觀觀察到確定之空間輪廓者。所以，欲申請新型專利的物品首先必須具有確定之形狀，不具有確定形狀之物質或材料，均非新型專利之標的。如以扳手上所具有的特殊牙形為技術特徵的虎牙形狀扳手，即符合新型專利的條件，而氣態、液態、粉末狀、顆粒狀等不具確定形狀之物質或材料，或物品之形狀及其表面之圖案、色彩、文字、符號…等，都不符合申請新型專利的條件。

二、構造

構造係指物品內部或其整體之構成，實質表現上大多為各組成元件間之安排、配置及相互關係，且此構造之各組成元件並非以其本身原有之機能獨立運作稱之，例如摺傘的傘骨構造。物品的構造除了機械構造外，也包含電子電路構造、層狀構造…等。至於物質之分子結構或組成物之組成，如果僅涉及其化學成分或含量之變化，而不涉及物品之結構，均不屬新型專利之標的。

三、組合

組合係指為達到某一特定目的，將二個以上具有單獨使用機能之物品予以結合裝設，於使用時彼此在機能上互相關連而能產生使用功效者，稱之為物品的組合。例如，由螺栓與螺帽組合的結合件；殺菌燈與逆滲透供水裝置的組合。

由於專利制度係採審查制，專利的申請案必須經過實質審查後，才能授予專利，可是在知識經濟時代中，資訊發展的速度可謂一日千里，在某些技術領域之產品，其生命週期發展迅速，發明人需要將其發明或創作迅速投入市場，以搶得先機。

為因應知識經濟時代發展之腳步，加速授予權利之時效，經濟部智慧財產局於2004年7月1日實施之專利法中，對於新型專利的申請案件，捨棄行之多年的實體要件審查，而改採形式要件審查制，以加快新型專利申請案處理時間，儘早發給專利證書，以達到技術能早期授權之需求。

專利法第一百十二條規定：申請新型專利，經過形式審查後，沒有下列情事之一者，即可授予新型專利：非屬物品形狀、構造或組合者、妨害公共秩序或善良風俗者、違反第一百二十條準用第二十六條第四項規定之揭露形式者、違反第一百二十條準用第三十三條規定者一新型一申請、說明書、申請專利範圍或圖示未揭露必要事項或修正超出原揭露範圍。

　　所謂的「形式審查」係指由專利專責機關經濟部智慧財產局對於新型專利申請案之審查，根據新型專利說明書判斷是否滿足形式審查要件，限縮於新型專利之形式要件，而不進行須耗費大量時間的前案檢索工作，以及不實體審查是否滿足專利要件。新型申請案形式審查之前，還是必須先進行程序審查，此與發明及設計申請案在進行實體審查之前，進行程序審查是相同的。

　　新型專利在進行形式審查時，首先要依專利法第一百零四條，判斷申請專利的標的是否屬物品之形狀、構造或組合，其次依專利法第一百零五條審查是否有妨害公共秩序、善良風俗之虞，以維護社會之倫理道德，排除社會混亂、失序、犯罪及其他違法行為。

　　在滿足形式要件後，接著要審查在說明書中是否載明新型名稱、摘要、新型說明及申請專利範圍，且新型說明、申請專利範圍及圖式之揭露方式是否違反專利法施行細則第十七條至第二十二條相關規定，專利法施行細則相關條文請參考本書附錄。

　　最後，再就說明書及圖式是否揭露必要事項或其揭露是否明顯進行審查，在審查時，只考量申請書中所載明之新型技術特徵是否已充分揭露，而不須判斷該創作是否明確且充分，亦無須判斷該創作能否實施。

　　如果在新型說明書中，僅說明了某些技術特徵、優點和功效，而對解決問題之技術手段未作任何敘述，甚至未敘述任何技術內容，此時，專利專責機關經濟部智慧財產局會附具理由通知申請人，限期陳述意見或補充、修正圖式。屆時申請人申復之理由或補充、修正後仍不符合相關規定的話，則將不予專利。

　　在本小節中對於新型專利之討論著重在其定義及形式審查上，而在上一小節中所提到構成專利要件之產業利用性、新穎性及進步性，雖未討論但仍需符合這些要件，方能授予專利。

3-3-3 設計專利

　　依專利法第一百二十一條規定：設計係指對物品之全部或部分之形狀、花紋、色彩或其結合，透過視覺訴求之創作，在2011年修法時，又將電腦圖像與圖形化使用者介面納入，在第二項規定：應用於物品之電腦圖像及圖形化使用者介面，亦得申請設計專利。

在新的專利法中將新式樣專利改爲設計專利後，原來的聯合新式樣也就沒有了，而另外新增了衍生專利。專利法第一百二十七條規定：同一人有二個以上近似之設計，得申請設計專利及其衍生設計專利。但是，衍生專利也不是沒有限制的，第四項規定：同一人不得就與原設計不近似，僅與衍生設計近似之設計申請爲衍生設計專利。申請衍生設計專利的時間點，必須於原設計專利公告前爲之，衍生設計之申請日，不得早於原設計之申請日。

一、設計的外觀

設計專利保護之標的爲應用於物品之形狀、花紋、色彩或其二者或三者之結合，透過視覺訴求之創作，不包括有關聲音、氣味或觸覺等非外觀之創作。

（一）形狀

形狀係指物體外觀三度空間之輪廓或樣子，其爲物品與空間交界之周邊領域，包括物品本身的形狀及具變化外觀之物品形狀。

1. 物品本身的形狀：物品本身之形狀，指實現物品用途、功能的形狀外觀，不包括物品轉化成其他用途之形狀，亦不包括依循其他物品所賦予之形狀或以物品本身之形狀模製另一物品之形狀。

　　如以毛巾做爲設計的物品申請設計專利，圖式應揭露毛巾的外周形狀及表面花紋，但是，在講求創意的時代，也有業者把毛巾摺成蛋糕的形狀，這時如果還是以毛巾來申請設計專利，因爲毛巾的使用狀態或交易時的展示形狀，已經是摺成蛋糕的形狀，在這種情況下，從圖式上已無法認定毛巾之外周形狀及其表面之花紋，應改以飾品或毛巾飾品之物品提出申請爲宜。

2. 具變化外觀之物品形狀：申請專利之設計通常僅具有唯一的外觀，但由於物品之材料特性、機能調整或使用狀態之變化，可能會使設計之外觀在視覺上產生變化，以致其外觀並非唯一時，由於每一變化外觀均屬設計的一部分，在認知上應視爲一設計之外觀，得將其視爲一個整體之設計申請設計專利。

　　例如摺疊椅、剪刀、變形機器人玩具等物品之設計，於使用時在外觀上可能產生複數個特定之變化，若其每一變化外觀均屬於該設計的一部分，得將其視爲一個整體之設計以一申請案申請設計專利。

（二）花紋

　　花紋係指點、線、面或色彩所表現之裝飾構成，花紋之形式包括以平面形式表現於物品表面者，如印染、編織、平面圖案或電腦圖像；或以浮雕形式與立體形狀一體表現者，如輪胎花紋；或運用色塊的對比構成花紋而呈現花紋與色彩之結合者，如彩色卡通圖案或彩色電腦圖像。前述三種形式之花紋脫離物品均無所依附，而無法單獨構成設計，故申請標的包含花紋者，圖式必須呈現花紋及其所依附之物品，始構成具體之設計。

（三）色彩

　　色彩指色光投射在眼睛中所產生的視覺感受，設計專利所保護的色彩係指設計外觀所呈現之色彩計畫或著色效果，亦即色彩之選取及用色空間、位置及各色分量、比例等。其亦不得脫離所依附之物品，單獨僅就色彩構成設計。

（四）形狀、花紋、色彩之結合

　　設計專利保護之標的為物品之形狀、花紋、色彩或其中二者或三者之結合所構成的整體設計，由於設計所應用之物品必須是具有三度空間實體形狀的有體物，以未依附於說明書及圖式所揭露之物品之花紋或色彩，單獨申請花紋、單獨申請色彩或僅申請花紋及色彩者，不符合設計之定義。

二、法定不予專利項目

　　設計專利的申請除了要滿足專利法第一百二十二條中規定的產業利用性、新穎性及進步性的條件外，還必須不違反專利法第一百二十四條所規定的不予專利的規定。

　　專利法第一百二十四條中法定之不予新式樣專利的規定共有四項，分別說明如下：

（一）純功能性之物品造形

　　物品造形指物品之形狀、花紋、色彩等外觀所構成的設計，如果物品之特徵純粹係因應其本身或另一物品之功能或結構者，即為純功能性之物品造形。例如螺釘與螺帽之螺牙、鎖孔與鑰匙條之刻槽及齒槽等，其造形僅取決於純功能性考量。

　　由於純功能性物品必須連結或裝配於另一個相對應的物品，才能實現各自之功能而達成用途，其設計僅取決於兩物品必然匹配（Must-fit）部分之基本形狀，因此，這類純功能性之物品造形不得准予設計專利。

但是，如果設計之目的在於使物品在模組系統中能夠多元組合或連結，例如積木、樂高玩具或文具組合等，這類物品之設計不屬於純功能性之物品造形，可以各組件做為申請設計專利的標的。

（二）純藝術創作

設計專利有時候也會跟著作權法中的美術著作競合，設計與著作權法之美術著作雖然都是屬於視覺性之創作，但是，兩者之保護範疇略有不同。設計專利為實用物品之外觀創作，必須可供產業上利用，而著作權法之美術著作屬精神創作，著重思想、情感之文化層面。

例如張大千之山水畫及畢卡索（Picasso）之抽象畫，都是陶冶性情之精神創作，其創作的目的在達到賞心悅目之效果，並不是以工業技術或者產業競爭為創作前提，故無法給予專利。

純藝術創作如果無法以生產程序重複再現之物品，即不得准予專利，就裝飾用途之擺飾物而言，若其為無法以生產程序重覆再現之單一作品，就要以著作權法的美術著作予以保護，如果可以生產程序重覆再現之創作，無論是以手工製造或以機械製造，均得准予專利。

（三）積體電路電路布局及電子電路布局

積體電路或電子電路布局係基於功能性之配置而非視覺性之創作，可以積體電路電路布局保護法保護，因此，未列入設計專利中加以保護，有關積體電路布局保護的相關內容可參考本書2-5節，積體電路電路布局保護法各條條文請見附錄六。

（四）物品妨害公共秩序或善良風俗者

為避免因為產品的形狀導致妨害公共秩序，善良風俗，進而影響國家和社會的利益及安定，對於可能造成違反道德的行為，需預先加以制止，如產品的形狀會對女性的身體造成不良暗示、設計吸毒的器具或設備…等設計。

三、設計專利類別

（一）部分設計（Partial Design）

部分設計是指就物品之部分的外觀申請設計專利，其保護標的之態樣大致上可分為：物品之部分組件、物品之部分特徵，申請專利之設計為應用於物品中複數個組件或複數個特徵者，亦得申請部分設計。

　　圖3-2指示燈基座是以物品之部分組件為設計專利的標的，圖中實線部分的基座，係專利權人主張設計的部分，虛線（Broken Lines）部分的標示牌則是專利權人不主張設計的部分。

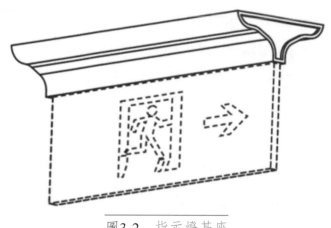

圖3-2　指示燈基座

　　圖3-3運動鞋表面花紋則是物品之部分特徵做為設計專利的標的，圖中不透明部分的花紋，即是專利權人主張設計的部分，半透明部分的運動鞋則是專利權人不主張設計的部分。

圖3-3　運動鞋表面花紋

　　申請部分設計專利時，其圖式中主張設計之部分和不主張設計之部分應以可明確區隔之表示方式呈現。以墨線圖表現部分設計者，其所主張設計之部分應以實線具體、寫實地描繪申請專利之設計的外觀，不主張設計之部分則應以虛線等斷線方式或以灰階填色方式呈現，如圖3-2指示燈基座所示。

以電腦繪圖或照片表現部分設計者，不主張設計之部分則應以半透明填色等方式呈現，以使主張設計之部分和不主張設計之部分得以有明確的區隔，如圖3-3所示。

（二）衍生設計

衍生設計專利係指同一人就二個以上近似之設計得申請原設計及其衍生設計專利，而不受先申請原則限制的一種特殊態樣之設計專利制度，但是，不能就與原設計不近似，僅與衍生設計近似之設計申請為衍生設計專利。

申請專利之設計近似或相同的判斷，係以圖式所揭露之內容並對照設計名稱所記載之物品為判斷基礎，其結果包括：近似之外觀應用於相同之物品、相同之外觀應用於近似之物品、及近似之外觀應用於近似之物品三種態樣。

1. 近似之外觀應用於相同之物品：原設計及衍生設計皆為照相機之鏡頭而為相同之物品，主張設計之部分之外觀雖亦相同，但其與環境間的位置、大小、分布關係不同，可以被認定為外觀近似，二者為近似之設計，得申請為原設計及衍生設計。（圖3-4）

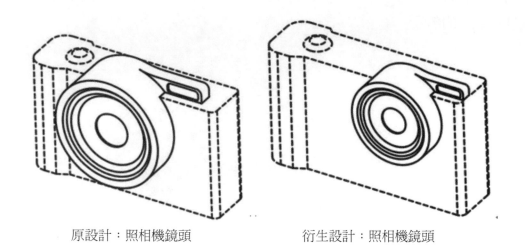

原設計：照相機鏡頭　　　　　　　衍生設計：照相機鏡頭

圖3-4　照相機鏡頭

2. 相同之外觀應用於近似之物品：以湯匙之把手之部分設計及叉子之把手之部分設計申請原設計及衍生設計，因其皆為餐具之把手而為近似之物品，且其二者之外觀相同，其二者為近似之設計，因此，可以申請為設計專利及其衍生設計專利。（圖3-5）

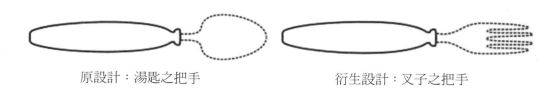

原設計：湯匙之把手　　　　　　　　衍生設計：叉子之把手

圖3-5　把手

3. 近似之外觀應用於近似之物品：以輪圈之整體設計及輪圈之部分設計申請原設計及衍生設計，雖該衍生設計排除部分鉚釘特徵的主張，而與原設計之申請專利之設計的範圍略有不同，惟就前者之整體設計與後者主張設計之部分比對，其二者仍屬近似之設計，因此得申請為原設計及其衍生設計。（圖3-6）

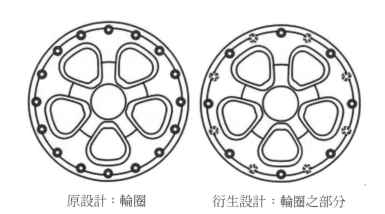

原設計：輪圈　　　　　　衍生設計：輪圈之部分

圖3-6　輪圈

（三）成組設計

　　成組設計係指對於二個以上之物品，其是屬於同一類別，且習慣上以成組物品販賣或使用者，依第一百二十九條規定得以一設計提出申請。同一類別則是指國際工業設計分類表之同一大類（Classes）之物品，即申請成組設計之所有構成物品應屬該分類表同一大類中所列之物品。

　　第一百二十九條中所指的：習慣上以成組物品販賣，係指該二個以上之物品，在市場消費習慣上是以成組物品一同販賣，例如床包組、沙發組、手工具組…等。習慣上以成組物品使用，係指該二個以上之物品，在使用習慣上會以成組物品合併使用，其通常在使用其中一件物品時，會產生使用聯想，從而想到另一件或另幾件物品的存在，例如咖啡組、文具組、音響組…等。

要以成組設計申請設計專利時，為使設計名稱能簡明且具體包含成組設計所保護之標的，其應以上位之名稱指定之，並冠以一組、一套、組或套等用語記載，例如：一組之沙發、一套之餐具…等。

如果成組設計係欲主張該成組物品之部分組件或部分特徵，或欲排除該成組設計之部分者，設計名稱亦應符合部分設計之記載規定，例如：一組餐具之把手或杯墊組之部分…等。

（四）圖像設計（Graphic Images Design）

電腦圖像（Computer Generated Icons）及圖形化使用者介面（Graphical User Interface, GUI），係指一種透過顯示裝置（Display）顯現而暫時存在之平面圖形，它雖然無法像包裝紙或布匹上之花紋、色彩能恆常顯現於物品上，但是，在性質上仍屬具視覺效果之花紋或花紋與色彩之結合的外觀創作，因為是透過顯示裝置等相關物品顯現，故為一種應用於物品之外觀的創作，其亦符合設計專利所保護之標的。

電腦圖像及圖形化使用者介面是指一種藉由電子、電腦或其他資訊產品產生，並透過該等產品之顯示裝置所顯現的虛擬圖形介面。電腦圖像通常係指單一之圖像單元，如圖3-7中的用來顯示通話中的圖像及顯示電池電量的圖像。圖形化使用者介面則是由數個圖像單元及其背景所構成之整體畫面，如圖3-8中的節目選單及遊戲畫面。

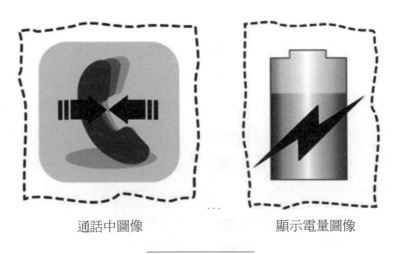

通話中圖像　　　　　　　　顯示電量圖像

圖3-7　電腦圖像

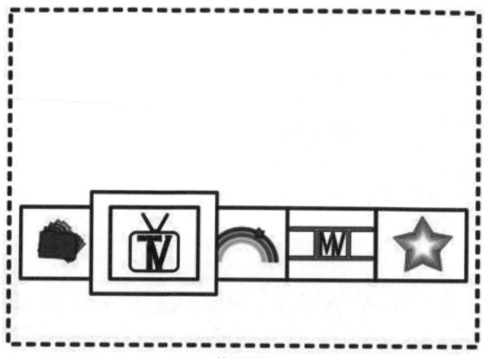

節目選單

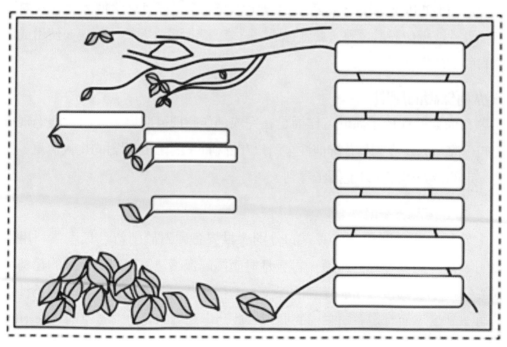

遊戲畫面

圖3-8　圖形化使用者介面

3-4 權利範圍

在了解了專利要件及專利類型後，接下來要討論專利的權利範圍。專利權不是實施權，而是一種排他權，專利法第五十八條第一項規定：發明專利權人，專有排除他人未經其同意而實施該發明之權。

至於實施的態樣，在第五十八條第二、三項分別對物的發明及方法發明予以定義，物的發明之實施，指製造、為販賣之要約、販賣、使用或為上述目的而進口該物之行為。方法發明之實施，指使用該方法或使用、為販賣之要約、販賣或為上述目的而進口該方法直接製成之物。

新型專利的權利範圍，依第一百二十條準用第五十八條第一、二項中對於發明專利的規定，亦即專有排除他人未經其同意而實施該新型之權，由於新型專利必須要跟物品有關，因此，不適用第五十八條第三項，新型專利的實施係指指製造、為販賣之要約、販賣、使用或為上述目的而進口該物之行為。

設計專利的權利範圍，依第一百三十六條規定：專有排除他人未經其同意而實施該設計或近似設計之權。實施包括：製造、為販賣之要約、販賣、使用或為上述目的而進口等行為。

一、專利保護的原則

專利權與著作權不同，著作權是在完成創作時即可取得，無需再經過審查、登記的程序，因為專利具有排他性，所以在權利的授予上也相對的比較慎重，需要經過一定的審查程序，才能授予專利。

（一）屬地主義

由於科技的發展是沒有國界的分別，世界各國對於創新且具產業利用價值的發明，都會提供專利的保護，對智慧財產權的保護已是國際上一致的趨勢了。專利權的授予及其後續所能受到的保護、遭侵害時之救濟…等行為，因為涉及各國的司法制度，而且是各國主權的展現，此乃專利權的屬地主義原則（Territorial Principle）。

舉例來說，甲公司對於該公司的某項技術只在美國申請專利，而未在日本申請專利，則日後該技術若在日本遭到侵害時，甲公司即無法在日本獲得保護，但是

該技術如果是在美國遭到侵害，則甲公司可以在美國尋求保護，這就是專利的屬地主義。

因為專利有屬地主義的限制，發明人為了對其創作發明進行保護，就必須到各國去申請專利，除了需要耗費時間外，也需要不少預算支應。為了減少發明人奔波各國申請專利，1966年美國於世界智慧財產權組織（WIPO）提出了專利合作公約（Patent Cooperation Treaty, PCT），並於1970年6月19日在華盛頓締約，1978年生效，目前締約國有100餘國，發明人只要在規定的受理單位提出專利申請，由受理單位進行形式審查，專利申請人只要在20個月以內再向想要申請保護的國家，提出實質審查的申請即可。

（二）互惠原則

由於專利係採取屬地主義原則，想要取得其他國家對於專利的保護，就必須到該國去提出專利的申請案，並取得專利權，因此，各國對於外國人在本國的專利申請案，必須要同等對待，才不致於有岐視的情事發生，這就是所謂的國民待遇原則。

基於互惠的原則，我國的專利法第四條即規定：外國人所屬之國家與中華民國如未共同參加保護專利之國際條約或無相互保護專利之條約、協定或由團體、機構互訂經主管機關核准保護專利之協議，或對中華民國國民申請專利，不予受理者，其專利申請，得不予受理。

也就是說，如果巴西未就我國人民之發明或創作，在其國家給予同等的保護，則我國對於其國民之研發成果，在我國也不會給予同等的對待。在我國尚未加入世界貿易組織（WTO）前，在與貿易有關之智慧財產權協定（TRIPs）下，僅有美國、澳大利亞、德國、瑞士、日本、法國、列支敦士登、英國、奧地利、紐西蘭、荷蘭及薩爾瓦多等12國及歐盟與我國簽訂專利的互惠協定。

在2002年1月1日我國正式加入世界貿易組織以後，基於國民待遇原則，我國國民的發明或創作，可以在各會員國之間獲得保護，各會員國的國民其研發成果亦可在我國獲得同等的保護。

（三）優先權

由於專利權除了採屬地主義原則外，還採先申請主義（First to File），這對於發明人而言是一件相當不易的事，由於屬地主義原則，發明人必須要到不同的國家

去申請專利，未來才能獲得該國對其專利之保護，因為各國的專利申請文件之語言及用法不全然相同，要配合各國規定完成申請文件，並不是一件短時間可以做到的事，這期間如果有人在目標國中先申請專利，將會造成原發明人的損失。

另一種情況是：發明人在本國申請專利後，因為在他國的專利案尚未提出申請，為了避免喪失新穎性，他就不敢將其發明的產品公開展覽或從事銷售行為，但是，如此一來就可能讓發明人的產品在其國內失去市場的先機，也有礙該專利技術的早日公開及流通。

為了保障發明人的權益，保護工業財產權巴黎公約（Paris Convention for the Protection of Industrial Property）特別制訂了優先權（Priority）的制度，只要發明人在一個國家提出專利申請案以後，在一定的期間內再到其他國家申請專利時，可以主張以其第一次提出專利申請案的日期，為在其他國家申請專利之基準日，如此一來，因為有了優先權日，可以使發明人的專利不會因為來不及申請，而被其他發明人搶得先機。

優先權可以分為一般優先權、複數優先權及部分優先權，一般優先權指後申請案的申請專利範圍中所記載之發明，已全部揭露於一件優先權基礎案，而該後申請案僅以該優先權基礎案主張優先權者。

一般優先權可以用圖3-9表示，在圖3-9的左邊是原來申請的優先權基礎案、右邊是主張優先權的後申請案，如果主張優先權的後申請案它的申請專利範圍與其優先權基礎案的申請專利範圍完全相同，則為一般優先權。

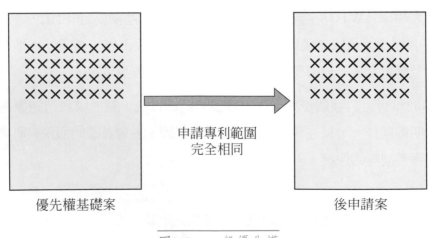

圖3-9　一般優先權

例

　　小淵淵在2012年7月30日於美國有一個優先權基礎案「窯爐用燃燒裝置」，它的申請專利範圍是：一種窯爐用燃燒裝置，其係用以在一電子零件上形成一層膜，該裝置包含：用以提供氣體之噴嘴，以及用以使該等氣體燃燒之電熱線圈。他於2013年1月20日又在日本提出一個主張優先權的後申請案，它的申請專利範圍如果跟優先權基礎案一樣，則小淵淵所主張的這個優先權即是一般優先權。

　　複數優先權（Multiple Priority）則是後申請案的申請專利範圍中所記載之複數個發明，已全部揭露於多件優先權基礎案，而該後申請案以該優先權基礎案主張優先權者。複數優先權可以用圖3-10表示，在圖3-10左邊有二個優先權基礎案，分別是A案與B案，右邊是主張優先權的後申請案，其申請專利範圍包括A案的申請專利範圍與B案的申請專利範圍，優先權日則分別為A案及B案的申請日。

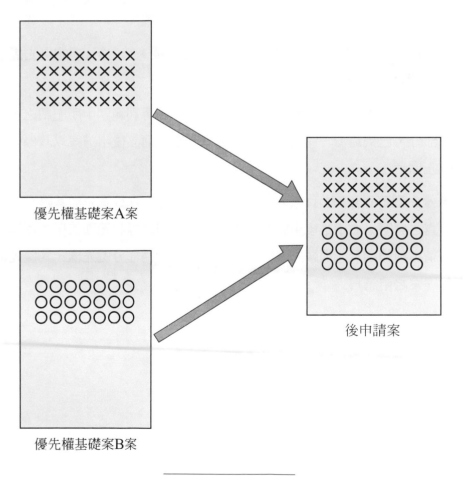

圖3-10　複數優先權

例

　　阿榮在2012年9月30日在英國提出一個優先權基礎案A，其申請專利範圍是：一種球拍線，該球拍線在其縱長方向部位包含具有不同的張力彈性係數，其中至少有一段之張力彈性係數高於其他段5％，後來他於2012年的10月25日在英國提出另一個優先權基礎案B，其專利範圍是：一種穿線球拍，該球拍包括球拍線，其中具有高於其他段的張力彈性係數之該段，構成了該球拍的中央穿線區，且其他段構成了該穿線球拍的周圍穿線區。

　　阿榮在2013年2月28日在我國提出一個「球拍線」的申請案，其申請專利範圍是：

1. 一種球拍線，該球拍線在其縱長方向部位包含具有不同的張力彈性係數，其中至少有一段之張力彈性係數高於其他段5％。

2. 一種穿線球拍，該球拍包括如第1項所述之球拍線，其中具有高於其他段的張力彈性係數之該段，構成了該球拍的中央穿線區，且其他段構成了該穿線球拍的周圍穿線區。

　　本案中的「球拍線」申請案即是主張複數優先權，其中第1項的優先權是2012年9月30日、第2項的優先權日為2012年10月25日。

　　部分優先權（Partial Priority）指後申請案的申請專利範圍中所記載之複數個發明中之一部分，已揭露於一件或多件優先權基礎案，而該後申請案以該優先權基礎案主張優先權者。

　　部分優先權可以用圖3-11來表示，在圖3-11的左上方為優先權基礎案，左下方為一未揭露之發明，右邊是後申請案，後申請案的申請專利範圍如果含蓋優先權基礎案的申請專利範圍及未揭露的發明，則其所主張者為部分優先權，其優先權日為優先權基礎案之申請日。

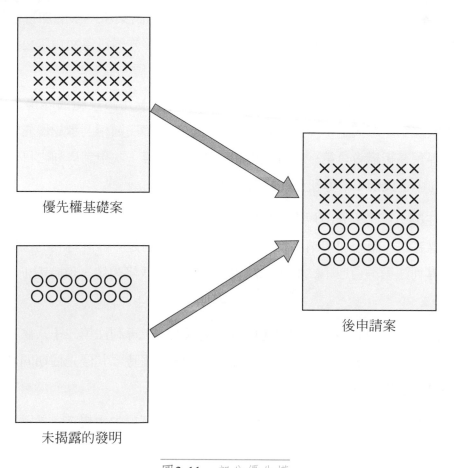

優先權基礎案

未揭露的發明

後申請案

圖3-11 部分優先權

大中於2012年12月15日在法國提出一個優先權基礎案，其申請專利範圍是：一種MOS電晶體的半導體裝置，包括：汲極區和閘極，在至少包含汲極側端的部分該閘極具有高電阻係數部。在提出該專利申請案後，他又努力的投入研究，也有了新的發表成果，於是他在2013年3月19日在我國提出一個「半導體裝置與製造方法」的專利申請案，申請專利範圍是：

1. 一種MOS電晶體的半導體裝置，包括：汲極區和閘極，在至少包含汲極側端的部分該閘極具有高電阻係數部。

2. 一種半導體裝置的製造方法，包括以下步驟：形成多晶矽閘極；形成多晶矽膜來形成側壁，該側壁形成於該閘極外凸緣區，其電阻係數高於多晶矽閘極；且為異向性蝕刻。

在本案中，大中於2013年3月19日所提之專利申請案所主張的即是部分優先權，其中申請專利範圍的第1項可以主張優先權，其優先權日為2012年12月15日，申請專利範圍的第2項是尚未揭露的新發明，不能主張優先權。

1. 國際優先權：在我國的專利法第二十八條及二十九條規範國際優先權，第二十八條第一項規定：申請人就相同發明在與中華民國相互承認優先權之國家或世界貿易組織會員第一次依法申請專利，並於第一次申請專利之日後12個月內，向中華民國申請專利者，得主張優先權。

   在第一百二十條中規定新型專利準用第二十八條規定，即主張新型專利的優先權亦是自第一次申請專利之日後12個月內，但是，設計專利的優先權，雖然在專利法第一百四十二條第二項中准用第二十八條規定，但時間則限縮為 6 個月。

   如果申請專利中主張的優先權有二項以上時，專利法第二十八條第二項中也規定：申請人於一申請案中主張二項以上優先權時，其優先權期間之起算日為最早之優先權日為準。

   同時，基於國民原則，專利法第二十八條第三項中也規定：外國申請人為非世界貿易組織會員之國民且其所屬國家與我國無相互承認優先權者，若於世界貿易組織會員或互惠國領域內，設有住所或營業所者，亦得依第一項規定主張優先權。

   在申請專利時，如果主張優先權，則其專利要件之審查，將以優先權日為準，也就是說對於專利的產業利用性、新穎性及進步性的判定，都將以優先權日為基準。

   申請人如果要主張國際優先權，要在申請專利時同時聲明：第一次申請之申請日、受理該申請之國家或世界貿易組織會員、第一次申請之申請案號數，否則將被視為未主張優先權。

   申請國際優先權的證明文件，在申請時可以先不附，但需在法定期間內檢送優先權證明文件的正本，逾期視為未主張優先權。申請人如果不是因為故意，而未於申請專利同時主張優先權者，為免申請人因此不得主張優先權，因此，在二十九條第四項給予補救機會，只要在法定期間申請回復優先權主張即可。

前述的法定期間，依第二十九條第二項規定：發明專利為最早優先權日後16個月內，新型專利依第一百二十條準用第二十九條規定，亦為最早優先權日後 16 個月內，設計專利則依第一百四十二條規定為最早優先權日後 10 個月內。

2. 國內優先權：國內優先權（Domestic Priority）是指申請人於其發明或新型專利申請 12 個月以內，再就其所提出之發明或新型之技術再予以改良，得以經補充改良之發明或新型再行提出專利申請，並以先前申請案之申請日為優先權日的制度。

國內優先權制度之目的主要係為了使申請人於提出發明或新型的申請案之後，得以用該申請案為基礎，再提出修正或合併新的申請標的，而能享受和國際優先權相同之利益。這種修正或新的申請標的，以修正的方式提出時，常被認定為超出申請時的說明書、申請專利範圍或圖式所揭露之範圍，如果運用國內優先權，則仍有機會合併成一申請案，從而可以取得總括而不遺漏之權利。

國內優先權在專利法的第三十條中規定：申請人基於其在中華民國先申請之發明或新型專利案再提出專利之申請者，得就先申請案申請時說明書、申請專利範或圖式所載之發明或創作，主張優先權。

新型專利則是在專利法第一百二十條中規定準用第三十條相關規定，所以國內優先權僅適用於發明專利及新型專利，設計專利則沒有第三十條準用的規定，因此，設計專利不適用國內優先權制度。

並不是所有的專利申請案都可以主張國內優先權，除設計專利外，在專利法第三十條第一項中也有但書，第一款規定主張國內優先權的時間，自先申請案申請日後已逾 12 個月者，即不能再主張國內優先權。先申請案中所記載之發明或新型曾經主張國際優先權或國內優先權者，亦不得再主張國內優先權。

其次在第三款也規定：先申請案如果是已經依第三十四條第一項或者是依第一百零七條的分割案，或第一百零八條第一項規定之改請案，也不宜再申請國內優先權。

專利法中規定主張國內優先權之期間，雖然為 12 個月，但是，先申請案何時審定或處分，申請人無法預期，實務上不乏先申請案早於 12 個月內即經審定或處分者，以致於後申請案無法主張國內優先權之情形。

尤其新型案形式審查甚為快速，通常在5個月內即可發給處分書，使得申請人喪失在 12 個月內得主張優先權之機會。因此，在第三十條第四、五款分別對於先申請案為發明、新型，如果已經公告或不予專利審定確定者，就不得再主張國內優先權。

由於後申請案主張國內優先權時，其先申請案之標的必須存在，方有得主張國內優先權之依據，先申請案如經撤回或不受理者，標的已不存在，後申請案主張國內優先權即失所附的標的，因此，第三十條特別在修法時新增第六款，規定先申請案已經撤回或不受理者，不得主張優先權。

國內優先權的制度是讓專利申請人可以在一定的時間內再對先申請案的技術加以改良後，再提出後申請案，所以主張國內優先權的態樣，可以分為以下幾種：

(1)就原案主張優先權：先申請案就發明A申請專利，後申請案在先申請案之申請日後12個月內亦就發明A申請專利，並以先申請案為基礎主張國內優先權。此時因專利權期間係自後申請案申請日起算，所以，在這個情況之下，專利權人可獲得專利權期間屆滿之日延後最多一年之效果。

為了讓讀者能夠較為容易了解優先權的時間關係，主張優先權的時間關係可以用圖3-12來加以說明。小科在2012年8月1日提出一個發明專利申請案A，這個專利如果獲准，其專利期限將在2032年7月31日屆滿。如果小科在2013年7月31日A案優先權屆滿前，再提出一個B案以A案為優先權基礎案，則B案的專利期限將至2033年7月30日，較原來A案的專利期限可以延長一年。

圖3-12　原案主張優先權

(2)實施例補充型：在先申請主義的考量下，發明人會在發明初步完成的D_1日，即提出專利申請案，但是，其申請專利範圍僅記載一個實施例P_1，事後檢討發現，如果僅以該實施例並無法充分支持其申請專利範圍，未來經過審查後可能僅能獲得該實施例之權利範圍。為避免此種不利情況發生，可以將後來經過驗證的新實施例P_2加以補充，以維持原申請專利範圍。

例

　　小玲在2012年12月15日提出了一個酸洗金屬表面方法的專利，在實施例中只提到鹽酸、硫酸等無機酸，經過後續的實驗發現醋酸等有機酸亦可達到同效果，如果實施例只提到鹽酸、硫酸等無機酸，而沒有醋酸等有機酸列入實施例中，將會使得申請專利範圍會縮小。因此，小玲在2013年12月10日又提出了一個新的專利申請案，以原來的酸洗金屬表面方法案為優先權基礎案，此時，原來的申請專利範圍及實施例以優先權日2012年12月15日為審查基準日，而新增加的有機酸是以2013年12月10日為審查基準日。

(3) 上位概念抽出型：當發明人陸續提出多個申請案，發現可以綜合各個專利的內容，而改用上位概念來提出一個專利申請案，並以前面陸續提出的申請案為優先權基礎案，可以得到一個含蓋較為廣泛的權利。

再以前面小玲所申請的酸洗金屬表面方法的專利為例，如果小玲在2012年12月15日所提出的專利申請案，其申請專利範圍為C_1、實施例為鹽酸，她又在2013年1月23日提出第二個專利申請案，其申請專利範圍為C_2、實施例為硫酸，繼而又在2013年2月28日提出第三個專利申請案，其申請專利範圍為C_3、實施例為醋酸，則小玲可以提出另外一個新的專利申請案，申請專利範圍為上位概念的酸性溶液，實施例則為鹽酸、硫酸及醋酸，優先權日分別為前案提案的日期。

(4) 併案申請：專利法第三十三條規定：申請發明專利，應就每一發明提出申請，如果有二個以上發明，屬於一個廣義發明概念者，得於一申請案中提出申請。發明人在不同時間依序完成的實施例分別提出申請案時，若該等申請案間滿足專利法第三十三條所規定的發明單一性，可將兩申請案彙總為後申請案並主張優先權，而優先權的時間則是依各案而不同。

二、專利申請權

　　專利權因具有非常強烈的排他性及獨占性，所以國家在授予專利權時，必須需要非常的慎重，除了要審查申請專利的標的是否具備專利要件外，還要檢索及比對先前技藝（Prior Art），經過嚴格的實質審查及形式審查程序後，才會授予專利。既然專利具有非常大的經濟利益，在專利權獲得之前，到底誰擁有專利的申請權？

專利法第五條明確的規定：專利申請權是指得依專利法申請專利之權利。專利申請權人，除專利法另有規定或契約另有約定外，係指發明人、新型創作人、設計人或其受讓人或繼承人。從專利法的規定中可以發現，只有研發成果的發明人、新型創作人、設計人或其受讓人或繼承人才具有專利申請權，也就是說，渠等方可對該研發成果申請專利，其餘人等均無專利申請權。

而專利法第五條第二款中所稱之例外情形，則在專利法第七條中規定，本書將於下一小節—權利的歸屬中予以說明。值得注意的是，如果當初申請專利的不是專利法第五條中所規定的專利申請權人，則任何人都可以附具證據，向專利專責機關經濟部智慧財產局提起舉發，經濟部智慧財產局會依專利法第七十一條第一項第三款發明專利權人為非發明專利申請權人者，而撤銷其專利。

例

> 小恩恩與同事阿榮共同從事某技術的研發工作，阿榮趁小恩恩的太太生產，人不在公司的期間，偷偷的將小恩恩的研發成果以自己的名字申請專利，某日阿榮發現大眼妹利用這個技術並予以商品化，於是對大眼妹提出告訴。大眼妹發現這個技術當初是小恩恩所研發，而非由阿榮所研發，則她即可檢附相關證明文件向經濟部智慧財產局舉發阿榮並非該發明的專利申請權人，而撤銷其專利，同時也解除自己被告的危機。

另一狀況是小恩恩從事某技術的研發工作，當研發告一段落準備申請專利時，他的老闆董哥要求將其共同列為發明人，專利獲准後的某日，小恩恩在市場上發現大眼妹正利用該技術在生產某產品，於是就對大眼妹提出告訴。大眼妹發現董哥並不是該技術的實際發明人，只是掛名的發明人，因此，她檢附相關證明文件向經濟部智慧財產局舉發董哥並非該發明的專利申請權人，則該專利將會被撤銷。

由這二個案例可以看出，不管是掛名發明人或者是盜用別人的發明，即使取得了專利權，將來在行使專利權時，都可能會遭到舉發，而喪失專利權，這是申請專利時必須要注意及避免的。

再以前面的第一個案例來看，小恩恩的研發成果在他休假期間，遭到阿榮竊取並申請專利，小恩恩應該如何才能取回他原有的權利？專利法第三十五條規定：發明為非專利申請權人請准專利，經專利申請權人於該專利案公告之日後2年內提

起舉發，並於舉發撤銷確定後2個月內就相同發明申請專利，將以該經撤銷確定之發明專利權之申請日爲其申請日，且不再公告。

所以，本案如果小恩恩在2年內發現阿榮的專利係他的發明，則小恩恩可以向經濟部智慧財產局依專利法第三十五條進行舉發，俟經濟部智慧財產局撤銷阿榮的專利後2個月內再向智慧財產局申請專利，即可取回他自己的權利了。

三、權利的歸屬

由於科技的發展，產業逐漸走向專業分工，企業的研發已經不是一個人或是單一公司可以獨立完成，國內的半導體產業、資訊產業都是明顯的例子，既然研發工作必須要外包（Outsourcing），智慧財產權的歸屬就是一個非常重要的議題。

其次，知識工作者的工作可能沒有時間的區分，他如果對發明有興趣的話，下班後所從事的創作，可能會與上班時的創作很難予以區分，這樣的話，他的發明到底該歸公司所有還是他自己所有？如果沒有明訂，就會產生爭議。

（一）職務上完成之創作

在專利法第七條第一項規定：受雇人於職務上所完成之發明、新型或設計，其專利申請權及專利權屬於雇用人，雇用人應支付受雇人適當之報酬，但是，契約另有約定者，從其約定。這裡所謂的職務上之發明、新型或設計，係指受雇人於僱傭關係中之工作所完成之發明、新型或設計。

受雇人在職務上所完成之發明、新型或設計，其專利申請權及專利權依規定係屬於雇用人，受雇人雖已領有每月的報酬，但是，雇用人爲了鼓勵員工從事研發，雇用人都會依專利法第七條第一款支付受雇人適當之報酬以茲鼓勵。當專利申請權及專利權歸屬於雇用人時，依第七條第二款發明人或創作人仍然享有姓名表示權。

至於報酬應該怎麼計算？各企業的鼓勵方式都不一樣，在陳智超的研究中，認爲報酬的決定方式可以分爲：定額法、採點法及累計法。

1. 定額法：定額法不考慮雇用人所研發的技術之難易、高低或其可獲得之經濟利益，一律用固定的金額做爲雇用人完成其研發成果之報酬。至於發給報酬的時機則可能各公司都不同，有的公司在專利提案時即給予獎金，有的公司在專利核准後才給獎金，也有公司是專利提案時先給予一個金額較小的獎金，俟專利核准後再另外給予一個較大金額的獎金。

2. 採點法：採點法則是考量研發成果的難易程度及技術價值，依技術的難易程度及技術價值分不同的等級，技術經過等級的評定後，即依所定的等級不同給予不同的獎金。

3. 累計法：累計法的計算方式有點像計算所得稅，雇用人的研發技術在獲得專利後，依其實際所得之經濟利益，依不同的收益給予不同比例的獎金，以這種方式給予獎金，雇用人的發明將來授權愈多，他所獲得的獎金就會愈多。

（二）非職務上完成的創作

至於受雇人於非職務上所完成之發明、新型或設計，專利法第八條規定其專利的申請權及專利權係屬於受雇人。但是，其發明、新型或設計係利用雇用人的資源或經驗者，雇用人得於支付合理報酬後，於該事業實施其發明、新型或設計。

什麼是屬於非職務上所完成之發明、新型或設計？專利法第七條第二項僅說明：職務上之發明、新型或設計，係指受雇人於僱傭關係中之工作所完成之發明、新型或設計。所以，非職務上所完成之發明、新型或設計，即是受雇人不在僱傭關係中之工作所完成之發明、新型或設計。

所謂僱傭關係中之工作指的是僱傭關係所簽訂的工作說明、研究計畫…等，但是，受雇人所完成的發明、新型或設計，究竟是職務上的或非職務上的發明、新型或設計，有時候是很判定的。

例如一位軟體工程師他的工作即是寫程式，他在下班後所完成的發明，就算沒有使用到公司的資源，但是，很難說沒有用到公司的經驗，未來如果涉及權利的行使時，就會產生爭議。

所以，為了確定權利的歸屬，在專利法第八條第二項中就規定：受雇人完成非職務上之發明、新型或設計時，應立即以書面通知雇用人，如有必要並應告知創作之過程，雇用人於書面通知到達後六個月內，未向受雇人為反對之表示者，則不得再主張該發明、新型或設計為職務上發明、新型或設計。

雖然雇用人與受雇人之間可以用工作契約來律定專利權的歸屬，但是，在求職的過程中，雇用人與受雇人之間是站在不對等的地位，受雇人往往必須因為五斗米而折腰，為了能工作而不得不簽下不平等條約。為避免雇用人以契約剝奪受雇人應有的權利，在專利法第九條中規定，雇用人與受雇人間所訂契約，如果會使受雇人不得享受其發明、新型或設計之權益者，則該契約是無效的。

（三）委託研究之創作

企業間相互委託研究已是產業分工的常態，而相互委託研究產生的研發成果，其專利申請權屬於誰？專利法第七條第三項中規定：一方出資聘請他人從事研究開發者，其專利申請權及專利權之歸屬依雙方契約約定；契約未約定者，屬於發明人、新型創作人或設計，但出資人得實施其發明、新型或設計。專利申請權及專利權歸屬於出資人者，發明人、新型創作人或設計人享有姓名表示權。

例如甲公司委託乙公司研發某技術，因為專利法規定出資聘請他人從事研究開發者，其專利申請權及專利權之歸屬依雙方契約約定，甲公司必須要在合作契約中明訂專利申請權及專利權應歸屬甲公司，否則的話，因為契約未約定，屆時專利的申請權及專利權就會屬於乙公司的發明人或創作人。一般企業對需要委託他人進行合作研究開發時，應該要特別注意到合作契約的內容，以免本身的權利遭到損害。

看完前面的討論，想必讀者對專利的權利歸屬有了相當的了解，但是，如果權利的歸屬產生爭議時，應如何解決？在專利法第十條中對權利歸屬產生爭議時，提出解決的方法，雇用人或受雇人對第七條及第八條所定權利之歸屬有爭執，而達成協議者，得附具證明文件，向專利專責機關申請變更權利人名義。專利專責機關認有必要時，得通知當事人附具依其他法令取得之調解、仲裁或判決文件。

3-5 優惠期

凡可供產業上利用之發明及新型，申請前已見於刊物、已公開實施或已為公眾所知悉者，依專利法第二十二條規定就喪失新穎性、進步性。同樣的，凡可供產業上利用之設計，申請前有相同或近似之設計，已見於刊物、已公開實施者或申請前已為公眾所知悉者，依專利法第一百二十二條規定，也是會喪失新穎性、創作性。

　　但是，申請人也可以根據專利法第二十二條第三項及第一百二十二條第三項，在優惠期內主張例外不喪失新穎性或進步性之優惠，優惠期應爲所敘明之事實發生日起算6個月。

　　申請人可以主張優惠的情況，在發明專利及新型專利有：因實驗而公開、因於刊物發表、因陳列於政府主辦或認可之展覽會或非出於申請人本意而洩露，設計專利則有：因於刊物發表、因陳列於政府主辦或認可之展覽會或非出於申請人本意而洩露等。

一、因實驗而公開

　　專利法上所稱之實驗，係指對於已完成之發明，針對其技術內容所爲之效果測試，而不論究其公開之目的，因此，商業性實驗或學術性實驗皆得主張因實驗公開。此外，研究如果是針對未完成的發明所爲技術內容之探討或改進，因無以阻礙申請專利之發明的新穎性或進步性，所以，不需要主張因實驗而公開。

二、於刊物發表

　　申請人對於已完成之發明，出於己意於刊物發表其技術內容，得主張於刊物發表。要主張於刊物發表的優惠，僅適用以申請人因己意於刊物發表爲要件，而不論究其發表之目的，因此，商業性發表或學術性發表皆得主張於刊物發表，例如各大學或研究機構於研究後，將已完成之發明進行論文發表。

　　此外，如果申請專利之發明於專利公報公開其技術內容，由於係申請人申請專利而導致者，與申請人因己意於刊物發表技術內容之情況不同，故不得主張於刊物發表。

三、陳列於政府主辦或認可之展覽會

　　專利法中所稱之陳列，係指各種與展覽會相關而使申請專利之發明能爲公衆得知之行爲，例如展覽會期間以物品或圖片等方式展出該發明、該期間或其前後於展覽會發行之參展型錄或展覽會網站公開該發明等。

　　專利法中所稱之展覽會，則是指我國政府主辦或認可之國內、外展覽會。所稱政府認可是指曾經我國政府之各級機關核准、許可或同意等；至於外國政府主辦之展覽會，雖不得主張屬政府主辦之展覽會，但是如果經過認可，仍屬政府認可之展覽會。不論上述何種陳列之情況，優惠期應以最早公開該發明技術內容之事實發生日起算六個月。

四、非出於申請人本意而洩露

他人未經申請人同意而洩漏申請專利之發明的技術內容，使其能為公眾得知者，若申請人於洩漏後6個月內申請專利，該公開事實的技術內容不作為判斷使申請專利之發明喪失新穎性或進步性之先前技術。非出於申請人本意而洩露的態樣包含：他人違反保密義務或以脅迫、詐欺或竊取等非法手段由申請人或發明人處得知發明的技術內容並將其公開等事實。

關於非出於申請人本意而洩露之適用時機，若申請人於申請前或審查意見通知前已得知申請專利之發明的技術內容被洩漏，得不敘明該事實，亦得敘明之；若於審查意見通知後始得知技術內容被洩漏，得於申復時敘明該事實。

申請人須於申請專利之發明的技術內容被洩漏後六個月內提出申請，始得適用本項優惠。若已逾六個月期間，即使申請人敘明該事實亦不適用，該公開事實的技術內容將成為申請專利之發明喪失新穎性或進步性之先前技術。

第四章

專利的審查與實施

讀者在看完上一章的內容，應該已經對專利有一個概念的認識，本章將再對專利的申請、審查、實施…等問題做進一步的介紹。

4-1 專利之申請

專利是一種具有強烈排他性的一種權利，因此，國家基於一發明一專利的原則，對每一個發明只能授予一個專利權，不能重複授予。但是在同一產業中的不同企業其所進行的研發可能相似度極高，而其研發成果要申請專利的技術可能相似度也很高，甚至於可能是完全一樣的技術，這時應該如何核定專利權？在這一節中將先介紹專利申請的制度，再依序分別介紹發明專利、新型專利及新式樣專利的申請方式。

4-1-1 專利申請制度

目前世界各國所採行的專利申請制度，在程序上可以分為先發明主義（First to Invent）及先申請主義（First to File）二種。

一、先發明主義

先發明主義顧名思義即是主張由最先完成發明的人獲得專利權，全世界原來只有美國是採行先發明主義的國家，但美國在這一次專利法修法時，也改為先申請主義，先發明主義的目的在鼓勵技術的創新，因此，主張由先完成發明的人獲得專利權，但是，專利權在產生爭議時，到底誰才是第一個發明技術的人？恐怕不是那麼容易就能加以判斷、認定，屆時可能會產生更多的爭議。

先發明主義的優點是可以確保最先完成發明的人取得專利權，而其缺點首先是對於誰是第一個完成發明的人不易認定，因此，就容易產生紛爭，且舉證困難。其次，因為是先發明的人取得專利權，所以發明人可能不會在有了的研發成果時，馬上就申請專利，這種情況之下就會造成其他人的重複投資。

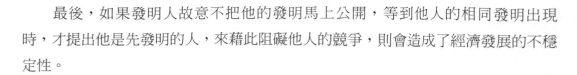

最後，如果發明人故意不把他的發明馬上公開，等到他人的相同發明出現時，才提出他是先發明的人，來藉此阻礙他人的競爭，則會造成了經濟發展的不穩定性。

二、先申請主義

先申請主義則是以專利提出申請的先後來決定專利權的歸屬，對同樣的發明，以先提出申請的人獲得專利權，採行先申請主義可以很容易確定誰是發明人，不但可以避免發明人不確定的問題，也可以促使發明人儘速將其發明公開，以提升產業技術的發展，所以目前世界各國都是採用先申請主義。

我國對於專利的申請亦是採行先申請主義，在專利法第三十一條第一項即規定：相同發明如果有二個以上之專利申請案時，僅得就其最先申請者准予發明專利，除非後申請案所主張之優先權日早於先申請案之申請日。第一百二十八條也規定：相同或近似之設計有二個以上之專利申請案時，僅得就其最先申請者，准予設計專利。而新型專利則是在專利法第一百二十條中規定，準用第三十一條規定的先申請主義。但是，後申請者所主張之優先權日如果早於先申請者之申請日者，則基於優先權制度，由具有優先權的後申請者獲得專利。

如果申請日、優先權日也是同一日的話，在專利法第三十一條及第一百二十八條的第二項都有規定，經濟部智慧財產局應通知申請人共同協議定之，如果協議不成時，則均不予專利，而如果申請人為同一人時，應通知申請人限期選擇其一申請，屆期如未擇一申請，則均不予專利。

在各申請人進行協議時，專利專責機關經濟部智慧財產局應指定一個相當期間，通知申請人申報協議結果，屆期未申報者，將視為協議不成，均不予專利。

以上的情況都是在規範相同創作、不同人申請，但如果是相同技術，同一人同時申請了發明專利，又申請了新型專利呢？也許讀者會覺得不可能有人會一個技術申請二個專利，因為這違反了一發明一申請原則，但實務上卻已發生。

因為新型專利採形式審查，不需要經過冗長的實體審查，大約6個月就可以取得專利權，為了早日拿到專利權，於是就有創作人會在同一天，就同一技術分別申請發明專利跟新型專利，以期早日取得專利權。

　　為了解決這個問題，於是在2013年專利法再修訂時，為避免重複授予專利權，就新增了第三十二條，同一人就相同創作，於同日分別申請發明專利及新型專利，應於申請時分別申明，其發明專利核准審定前，已取得新型專利權，專利專責機關經濟部智慧財產局應通知申請人限期擇一；申請人未分別聲明或屆期未擇一者，不予發明專利。

　　當申請人經過經濟部智慧財產局的通知，要求二者選擇其一後，如果選擇新型專利權，則該發明專利申請案即不予專利，這個選擇比較沒有問題。但是，如果他選擇發明專利，此時，因為新型已取得專利權，基於禁止重複授予專利權之原則，於是，在第三十二條第二項規定，申請人依前項規定選擇發明專利者，其新型專利權自發明專利公告之日消滅。

　　由於發明專利需要經過實體審查，耗時較長，如果在審查期間，同時申請的新型專利，其專利權已當然消滅，或有經撤銷確定之情事，因為該新型專利權所揭露之技術已成為公眾得自由運用之技術，可能會有人在知道專利權消滅後，已加以運用，此時，如再准予發明專利權，會使已可由公眾自由運用之技術復歸他人專有，將使公眾蒙受不利益。因此，為保障善意第三者的利益，在第三十二條第三項就規定，發明專利審定前，新型專利權已當然消滅或撤銷確定者，該發明應不予專利。

三、二者之調和

　　在同一產業中往往會發生不同的發明人可能先後會有相同的研發成果產出，為了判定專利權的歸屬，而有先申請主義及先發明主義理論的出現，但是，有時候這二個理論並不能完全解決紛爭。

　　專利的先申請人與最先的發明人可能不是同一人，這種情況可能常常會發生，以先發明主義而言，專利權應該歸於先發明的人，但是，如果先發明的人沒有去申請專利，而是後發明的人去申請，結果又因為不是先發明的人，而無法獲得專利，這對於先申請的人可能不見得是公平的。

> 例　　阿賢有一個研發成果，他考量申請專利後其技術將會被揭露，可能會失去競爭力，於是暫時不去申請專利，而繼續使用其新的技術於製程上，某日阿財也發現相同的技術，並申請專利同時也用於其製程上，此時，阿賢發現阿財也運用該技術後，可以依先發明主義主張他才是擁有專利的人。

同樣的情況，在主張先申請主義的國家中也會發生，先發明的人可能對專利的保護不了解，也可能是認為那是該領域中的習知技術，而未先去申請專利，但是這個技術可能被他人拿去申請專利，反而會造成先發明的人不能使用該技術。

> 小茜研發了某一技術，但她認為這只是一個普通的技術，因此並未去申請專利，有一天阿祥在經過多年的研發，也發現了該項技術，並去經濟部智慧財產局申請專利，在取得了專利權之後，即要求小茜停止使用該專利。

採行先申請主義的國家係以先申請者為專利權人，但是，如果發明人因為未去申請專利，而無法再施實其已行之多年的技術，好像也不公平。既然採行先發明主義及先申請主義都會產生類似的問題，二者間就需要進行調和。

為了彌補先申請主義的缺失，採行先申請主義的國家都會另外承認技術的先用權（Prior Use），以便讓先發明而未申請專利的人在一定的條件下，仍能繼續的使用該技術。

所以，在我國的專利法中也考量到：在專利權人提出專利申請之前，他人有可能已實施或準備實施專利權所保護之發明，在此情況下，如果在授予專利權後，專利權人對在先實施者主張專利權，禁止其繼續實施該發明，顯然不公平，且造成先實施人投資浪費。因此，在第五十九條第三款中將申請前已在國內實施，或已完成必須之準備者，排除在專利權效力之外，俾讓原來就已經在使用的人可以繼續使用該技術。

但是，依專利法第五十九條第三款繼續使用該技術的人，如果以這個理由，在市場大好的時候，進行大量的生產，則也會損害到專利權人的經濟利益，二造間的調和在專利法第五十九條第二項中規定：只限於在其原有事業目的範圍內繼續利用，不能隨意再擴充產能，以免損害專利權人的利益。

因此，再以前面的例子來看，阿祥雖然在經過多年的研發並取得專利權，小茜亦可依專利法第五十九條第三款，主張她在阿祥的專利申請前即已在國內使用該技術，而避免遭到侵害專利的指控，但是，她的產能就不能再增加了，只能在現有的產能下繼續生產。

4-1-2 發明專利的申請

有關發明專利的申請程序,在專利法第二十五條規定:申請發明專利時,由專利申請權人備具申請書、說明書、申請專利範圍、摘要及必要之圖式,向專利專責機關經濟部智慧財產局申請。

先申請主義所強調的就是申請日(Filing Date),申請日的先後將決定專利權的最後歸屬,所以,在專利法第二十五條第三項中即明確的定義以申請書、說明書、申請專利範圍及必要之圖式齊備之日為專利之申請日。

如果專利說明書、申請專利範圍及必要之圖式是以外文本提出,並且於專利專責機關經濟部智慧財產局指定期間內補正中文本者,則以外文本提出之日為申請日。

申請人未能於指定期間內補正中文本者,則因其申請文件不齊備,依第二十五條第四項規定,該申請案將不予受理。考量為避免申請人再次提出申請文件之繁複程序,因此,也規定在不受理處分前補正中文本者,以該申請案補正中文本之日為申請日。因為此時該申請案在實質上為一新申請案,與原提出之外文本已無關係,所以沒有提出外文本取得申請日之適用情形,於是,在第二十五條第四項也規定該外文本視為未提出。

至於說明書的內容,在專利法第二十六條規定:說明書應該明確且充分揭露,使得該發明所屬技術領域中具有通常知識者,都能瞭解其內容,並且可據以實現。

申請專利範圍是未來專利的權利範圍,應明確記載申請專利之發明,各請求項應以簡潔之方式記載,且必須為發明說明及圖式所支持,日後專利如果遭人侵害時,即是以此做為鑑定的標準,所以發明人應對此多用心,才能保護自己的權利,本書將在下一章中對專利說明書做介紹。

由於生物科技已經是近期當紅的產業之一,由於生物科技的技術標的與一般的申請專利標的性質不太一樣,對此,在專利法第二十七條特別加以律定,申請生物材料(Biological Material)或利用生物材料之發明專利,申請人最遲應於申請日將該生物材料寄存於專利專責機關經濟部智慧財產局所指定之國內寄存機構。但是,如果該生物材料為所屬技術領域中具有通常知識者易於獲得時,則不須寄存。

　　申請人將其欲申請專利之生物材料，依規定寄存於寄存機構後，應於申請日後 4 個月內檢送寄存證明文件，並載明寄存機構、寄存日期及寄存號碼，屆期未檢送者，則將視為未寄存。如果申請安栢主張優先權，則寄存證明文件需在最早之優先權日後16個月內要送達。

　　生物材料的寄存除了可以寄存在國內的寄存機構外，也可以在申請前將其寄存於國外寄存機構。專利法第二十七條第四項規定：申請專利前，申請人在與中華民國有相互承認寄存效力之外國所指定其國內之寄存機構寄存，並於申請日後 4 個月內或最早優先權日後16個月內，檢送該寄存機構出具之證明文件者，不受應在國內寄存之限制。

4-1-3 新型專利的申請

　　新型專利的申請程序，依專利法第一百二十條準用第二十六條、第二十八條至第三十三條、第三十四條第三項及第四項、第三十五條等各條之規定，專利申請權人必須準備申請書、說明書、申請專利範圍、摘要及圖式，向專利專責機關經濟部智慧財產局申請，並以申請書、說明書、申請專利範圍及圖式齊備之日為申請日。

　　說明書、申請專利範圍及圖式如果以外文本提出，並且於專利專責機關經濟部智慧財產局指定的期間內補正中文本，則以外文本提出之日為申請日，如果申請人未於指定期間內補正者，該申請案則不予受理，但是在處分前補正者，則將以補正之日為申請日，外文本視為未提出。由於申請日會影響到專利新穎性的審查基準，申請人應特別注意。

　　申請新型專利同時也適用專利法第二十八條至第三十條中優先權相關規定，第三十一條及三十三條中一新型一專利之單一性相關規定。

4-1-4 設計專利的申請

　　申請設計專利，依專利法第一百二十五條規定，由專利申請權人備具申請書、說明書及圖式，向專利專責機關經濟部智慧財產局申請。申請設計專利，亦以申請書、說明書及圖式齊備之日為申請日，如果說明書及圖式是以外文本提出，且

於專利專責機關經濟部智慧財產局所指定的期間內補正中文本，則以外文本提出之日為申請日，如果未於指定期間內補正者，申請案將不予受理，但是在處分前補正者，則以補正之日為申請日，外文本視為未提出。

申請設計專利的說明書及圖式，應明確且充分揭露，使該設計所屬技藝領域中具有通常知識者，都能瞭解其內容，並且可據以實現。

依據先申請主義，專利法第一百二十八條規定：相同或近似之設計有二個以上之專利申請案時，除非後申請者所主張之優先權日早於先申請者之申請日，否則僅得就其最先申請者，准予設計專利。

如果二案的申請日、優先權日為同一日，經濟部智慧財產局應通知申請人協議定之，屆時如果協議不成，則均不予設計專利。當各申請人進行協議時，專利專責機關經濟部智慧財產局應指定相當期間，通知申請人申報協議結果，屆期未申報者，亦視為協議不成，均不予專利。如果二案的申請人為同一人時，則申請人只能選擇一案申請，如果未擇一申請，則均不予設計專利。

設計專利依專利法第一百四十二條準用專利法第二十八條及二十九條的優先權相關規定，但是要注意的是在專利法第二十八條中規定專利的優先權時間是在第一次申請專利的12個月之內，而在專利法第一百四十二條第二項中則規定設計專利的優先權期間只有6個月，這是在申請時要特別注意的，不要錯過優先權的期限。

4-2 專利的單一性

在一個專利申請案中，如果其申請專利範圍的技術內容不是同一個技術，或者是不具相互間的關連性，則不僅在專利的審查上會造成困擾，未來在專利的侵害鑑定、檢索上都會產生困擾，因此，在實務上都希望一發明一申請，以免重複申請的情事發生。

所以，在專利法第三十三條就規定：申請發明專利，應就每一發明提出申請，如果二個以上的發明，屬於一個廣義發明概念者，專利法第三十三條第二項中就規定：得於一申請案中提出申請。

所謂的二個以上發明「屬於一個廣義發明概念」，係指二個以上之發明，於技術上具有相互關聯，而技術上的相互關聯，則是指請求項中所記載之發明，應包含一個或多個相同或相對應的特別技術特徵，其中特別技術特徵（Special Technical Feature）係使申請專利之發明整體對於先前技術有所貢獻之技術特徵，亦即相較於先前技術具有新穎性及進步性之技術特徵。二個以上之發明屬於一個廣義發明概念者，即具發明單一性（Unity）。

如果僅從法條上來看，專利法第三十三條第二項係規定得於一申請案中提出申請，但就「得」字而言，在法律上具有「可為可不為」的含義，也就是說，二個以上的發明，即使是屬於一個廣義發明概念者，也可以不用在同一申請案中提出。

對於專利法第三十三條規定，新型專利依專利法第一百二十條亦準用之。至於設計專利的單一性，在專利法第一百二十九條也有類似第三十三條的規定：申請設計專利，應就每一設計提出申請。

如果申請專利之發明，實質上為二個以上之發明時，專利專責機關經濟部智慧財產局將依專利法第三十四條通知申請人予以分割，或據申請人申請，得為分割之申請。

發明專利的分割申請時機有二：第一個時機是在原申請案再審查審定前，第二個時機是在原申請案核准審定書送達後30日內，申請人於初審核准審定後尚未公告前，如果發現其發明內容有分割之必要，亦可提出分割。如果申請案在初審審定不准予專利，申請人於提起再審查時，即應於再審查程序中提出分割申請，因此，第三十四條第二項第二款有但書，規定經再審查審定者，不得申請分割。

新型專利的分割，在舊的專利法中是準用發明專利的相關規定，在2011年修法時，將新型專利的分割另外增設在第一百零七條中規定，申請專利之新型，實質上為二個以上之新型時，經專利專責機關通知，或據申請人申請，得為分割之申請。至於分割的時機，在第二項中亦有明確規定：請應於原申請案處分前為之。但是，考量設計專利是有關物品的創作，所以在專利法第一百二十九條第三項中規定：申請設計專利，應指定所施予之物品，以符合設計專利的定義。

然而，考量成組物品設計專利為國際之趨勢，現行實務中亦不乏申請之案例，在本次修法中，參考日本意匠法，在第一百二十九條中增訂第二項，規定：二

個以上之物品，屬於同一類別，且習慣上以成組物品販賣或使用者，得以一設計提出申請。在這裏所稱的同一類別，係指國際工業設計分類表之同一類別而言。

申請人以成組物品設計提出申請而獲准專利者，在權利行使上，只能將成組設計視為一個整體行使權利，不得就其中單個或多個物品單獨行使權利，亦不得將成組物品設計分割行使權利。但是，如果申請專利之設計，實質上為二個以上之設計時，專利專責機關經濟部智慧財產局將依專利法第一百三十條通知申請人予以分割，或據申請人申請，得為分割之申請。

第一百三十條第一項的分割申請，應於原申請案再審查審定前提出，經審查後准予分割者，仍以原申請案之申請日為申請日。如有優先權者，仍得主張優先權，並應就原申請案已完成之程序續行審查。

4-3 專利的審查

由於專利的授予必須經過審查程序，因此，本節中將先介紹專利的審查制度，再分別就發明專利、新型專利及設計專利的審查程序逐一做說明。

4-3-1 專利審查制度

由於專利具有排他性及獨占性，所以，專利的取得必須是非常嚴謹的，除了在程序上需滿足先申請主義或先發明主義外，在實體上，依專利審查的深度不同，又可分為形式審查主義（Formal Examination）及實體審查主義（Examination），而為了彌補形式審查及實體審查之不足，還有所謂的公眾審查制度（Public Examination）。

一、形式審查主義

形式審查主義又稱為註冊主義或登記主義（Registration），早期大陸法系的國家大多採用形式審查主義，形式審查僅對專利是否具備法定的形式要件加以審查，如申請文件是否齊備、說明書及圖式是否完整、申請費是否繳納…等，至於專利申請案的實質內容是否具備專利的要件，如新穎性、進步性…等，則不予審查。

採用形式審查主義因為不對專利申請案進行實體審查，所以作業程序較簡便，可以很快的取得專利權進而取得商機，專利專責機關也不需要為了進行實體審查，而設置資料庫及審查機構，可以節省人力及物力。但是，相對的其專利的可信度，則會因為沒有進行實體審查而較差，舉發的案件數相對就會較多，專利處於隨時會遭舉發而撤銷的不穩定狀態，對社會的經濟會造成不良影響。

考量在知識經濟的時代中，資訊發展一日千里，各種技術及產品的生命週期愈來愈短，發明人都想儘快的把他的產品投入市場，以搶得先機，為了加速專利獲得的時間，我國亦在這一次的專利法修訂時，將技術層次較低的新型專利，不再做實體要件的審查，改以形式要件的審查。

二、實體審查主義

實體審查主義對於專利申請案，除了要進行形式審查外，還要對於申請專利的內容是否符合專利要件進行審查，唯有在形式審查與實體審查的過程中，均無不予專利之情事時，才能授予專利。

實體審查主義目前已是世界各國專利審查的主流，我國發明及新式樣專利的審查制度亦是採行實體審查主義，專利法第三十六條即明定：專利專責機關經濟部智慧財產局對於發明專利申請案之實體審查，應指定專利審查人員審查之。

由於採行實體審查主義，專利的審查程序繁複、耗時過久，為了彌補這個缺失，進而衍生出不同的制度，常見的有延緩審查制（Deferred Examination）及早期公開制（Early Publication）。

（一）延緩審查制

延緩審查制度是指專利審查機關在受理專利的申請案後，暫時不予審查，直到申請人或者是利害關係人申請審查時，才會開始審查。延緩審查制可以讓專利權人有一段時間，得以充份的考慮是否有使用該創作的價值，以決定是否還要再繼續審查。同時，因為已經提出申請案，不會喪失新穎性，也可以減輕專利專責機關的工作量。

但是，因為申請專利的創作並未適時的公開，產業界及社會大眾不知道有哪些創作存在，因此就有可能重複投資，把資源浪費在同樣技術的研發上，這又與專利鼓勵及早公開創作的宗旨似相違背。

（二）早期公開制

早期公開制是指申請案向專利專責機關提出後，屆滿一定的期間，即自動予以公開，以防止他人投資相同的研發，造成資源的浪費，同時也可以減輕專利專責機關的審查負擔。申請人可以視需要決定要在什麼時候向專利專責機關申請審查其申請案，若是在法定期限內沒有申請審查，則視為申請人不想取得專利。

我國在2003年的專利法修法時，對發明專利也引進了早期公開制度，專利法第三十七條規定：專利專責機關經濟部智慧財產局在接到發明專利申請文件後，經審查認為無不合規定程式，且無應不予公開之情事者，自申請日後經過18個月，應將該申請案公開之。在第三十七條第二項也規定：專利專責機關經濟部智慧財產局得因申請人之申請，提早公開其申請案。公開時間的計算，如主張優先權者，其起算日以優先權日為準，主張二項以上優先權時，其起算日以最早之優先權日為準。

第三十七條第三項也規定，如果有自申請日後15個月內撤回者、涉及國防機密或其他國家安全之機密者、妨害公共秩序或善良風俗者等情況之一者，在申請案屆滿18個月時，也不會予以公開。

至於專利申請人向經濟部智慧財產局申請專利審查的法定期間，在專利法第三十八條規定：自發明專利申請日後3年內，任何人均得向專利專責機關經濟部智慧財產局申請實體審查，如果專利申請案是分割案或者是改請為發明專利案，得於申請分割或改請後30天內，向專利專責機關經濟部智慧財產局申請實體審查，實體審查的申請一旦提出後，即不得撤銷，如果沒有在規定的期間內申請實體審查者，該發明專利申請案，視為撤回。

三、公眾審查制

公眾審查制主要的目的在彌補實體審查的不足，公眾審查包括公告期間的異議（Opposition）及審查確定後的舉發（Invalidation）。

（一）異議

異議是指專利的申請經經濟部智慧財產局的審查委員審定核准專利後，公告於專利公報上，於公告日起的法定期間內，如果第三者對審定的公告案件，認為有不符合專利法相關規定之情事時，得提出異議並申請撤銷其審定。

由於異議是專利申請案經審查核准公告後，任何人如認為該申請案有不合法情事時，得於公告之日起3個月內檢附證據提起異議，專利必須在3個月期滿，且無人提起異議或異議不成立，行政爭訟確定始發給專利證書。

由於異議爭訟程序曠日費時，異議爭訟一日未確定，專利權就一日未確定，尤其是如果有多人提起異議時，必須等所有的異議案均確定，才會發給專利證書。

這樣冗長的程序也成為有心人士故意拖延他人專利獲准的合法手段，常見的情況是專利申請案經核准後，還需要經過多年的爭訟後，才能取得專利權，而商機可能也喪失。而司法實務上又認為專利權人必須取得專利權後才能行使專利權，甚至常見有藉異議程序阻礙專利權人領證之情事，對於專利權人之保護，實有不周。

為了避免有心人士故意以合法手段阻礙他人取得專利權的時間，在2003年的專利法修訂時，將提起異議及舉發的法定事由加以整合，同時將異議程序予以廢除，以簡化專利爭訟流程，使權利及早確定，並將以前專利法中得提起異議事由納入舉發事由中，以保留原有公眾審查之精神。

（二）舉發

對於專利的申請案雖然各國都採取審查制度，在審查的過程中審查委員也會進行相關的專利檢索，以了解其在申請日前之先前技術，但是，人的能力及時間是有限的，而且資料庫的資源也是有限的，在此情況之下所核准授予的專利，在先天上已具有某種程度的不確定性。

為了彌補專利在審查過程中，因為資源有限所產生的誤判，於是在專利的公共審查制度中，引入舉發的程序。舉發是對於已經審定公告後之專利案所採行的公眾審查制度，專利在審定公告之後，任何人都可以對該案提出舉發。以下將分別說明發明專利、新型專利及設計專利的舉發程序。

1. 發明專利的舉發：發明專利的舉發條件見諸專利法第七十一條及七十二條，在專利法第七十一條中正面表列撤銷發明專利的情況有三：

(1)不符合專利法相關規定

　①違反第二十一條至第二十四條不合乎專利定義、申請要件及法定不予專利項目。

　②違反第二十六條，未將發明之技術完全揭露於專利說明書中。

　③違反第三十一條規定之先申請主義。

　④違反第三十二條第一、三項：同人同日就同一技術分別申請發明及新型，而不依期擇一，或其新型專利於發明專利審定前已不存在。

⑤ 違反第三十四條第四項：分割後之申請案超出原申請案申請時所揭露之範圍。

⑥ 違反第四十三條第二項：專利說明書修正時，超出原申請之說明書、申請專利範圍及圖式所揭露的範圍。

⑦ 違反第四十四條第二、三項：補正之中文本超出申請時外文本所揭露之範圍、誤譯之訂正超出申請時外文本所揭露之範圍。

⑧ 違反第第六十七條第二至四項：更正超出申請時所揭露之範圍、更正時誤譯之訂正超出申請時外文本所揭露之範圍、更正實質擴大或變更公告時之申請專利範圍。

⑨ 違反第一百零八條第三項：改請後之發明申請案超出原申請案申請時所揭露之範圍。

(2) 專利權人所屬國家對中華民國國民申請專利不予受理者。

(3) 專利申請權共有者未由全體共有人提出申請，或發明的專利權人不是發明專利申請權人。

對於違反專利法第十二條第一項專利申請權為共有者應由全體共有人提出申請，及專利法第七十一條第三款中所述之發明的專利權人不是發明專利申請權人等情形者，發明本身可能並無不予專利的情形，只是專利權該歸屬誰的問題，因此，這二條款的舉發僅限於利害關係人才能提出。有關違反專利法第七十一第三款的案例請參照本書第3-4節，違反專利法十二條第一項之案例，則請參照本書4-4-3節。

除了違反第十二條第一項規定或第七十一條第三款情事外，其他如不符合申請專利要件、法定不予專利項目、專利說明書未完全揭露專利內容、違反先申請主義、專利說明書的補充或修正超出原申請之說明書及圖式所揭露的範圍及專利權人所屬國家對中華民國國民申請專利不予受理者等，因為不具備這些要件，則不能獲得專利，所以，違反這些情形中的任一項，任何人都得附具證據，向專利專責機關經濟部智慧財產局提起舉發。

舉發人進行舉發時，依第七十三條規定：應備具申請書，載明舉發聲明、理由，並檢附證據提出，其中舉發聲明應表明舉發人請求撤銷專利權之請求項次，以確定其舉發範圍，且舉發聲明提起後就不得變更或追加，以使雙方攻擊

防禦爭點集中,並利於審查程序之進行。但是減縮舉發聲明,因為不會造成攻防失焦,所以,第七十三條第三項規定舉發聲明提起後可以縮減。

目前專利的申請專利範圍大多為複數請求項,舉發案的標的不一定是全部的請求項,因此,在第七十三條第二項規定:專利權有二以上之請求項者,得就部分請求項提起舉發。舉發審查時,也只要針對被舉發的部分請求項逐項進行審查即可。

在舉發程序中,舉發人如果需要補提理由或證據時,應該自舉發後1個月內提出,不過這項規定也有但書,在第七十三條第四項中規定:如果在舉發審定前提出者,仍應審酌之。

為維護社會的秩序,避免因為舉發人就相同的事實不斷舉發,基於一事不再理的法律原則,在專利法第八十一條規定在以下二種情況下,任何人對同一專利權,不得就同一事實以同一證據再為舉發,其一是他舉發案曾就同一事實以同一證據提起舉發,經審查不成立者,其二是依智慧財產案件審理法第三十三條規定向智慧財產法院提出之新證據,經審理認無理由者。

也就是說,舉發審定即有實質的效力,除非有新事證出現,否則,就同一事證不能再次的舉發。當舉發案經審查確定,專利專責機關經濟部智慧財產局應撤銷其專利權,並可就各請求項分別撤銷。

發明專利權一旦被撤銷後,如果專利權人未依法提起行政救濟或提起行政救濟經駁回確定者,則撤銷處分就確定了,發明專利權經撤銷確定者,專利權之效力,即視為自始不存在。

在實務上,舉發案大多是隨著專利侵權的訴訟案而產生的,被告往往為了避免遭到專利侵權之訴,而對原告之專利進行舉發程序,以期使系爭專利被撤銷,所以,原則上專利的舉發程序都是在專利權的存續期間內進行,當專利權消滅後,專利已不存在,自然就沒有舉發的必要。

但是,專利權存續期間所發生的法律效力,並不會因為專利權的期滿而結束,此時,當事人就產生必須經由對系爭專利的撤銷,以便回覆其法律上利益的需求。在1987年3月20日大法官會議釋字第213號解釋中,即說明行政處分因期間之經過或其他事由而失效者,如當事人因該處分撤銷而有可回復之法律上利益時,仍應許其提起或續行訴訟。

小萍於2013年2月1日遭阿賢控告侵害其於1993年2月10日所申請之A專利，但是，A專利在2013年2月10日即因專利權期滿而權利消滅，而本案仍在法院審理中，因為A專利的權利已經期滿，變成公領域中的知識，所以在這個世界上已經沒有A專利，以致於小萍無法再對A專利進行舉發以撤銷該專利。

雖然小萍無法對A專利進行舉發進而達到撤銷該專利的目的，但是阿賢控告她的專利侵權案仍在法院進行中，為了保護當事人的權益，依據大法官的213號解釋，專利法第七十二條亦同意利害關係人對於專利權之撤銷有可回復之法律上利益者，得於專利權期滿或當然消滅後提起舉發。

也就是說，在本案例中雖然阿賢所擁有的A專利已經因為權利期滿而消滅，小萍仍然可以依據專利法第七十二條相關規定舉發阿賢的A專利，如果A專利的舉發成立，就會被撤銷其權利，既然其專利自始不存在，則該專利的侵權案也就會因為沒有標的而被撤銷。

為了保障專利權人的權益，專利法第七十四條規定：專利專責機關經濟部智慧財產局在接到舉發申請書後，應將舉發申請書的副本送達專利權人，專利權人應於副本送達後1個月內答辯，除非先行申明理由，獲經濟部智慧財產局同意准予展期者外，屆期不答辯者，則由經濟部智慧財產局逕行予以審查。

專利專責機關經濟部智慧財產局在進行舉發審查時，依專利法第七十九條規定應指定專利審查人員負責審查，並作成審定書，送達專利權人及舉發人。因應可對部分請求項的舉發，及對逐項舉發理由進行審查，所以，審查結果可能會產生部分請求項舉發成立、部分請求項舉發不成立的情形，因此，第七十九條第二項規定：舉發審定應就各請求項分別為之。

專利專責機關經濟部智慧財產局在進行專利舉發審查時，除專利權人的答辯外，審查人員有因職權明顯知悉之事證；或依第七十八條規定於合併審查時，不同舉發案之證據間，可互為補強時，依第七十五條規定，得依職權審酌舉發人未提出之理由及證據，並應通知專利權人限期答辯；屆期未答辯者，逕予審查。

同時，依專利法第七十六條規定，亦得依申請或依職權通知專利權人限期至專利專責機關面詢、為必要之實驗、補送模型或樣品。所謂的為必要之實驗、補送模型或樣品，經濟部智慧財產局必要時也得至現場或指定地點實施勘驗。

除了符合專利法第七十一條各款規定，經舉發後可撤銷其專利權外，對於已經核准延長發明專利期間的專利，如果有專利法第五十七條各款的情形，則任何人都可以檢附證據，向專利專責機關經濟部智慧財產局舉發。

專利法第五十七條各款規定如下：

(1)發明專利之實施無取得許可證之必要者。

(2)專利權人或被授權人並未取得許可證。

(3)核准延長之期間超過無法實施之期間。

(4)延長專利權期間之申請人並非專利權人。

(5)申請延長之許可證非屬第一次許可證或該許可證曾辦理延長者。

(6)以取得許可證所承認之外國試驗期間申請延長專利權時，核准期間超過該外國專利主管機關認許者。

(7)核准延長專利權之醫藥品為動物用藥品。

專利權延長經舉發成立確定者，原核准延長之期間，視為自始不存在。但因違反核准延長之期間超過無法實施之期間及以取得許可證所承認之外國試驗期間申請延長專利權時，經舉發成立確定者，就其超過之期間，視為未延長。

2. 新型專利的舉發：新型專利的舉發條件見諸專利法第一百十九條，在專利法第一百十九條中正面表列撤銷新型專利的情況有三：

(1) 不符合專利法相關規定

① 違反第一百零四條、第一百零五條：不符合新型專利之定義及法定不予專利項目。

② 違反第一百零八條第三項：改請後的申請案，超出原揭露的範圍。

③ 違反第一百十條第二項：補正之中文本超出申請時外文本所揭露之範圍。

④ 違反第一百二十條準用第二十二條、第二十三條：不具專利要件。

⑤ 違反第一百二十條準用第二十六條、第三十一條：說明書及圖示未完全揭露、優先權等規定。

⑥ 違反第一百二十條準用第三十四條第四項：分割後之申請案超出原申請案申請時所揭露之範圍。

⑦ 違反第一百二十條準用第四十三條第二項：修正後之申請案超出原揭露範圍。

⑧ 違反第一百二十條準用第四十四條第三項：誤譯之訂正後之申請案超出申請時外文本所揭露之範圍。

⑨ 違反第一百二十條準用第六十七條第二、三、四項：更正超出申請時所揭露之範圍、更正時誤譯之訂正超出申請時外文本所揭露之範圍、更正實質擴大或變更公告時之申請專利範圍。

(2) 專利權人所屬國家對中華民國國民申請專利不予受理者。

(3) 專利申請權爲共有者應由全體共有人提出申請，或新型的專利權人不是新型專利申請權人。

如果是專利申請權爲共有者，但未由全體共有人提出申請，或是新型的專利權人不是新型專利申請權人，依專利法第一百十九條第二項規定，需由利害關係人才能提起舉發。其他情事，任何人得附具證據，向專利專責機關經濟部智慧財產局提起舉發。

對於新型專利的舉發程序，專利法第一百二十條中規定準用第七十二條、第七十四條、第七十六條及第七十九條各項規定。如果舉發人需要補提理由或證據時，應於舉發後1個月內爲之，但在舉發審定前提出者，仍應審酌之。舉發案一旦經審查不成立時，任何人不得以同一事實及同一證據，再行舉發。

爲了保護當事人的權益，利害關係人對於專利權之撤銷，有可回復之法律上利益時，亦得於專利權當然消滅後提起舉發。專利專責機關經濟部智慧財產局在接到舉發申請書後，應將舉發申請書副本送達專利權人，專利權人應於副本送達後1個月內答辯，除先行申明理由，獲得經濟部智慧財產局同意准予展期者外，屆期不答辯者，將逕行予以審查。

專利專責機關經濟部智慧財產局在進行舉發審查時，應指定專利審查人員審查，並作成審定書，送達專利權人及舉發人，經濟部智慧財產局在進行舉發審查時，得依申請或依職權通知專利權人限期至專利專責機關面詢、爲必要之實驗、補送模型或樣品。所謂的爲必要之實驗、補送模型或樣品，經濟部智慧財產局必要時也得至現場或指定地點實施勘驗。

3. 設計專利的舉發：設計專利的舉發程序見諸專利法第一百四十一條，在專利法第一百四十一條中正面表列撤銷設計專利的情況有三：

(1) 不符合專利法相關規定

① 違反第一百二十一條至第一百二十四條：不合乎設計專利定義、申請要件及法定不予專利項目。

② 違反第一百二十六條：未將發明之技術完全揭露於圖說中。

③ 違反第一百二十七條：不符衍生設計之申請要件及其限制。

④ 違反第一百二十八條：先申請主義與優先權相關規定。

⑤ 違反第一百三十一條第三項、第一百三十二條第三項：改請後之申請案超出原申請案申請時所揭露之範圍。

⑥ 違反第一百三十三條第二項：補正之中文本超出申請時外文本所揭露之範圍。

⑦ 違反第一百三十九條第二、三、四項：更正超出申請時所揭露之範圍、更正時誤譯之訂正超出申請時外文本所揭露之範圍、更正時實質擴大或變更公告時之圖式。

⑧ 違反第一百四十二條第一項準用第三十四條第四項：分割後之申請案超出原申請案申請時所揭露之範圍。

⑨ 違反第一百四十二條第一項準用第四十三條第二項：修正之申請案超出原申請案申請時所揭露之範圍。

⑩ 違反第一百四十二條第一項準用第四十四條第三項：誤譯之訂正超出申請時外文本所揭露之範圍。

(2) 專利權人所屬國家對中華民國國民申請專利不予受理者。

(3) 專利申請權共有者應由全體共有人提出申請，設計的專利權人不是設計專利申請權人。

　　如果是專利申請權為共有者，但未由全體共有人提出申請，或是設計的專利權人不是設計專利申請權人，依專利法第一百四十一條第二項規定，需由利害關係人才能提起舉發。除此之外的其他情事，任何人得附具證據，向專利專責機關經濟部智慧財產局提起舉發。

　　專利法中有關設計專利的舉發程序，除了第一百四十一條之規定外，第一百四十二條中亦規定準用第七十二條、第七十四條、第七十六條及第七十九條第一項等各條之規定，相關說明讀者請見前二小節的敘述。

4-3-2 發明專利的審查

　　我國的發明專利是採實體審查制，所以在專利法第三十六條中即規定：專利專責機關經濟部智慧財產局對於發明專利申請案之實體審查，應指定專利審查人員審查之。基於早期公開制度，專利法第三十七條規定：經濟部智慧財產局在接到發明專利申請文件後，經過審查後認為無不合規定程式，且無應不予公開之情事者，自申請日後18個月，應將該申請案公開。

　　為了讓專利申請人有一段時間對其所申請之專利再做評估後，才決定是否要繼續申請專利的保護，在專利法中即明訂專利的實體審查係依申請而為之，第三十八條中即規定：發明專利申請日後3年內，任何人均得向專利專責機關經濟部智慧財產局申請實體審查，且為避免第三者重複提出實體審查的申請，造成審查困擾，在專利法第三十八條第三項中規定：實體審查的申請一旦提出後即不得再撤回。

　　如果一件專利申請案於申請日後的第18個月時已將其技術內容公開，且經過3年都沒有人申請實體審查，表示該專利的申請權人可能不再申請審查，而該技術因為已經揭露而成為公領域（Public Domain）中的知識，使一般大眾都能自由的使用它。因此，在專利法第三十八條第四項規定：未於申請日後3年內申請實體審查者，該發明專利申請案，將被視為撤回。

　　對於專利自提出申請案至專利早期公開及申請實體審查的時間關係，可以用圖4-1來表示，在圖4-1中的橫軸是時間軸，A點是專利的申請日，在專利提出申請後的18個月（即B點），經審查認為無不合規定情事，且無應不予公開之情事者，即將該申請案公開之，所以，一個專利自申請的18個月以後，其技術內容即已公開。專利自申請日起3年內，任何人均得申請實體審查，圖4-1中的C點即是專利申請實體審查的最後一天，在C點之前的任何一天，任何人都可以向經濟部智慧財產局申請實體審查。

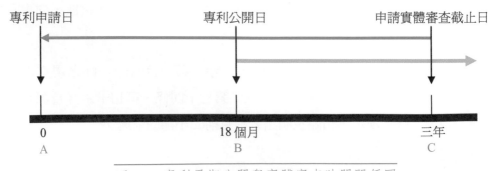

圖4-1　專利早期公開與實體審查時間關係圖

專利申請案在申請實體審查者，應檢附申請書，此時，專利專責機關經濟部智慧財產局應依專利法第三十九條規定，將申請審查之事實，刊載於專利公報上。因為專利申請案，自申請日後3年內，任何人均得向專利專責機關申請實體審查，如果專利的實體審查是由發明專利申請人以外之人提起申請，經濟部智慧財產局應將該項事實通知發明專利申請人。

發明專利在申請後的18個月就會依專利法第三十七條被公開，第三十八條中也規定發明專利自申請日後3年內，任何人均得向專利專責機關智慧產局申請實體審查。基於這二個規定，已經公開的專利申請案，如果原申請人沒有申請實體審查，而其他的人已經看到這個專利，且已經將之利用並商業化。但是這個專利申請案還沒有進行實體審查，會不會拿到專利權也不確定，為了要及早確定專利權，在專利法第四十條規定：發明專利申請案公開後，如有非專利申請人為商業上之實施者，專利專責機關得依其申請優先審查，但是，申請時應檢附有關證明文件以為佐證。

> 例
>
> 　　大眼妹申請一個做保養品的方法專利，但是她一直未申請進行實體審查，直到距專利申請日18個月之後，該專利依法公開，小玲在看到公開的專利案後，發現這正是她需要的方法，但是該案尚未經實體審查，是不是可以獲得專利也不知道。
>
> 　　小玲如果在這個時候去向大眼妹要求授權，又有某種程度的風險，一旦實體審查後不予專利，小玲所付的授權金可能就損失了，如果這時不取得授權，待投入資源進行生產後，大眼妹的專利獲准而要求她停止生產並賠償損失，則所付的成本就更多了。為了早日確定該專利是否能取得專利權，小玲就可依據專利法第四十條，提出相關的佐證資料，向經濟部智慧財產局申請優先審查，以早日確定專利權。

專利法第四十條所規範者為非專利申請人為了要商業實施該專利，在專利申請人尚未申請實體審查時，而由非專利申請人申請優先審查，以確定專利權。但是，專利申請人已經提出實體審查的申請，而專利尚未審定，此時，如果專利內容被公開而遭他人所實施，由於專利申請人尚未取得專利權，因此無法進行專利侵害之訴，專利申請人的權利如何保障？

　　為保障專利申請人的權益，專利法第四十一條中規定：發明專利申請人對於申請案公開後，曾經以書面通知發明專利申請內容，而於通知後公告前就該發明仍繼續為商業上實施之人，得於發明專利申請案公告後，請求適當之補償金。

　　對於明知發明專利申請案已經公開，於公告前就該發明仍繼續為商業上實施之人，亦得於發明專利申請案公告後，請求適當之補償金，補償金請求權，自公告之日起，2 年間不行使而消滅。

　　補償金請求權，不影響其他權利之行使，由於2011年修法後，發明人可以分別申請發明專利及新型專利，在2013年又修訂第三十二條，改採權利接續制，因此，對於發明專利公告之前他人之實施行為，如果可以同時主張補償金與新型專利權之損害賠償，將造成重複補償，所以，2013年修法時又增訂第三十二條第二項規定，分別申請發明專利及新型專利，並已取得新型專利權者，僅得在請求補償金或行使新型專利權間擇一主張之。

　　再以前面的案例來說，大眼妹的專利申請案在公開後，發現小玲正在實施她的方法專利，此時，大眼妹可以用書面將發明專利申請內容通知小玲，如果小玲在收到大眼妹的書面通知後，仍然繼續的實施該項專利從事商業行為，則大眼妹可以依專利法第四十一條，在發明專利申請案公告後的兩年內，向小玲請求適當之補償金。大眼妹除了可以向小玲請求補償金外，還可以依專利法相關規定要求損害賠償及排除侵害…等權利，有關損害賠償及排除侵害等議題請見本書第六章。

　　發明專利在經過專利審查人進行實體審查後，如果有下列情況之一者，依專利法第四十一條，應為不予專利之審定：

1. 違反第二十一條至第二十四條：有關發明專利的定義、專利要件、法定不予專利項目。
2. 違反第二十六條：發明內容未充分揭露於專利說明書中。
3. 違反第三十一條：先申請主義者。
4. 違反第三十二條第一、三項：同人同日就同一技術分別申請發明及新型，而不依期擇一或其新型專利於發明專利審定前已不存在。
5. 違反第三十三條：一發明一申請原則。
6. 違反第三十四條第四項：分割後之申請案超出原申請案申請時所揭露之範圍。
7. 第四十三條第二項說明書在修正時，超出申請時所揭露之範圍。

8. 違反第四十四條第二、三項：補正之中文本超出申請時外文本所揭露之範圍、誤譯之訂正超出申請時外文本所揭露之範圍。

9. 違反第一百零八條第三項：改請後之發明申請案超出原申請案申請時所揭露之範圍。

除此之外，申請專利之發明如果經審查後，認為無不予專利之情事者，依專利法第四十七條應予專利，並應將申請專利範圍及圖式公告之。專利案一旦經公告之後，任何人均得申請閱覽、抄錄、攝影或影印其審定書、說明書、申請專利範圍、摘要、圖式及全部檔案資料。但是，如果專利專責機關經濟部智慧財產局依法應予保密者，則依專利法第四十七條第二項規定，不在此限中。

專利申請案在經過審查後，不論是否核准專利，依專利法第四十五條規定都應由專利審查人員具名作成審定書送達申請人，經過審查後不予專利者，審定書中應備具不予專利的理由。

專利專責機關經濟部智慧財產局於審查發明專利時，依專利法第四十二條規定，得依申請或依職權通知申請人限期至專利專責機關面詢或者為必要之實驗、補送模型或樣品。其中實驗、補送模型或樣品，專利專責機關經濟部智慧財產局認為有必要時，得至現場或指定地點實施勘驗。

專利說明書是未來專利權的依據，專利說明書內容撰寫的良窳，就會影響到將來權利的行使，專利一旦提出申請後，要修正說明書的情形有二，其一是經濟部智慧財產局的審查人員在審查專利申請案時，認為不符專利要件或者申請的權利範圍過大…等，而要求申請人提出修正。另一種情況則是發明人基於先申請主義，為先取得申請日，在技術尚未成熟時即提出專利申請案，俟技術較為成熟時，再提出說明書的修正。

所以，在專利法第四十三條中就規定了專利說明書的修正（Amendment）時機及方式。由於專利申請人的資源有限，為了及早提出專利的申請案，對於專利的檢索可能不夠完全，致使其所提出的專利會跟先前技術重複，因此，在第四十三條第一項規定：專利專責機關經濟部智慧財產局於審查發明專利時，得依申請或依職權通知申請人限期修正說明書、申請專利範圍或圖式。讓經濟部智慧財產局的專利審查人員在發現申請人的專利範圍過大或者與先前技術重複時，可以要求申請人做修正。

專利申請人要特別注意的是，不論說明書、申請專利範圍或圖式的修正是由專利專責機關經濟部智慧財產局所要求，抑是由專利申請人自己所提出，對於專利說明書、申請專利範圍或圖式的修正，除了誤譯之訂正外，都不得超出申請時原說明書、申請專利範圍或圖式所揭露之範圍。

在專利專責機關經濟部智慧財產局就申請案已進行實體審查後，為避免申請人一再提出修正致延宕審查時程，在2011年的專利法修訂時，特別參考日本的特許法，增訂第四十六條第二項：專利專責機關經濟部智慧財產局為不予專利審定前，應通知申請人申復，屆期未申復者，逕為不予專利之審定。申請人只能在審查意見通知函所載之指定期間內提出修正，但是，不限制申請人在該指定期間內得提出修正之次數。

發明專利在經過審查後，如果涉及國防機密或其他國家安全之機密者，經濟部智慧財產局依專利法第五十一條規定，應諮詢國防部或國家安全相關機關意見，渠等機關如認有保密之必要者，申請書件予以封存；其經申請實體審查者，應作成審定書送達申請人及發明人。

保密期間，自審定書送達申請人後為期1年，並得續行延展保密期間每次1年，期間屆滿前一個月，專利專責機關經濟部智慧財產局都應諮詢國防部或國家安全相關機關，於無保密之必要時應立即公開。

對於被認為是機密的專利，經核准審定者，於無保密之必要時，專利專責機關經濟部智慧財產局應通知申請人於3個月內繳納證書費及第一年專利年費後，始予公告；屆期未繳費者，不予公告。

申請人、代理人及發明人在收到審定書後，對於該發明應予保密，如果違反保密規定的話，依專利法第五十一條第二項規定，該專利申請權視為拋棄。申請人在保密期間所遭受之損失，政府應依專利法第五十一條第五項規定給與相當之補償。

4-3-3 新型專利的審查

由於技術發展快速，使得產品或者技術的生命週期愈來愈短，因此，創作人在提出專利申請案後，都希望能儘速的實施，尤其是新型專利，它的技術層次較發

明專利或設計專利爲低，生命週期也較短，如果依照發明專利的審查程序，可能專利還沒有核准，申請新型專利的技術已經過時了。

為了讓新型專利的申請人早日獲得專利，以授權實施或加以商品化，在2003年的專利法修訂中，特別將新型專利的審查改爲形式審查制，以利專利權人能及早實施其專利。所以，在專利法第一百十三條即規定：申請專利之新型，經過形式審查後認爲無不予專利之情事者，則應予專利。

至於形式審查的內容，在專利法第一百十二條中有正面表列，申請專利之新型，經過形式審查後，如果有下列情事之一者，應爲不予專利之處分：

1. 新型的標的不是屬物品形狀、構造或組合者。
2. 違反第一百零五條：有妨害公共秩序或善良風俗者。
3. 違反第一百二十條準用第二十六條第四項規定之揭露方式者。
4. 違反第一百零八條準用第三十三條一案一申請規定。
5. 說明書、申請專利範圍或圖式未揭露必要事項，或其揭露明顯不清楚者。
6. 修正明顯超出申請時說明書、申請專利範圍或圖式所揭露之範圍者。

申請專利之新型經過形式審查後，如果認爲有第一百十二條規定情事者，經濟部智慧財產局將依專利法第一百十一條，備具理由作成處分書，送達申請人，否則，經濟部智慧財產局依專利法第一百十三條應予專利，並應將申請專利範圍及圖式公告之。

新型專利申請案送出後，申請人如果需要申請修正說明書、申請專利範圍或圖式，應依專利法第一百零九條規定，提出修正的申請，而經濟部智慧財產局在審查時，也可以依職權通知申請人限期修正說明書、申請專利範圍或圖式，申請人修正的內容，不得超出申請時原說明書、申請專利範圍或圖式所揭露之範圍。

對於專利的改請案，如果申請發明或設計專利後，再改請新型專利，或申請新型專利後改請發明專利者，均以原申請案之申請日爲改請案之申請日。但於原申請案准予專利之審定書、處分書送達後，或於原發明或設計專利申請案不予專利之審定書送達後逾60日，或原新型專利申請案不予專利處分書送達後逾30日，依專利法第一百零八條即不得再申請改請。

新型專利的審查程序，除專利法第一百零九條、第一百十一條及第一百十三條之規定外，依專利法第一百二十條規定，亦準用第四十七條第二項公告及第五十一條的保密規定。

4-3-4 設計專利的審查

我國的設計專利的審查制度與發明專利一樣，係採實體審查主義，但是沒有發明專利的早期公開制度。所以，申請設計專利的標的，在實體審查時必須要滿足專利法第一百二十二條所規定的專利要件，同時也必須不是第一百二十四條所規定的不予專利項目。

依先申請主義，專利法第一百二十三條中規定：申請專利之設計，如果與申請在先而在其申請後始公告之設計專利申請案所附說明書或圖式之內容相同或近似者，不得取得設計專利，除非申請人與申請在先之設計專利申請案之申請人相同。

專利的改請可以分為發明專利、新型專利改請設計專利及設計專利與衍生設計專利間之互相改請。在第一百三十二條中即規定：申請發明或新型專利後改請設計專利者，以原申請案之申請日為改請案之申請日。但是在原申請案准予專利之審定書、處分書送達後，或於原發明專利申請案不予專利之審定書、處分書送達後逾2個月，原新型專利申請案不予專利之處分書送達後逾30天，均不得改請，改請後之申請案，不得超出原申請案申請時說明書、申請專利範圍或圖式所揭露之範圍。

專利法第一百三十一條則對設計專利與衍生設計專利間的互相改請做一規範。申請設計專利後，可以再改請衍生設計專利，申請衍生設計專利後，也可以改請設計專利，但是，都是以原申請案之申請日為改請案之申請日。而且在其但書中亦明文規定：於原申請案准予專利之審定書送達後，或於原申請案不予專利之審定書送達後逾2個月，都不得再改請，改請後之設計或衍生設計，不得超出原申請案申請時說明書或圖式所揭露之範圍。

申請設計專利的說明書及圖式，依專利法第一百二十六條規定，應該要明確且能充分揭露，使得該設計所屬技藝領域中具有通常知識者，能瞭解其內容，並且可以據以實現。

設計專利申請案經過經濟部智慧財產局的審查，如果有以下情形者，依專利法第一百三十四條均不予專利：

1. 違反第一百二十一條至第一百二十四條：不符合設計專利定義、專利要件及法定不予專利項目。

2. 違反第一百二十六條：申請設計專利的圖說不明確或未充分揭露。

3. 違反第一百二十七條：有關衍生設計專利之規定。

4. 違反第一百二十八條第一項至第三項：先申請主義。

5. 違反第一百二十九條第一、二項：一案一申請原則、成組物品之申請。

6. 違反第一百三十一條第三項及第一百三十二條第三項：改請後之申請案超出原申請案申請時所揭露之範圍。

7. 違反第一百三十三條第二項：補正之中文本超出申請時外文本所揭露之範圍。

8. 違反第一百四十二條準用第三十四條第四項：分割後之申請案超出原申請案申請時所揭露之範圍。

9. 違反第一百四十二條準用第四十三條第二項：圖式修正時超出原申請時所揭露之範圍。

10. 違反第一百四十二條準用第四十四條第三項：誤譯之訂正超出申請時外文本所揭露之範圍。

由於產業界在開發新產品時，通常會在同一設計概念下，發展出多個近似之產品設計，或者就同一產品先後進行改良而產生近似設計，為考量這些同一設計概念下之近似設計，或是日後改良之近似設計，其具有與原設計同等之保護價值，於是，在2011年專利法修法時，新增衍生設計專利，依第一百二十七條的規定，同一人有二個以上近似之設計，得申請設計專利及其衍生設計專利。

由定義可以看出來：衍生設計專利係指同一人就二個以上近似之設計，申請原設計及其衍生設計專利，而不受先申請原則之限制的一種特殊態樣之設計專利制度。

因此，同一人如果有二個以上之近似之設計，得分別申請設計及其衍生設計，但是不得就與原設計不近似，僅與衍生設計近似之設計申請為衍生設計專利。既然衍生設計為與原設計近似之設計，因此，不論是同時提出申請或先後提出申請者，其申請日自不得早於原設計之申請日。

此外，由於經核准公告之專利申請案，即成為其他申請案之先前技藝，為維護公眾之權益，對於原設計專利公告而成為公眾所知悉之先前技藝後，縱為同一人所申請，亦不得再以近似之設計申請衍生設計專利。

設計專利的審查程序，除了上述之規定外，依專利法第一百四十二條規定，亦準用第三十六條實體審查、第四十五條審定書送達、第四十七條第二項公告案的閱覽等規定。

4-3-5 專利再審查

為了讓發明專利的申請人在不予專利的審定之後，有一個救濟的途徑，專利法中設有再審查（Reexamination）的制度，在專利法第四十八條規定：發明專利申請人對於不予專利之審定，如果有不服的話，得於審定書送達後2個月內備具理由書，申請再審查，對於再審查之審定不服者，始得提起訴願。但是，如果是因為申請程序不合法或者是申請人不適格而不被受理或駁回，則不適用再審查，可以直接依法提起行政救濟。

再審查之申請人應為專利申請案之申請人，發明專利如果是由第三人申請實體審查，初審核駁後，仍然只限專利申請人才能提起再審查。當專利申請人申請再審查時，為避免原審查委員的成見而影響到再審查的客觀性，專利專責機關經濟部智慧財產局依專利法第五十條規定，應指定未曾審查原案之專利審查人員審查，並作成審定書送達申請人。

新型專利因為是採形式審查，並未經過實體審查，對於不准新型專利之處分不服者，應循訴願程序，在專利法中並無再審查程序之適用。設計專利則依第一百四十二條，準用第四十八條及第五十條對再審查的規定。

4-3-6 審查人員的規範

由於我國的專利是採審查制度，審查委員的良窳就影響到專利的品質，為避免專利審查委員因個人的人情或利害關係而有審查不公平的情事發生，在專利法的第十六條特別訂定了審查委員的迴避條款，如果專利審查人員有下列情事之一者，應自行迴避：

1. 本人或其配偶，為該專利案申請人、專利權人、舉發人、代理人、代理人之合夥人或與代理人有僱傭關係者。

2. 現為該專利案申請人、專利權人、舉發人或代理人之四親等內血親，或三親等內姻親。

3. 本人或其配偶，就該專利案與申請人、專利權人、舉發人有共同權利人、共同義務人或償還義務人之關係者。

4. 現為或曾為該專利案申請人、專利權人、舉發人之法定代理人或家長家屬者。

5. 現為或曾為該專利案申請人、專利權人、舉發人之訴訟代理人或輔佐人者。

6. 現為或曾為該專利案之證人、鑑定人、異議人或舉發人者。

如果專利審查人員有上述應迴避而不迴避之情事者，則專利專責機關經濟部智慧財產局得依職權或依申請撤銷其所為之處分後，另行做適當之處分。

為了避免利益輸送，專利法第十五條中也規定：專利專責機關經濟部智慧財產局的職員及專利審查人員於任職期內，除了繼承外不得申請專利及直接、間接受有關專利之任何權益，如權利金、授權金…等。

而且在第十五條第二項中，也訂定了相關人員的保密作為，明訂專利專責機關經濟部智慧財產局的職員及專利審查人員，對於職務上知悉或持有關於專利之發明、新型或設計，或申請人事業上之秘密，有保密之義務，違反此項規定者，是有法律責任的。

4-4 專利權的取得與存續

專利在經過經濟部智慧財產局審查後，如無不得申請專利之情事，則應依專利法授予專利，本節將繼續討論專利權獲得之後，專利權的期限、專利權的範圍、專利權的異動及消滅、專利權的共有等議題，最後探討專利權在實施時要注意的事。

4-4-1 專利權的取得與期限

專利申請案在提出之後，經過經濟部智慧財產局的審查，認為沒有不予專利的情事，就會將應予專利的審定書送達申請人。專利權期間是國家所授予發明人對其發明、新型及設計專利在一段時間的獨占及排他的權利，這個權利期限的長短會因專利的型態不同而不同，本節將分別說明。至於在專利法中有關期間的計算，其始日都不計算在內，唯獨對專利期限，在第二十條中定義係自申請日當日起算。

一、發明專利

申請專利之發明，經過經濟部智慧財產局的核准審定後，申請人應依專利法第五十二條之規定，於審定書送達後3個月內，繳納證書費及第一年專利年費後始予公告，屆期未繳費者，經濟部智慧財產局將依第五十二條第一項不予公告，專利如未經公告則其專利權即自始不存在。申請專利之發明，自公告之日起給予發明專利權，並給發證書，發明專利的權利期限，係自申請日起算20年。

因為發明專利的權利期限，已經規定是自申請日起算20年，可是有的時候專利權人在實施其專利過程中，可能會碰到一些不可抗拒的原因，使其無法順利的自專利的公告日後立即實施，於是為了保障專利權人的合法權益，在專利法中就針對醫、農藥品及戰事訂定了延長專利期限的規定。

對於醫藥品（不含動物用藥品）、農藥品或其製造方法發明專利權之實施，基於安全的考量，在上市之前，主管機關會要求其必須在一定時間內進行或完成一定數量的臨床實驗，並依相關法律規定，向主管機關取得許可證後方可上市。由於發明專利的專利期限為自申請日起20年，但是，如果在取得專利後還要完成一定數量的臨床實驗，並經主管機關許可後才能上市，在時間上可能所費不貲，因此一定會縮短了專利的實施期間，也就是說，專利權人在取得專利後卻不能立即實施，經過多年再實施可能商機已不再，這就會造成專利權人的損失。

為了減少對專利申請人造成的損失，在專利法中特別規定在這種情況下，專利期間可以延長，專利法第五十三條第一項中規定：醫藥品、農藥品或其製造方法發明專利權之實施，依其他法律規定，應取得許可證者，其於專利案公告後取得時，專利權人得以第一次許可證申請延長專利期間，並以一次為限，且該許可證僅得據以申請延長專利權期間一次。

專利權人的每一個許可證只能用來申請延長專利權期間一次，如果一個許可證已經被申請過延長專利權期間，則專利權人不得再次用同一張許可再申請延長同一案或其他案之專利權期間。也就是說，專利權人於取得第一次許可證後，若該許可證所對應之專利權涵蓋多數時，他也只能選擇其中一個專利權申請延長它的專利權期間。

但核准延長專利之期間，不得超過向中央目的事業主管機關取得許可證，而無法實施發明的期間，但是，如果取得許可證期間超過5年者，考量社會公益的衡平，其延長期間仍以5年為限。申請延長專利時，依專利法第五十三條第四項應備具申請書，附具證明文件，於取得第一次許可證後3個月內，向專利專責機關經濟部智慧財產局提出申請。

這裏所謂的第一次許可證，係以許可證記載之有效成分及用途兩者合併判斷，而不是只以有效成分單獨判斷。因此，有效成分依不同用途各自取得之最初許可，均得作為據以申請延長之第一次許可證。但是，受到一專利案僅能延長一次之限制，各該許可證並不能據以就同一專利案多次申請延長。

> **例**
> 小潘有一個發明專利，其申請專利範圍包含殺菌劑及殺蟲劑兩請求項，因為要先取得許可證才能販售，如果他先以殺菌劑之農藥許可證申請了專利權期間延長並經核准，日後即不得再以殺蟲劑之農藥許可證申請同一專利權之延長。如果他是分別取得殺菌劑之許可及殺蟲劑之許可，雖然這二個許可都可以用來對該專利申請延長，但是，他只能選擇其中一件許可來申請延長專利期間。

如果第一次取得許可證的時間在專利權期間屆滿前的6個月內，由於申請延長專利期間還需經過經濟部智慧財產局的審查，審查結果可能在六個月內無法完成，其次，專利權只授予專利權人在專利權期間享有獨占、排他的權利，專利權期限到了之後，專利的技術就會變成公領域中的公共財，任何人都可以運用，所以，一個還具有經濟價值的技術，在專利權將屆滿之際，相關廠商可能都在進行投資生產的前置準備作業，準備在專利到期後，立即投入生產，此時，如果在專利屆滿前同意延長其專利期間，則會對已經規劃前置作業的廠商造成損失。

　　為了避免經濟部智慧財產局的審查時間過短及廠商的合理投資受損，所以，在專利法第五十三條第四項訂定一個但書，規定在專利權期間屆滿前6個月內，不得申請延長專利期間。

　　一個專利的專利權經核准延長，並不表示該專利的全部申請專利範圍均予延長，所以，在專利法第五十六條中特別規定：核准延長發明專利權期間之範圍，僅及於許可證所載之有效成分及用途所限定之範圍。

　　從第五十六條的規定中看的出來，延長專利權期間之權利範圍，僅及於申請專利範圍中與許可證所載之有效成分及其用途所對應之物、用途或製法，而不及於申請專利範圍中有記載而許可證未記載之其他物、其他用途或製法。

　　也就是說，如果是一個物的發明專利，其核准延長後之專利權範圍，就只限於申請專利範圍中與第一次許可證所載之有效成分所對應之特定物及該許可之用途。如果是一個用途發明專利，其核准延長後之專利權範圍，僅限於申請專利範圍中與第一次許可證所載之有效成分之用途所對應之特定用途。製造方法的發明專利，其核准延長後之專利權範圍，就限制在申請專利範圍中與第一次許可證所載特定用途之有效成分所對應之製造方法。

　　專利法第五十三條的延長專利期間規定，可以用圖4-2來表示，在圖4-2中的橫軸是時間軸，A點是專利的申請日，專利經過審查後，於B點公告，專利權將於F點屆滿，而D點則是專利屆滿前6個月，也就是申請日後的19年半。由於第五十三條中規定醫藥品、農藥品或其製造方法發明專利權之實施，應取得許可證，所以，取得許可證的時間將介於B點與F點之間。

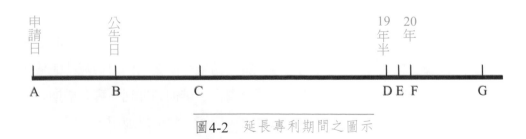

圖4-2　延長專利期間之圖示

　　如果取得第一次許可證的時間C，則專利權人可以依專利法第五十三條，備具申請書，附具證明文件，於取得第一次許可證之日後3個月內，向經濟部智慧財產

局提出申請延長專利期間，專利期間就會延長到圖4-2中的G點。如果取得許可證的時間在E點，因爲E點的時間已經落在專利權期間屆滿的前6個月內，依第五十三條第四項的但書規定，是不能再申請延長專利期間。

除了在第五十三條中所規定的情況可以延長專利期間外，在專利法第六十六條中亦規定，如果發明專利權人因爲中華民國與外國發生戰事，無法實施其專利而遭受損失，得申請延展專利權5至10年，因爲戰事而延長專利期間以一次爲限。但是，屬於交戰國人之專利權，則不得申請延展，以免有資敵之嫌。

專利專責機關經濟部智慧財產局對於發明專利權期間延長的申請案，依專利法第五十五條應指定專利審查人員進行審查，並且要作成審定書送達專利權人。對於已經核准延長發明專利權期間的專利，任何人對於經核准延長發明專利權期間，認爲有下列情事之一者，均得附具證據，依專利法第五十七條之規定，向專利專責機關經濟部智慧財產局舉發：

1. 發明專利之實施無取得許可證之必要者。
2. 專利權人或被授權人並未取得許可證。
3. 核准延長之期間超過無法實施之期間。
4. 延長專利權期間之申請人並非專利權人。
5. 申請延長之許可證非屬第一次許可證或該許可證曾辦理延長者。
6. 以取得許可證所承認之外國試驗期間申請延長專利權時，核准期間超過該外國專利主管機關認許者。
7. 核准延長專利權之醫藥品爲動物用藥品。

專利權延長如果經舉發成立確定者，則原核准延長之期間，視爲自始不存在。但是如果是因爲違反第三款核准延長之期間超過無法實施之期間、第六款以取得許可證所承認之外國試驗期間申請延長專利權時，核准期間超過該外國專利主管機關認許者，經舉發成立確定者，就其超過之期間，視爲未延長。

二、新型專利

新型專利申請案經形式審查認無不予專利之情事者，應予專利，並應將申請專利範圍及圖式公告之。申請人依專利法第一百二十條準用第五十二條第一、二項之規定，應於准予專利之處分書送達後的3個月內，繳納證書費及第一年專利年費

後，經濟部智慧財產局始予以公告並發證書，新型專利權期限，自申請日起算10年屆滿。若是於准予專利之處分書送達後的3個月仍未繳費者，則經濟部智慧財產局將不予公告。

由於新型專利係採形式審查制，並未對專利要件做實體審查，因此，新型專利的不確定性相對較高，如果新型的發明人不當的使用這個不確定性的權利，將會危害產業的公平競爭。為了維持產業技術的良性發展，專利法第一百十五條規定：申請專利之新型經公告後，任何人得向專利專責機關經濟部智慧財產局申請新型專利技術報告。

即是讓普羅大眾有機會就系爭專利是否具備實質的專利要件，請求經濟部智慧財產局做一個新型專利技術報告，以做為日後權利行使或第三人利用時之參考。而專利專責機關經濟部智慧財產局對於新型專利技術報告之申請，除了將申請技術報告的事實，刊載於專利公報外，還應依專利法第一百十五條第三項規定，需指定專利審查人員作成新型專利技術報告，並由專利審查人員具名。

新型技術報告審查的內容包括：

1. 第一百二十條準用第二十二條第一項第一款、第二項：新穎性、進步性。
2. 第一百二十條準用第二十三條：擬制新穎性。
3. 第一百二十條準用第三十一條：先申請主義。

對於新型專利技術報告的申請案，如果敘明有非專利權人為商業上之實施，並檢附有關證明文件者，為免影響產業的發展，專利專責機關經濟部智慧財產局應依專利法一百十五條第五項規定，於6個月內完成新型專利技術報告。申請新型專利技術報告，經濟部智慧財產局亦會依第一百十五條第二項，將事實刊載於專利公報上，供大眾閱覽，且申請案一旦提出，即不得撤回，即使新型專利權當然消滅後，仍得申請。

經濟部智慧財產局指定的專利審查人員製作新型技術報告時，在檢索先前技術後，會先篩選適用的先前技術，再逐項進行比對，最後將比對結果賦予代碼，原則上會針對每一個請求項賦予代碼，代碼以1至6表示，如果說明書或申請專利範圍記載不清，致難以有效調查、比對時，審查人員就不會賦予代碼，各代碼意義說明如下。

代碼1：本請求項的創作，參照所列引用文獻的記載，不具新穎性。

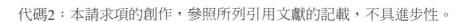

代碼2：本請求項的創作，參照所列引用文獻的記載，不具進步性。

代碼3：本請求項的創作，與申請在先而在其申請後始公開或公告之發明或新型專利申請案所附說明書、申請專利範圍或圖式載明之內容相同。

代碼4：本請求項的創作，與申請日前提出申請的發明或新型專利申請案之創作相同。

代碼5：本請求項的創作，與同日申請的發明或新型專利申請案之創作相同。

代碼6：無法發現足以否定其新穎性等要件之先前技術文獻。

　　新型專利的專利權人在行使新型專利權時，2011年專利法修訂時，在第一百十六條規定：應先提示新型專利技術報告以進行警告。由於新型專利採形式審查，並未對是否合於專利要件進行實體審查，即賦予專利權，為防止權利人濫發警告函，於是，立法院在2013年又修訂專利法，認為新型專利權利人進行警告時，有提示新型專利技術報告作為客觀判斷資料之必要，但是，新型專利技術報告並非提起訴訟之前提要件，因此，將第一百十六條又修訂為：新型專利權人行使新型專利權時，如未提示新型專利技術報告，不得進行警告。

　　為避免專利權人任意興訟而影響產業競爭秩序，在專利法第一百十七條中規定：如果新型專利權人之專利權遭撤銷時，應就其於撤銷前，對因行使專利權所產生他人的損害，負賠償之責。但是，如果這個損害係基於新型專利技術報告之內容，且已盡相當注意而行使權利者，則不在此限。

　　新型專利的取得與期限，除專利法第一百零八條、第一百十四至第一百十七條之規定外，依專利法第一百二十條準用第五十九條規定。

三、設計專利

　　申請專利之設計在經過核准審定後，依專利法第一百四十二條第一項準用第五十二條第一、二項之規定，申請人應於審定書送達後3個月內，繳納證書費及第一年專利年費後，經濟部智慧財產局才會予以公告。如果3個月屆期仍未繳費者，則不予以公告，其專利權將自始不存在。申請專利之設計，自公告之日起給予設計專利權並發證書，其專利權期限，自申請日起算12年屆滿，衍生專利權期限與原專利權期限同時屆滿。

4-4-2 專利權

專利權人在取得專利權以後，到底可以受到什麼樣保護？大陸法系的國家認為專利權是屬於一種無體財產權，認為專利權是物權的衍生，除了有積極的實施權外，同時還有消極的排除他人干涉的權利，也就是說專利權是包含了實施權及排他權。

而英、美、法系的國家則認為專利只有消極的排他權，而沒有積極的實施權，是一種排除他人實施、製造、販賣、銷售及進口發明人的發明之權利，但是對發明人所取得的專利，不一定對其具有實施、製造、販賣、銷售的權利，只有在所取得之專利未利用或實施到他人現在仍存在有效的專利時，專利權人才能實施其專利。

我國的專利法對專利權的概念，則傾向於大陸法系國家，認為專利權係包括了積極的實施權與消極的排他權。以下將分別對發明專利、新型專利及設計專利的專利權加以說明。

一、發明專利

有關於發明專利的專利權，第五十八條規定：發明專利權人，專有排除他人未經其同意而實施該發明之權。發明專利包括了物的發明與方法發明，物的發明之實施，指製造、為販賣之要約、販賣、使用或為上述目的而進口該物品之行為。方法發明之實施，則是指使用該方法及使用、為販賣之要約、販賣或為上述目的而進口該方法直接製成之物。

發明專利的專利權範圍，依專利法第五十八條規定，以申請專利範圍為準，但是於解釋申請專利範圍時，得審酌說明書及圖式中所載的內容，摘要則不能用於解釋申請專利範圍。

專利法的目的在除了在保護發明人的發明，不被仿冒、抄襲、剽竊…外，還要考量促進產業的發展及技術的進步，因此，在基於社會公益的考量之下，於專利法第五十九條中對於專利權的行使做了一些限制。

（一）非出於商業目的之未公開行為

發明專利權效力是保護專利權人在產業上利用其發明之權利，他人自行利用發明，且非以商業為目的之行為，應非專利權效力之範圍。

（二）以研究或實驗爲目的實施發明之必要行爲

爲研究或實驗等目的，而實施專利權人的發明，其目的係有利於科技的發展，如果沒有營利的行爲，就不會侵害到專利權人的經濟利益，第五十九條第二款規範研究實驗免責之目的，就是要保障以發明專利標的爲對象之研究實驗行爲，以促進發明之改良或創新。

實施發明之必要行爲涵蓋了研究實驗行爲本身及直接相關之製造、爲販賣之要約、販賣、使用或進口等實施專利之行爲，而其手段與目的間必須符合比例原則，其範圍不得過於龐大，以免超出了研究、實驗之目的，進而影響專利權人之經濟利益。

（三）申請前已在國內實施

我國的專利法係採先申請主義，對於同一個技術其專利權係授予先申請專利的人，但是，如果該技術已經在國內實施或已經完成實施必須之準備者，只是因爲使用人未申請專利而不得使用其已經實施的技術或已經完成準備的技術，似乎也是不公平的事，所以，在專利法第五十九條第三款中，基於先用權（Prior Use）的觀念，將其排除在專利權人權利之外。

主張先用權時，必須在專利權人的專利提出申請之前，已經在使用該技術或者已經完成必須之準備，如果是在專利提出申請之後才開始使用該技術，或者在該專利提出申請前即已停止使用者，就不能再主張先用權。且主張先用權，僅限於在其原有事業內繼續利用，不得再擴大產能。

先用權的申張也不是沒有限制的，在專利法第五十九條第三款也有但書的規定，如果在專利權人申請專利的前6個月內，有第三者於專利申請人處得知其技術，並經專利申請人聲明保留其專利權者，則第三者不得主張先用權。

（四）僅由國境經過之交通工具或其裝置

經由國境的交通工具或其裝置其目的只是運輸，不會對專利權人的權利造成影響，爲了避免妨礙國際間的交通，故將其排除在外。

（五）保護善意第三者

專利的核准係採審查主義，既然是審查就可能有漏失，因此，在專利制度中也設計了補救措施，即公眾審查制度。所以，當非專利申請權人如果獲得專利權，

專利權人可以依專利法第七十一條予以舉發，如果專利經過舉發成立而撤銷時，在專利被撤銷前，已經由當初的非專利申請權人予以授權他人，而其被授權人在舉發前以善意在國內實施或已完成必須之準備者，基於信賴保護的原則，將其排除在專利權的範圍外，但是，只限於在其原有事業內繼續利用，不得再擴張產能。

而被授權人在該專利權經舉發而撤銷之後，如果仍需實施該專利，則於收到專利權人書面通知之日起，應支付專利權人合理之權利金。

（六）權利耗盡原則

專利權人自己所製造或者經其同意授權他人製造之專利物品，在販賣之後，對該物品而言，其權利已經耗盡，再使用或再販賣該物品者，就不在專利權人的權利範圍，且上述之製造、販賣不以國內為限。

（七）專利權消滅後回復前的善意使用

專利權因未繳年費逾補繳期限而消滅，第三人本於善意，信賴該專利權已經消滅，而實施該專利權或已完成必須之準備，但是，專利法在2011年修訂時，新增了第七十條第二項，專利權人非因故意，未於期限內補繳年費，得於期限屆滿一年內，申請回復專利權，這段權利的空窗期，善意的第三者以為該專利的技術已是公領域的知識，而做的投資，應予保護，所以，在第五十九條第七款中將專利權消滅後至回復效力並經公告前，以善意實施或已完成必須準備者，排除在專利權效力外。

除了在專利法第五十九條中列出專利權效力不及的項目外，配合學名藥（Generic Drug）的研發，在第六十條也規定：發明專利權之效力，不及於以取得藥事法所定藥物查驗登記許可或國外藥物上市許可為目的，而從事之研究、試驗及其必要行為。

為了醫學救人的目的，專利法第六十一條對混合二種以上醫藥品而製造之醫藥品或方法，也將其專利權效力，排除醫師之處方箋調劑行為或所調劑之醫藥品。

二、新型專利

新型專利的專利權人，依專利法第一百二十條準用第五十八條第一、二項的規定，專有排除他人未經其同意而實施該新型之權，實施指的是製造、為販賣之要約、販賣、使用或為上述目的而進口該新型專利物品之行為。

新型專利的專利權範圍，是以說明書中所記載之申請專利範圍為準，在解釋申請專利範圍時，並得審酌說明書及圖式。而新型專利的專利權限制，依專利法第一百二十條規定，亦準用第五十九條各項之規定。

三、設計專利

設計專利的專利權人，依專利法第一百三十六條規定，專有排除他人未經其同意而實施該設計或近似該設計之權。而設計專利權範圍，依第一百三十六條第二項規定，則是以圖式為準，並得審酌說明書。

而衍生設計雖然是指同一人的二個以上近似的設計，但是，它有獨立的權利範圍，所以，專利法第一百三十七條規定，其專利權得單獨主張，且及於近似之範圍。

4-4-3 專利之共有

現在的研發工作已經不是單獨一個人就可以完成的，因此，一個新技術的發展需要很多人的共同努力才能達成，如果這個多人研發的技術要申請專利權的保護，於是就產生了專利共有的問題。專利的共有可以分為專利申請權的共有及專利權的共有。

一、專利申請權共有

專利法第十二條規定：專利申請權如果是由多人所共有，則應由全體共有人一齊提出申請。而當專利由二位以上的發明人所共有時，除了申請專利時需共同申請外，在從事其他專利相關程序時，除撤回或拋棄申請案、申請分割、改請或本法另有規定者，應共同連署外，其餘程序各人皆可單獨為之。但是，如果有約定其中一人為代表者，則從其約定。

在專利法第十二條第一、二項中所規定的共同連署情形，應指定其中一人為應受送達人，如果未指定應受送達人者，專利專責機關經濟部智慧財產局將會依專利法第十二條第三項定，以第一順序申請人為應受送達人，並應將送達事項通知其他專利共有人。當專利申請權為共有時，非經共有人全體之同意，不得讓與或拋棄，非經其他共有人之同意，不得以其應有部分讓與他人。專利申請權之共有人如果要拋棄其應有的部分，則該部分的權利將歸屬於其他共有人。

二、專利權共有

在發明人的發明獲准之後，如果該發明專利權為多人所共有時，除非共有人自己實施外，未經共有人全體之同意，不得讓與、信託、授權他人實施、設定質權或拋棄。同時，發明專利權的共有人在未得到其他共有人的同意之前，不得以其應有部分讓與、信託他人或設定質權。發明專利共有人拋棄其應有部分的權利時，該部分的權利應歸屬於其他共有人。以上各項規定新型專利與設計專利都準用之。

發明專利權人非經被授權人或質權人之同意前，亦不得申請拋棄專利權或以更正方式刪除請求項或縮減申請專利範圍，以維護被授權人或質權人的權益。發明專利權為共有時，如果要以更正的方式刪除請求項或縮減申請專利範圍，也要經過共有人全體同意才可申請。

4-4-4 專利權轉移

專利權是一種財產權，具有經濟利益，因此，專利權可以成為讓與或繼承的標的，在專利法第六條規定：專利申請權及專利權，均得讓與或繼承。而可讓與之債權及其他權利，亦為民法中規定可為質權的標的，但是，由於專利的申請權是一種不確定的權利，未來是不是能取得專利尚不得而知，所以，在其經濟價值未具體確定前，不宜驟然成為質權的標的，因此，在專利法第六條第二項即規定：專利申請權，不得為質權之標的。

相對於專利申請權的不確定性，專利權則是一種較為確定的權利，不但可以排他，也可以評估其價值，所以，專利權是可以成為一種質權的標的。但是，由於專利權具有經濟價值，而其經濟價值必須要透過實施才能顯現，而質權則是一種使債權人可以優先對質權標的受償的擔保物權，並不是同意債權人對標的物有使用、收益及處分的物權。為避免專利權人的權利受損害，在專利法第六條第三項中規定：以專利權為標的設定質權者，除契約另有約定外，質權人不得實施該專利權。

專利權既然是一種排他的權利，因此，想要實施一個專利的技術，必須要經過專利權人的同意，也就是要經過專利權人的授權（License），授權的形式可分為專屬授權（Exclusive License）與非專屬授權（Non-Exclusive License）二種。

授權指的是專利權人將其權利的一部份或全部內容授權他人實施，授權之後，在專利的授權範圍內專利權人就不能再主張被授權人實施其專利技術爲侵害。專屬授權係指專利權人於專屬授權後，在被授權人所取得之權利範圍內，不得重覆授權第三人實施該專利，這個授權的範圍可能是製造、也可能是販賣銷售，也可能包含製造、販賣及銷售，端視合約約定。

既然專屬授權只授權給一個被授權人實施該專利，所以，如果沒有特別約定，在被授權的範圍內，專利權人亦不得實施該專利。如果專利權人在專屬授權後，還想要繼續實施專利，就必須要再跟專利的被授權人簽一個非專屬的授權契約。

非專屬授權則是指專利權人對其所擁有的專利，就相同的授權範圍授權給多人實施的權利，也就是說，在同一時間、地域中，有多個合法的授權者在實施該專利。專利的專屬授權與非專屬授權的最大差別，在於專利遭到侵害時的請求權利，專利專屬授權的授權人在專利權遭到侵害時，除非在授權契約中另有約定，否則依專利法第九十六條第四項規定，在授權範圍內，可以請求損害賠償，並且可以請求排除或防止侵害，也可以依第九十六條第三項規定，對於侵害專利權之物品或從事侵害行爲之原料或器具，請求銷燬或爲其他必要之處置。

由於專利權具有強烈的排他性，權利的授予過程除了需經過審查外，還必須經過註冊的程序，以確定權利的歸屬，所以，當專利權有異動時，也必須要經過登記的程序，才能在權利行使有爭議時，主張權利人的權利。

在專利法第六十二條就規定：發明專利權人以其發明專利權讓與、信託、授權他人實施或設定質權，非經向專利專責機關經濟部智慧財產局登記，不得對抗第三人。新型專利與設計專利分別依第一百二十條及第一百四十二條，均準用第六十二條規定。

至於專利的再授權的行爲，專屬被授權人與非專屬被授權人，也有不同的權利，由於專屬被授權人在被授權範圍內，可排除專利權人自行實施該專利或授權他人實施專利，所以，原則上如果授權契約沒有特別約定，可以再把專利授權他人使用，因此，專利法第六十三條第一項規定：專屬被授權人得將其被授予之權利再授權第三人實施，但契約另有約定者，從其約定。

非專屬被授權人的權利，如果是由專屬被授權人處取得授權者，他要進行再授權時，則應取得授權其實施之專屬被授權人之同意始得爲之，同樣的，如果非專屬被授權人的權利來自專利的權利人，他要再授權，當然要取得專利權人的同意，所以，專利法第六十三條第二項規定：非專屬被授權人非經發明專利權人或專屬被授權人同意，不得將其被授予之權利再授權第三人實施。

爲保障交易安全，第六十三條第三項亦明定再授權未向專利專責機關登記者，不得對抗第三人。有關於再授權的各項規定，新型專利與設計專利分別依第一百二十條及第一百四十二條，均準用第六十三條規定。

4-4-5 專利權消滅

爲了調和公益與私利，專利權必須要有期限，在專利法中分別對發明專利、新型專利及式樣專利訂有專利的到期期限外，還條列出其他狀況下專利權會消滅的條件。

一、發明專利

發明專利之專利權的消滅，在專利法第七十條中列舉以下情形：

（一）專利權期滿

專利權期滿時，自期滿後專利權消滅，也就是自專利的申請日起20年，其專利權即期滿，專利權期滿後，專利權人即失去其專利權。

（二）專利權人死亡而無繼承人

專利權人死亡，依民法規定應由繼承人繼承其財產上的一切權利及義務，如果專利的權利人死亡，而無人主張其爲繼承人者，應先依民法第一千一百七十七條，由親屬會議於1個月內選定遺產管理人，並將繼承開始及選定遺產管理人之事由，向法院報明。

法院則應依公示催告程序，定6個月以上之期限，公告繼承人，並命其於期限內承認繼承，若期限屆滿，仍無繼承人承認繼承時，專利即成爲公共財，而當然消滅。

（三）未於期限內繳費

第二年以後之專利年費未於補繳期限屆滿前繳納者，自原繳費期限屆滿後專利權消滅。

（四）專利權人拋棄

專利權人拋棄專利權時，自其書面表示之日消滅。

專利年費應於專利屆期前繳納，第二年以後的專利年費，如果未能於應繳納專利年費之期間內繳費者，第九十四條規定：得於期滿後6個月內補繳之，但其專利年費之繳納，除原應繳納之專利年費外，應以比率方式加繳專利年費。

申請人如果僅因一時疏於繳納，而非因故意而未依時繳納年費，如果因此即不准其申請回復，恐有違專利法鼓勵研發、創新之用意。所以，在第七十條第二項規定：專利權人非因故意，未於第九十四條第一項所定期限補繳者，得於期限屆滿後1年內，申請回復專利權，並繳納3倍之專利年費後，由專利專責機關公告之。本項規定新型專利與設計專利分別依第一百二十條及第一百四十二條均準用之。

二、新型專利

新型專利的專利權消滅條件，依專利法第一百二十條規定，準用專利法第七十條規定辦理。

三、設計專利

設計專利的專利權消滅條件，依專利法第一百四十二條規定，亦準用專利法第七十條規定辦理。

4-4-6 專利權的實施

專利權人在取得專利權之後，則享有一特定的權利，而在本小節中將說明專利權人應該如何來實施其權利。

一、強制授權（Compulsory Licensing）

專利權人在取得專利權後，依專利法五十八條之規定，專有排除他人未經其同意而實施之權利，所以，想要利用或實施專利的技術或方法，都必須要取得專利權人的同意或授權。

但是，可能不是每個發明人在取得專利權之後，都會積極的去實施或利用其專利權，以促進產業的進步，因此，就無法達到專利法所揭櫫的促進產業發展之目的。

其次，在因應國家的特殊情況或特殊的公益考量之下，有時候亦需要去實施或利用專利權人的專利，此時，如果仍囿於規定需徵得專利權人的授權同意，再去實施或利用其專利，在時間上可能會緩不濟急。為了彌補這二種缺憾，在專利法上於是有了強制授權的制度出現，強制授權在2011年修法前稱為特許實施。

強制授權主要是由政府的公權力介入，依第三者的申請而強制專利權人同意第三者實施其專利的技術。專利法第八十七條規定：為因應國家緊急危難或其他重大緊急情況，專利專責機關應依緊急命令或中央目的事業主管機關之通知，強制授權所需專利權，並儘速通知專利權人。

為保障專利權人的權利，申請強制授權需要有一定的限制條件，第八十七條第二項規定有下列情事之一，而有強制授權之必要者，專利專責機關得依申請強制授權：

1. 增進公益之非營利實施。
2. 發明或新型專利權之實施，將不可避免侵害在前之發明或新型專利權，且較該在前之發明或新型專利權具相當經濟意義之重要技術改良。
3. 專利權人有限制競爭或不公平競爭之情事，經法院判決或行政院公平交易委員會處分。

以增進公益之非營利使用或自己的專利實施不可避免會侵害他人專利為由，欲申請強制授權者，申請人必須要先以合理之商業條件在相當期間內仍不能協議授權時，專利專責機關經濟部智慧財產局才可以依申請，同意該強制授權案，而其實施應以供應國內市場需要為主。但就半導體技術專利申請強制授權者，則是以增進公益之非營利使用及有不公平競爭情事為限。

其次，在專利法第八十七條第二項亦規定：如果專利權人有限制競爭或不公平競爭之情事，經法院判決或行政院公平交易委員會處分確定者，專利專責機關經濟部智慧財產局亦得依申請，強制授權該申請人實施其專利權。

　　我國的強制授權係採申請制，經濟部智慧財產局在接到強制授權的申請書後，應將申請書的副本送達專利權人，並限期答辯，屆期專利權人如果不答辯，則經濟部智慧財產局依專利法第八十八條第一項規定得逕行處理。

　　由於專利權是一種獨占的權利，而強制授權只是在特定的情況下，對專利權人的專利權加以限制，但是這並不是要剝奪掉他的專利權，所以，在准許他人強制授權時，並未限制專利權人繼續實施其專利權。因此，在專利法第八十八條第四項中就規定：強制授權不妨礙原專利權人實施其專利權。也就是說，即使專利權被強制授權，但是，專利權人仍然可以自行實施其專利或是授權他人實施其專利。

　　強制授權是由公權力介入將專利權強制授予他人實施，原則上被授權人是不需要支付授權金給專利權人，但是，基於使用者付費的考量，被授權人應該對其所實施的技術給予專利權人一定之補償金，較為符合社會公理，所以，在專利法第八十八條第三項中規定：強制授權之審定應以書面為之，並載明其授權之理由、範圍、期間及應支付之補償金。

　　專利的強制授權是有時間性的，否則對專利權人將會造成經濟上的損失，所以，在專利法第八十九條中規定在三種情況之下，將廢止強制授權：事實變更已無強制授權之必要、被授權人未依授權之內容適當實施、被授權人未依專利專責機關之審定支付補償金。

　　為協助無製藥能力或製藥能力不足之國家取得治療愛滋病、肺結核、瘧疾及其他傳染病之專利醫藥品，以解決其國內公共衛生危機，世界貿易組織於2001年11月14日杜哈部長會議中，通過公共衛生與與貿易有關之智慧財產權協定宣言，達成應放寬強制授權專利醫藥品進出口之限制。我國為配合該次會議的決議，在2011年修訂專利法時，特別新增了第九十條及第九十一條的強制授權規定。

　　第九十條開宗明義即宣示：為協助無製藥能力或製藥能力不足之國家，取得治療愛滋病、肺結核、瘧疾或其他傳染病所需醫藥品，專利專責機關得依申請，強制授權申請人實施專利權，以供應該國家進口所需醫藥品。

　　為援助渠等國家而申請強制授權者，以申請人曾以合理之商業條件在相當期間內仍不能協議授權者為限，但所需醫藥品在進口國已核准強制授權者，不在此限。

進口國如為世界貿易組織會員，申請人於依第一項申請時，應檢附進口國已履行下列事項之證明文件：

1. 已通知與貿易有關之智慧財產權理事會該國所需醫藥品之名稱及數量。
2. 已通知與貿易有關之智慧財產權理事會該國無製藥能力或製藥能力不足，而有作為進口國之意願。但為低度開發國家者，申請人毋庸檢附證明文件。
3. 所需醫藥品在該國無專利權，或有專利權但已核准強制授權或即將核准強制授權。

進口國如非世界貿易組織會員，而為低度開發國家或無製藥能力或製藥能力不足之國家，申請人於依第一項申請時，應檢附進口國已履行下列事項之證明文件：

1. 以書面向中華民國外交機關提出所需醫藥品之名稱及數量。
2. 同意防止所需醫藥品轉出口。

為規範強制授權被授權人所應遵守之要件，以避免授權製造之醫藥品數量超過進口國所需，並避免依強制授權製造之醫藥品與專利權人或其被授權人之產品混淆。第九十一條特別針對強制授權的藥品規定：應全部輸往進口國，且授權製造之數量不得超過進口國通知與貿易有關之智慧財產權理事會或中華民國外交機關所需醫藥品之數量。

為使強制授權的藥品與一般藥品有所區別，第九十一條第二項規定：強制授權製造之醫藥品，應於其外包裝依專利專責機關指定之內容標示其授權依據；其包裝及顏色或形狀，應與專利權人或其被授權人所製造之醫藥品足以區別。第四項也規定：於出口該醫藥品前，應於網站公開該醫藥品之數量、名稱、目的地及可資區別之特徵。

基於使用者付費的考量，第九十一條第三項規定：強制授權之被授權人應支付專利權人適當之補償金，至於補償金之數額，則由專利專責機關就與所需醫藥品相關之醫藥品專利權於進口國之經濟價值，並參考聯合國所發布之人力發展指標核定之。

二、標示

標示的目的在告訴使用者，該物品已獲專利，以防止他人在不知情的情況下，侵害了專利權人的專利權，所以，在專利法第九十八條中即規定：專利物上應標示專利證書號數，不能於專利物上標示者，得於標籤、包裝或以其他足以引起他人認識之顯著方式標示之，其未附加標示者，於請求損害賠償時，應舉證證明侵害人明知或可得而知為專利物。

對於新型專利及設計專利的標示，亦分別在專利法第一百二十條及第一百四十二條中規定準用第九十八條的規定。

4-4-7 專利的規費

發明專利在申請時，申請人應先繳納申請費，核准專利時，發明專利權人應繳納證書費及專利年費；請准延長、延展專利者，在延長、延展期內，仍應繳納專利年費。

發明專利年費自公告之日起算，第一年專利年費，申請人應於核准審定書送達後 3 個月內繳納，第二年以後年費，應於屆期前繳納。專利年費，得一次繳納數年，遇有年費調整時，毋庸補繳其差額。

發明專利第二年以後之年費，如果未於應繳納專利年費之期間內繳費者，得於期滿6個月內補繳之。但是，超過應繳納期間者，其專利年費除原應繳納之專利年費外，應以比率方式加繳專利年費。發明專利權人為自然人、學校或中小企業者，得向專利專責機關申請減免專利年費。

對於新型專利及設計專利的規費繳納規定，亦分別在專利法第一百二十條及第一百四十二條中規定準用第九十二條至九十五條的規定。

由於在專利法中，對於新型專利及設計專利分別在 第一百二十條及第一百四十二條中有準用發明專利各條的規定，為使讀者容易對照參，本書特別於表4-1中將新型及設計專利準用發明專利條文做一對照，以方便讀者閱讀。

表4-1 新型及設計專利準用發明專利條文對照表

發明專利條文	新型專利準用	設計專利準用	發明專利條文	新型專利準用	設計專利準用
22	✓		68-2	✓	
23	✓		68-3	✓	
26	✓		69	✓	
28	✓	✓	70	✓	✓
29	✓	✓	72	✓	✓
30	✓		73	✓	
31	✓		73-1		✓
33	✓		73-3		✓
34-3	✓	✓	73-4		✓
34-4	✓	✓	74	✓	✓
35	✓	✓	75	✓	✓
36		✓	76	✓	✓
42		✓	77	✓	✓
43-1		✓	78	✓	✓
43-2	✓	✓	79	✓	
43-3	✓	✓	79-1		✓
44-3	✓	✓	80	✓	✓
45		✓	81	✓	✓
46-2	✓	✓	82	✓	✓
47		✓	84	✓	✓
47-2	✓		85	✓	✓
48		✓	86	✓	✓
50		✓	87	✓	
51	✓		88	✓	
52-1	✓	✓	89	✓	
52-2	✓	✓	90	✓	

發明專利條文	新型專利準用	設計專利準用	發明專利條文	新型專利準用	設計專利準用
52-4	✓	✓	91	✓	
58-1	✓		92	✓	✓
58-2	✓	✓	93	✓	✓
58-4	✓		94	✓	✓
58-5	✓		95	✓	✓
59	✓	✓	96	✓	✓
62	✓	✓	97	✓	✓
63	✓	✓	98	✓	✓
64	✓	✓	100	✓	✓
65	✓	✓	101	✓	✓
67	✓		102	✓	✓
68		✓	103	✓	✓

2
3、
4
7　5、

第五章

專利說明書

在前幾章中已經對專利做了一個初步的介紹，在本章中將專門討論專利說明書的內容及其所內含的資訊。在本章一開始首先會介紹申請專利時，必須具備的文件，再對專利說明書的內容做一介紹。

在討論專利說明書時，將先介紹專利說明書中欄位撰寫的注意事項，尤其是申請專利範圍，申請專利範圍是未來專利權利的範圍，也是做專利技術分析時相當重要的參考依據。其次再介紹專利公報中的書目資料（Bibliographic Data），書目資料的內容將是做專利管理面分析時重要的參數。

5-1 申請專利的文件

專利是一種具有排他性的權利，所以各國對專利的授予都非常慎重，以免有損專利權人的利益及社會的公益，目前各國對專利權都是採取審查制及註冊制，也就是說，一個發明或創作必須經過申請並經審查後，如果沒有不予專利的情形，才能授予專利，否則該專利申請案將會被核駁。

依專利法規定，專利可分為發明專利、新型專利及設計專利，由於各個專利所保護的標的不同、審查基準不同，因此，對於申請文件的規定亦有所不同，以下將分別予以說明，至於各個欄位撰寫的方式，則將在下一節中再予以詳細說明。

一、發明專利

專利法第二十五條第一項規定：申請發明專利時，應由專利申請權人備具申請書、說明書、申請專利範圍、摘要及必要之圖式，向專利專責機關經濟部智慧財產局申請之。所謂的申請書係用來說明申請專利的發明之基本資訊，有關發明專利申請書的格式請參閱本書附錄七。

專利申請書的內容包含發明名稱、申請人（含專利代理人）、發明人、聲明事項、說明書頁數、請求項數及申請規費、附送書件等欄位。在專利法施行細則第十六條中對於發明申請書中應載明的事項，條列式的規定有：發明名稱、發明人的

姓名及國籍、申請人姓名或名稱、國籍、住居所或營業所，如果有代表人的話，並應載明代表人姓名，如果有委任專利代理人者，應註明其姓名及事務所。

在申請專利時如果需要主張該申請案曾在申請日前6個月內因為實驗而公開、於刊物發表、陳列於政府主辦或認可之展覽會、主張優先權，都要在發明專利申請書中的聲明事項與附送書件欄中詳細予以勾選及說明。

專利法第二十五條第一項中所說的說明書係指專利說明書，主要目的在記載其申請發明的技術內容，透過申請專利範圍來界定發明人申請的專利權利的範圍，並且使得在所屬技術領域中具有一般通常知識的人，都能了解其技術的內容並且能夠據以實施。

說明書的內容及格式，讀者可以參考附錄七，對於說明書的撰寫，在專利法施行細則第十七條中規定必須依序載明：發明名稱、技術領域、發明內容、圖式簡單說明、實施方式、符號說明。其中發明名稱應簡明表示所申請發明之內容，不得冠以無關之文字，申請專利的標的如果有先前技術，申請人也要把所知道的先前技術記載在先前技術欄中，並視需要檢送該先前技術相關資料。

發明所欲解決之問題、解決問題之技術手段及對照先前技術之功效，則需記載於發明內容欄中。如果有圖式者，應以簡明之文字依圖式之圖號順序，將圖式說明於圖式簡單說明欄內，並應依圖號或符號順序列出圖式之主要符號並加以說明。發明專利的申請人還需於專利說明書中記載一個以上之實施方式，必要時得以實施例說明；如果有圖式者，應參照圖式加以說明。

說明書中如果沒有圖式，則在圖式簡單說明及符號說明這二個欄位中，可填寫「無」，以便確認並非漏未載明。說明書得於各段落前，以置於中括號內之連續4位數之阿拉伯數字編號依序排列，如【0001】、【0002】、【0003】…等，以明確識別每一段落。

寄存生物材料之日的係使該發明所屬技術領域中具有通常知識者，能瞭解其內容並據以實現，故生物材料已寄存者，應於說明書之生物材料寄存欄位中載明寄存機構、寄存日期及寄存號碼，申請前已於國外寄存機構寄存者，並應載明國外寄存機構、寄存日期及寄存號碼。說明書未載明前述寄存資訊，但有檢送寄存證明文件者，將通知限期將寄存資訊載入說明書之生物材料寄存欄位。

　　發明專利中如果包含一個或多個核苷酸或胺基酸序列者,說明書內應依專利專責機關訂定之格式單獨記載其序列表,並得檢送相符之電子資料,於實體審查時審認。

　　由於專利技術的新穎性審查,係以申請日當時的技術為基準,而且依先申請主義,二個以上的申請專利技術相同時,亦是以專利的申請日做為核予專利的標準。所以,申請專利的申請日是非常重要的,在專利法第二十五條第二項中就規定:申請發明專利,以申請書、說明書、申請專利範圍及必要圖式齊備之日為申請日。

　　如果說明書、申請專利範圍及必要圖式是以外文本提出,且於專利專責機關經濟部智慧財產局指定期間內補正中文本者,可以以外文本提出之日為申請日;未於指定期間內補正者,申請案不予受理。但在處分前補正者,以補正之日為申請日,外文本視為未提出。

二、新型專利

　　申請新型專利所需文件及各項規定,在舊的專利法第一百零八條中規定,準用專利法第二十五條之規定,但考量申請發明專利未必應備具圖式,如果新型專利準用發明專利之規定時,可能會造成新型專利是否必須備具圖式之爭議,因此,在2011年修訂專利法時,不再準用第二十五條,而是在第一百零六條單獨對新型專利的申請予以規定。

　　申請新型專利,由專利申請權人備具申請書、說明書、申請專利範圍、摘要及圖式,向專利專責機關經濟部智慧財產局申請,並以申請書、說明書、申請專利範圍及圖式齊備之日為申請日。

　　說明書、申請專利範圍及圖式未於申請時提出中文本,而以外文本提出,且於專利專責機關經濟部智慧財產局指定期間內補正中文本者,以外文本提出之日為申請日。如果未於指定期間內補正中文本者,其申請案不予受理。但在處分前補正者,以補正之日為申請日,外文本視為未提出。

　　新型專利申請書的樣式請參閱本書附錄八,其內容包含:新型名稱、申請人(含代理人)、新型創作人、申請規費、外文本種類、附送書件等欄位,其撰寫相關規定準用專利法施行細則第十六條,請讀者自行參閱前一小節說明,在此不再贅述。

新型專利的專利說明書樣式亦請參閱本書之附錄八，其內容包含：新型名稱、技術領域、先前技術、圖式簡單說明、實施方式、符號說明、申請專利範圍、圖式等欄位，其撰寫各項規定亦準用專利法施行細則第十七條規定。

三、設計專利

申請設計專利，由專利申請權人依專利法第一百二十五條備具申請書、說明書及圖式，向專利專責機關經濟部智慧財產局申請之。依專利法施行細則第四十九條規定，設計專利的申請書必須載明：設計名稱、設計人姓名、國籍、申請人姓名或名稱、國籍、住居所或營業所，如果有代表人，應載明其代表人姓名，如果有委任代理人，也要註明其姓名、事務所等資料。

設計專利之申請書樣本請參閱本書附錄九，其內容包含：設計名稱、申請人（含代理人）、設計人、聲明事項、申請規費、外文本種類及頁數、附送書件等欄位。

如果在申請日前6個月以內有：於刊物發表、陳列於政府主辦或認可之展覽會等情況，或需要主張優先權，均需在申請書的聲明事項中說明，並在附送書件欄的相關欄位中勾選。

原來新式樣專利係採圖說做為說明書，但在2011年修法時，因參酌其他國家的法律，而將圖說改為圖式及說明書，因此，在專利法施行細則第五十條中，就規定了設計專利的說明書內容應載明：設計名稱、物品用途及設計說明，專利申請人要依序撰寫並附加標題，但是，如果物品用途與設計說明在設計名稱或圖式中已經可以表達清楚，則可以不予記載。

5-2 專利說明書

專利說明書是將發明或新型的技術揭露，以使該技術領域中具有通常知識的人，都能了解其技術內容並能夠據以實施，而且其專利申請範圍是未來界定其權利範圍的依據。

為了讓發明人或創作人在撰寫利說明書時，或是在專利的侵害鑑定時，對於名詞有一個共同的依循及判定的標準，在專利法施行細則第三條中規定：技術用語之譯名經國家教育研究院編譯者，應以該譯名為原則；未經該院編譯或專利專責機關認有必要時，得通知申請人附註外文原名。申請專利及辦理有關專利事項之文件，應用中文；證明文件為外文者，專利專責機關認有必要時，得通知申請人檢附中文譯本或節譯本。

為使讀者對專利說明書的欄位有進一步的了解，在本節中將分別對發明及新型專利、設計專利的說明書之撰寫方式予以說明。

5-2-1 發明專利說明書

專利制度的目的在鼓勵、保護、利用發明與創作，以促進產業的發展。一件發明在經過申請、審查的程序後，才會授予申請人專有排他之專利權，以鼓勵、保護其發明。同時，在授予專利權時，亦確認該發明專利之保護範圍，使公眾能經由說明書之揭露得知該發明內容，進而利用該發明，以促進產業之發展。

專利申請人在向專利專責機關經濟部智慧財產局申請發明專利時，其所提出之說明書及圖式應記載之事項，於專利法第二十六條規定：說明書應該要明確且充分揭露，以使該發明所屬技術領域中具有通常知識者，都能瞭解其內容，並可據以實現。申請專利範圍應介定申請專利之發明，得包括一項以上的請求項，各請求項應以明確、簡潔的方式記載，且必須為說明書所支持。以下將就發明專利說明書中的各個欄位撰寫方式及應注意事項分別予以說明。

一、發明名稱

發明的名稱，依專利法施行細則第十七條第四項規定：應與其申請專利範圍內容相符，不得冠以無關之文字。因此，發明名稱應該記載申請標的，並反映其範疇（Category），而且要儘可能的使用國際專利分類表中之分類用語，以利於分類、檢索。

在發明名稱中不得包含非技術用語，例如：一種前所未見的治療心臟病的方法，就不是一個很好的發明名稱，因為它包含了非技術用語，應該把形容詞拿掉，改成：一種治療心臟病的方法。而且不得包含模糊籠統之用語，例如：一種省電的裝置及其類似物，其中的「及其類似物」之類的用語就是模糊籠統之用語，應改為：一種省電的裝置。

二、技術領域

技術領域應為申請專利之發明所屬或直接應用的具體技術領域，通常與發明在國際專利分類表中可能被指定的最低階分類有關，而不是上一階的領域或發明本身，也不是相鄰的技術領域。但是，如果申請專利之發明為開創性發明，不屬於既有之技術領域者，則只要記載該發明所開發的新技術領域即可。

三、先前技術

申請人應在說明書中記載目前所知之先前技術，並且客觀的指出該技術手段所欲解決的問題，與存在於先前技術中的問題或缺失，記載內容儘可能引述該先前技術文獻的名稱，並可以視需要檢送該先前技術之相關資料，以利於審查委員能瞭解申請專利之發明與先前技術之間的關係，並據以進行檢索、審查。

先前技術所引證的文獻，可以是專利文獻，也可以是非專利文獻，如果是外文資料，必要時經濟部智慧財產局得通知申請人將其譯為中文。引述專利文獻者，儘可能載明專利文獻的國別、公開或公告編號及日期；引述非專利文獻者，儘可能以該文獻所載之原文註明該文獻之名稱、公開日期及詳細出處。引述或檢送之先前技術文獻應為公開刊物，包括紙本或電子之形式。如果申請專利之發明為開創性發明，可以不記載先前技術。

說明書的內容應包含申請專利之發明的必要技術特徵，使該發明所屬技術領域中具有通常知識者無須參考任何文獻的情況下，即得以瞭解其內容，並可據以實

現。因此，引述先前技術文獻時，應考量該文獻所載之內容是否會影響可據以實現之判斷，若該發明所屬技術領域中具有通常知識者未參考該文獻之內容，即無法瞭解申請專利之發明並據以實現，則應於說明書中詳述該文獻的內容，不能僅引述文獻的名稱。

四、發明內容

發明內容包含三部分：發明所欲解決之問題、解決問題之技術手段及對照先前技術之功效。

（一）發明所欲解決之問題

發明所欲解決之問題，係指申請專利之發明所要解決先前技術中存在的問題，記載所欲解決之問題時，應針對先前技術中存在的問題加以敘述，客觀的指出先前技術中顯然存在或被忽略的問題，或導致該問題的原因或解決問題的困難。

在本欄中所記載的內容，應僅限於申請專利之發明所欲解決的問題，不要有主觀的詆毀、貶損用語，亦不得記載商業性宣傳詞句。除了是偶然發現但具有技術性的發明之外，發明內容中應記載一個或一個以上所欲解決的問題。

但是，如果發明人沒有記載所欲解決之問題，仍然能夠讓其他人瞭解其申請專利之發明能解決該問題，並且符合充分揭露而可據以實施之要件者，則可以不需要記載該所欲解決之問題。

（二）解決問題之技術手段

技術手段係申請人為解決問題，獲致功效所採取之技術內容，為技術特徵所構成，是說明書的核心，亦為實現申請專利之發明的內容。應明確且充分的記載其技術特徵，至少應涵蓋申請專利範圍中獨立項所有的必要技術特徵以及附屬項中之附加技術特徵。為避免在認定上造成困擾及分歧，在技術手段中記載之用語，應該要與申請專利範圍之用語保持一致。

（三）對照先前技術之功效

本欄為審查委員認定申請專利之發明是否具進步性的重要依據，應以明確、客觀之方式，敘明技術手段與說明書中所載先前技術之間的差異，呈現技術手段對照先前技術之有利功效（Advantageous Effect），並敘明為達成發明目的，該技術手段如何解決所載之問題。

五、圖式簡單說明

對於專利說明中的圖式簡單說明，依專利法施行細則第十七條第五款規定，說明書中有圖式者，應以簡明之文字依圖式之圖號順序說明圖式。專利審查基準中亦規定：有多幅圖圖式者，應就所有圖式說明之。

六、實施方式

實施方式（Embodiments）係申請專利之發明的詳細說明，是說明書中的重要部分，必須要能夠明確且充分揭露、了解及實施發明，同時其內容要能支持及解釋申請專利範圍。說明書應記載一個以上發明之實施方式，必要時得以實施例（Examples）說明；有圖式者，應參照圖式加以說明。

申請人在撰寫實施方式時，應就其所認為實現發明的較佳方式或具體實施例予以記載，以呈現解決問題所採用的技術手段。為支持申請專利範圍，實施方式中應詳細敘明申請專利範圍中所載之必要技術特徵，並應使該發明所屬技術領域中具有通常知識者，在無須過度實驗的情況下，即能瞭解申請專利之發明的內容，並可據以實現。

技術手段簡單之發明或於技術手段中之記載已符合可據以實現要件者，均無須再敘明其實施方式。當一個實施例即足以支持申請專利範圍所涵蓋的技術手段時，說明書得僅記載單一實施例。

實施方式或實施例的記載內容，應視申請專利之發明的性質而有所不同，對於物的發明，應該敘明其機械構造、電路構造或化學成分，以說明組成該物之元件與元件之間的結合關係。

如果物的發明是一個可以作動之物，只在實施方式或實施例中敘明其構造，可能無法使該發明所屬技術領域中具有通常知識者瞭解其內容並據以實施，此時，則還需在說明書的實施方式或實施例中，敘明其作動過程或操作步驟。

至於方法的發明，則應敘明其實施的步驟，在說明其步驟時，可以用不同的參數或參數範圍來表示其技術條件。在某些技術領域中，如果需要以功能來界定物的發明時，除非在說明書的記載中，已符合可據以實現之要件，否則都應記載實現該功能之特定方式。

　　用途發明係利用物之特性所產生的新用途,通常須在發明說明中記載支持該用途之實施例。如果單就物之構造仍無法推斷如何製造及使用該物之發明時,為了符合充分揭露而可據以實施之要件,通常會記載一個或一個以上之實施例。

　　實施例是用來列舉說明該發明較佳的具體實施方式,一個發明說明中要列舉多少實施例,實務上並無一定之準則,應考量該發明的性質、其所屬技術領域及先前技術的情況,原則上應考量是否符合充分揭露而可據以實施之要件及是否足以支持申請專利範圍,來決定實施例的數目。

　　也就是說,當一個實施例就足以支持申請專利範圍所涵蓋的技術手段時,在發明說明中可以只記載單一的實施例,若申請專利範圍涵蓋的範圍過廣,僅記載單一實施例並不符合可據以實現要件時,則應記載一個以上不同之實施例,或記載性質類似之擇一形式(Alternative)實施方式,以支持申請專利範圍所涵蓋的範圍。

七、符號說明

　　依專利法施行細則第十七條第七款規定,說明書有圖式者,應依圖式之圖號或符號順序列出圖式之主要符號並加以說明。

八、申請專利範圍

　　發明專利的專利權範圍的界定,是以說明書中所記載之申請專利範圍為基準,發明專利的申請人請求保護的發明技術,必須記載於申請專利範圍中,而且申請專利範圍必須能夠被發明說明書所支持,申請專利範圍中所記載的內容是否適當,對於專利權人權利之保護及相對於公眾利用上之限制影響甚鉅。有關專利說明書的申請專利範圍,將會在本書的 5-3 節中予以詳細說明。

九、圖式

　　圖式之目的是用來補充說明書中文字部分的不足,以使得該發明所屬技術領域中具有通常知識者,在閱讀說明書時,就能夠依照圖式而直接理解該發明各個技術特徵及其所構成的技術手段。所以,圖式也是用來判斷說明書是否符合可據以實現之要件之一,在解釋請求項時,視需要得審酌說明書及圖式。

　　對於專利說明書中所用的圖式,專利法施行細則第二十三條規定:發明之圖式應參照工程製圖的方法清晰繪製,並且於各圖縮小至三分之二時,仍得清晰分辨圖式中各項細節。在無法參照工程製圖方法以墨線繪製圖式的情況下,如果能夠直接再現並符合圖式所適用之其他規定者,也可以用照片來取代圖式,例如金相圖、電泳圖、細胞組織的染色圖、電腦造影影像圖或動物實驗效果比較圖。

圖式的目的是用來表達發明技術內容之圖形及元件符號，至於其說明文字則應記載於圖式簡單說明欄內，所以，在專利法施行細則第二十三條第二項亦規定：圖式中應註明圖號及符號，並依圖號順序排列，除了必要的註記之外，不得記載其他說明文字。

但是，圖式如果無法讓人清楚的了解其技術內容，專利審查基準中規定可以視需要加入單一的簡要語詞，如水、蒸氣、開、關等，而且在以下情況下，也允許加入必要的註記：

1. 座標圖：得有縱軸、橫軸、線及區域之說明。
2. 流程圖：得有方塊圖的方塊說明及邏輯判斷之記載。
3. 回路圖：得有方塊圖的方塊說明，信號及電源之記載，以及積體電路、電晶體及電阻器等記號。
4. 波形圖：得有波形之說明及波形表示式。
5. 工程圖：得有方塊圖的方塊說明，以及原料及產物之記載。
6. 狀態圖：得有座標軸、線及區域之說明。
7. 向量圖：得有向量及座標軸之說明。
8. 光路圖：得有光的成分、相位差、角度及距離之記載。

在繪製方塊圖時，應於方塊內加註說明文字，或註記方塊之編號，繪製詳細電路圖時，對於慣用元件如電晶體、電容、電阻、場效電晶體、二極體等，得分別以其習用之英文縮寫Tr、C、R、FET、D等符號代之。

在說明書、申請專利範圍與圖式三者中所註明之符號應一致，且記載同一元件時，應以同一符號予以註記。說明書中未註記的符號通常不得出現於圖式。圖式應該依圖號順序排列，並指定最能代表該發明技術特徵之圖式為代表圖。

化學式、數學式或表（Table）等技術內容，如果無法記載於說明書內文時，得加註如式一、表一等編號說明，記載於說明書之最後部分。若上述技術內容無法記載於說明書時，應註明如圖一、圖二等圖號，記載於圖式中。

在本小節的最後，要特別提醒撰寫說明書時的一些注意事項。說明書必須明確、易懂、不矛盾，原則上應該要使用該發明所屬技術領域中，習知或通用的技術用語，避免使用艱深不必要的技術用語。對於新創或非屬該技術領域之人所知悉的技術用語，應該要自行明確的予以定義，經認定其並無其他等同之意義時，始得認

可該用語。如果技術用語本身在其技術領域中已有其基本意義，則不得用來表達其基本意義之外的不同意義，以免造成混淆。

專利法施行細則第三條規定：說明書應用中文記載，在不會產生混淆的情況下，對於該發明所屬技術領域中具有通常知識者所熟知之特殊技術名詞，如CPU、PVC、Fe、RC結構等，得使用中文以外之技術用語。專利法施行細則第三條第一項同時也規定：技術用語之譯名經國家教育研究院編譯者，應以該譯名為原則，否則應附註外文原名。

在說明書中如要使用數學式、化學式或化學方程式，必須使用一般所使用的符號及表示方式。說明書中之用語、符號或中文譯名應使用該發明所屬技術領域中所通用者，並且在整份說明書中應前後一致。說明書中的計量單位應參照度量衡法，使用國家法定度量衡單位或國際單位制計量單位，必要時得使用該領域中所習知的其他計量單位。

5-2-2 新型專利說明書

在新型專利改採形式審查後，經濟部智慧財產局對於新型專利申請案之審查，只根據新型專利說明書的內容來判斷是否滿足形式審查要件，而不再耗費大量的時間進行前案檢索，也不實體審查是否滿足專利要件。但是，新型專利的申請案在進行形式審查之前，仍然必須先進行程序審查，審查申請專利之文件是否齊備以及呈現之書表格式是否符合法定程式。

新型專利的申請案在進行形式審查時，是根據新型專利說明書來判斷是否滿足其形式要件，新型專利說明書應記載的事項，依專利法第一百二十條規定準用專利法第二十六條規定，專利法施行細則第四十五條亦規定準用第十七條規定，本小節不贅述，請讀者參考前一小節說明。

5-2-3 設計專利說明書

設計專利是指對物品之全部或部分形狀、花紋、色彩或其結合，透過視覺訴求之創作。專利法第一百三十六條第二項規定：設計專利的專利權範圍，以圖式為準，並得審酌創作說明，專利法第一百二十六條第一項規定：說明書與圖式應明確

且充分揭露，使該設計所屬技藝領域中具有通常知識者，能瞭解其內容，並可據以實現。以下就設計專利說明書的撰寫重點做一說明。

一、設計名稱

　　申請專利之設計不能脫離其所應用之物品，單獨以形狀、花紋、色彩或其結合為專利標的。因此，專利法第一百二十九條第三項規定：申請設計專利，應指定所施予之物品。也就是說，要在設計名稱中指定所施予之物品。

　　設計名稱既然是用來界定設計所應用之物品，就應該要能明確、簡要的指定所施予之物品，且不得冠以無關之文字，設計名稱原則上應依國際工業設計分類（International Classification for Industrial Designs）第三階所列之物品名稱擇一指定，或以一般公知或業界慣用之名稱指定之。

　　設計專利的標的如果是物品之組件，為使設計名稱所指定的物品與申請專利之設計的實質內容一致，並使人瞭解其具體用途，其應載明為何物品之何組件。例如打火機之防風罩，其名稱應指定為打火機之防風罩，如果只定為防風罩，則有可能被認為是熱水器的防風罩。

　　由於申請設計專利，應就每一設計提出申請，因此，設計專利的名稱不得指定一個以上之物品，例如：汽車及汽車玩具、鋼筆與原子筆…等，均違反一設計一申請原則。

二、物品用途

　　物品用途係用來輔助說明設計專利所要施予物品之使用、功能等敘述，使該設計所屬技藝領域中具有通常知識者能瞭解其內容，並可據以實現。尤其是對於新開發的設計或設計為其他物品之組件者，應特予說明之。

　　若該物品用途已於設計名稱或圖式表達清楚者，得不記載；惟申請人省略撰寫，若專利專責機關經濟部智慧財產局認為設計名稱或圖式未能清楚表達該設計所應用之物品的用途時，將依職權限期通知申請人修正。

三、設計說明

　　設計說明是用來輔助說明設計之形狀、花紋、色彩或其結合等敘述，包括新穎特徵，及與圖式所揭露之設計有關的情事，使該設計所屬技藝領域中具有通常知識者能瞭解其內容，並可據以實現。

專利法施行細則第五十一條第三項中規定：若圖式所揭露之設計有下列情事之一者，應於設計說明欄敘明之。

（一）不主張設計部分

專利法施行細則第五十三條第五項規定：圖式中主張設計之部分與不主張設計之部分，應以可明確區隔之表示方式呈現。因此，主張設計與不主張設計的部分，應該要以可明確區隔之表示方式呈現，例如實虛線、半透明塡色、灰階塡色、圈選等方式。

其中在圖式揭露的內容中，不主張設計部分之表示方式，依專利法施行細則第五十一條第三項第一款規定應於設計說明中說明。如以虛實線表示者，則可記載爲：圖式所揭露之虛線部分，爲本案不主張設計之部分。

（二）圖像變化順序

如果以具變化外觀之圖像爲標的，申請設計專利，其圖式所揭露之多張視圖，是用來表示具有連續動態變化之圖像設計者，應於設計說明中敘明其變化順序。

（三）省略事項

設計之圖式依專利法施行細則第五十三條第一項規定：應備具足夠之視圖，以充分揭露所主張設計之外觀；設計爲立體者，應包含立體圖；設計爲連續平面者，應包含單元圖。因此，對於具三度空間之立體設計，通常必須備具立體圖及多張其他視圖，以充分揭露申請專利之設計的各個視面，對於各圖間因相同、對稱或其他事由者，依專利法施行細則第五十一條第三項第三款規定：得省略部分視圖，並於圖式說明簡要說明之。

各視圖間因相同或對稱者，因爲可由其中一個視圖直接得知另一視圖之內容，故得省略該視圖，並於設計說明簡要說明之。如一個掛鐘的設計，仰視圖與俯視圖相同，就可以在設計說明中說明：仰視圖與俯視圖相同，故省略仰視圖。

如果申請專利之設計的部分視面爲普通消費者於選購時或使用時不會注意，或某一視面都是平面而不具設計特徵者，該視面之視圖亦得省略之，如掛鐘的背部爲普通消費者選購時或使用時不會注意，其後視圖得省略之，並且應於設計說明中簡要說明之：後視圖爲普通消費者於選購時或使用時不會注意之視面，故省略之。

除了以上專利法施行細則第五十一條第三項中應於設計說明中敘明之事項外，專利法施行細則第五十一條第四項亦規定：以下情事，必要時得於設計說明簡要敘明。

（一）具變化外觀的設計

若申請專利之設計係因材料特性、機能調整或使用狀態而為具變化外觀之設計者，必要時應就圖式中所揭露之變化狀態圖或使用狀態圖做簡要說明。

（二）有輔助圖或參考圖

圖式中如果另外有繪製剖視圖、放大圖…等輔助圖或有參考圖者，必要時應於設計說明簡要說明該圖所欲表示之內容。如掛鐘除了本身的圖示外，另外又畫了一張掛在牆上的圖，就可以記載為：參考圖為本設計裝置於牆面之使用狀態。

（三）成組設計之構成物

以成組設計申請設計專利者，必要時應於設計說明載明各構成物品之名稱。例如一組音響包含了喇叭、播放器，則可記載為：圖式立體圖所揭露之物品包含左喇叭、播放器及右喇叭。

四、圖式

專利法第一百二十六條規定：設計之圖式必須符合可據以實現要件，亦即設計之圖式必須備具足夠之視圖以充分揭露所主張設計之外觀，且各視圖應符合明確之揭露方式，使該設計所屬技藝領域中具有通常知識者能瞭解申請專利之設計的內容，並可據以實現。

至於圖式的揭露方式，專利法施行細則第五十三條第一項規定：設計之圖式，應備具足夠之視圖，以充分揭露所主張設計之外觀。此處所謂的視圖，在專利法施行細則第五十三條第二項中定義為其得為立體圖、六面視圖（前視圖、後視圖、左側視圖、右側視圖、俯視圖、仰視圖）、平面圖、單元圖或其他輔助圖。

而所稱足夠之視圖，係指圖式中所包含之視圖，應該足以充分表現該設計的各個視面，以構成申請專利之設計的整體外觀。所以，設計的標的如果是立體物品，為使該圖式能明確表現該設計之空間立體感，所稱足夠之視圖外尚應包含立體圖，以明確揭露該立體設計。

設計的標的如果是平面,由於其設計特點在於該物品上之平面設計,申請設計專利之圖式得省略立體圖,僅以前、後二視圖呈現;若設計特點僅在於單面者,亦得僅以前視圖或平面圖呈現。

圖式的揭露方式,依專利法施細則第五十三條第三項規定:應參照工程製圖方法,以墨線圖、電腦繪圖或以照片呈現,於各圖縮小至三分之二時,仍得清晰分辨圖式中各項細節。

以墨線圖呈現之視圖,必須以實線具體、寫實地描繪申請專利之設計所呈現之實際形狀及花紋,隱藏在物品內部的假想線,不得繪製於圖式。以電腦繪圖或以照片呈現者,亦必須參照工程製圖方法呈現各視圖,且應符合明確且清晰之解晰程度以表示申請專利之設計的所有細節,該背景應以單色為之,不得混雜非設計申請標的之其他物品或設計。只有在表示設計中不主張設計之部分時,才能用虛線或其他斷線或半透明填色表現。

由於專利法施行細則第五十三條第四項規定設計專利的標的可以具有色彩,因此,申請專利之設計有主張色彩者,圖式應具體呈現其色彩。因為將來解釋申請專利時,係以圖式所揭露之內容為準,因此,如果設計有主張色彩者,圖式必須能具體且明確呈現其所要主張之色彩,以作為日後實施設計專利權之依據。為避免日後實施專利權產生爭議,設計專利申請人最好在申請時,於設計說明中敘明所指定色彩之工業色票的編號或檢附色卡,以輔助明確呈現其所要主張之色彩。

5-3 申請專利範圍

申請專利範圍可以分為:物的請求項及方法請求項,物的請求項包括物質、物品、設備、裝置或系統等,方法請求項則包括製造方法、處理方法、使用方法及物品用於特定用途的方法等。

所以,一個專利申請案的申請專利範圍可以包含物的請求項及方法請求項,配合發明之內容,申請專利範圍應以兩項以上的獨立項分別表示物的請求項及方法

請求項。兩個以上的申請標的屬於同一範疇但不適於記載於單一請求項時，如果該發明標的符合發明單一性且申請專利範圍整體符合簡潔的要求，也可以用兩項以上的獨立項來表示。

5-3-1 請求項

　　申請專利範圍可以分項記載申請人認為是界定申請專利之發明的必要技術特徵，請求項是決定專利申請案在申請時是否符合專利要件、專利獲得後提起舉發或主張專利權等的認定標準。

　　請求項可區分為物的請求項及方法請求項，物的請求項包括物質、組成物、物品、設備、裝置或系統等，方法請求項包括製造方法或處理方法。依記載形式之不同，請求項可以分為獨立項（Independent Claim）及附屬項（Dependent Claim）二種。

一、獨立項

　　專利法施行細則第十八條第二項規定：獨立項應敘明申請專利之標的名稱及申請人所認定之發明之必要技術特徵。技術特徵在物之發明中是指其結構特徵，在方法發明中則為實施之條件及步驟等特徵，必要的技術特徵，則是指申請專利之發明為解決問題所不可或缺的技術特徵。

　　為了使請求項之記載明確、簡潔，避免重複記載相同內容，可以引用排序在前之另一請求項的方式記載獨立項，而此一獨立項雖然具有附屬項之記載形式，但實質上仍然是屬於獨立項，與其他獨立項分屬不同之發明，其技術手段包含所引用之請求項中被引用之技術特徵。

　　申請專利範圍中的獨立項如圖5-1所示，其中申請專利範圍的第一項：一種攜車架，即是該專利的一個獨立項。專利法施行細則第十八條第一項規定：發明之申請專利範圍，得以一項以上之獨立項表示，其項數應配合發明之內容，必要時，得有一項以上的附屬項。同條第二項亦規定：獨立項應敘明申請專利之標的名稱及申請人所認定之發明之必要技術特徵。

【19】中華民國　　　　　　　【12】專利公報　　（B）

【11】證書號數：I398375
【45】公告日：中華民國 102 (2013) 年 06 月 11 日
【51】Int. Cl. :　　　　　**B62H3/08**　　**(2006.01)**

　　　　　　　　　　　　　　　　　　　　　發明　　　全8頁

【54】名　　稱：攜車架
　　　　　　　BICYCLE CARRIER
【21】申請案號：101136341　　　【22】申請日：中華民國 101 (2012) 年 10 月 02 日
【11】公開編號：201304996　　　【43】公開日期：中華民國 102 (2013) 年 02 月 01 日
【72】發明人：林益成 (TW) LIN, YI CHENG
【71】申請人：林益成　　　　　　　　　　　　LIN, YI CHENG
　　　　　　　臺中市豐原區南陽路綠山巷 203 弄 1 號
【56】參考文獻：
　　TW　　I361151　　　　　　　　　　TW　　M303856
　審查人員：徐倉盛

[57]申請專利範圍

獨立項——1.　一種攜車架，包括：一第一架體，包含一第一橫桿與一第一承座，該第一承座之一端連結於該第一橫桿；一第二架體，包含一連結件、一第二橫桿與一第二承座，該連結件設於該第一座之另端，該第二橫桿之一端可轉動地設於該連結件，該第二承座之一端連結於該第二橫桿，該連結件開設一第一導槽與一第二導槽，該第一導槽位於該連結件之頂部，該第二導槽位於該連結件之底部，該第二橫桿開設一第三導槽與一第四導槽，該第三導槽位於該第二橫桿之頂部，該第四導槽位於該第二橫桿之底部；一固定機構，設於該第二架體；其中，該第二橫桿可繞一軸線帶動該第二承座相對該連結件擺動於一第一位置與一第二位置之間；其中，該固定機構遠離該連結件與該第二橫桿之接縫時，該第二橫桿可繞該軸線帶動該第二承座相對該連結件擺動於第一位置與第二位置之間，該固定機構位於該連結件與該第二橫桿之接縫時，該第二承座固定於第一位置或第二位置，該第二承座位於第一位置時，該第一、第二承座分別位於該第二橫桿之相反側，該第二承座位於第二位置時，該第一、第二承座一同位於該第二橫桿之同一側；其中，該固定機構包含一第一迫緊件，該第一迫緊件滑設於該第一導槽、第二導槽、第三導槽與第四導槽其中一者，該第二承座固定於第一位置或第二位置時，該第一迫緊件跨設於該連結件與該第二橫桿之接縫上。

　　2.　如請求項 1 所述之攜車架，其中該固定機構包含一第二迫緊件，該第二迫緊件係一鏤空矩形塊，該第二迫緊件是包覆在連結件或第二橫桿之一部分，且該第二迫緊件可沿著連結件或第二橫桿之延伸方向自由滑移。

　　3.　如請求項 1 所述之攜車架，其中該固定機構包含一第二迫緊件，該第二迫緊件係一長方形塊體，該第二承座固定於第一位置時，該第二迫緊件跨設於該連結件之頂部與該第二橫桿之頂部的接縫上，該第二承座固定於第二位置時，該第二迫緊件跨設於該連結件之底部與該第二橫桿之底部的接縫上。

獨立項——4.　如請求項 2 或 3 所述之攜車架，其中該固定機構包含一鎖固件，該鎖固件依序穿設該第二迫緊件與該第一迫緊件，並將該第一、第二迫緊件迫緊於該連結件與該第二橫桿之接縫上。

　　5.　如請求項 1 所述之攜車架，其中該固定機構包含一鎖固件，該鎖固件穿設該第一迫緊件，並將該第一迫緊件迫緊於該連結件與該第二橫桿之接縫上。

- 1115 -

圖5-1　申請專利範圍之請求項

　　為使一般民眾能夠瞭解獨立項，並明確、簡潔的區分申請專利之標的與先前技術共有之必要技術特徵，及有別於先前技術之必要技術特徵，在專利法施行細則第二十條中規定：獨立項可以用二段式之形式撰寫。

如果申請專利範圍的獨立項是以二段式（Two-Part Form）的形式撰寫時，需包含前言部分及特徵部分。前言部分包含了申請專利之標的名稱及與先前技術共有之必要技術特徵，申請專利之標的係指與發明有關的裝置、組成物、方法等之名稱，且必須屬於發明說明中所記載發明所屬的技術領域。例如：申請專利標的如果是「形成多晶矽層之方法」，則會超出發明所屬之技術領域，如果修改爲「於基板上形成多晶矽層之方法」，則可以較爲明確的說明發明的技術領域。

獨立項的特徵部分，只須記載與申請專利之標的密切相關的共有部分。因此，在專利法施行細則第二十條規定：應以「其特徵在於」、「其改良在於」或其他類似用語，敘明有別於先前技術之必要技術特徵。

前言部分應包含申請專利之標的名稱及與先前技術共有之必要技術特徵，特徵部分則應敘明申請專利之標的與該先前技術不同的必要技術特徵，於解釋申請專利範圍的獨立項時，專利法施行細則第二十條第二項規定：特徵部分應與前言部分所述之技術特徵結合。

二、附屬項

附屬項係依附在前之另一請求項，包含所依附請求項之所有技術特徵，並另外增加技術特徵，進一步限定被依附之請求項。專利法施行細則第十八條第三項規定：附屬項應敘明其所依附之項號，並敘明標的名稱所依附請求項外之技術特徵，其依附之項號並應以阿拉伯數字表示，於解釋附屬項時，應包含所依附請求項之所有技術特徵。由於附屬項包含所依附請求項之所有技術特徵，所以，附屬項也是被依附之請求項的特殊實施方式，其申請專利範圍必然落在被依附之請求項的範圍之內。

每一個獨立項可以被一項以上的附屬項所依附，而附屬項得依附獨立項或附屬項。爲瞭解相關請求項之依附關係，附屬項無論是直接或間接依附，都要儘量以最適當的方式群集在一起，排列在所依附之獨立項之後，另一獨立項之前。

附屬項之記載應包含依附部分及限定部分，依附部分應敘明所依附之請求項之項號，並應重述被依附之請求項之標的名稱，如圖5-1中第2項所述：如請求項1所述之攜車架……。

附屬項的限定部分可以就被依附之請求項中的技術特徵作進一步的限定，若請求項爲二段式記載之獨立項時，附屬項不僅可以限定該獨立項的特徵部分，亦可以限定該獨立項的前言部分。

　　附屬項除可單獨的依附於某一獨立項或附屬項，也可以依附於二項以上的附屬項，所以，專利法施行細則第十八條第四項規定：依附於二項以上之附屬項為多項附屬項，應以選擇式為之。

　　多項附屬項中所載之被依附的獨立項或附屬項項號之間應以「或」或其他與「或」同義的擇一形式用語表現，同條第五項也規定：附屬項僅得依附在前之獨立項或附屬項。但多項附屬項間不得直接或間接依附。如圖5-1中第4項即是依附於第2項或第3項。

　　對於多項附屬項可以參考以下案例說明，某專利的申請專利範圍如下：

1. 一種空調裝置，包含有風向調節機構及風量調節機構……。
2. 如請求項1之空調裝置，其中之風向調節機構係……。
3. 如請求項1或2之空調裝置，其中之風量調節機構係……。

　　其中第一項很清楚的是獨立項，第二項是以單項附屬方式記載之附屬項，第三項則是以多項附屬方式記載之附屬項，它符合專利法施行細則第十八條所規定，其所依附的第一項是一個獨立項、第二項是一個附屬項，而且是選擇式的依附在第一項或第二項。

　　以上對於說明書中申請專利範圍請求項之獨立項與附屬項做了一個簡單的介紹，接著要說明在撰寫請求項時要注意的事。由於請求項之保護範圍是由請求項中所記載之所有技術特徵所界定，為了能清楚的界定請求項的保護範圍，在專利法施行細則第十八條第六項規定：獨立項或附屬項之文字敘述，應以單句為之，也就是說，請求項中的文字敘述只能在句尾使用句點。如果發明的技術特徵繁多，或者其內容及相互關係複雜，即使是以標點符號仍難以將其關係敘明時，得於請求項中分段敘述。

　　發明專利之申請專利範圍，依專利法施行細則第十八條第一項規定：得以一項以上之獨立項表示，且其項數應配合發明之內容，必要時，得有一項以上之附屬項。如果申請專利範圍中有兩項以上的請求項時，每一請求項應換行記載，且應依序以阿拉伯數字編號排列。

5-3-2 連接詞

連接詞（Transition）用來連結請求項的前言（Preamble）部分與本體（Body）部分，分為開放式（Open Ended）、封閉式（Closed Ended）、半開放式。

一、開放式

開放式連接詞係表示包含請求項中所敘述的元件、成分或步驟之組合中，但是並不排除請求項中未記載的元件、成分或步驟，它的含意是「至少包含……」。常用的開放式連接詞有「包含」、「包括」（Comprising、Containing、Including）等。

> 一種空調裝置，包含風向調節機構及風量調節機構。

這個請求項就是使用開放式連接詞，請求項中的前言是「一種空調裝置」，本體是「風向調節機構及風量調節機構」，二者之間透過一個開放式連接詞「包含」來連接。由於它是用開放式連接詞連接，所以在其權利範圍不排除未列在請求項中的「溫度控制機構」。

二、封閉式

封閉式連接詞係用以表示在請求項中所敘述的元件、成分或步驟，而且僅包含請求項中所記載之元件、成分或步驟，未敘述之元件、成分或步驟將不包含在請求項中，它的含意是「其組成元素為……」。如果被依附之請求項使用封閉式連接詞，則其附屬項不得外加元件、成分或步驟，常用的封閉式連接詞有「由……組成」（Consisting of、Constituting、Composed of）等。

再以前面的空調裝置為例，如果請求項寫成：「一種空調裝置，由風向調節機構及風量調節機構組成」，它的前言依舊是「一種空調裝置」，本體也是「風向調節機構及風量調節機構」，二者之間則是透過一個封閉式連接詞「由……組成」來連接，由於它是封閉式連接詞，所以沒有列在請求項中的「溫度控制機構」，就不在它的權利範圍內。

三、半開放式

半開放式連接詞介於開放式與封閉式之間,用來表示在請求項中之元件、成分或步驟,不排除說明書中有記載而實質上不會影響請求項中所記載的元件、成分或步驟,其含意為「主要的組成元素為……」。常用的半開放式連接詞有「基本上(或主要、實質上)由……組成」(Consisting Essentially of、Consist Essentially of)等。

如果請求項以半開放式連接詞撰寫,在認定上不排除說明書中已記載而實質上不會影響申請專利發明主要技術特徵的元件、成分或步驟。

> 一種主要由成分A組成之物。

說明書中如果載明其申請專利之發明得包含任何已知之添加物,且並無證據顯示該添加物在添加後,實質上會影響申請專利之發明的主要技術特徵時,則解釋上不排除該添加物亦為請求項之成分。

5-3-3 申請專利範圍類型

專利的權利範圍是在申請專利範圍中所界定,但是,在不同領域中的技術特色不同,他所需要用來描述其技術特徵的方式也有所不同,一般常用來描述申請專利範圍中請求項的類型有馬庫西式請求項(Markush Type Claim)及吉普生式請求項(Jepson Type Claim)。

一、馬庫西式請求項

匈牙利化學家Eugene A. Markush於1923年提出一個與染料有關的專利申請案,其中申請專利範圍請求項第一項為:苯胺的重氮化溶液或同系物或鹵素替代物(Diazotized Solution of Aniline or Its Homologues or Halogen Substitutes),但該專利申請案遭核駁。

後來改為:選自於苯胺、苯胺的同系物以及苯胺的鹵素替代物所組成之群組之材料(Material Selected From the Group Consisting of Aniline, Homologues of Aniline and Halogen Substitution Products of Aniline),審查委員仍未同意,經過訴

願後，美國專利商標局終於核准專利，而他的請求項表達方式：「選自於由……組成的群組」（Selected From the Group Consisting of），遂被稱為馬庫西式的請求項。

馬庫西式請求項是一種常見的申請專利範圍撰寫形式，較常應用於生物科技、醫學、化學、冶金學、耐火材料…等技術領域，它是用來將屬於同一群組的許多成分，包含在同一個申請專利範圍的請求項中。馬庫西式的請求項一般表示法為「本發明包括X、Y、Z，其中X係選自A、B及C所組成的元素」。

在撰寫馬庫西式請求項的申請專利範圍時，應該注意以下幾點：

1. 在馬庫西式的請求項中，需要使用封閉式連接詞，如「由……組成」，不宜採用開放式連接詞。

2. 在馬庫西式請求項的最後一個組成前的連接詞應該用「以及」（and），不宜使用「或」（or）。

3. 有二個以上的選擇項目要記載於單一請求項時，可以用馬庫西式的請求項，也可以用擇一形式撰寫。

> **例**
> 某一物X由A、B、C、D所組成，其表示法可以用馬庫西式的請求項表示為：「其中X係選自於由A、B、C以及D所組成」（Wherein A Selected From the Group of A, B, C and D），也可以用擇一形式撰寫為：「其中X係A、B、C或D」（Wherein X is A, B, C or D）。

馬庫西式的請求項在美國通常用於化學領域的專利中，其實，馬庫西式的請求項也可以用在其他非化學領域的專利中，只要是單一請求項涉及複數選擇式組成，都可以採用馬庫西式的請求項。

> **例**
> 一種金屬物可以是鋁銅合金、鋁錳合金或者鋁矽合金的任何組合，但不包括其他合金，此時如果用上位概念的鋁合金來申請，將申請專利範圍寫成：一金屬物，其係由一鋁合金所組成……，可能會因為請求項的範圍太廣，致使專利申請案會因為缺乏新穎性或進步性而被核駁。

原來的申請專利範圍，如果改以馬庫西式的請求項予以改寫成：一金屬物，其係選自於由鋁銅合金、鋁錳合金以及鋁矽合金所組成，則其申請專利範圍僅限縮在鋁銅合金、鋁錳合金以及鋁矽合金之組合，而不包括其他的鋁合金。

二、吉普生式請求項

吉普生式的請求項的寫法，是在申請專利範圍的前言部分描述一個已知的裝置或製程的所有要件或部分要件，前言部分寫完之後，所接的連接詞通常有二種寫法，一種寫法是「其特徵為……」，另一種寫法則是「其改良部分為……」，最後在申請專利範圍的本體部分，則要說明其改良技術之所在。

以下面的申請專利範圍片斷為例：

> **例**
>
> 一種具電腦環境散熱的電源供應器，其主要係在電源供應器內設有一溫度偵測元件、溫度調整鈕、一組對稱散熱風扇、一鼓風扇及備用電源，其特徵為該鼓風扇可將電腦主機環境內之熱源有效排除。

這一段申請專利範圍是一個吉普生式的請求項寫法，其前言部分為：一種具電腦環境散熱電源供應器，其主要係在電源供應器內設有一溫度偵測元件、溫度調整鈕、一組對稱散熱風扇、一鼓風扇及備用電源。主要在敘述該散熱器的組成，連接詞為：其特徵為。申請專利範圍請求的主體部分為：該鼓風扇可將電腦主機環境內之熱源有效排除，即說明了本專利的技術為：能有效的排除電腦主機環境內的熱源。

5-4 專利公報

專利公報是各國專利主管機關正式公告的專利文獻，在專利公報中除了會揭露該專利的技術內容外，也包括了受保護的權利範圍，更重要的是在專利公報中的書目資料，它是我們在進行專利檢索及專利的管理面分析時的一個重要的資訊。

在本節中將會先介紹專利公報的書目資料，再分別介紹我國、美國及歐洲的專利公報。

5-4-1 專利公報的書目資料

因為各國的語言不同，而專利又是屬地主義，為了讓不同國家的發明人能夠很容易的閱讀各國的專利公報，專利資訊檢索國際合作委員會（Committee for International Cooperation in Information Retrieval Among Examining Patent Offices, ICIRPEPAT），特別訂定「專利書目識別代碼」（Internationally Agreed Numbers for the Identification of Bibliographic Data, INID）。

專利書目識別代碼是以二位數的阿拉伯數字組成的一組數字，做為辨識書目資料目的代碼，它是以十進位的方式來表示，以10、20、30…等為主類，以下再分為1x、2x、3x…等次類，為了便於後續的分析，以下對專利書目識別代碼分別做一說明。

[10]文件識別（Identification of the patent）

文件識別是用來讓專利權人或其授權人表示該產品已獲保護的標誌，一般會將專利的文件識別標示在商品或包裝上，以提醒他人不可侵害其權利。

[11]文件號碼（Number of the patent）

在我國、歐洲及日本的專利公報中，文件號碼所標示的都是專利的公告號碼，但是，在美國的專利公報中，專利的公告號碼則是放在文件識別欄中。

[12]文件類別（Plain language designation of the kind of document）

文件類別所標示的是該份文件的名稱，在我國的專利公報中，不論是發明專利、新型專利或設計專利，文件類別欄所標示的均為專利公報。在日本的專利公報中，發明專利的文件類別是特許公報，新型專利的文件類別為實用新案公報，設計專利則為意匠公報。

美國的專利類型分為發明專利（Utility Patent）、設計專利（Design Patent）及植物專利（Plant Patent），在專利公報中的文件類別表示方式也不同，發明專利的文件類別是United States Patent，設計專利的文件類別為United States Design Patent，植物專利則為United States Plant Patent。

[13]文件種類代碼（Kind-of-document code according to WIPO Standard ST.16）

[15]專利修正資訊（Patent correction information）

[19]文件發行單位（WIPO Standard ST.3 code, or other identification, of the office or organization publishing the document）

[20]專利申請登記項目（Data concerning the application for a patent）

[21]申請號（Number（s）assigned to the application（s））

[22]申請日（Date（s）of filing the application（s））

[23]其他日期（Other date（s）, including date of filing complete specification following provisional specification and date of exhibition）

[24]工業產權生效日（Date from which industrial property rights may have effect）

[25]申請案最初提出時使用的語文（Language in which the published application was originally filed）

[26]最初申請案的語文（Language in which the application is published）

[30]國際優先權（Data relating to priority under the Paris Convention）

[31]優先權申請號（Number（s）assigned to priority application（s））

[32]優先權申請日（Date（s）of filing of priority application（s））

[33]優先權申請國家（WIPO Standard ST.3 code identifying the national industrial property office allotting the priority application number or the organization allotting the regional priority application number; for international applications filed under the PCT, the code "WO" is to be used）

[34]優先權申請日（For priority filings under regional or international arrangements, the WIPO Standard ST.3 code identifying at least one country party to the Paris Convention for which the regional or international application was made）

[40]公開日期（Date（s）of making available to the public）

[41]未經審查尚未獲准專利的說明書提供公眾閱覽或複印的日期（Date of making available to the public by viewing, or copying on request, an unexamined patent document, on which no grant has taken place on or before the said date）

[42]經審查但尚未獲准專利的說明書提供公眾閱覽或複印的日期（Date of making available to the public by viewing, or copying on request, an examined patent document,on which no grant has taken place on or before the said date）

[43]未經審查之公開日（Date of making available to the public by printing or similar process of an unexamined patent document,on which no grant has taken place on or before the said date）

[44]經審查但未獲專利權之出版日期（Date of making available to the public by printing or similar process of an examined patent document, on which no grant or only a provisional grant has taken place on or before the said date）

[45]公告日期（Date of making available to the public by printing or similar process of a patent document on which grant has taken place on or before the said date）

[46]僅有申請專利範圍的出版日期（Date of making available to the public the claim（s）only of a patent document）

[47]獲准專利說明書提供公眾閱覽或複製的日期（Date of making available to the public by viewing, or copying on request, a patent document on which grant has taken place on or before the said date）

[50]技術資料（Technical information）

[51]國際專利分類號（International Patent Classification or, in the case of a design patent, as referred to in subparagraph 4（c）of this Recommendation, International Classification for Industrial Designs）

[52]美國專利分類號（Domestic or national classification）

[54]發明名稱（Title of the invention）

[56]先前技術文件（List of prior art documents, if separate from descriptive text）

[57]摘要或申請專利範圍（Abstract or claim）

[58]檢索範圍（Field of search）

[60]與申請專利有關法律文件（References to other legally or procedurally related domestic or previously domestic patent documents including unpublished applications therefore）

[61]追加關係（Number and, if possible, filing date of the earlier application, or number of the earlier publication, or number of earlier granted patent, inventor's certificate, utility model or the like to which the present patent document is an addition）

[62]分割關係（Number and, if possible, filing date of the earlier application from which the present patent document has been divided up）

[63]延續關係（Number and filing date of the earlier application of which the present patent document is a continuation）

[64]再發行關係（Number of the earlier publication which is "reissued"）

[65]同一申請案先前公開於其他國家文件（Number of a previously published patent document concerning the same application）

[66]取代關係（Number and filing date of the earlier application of which the present patent document is a substitute, i.e., a later application filed after the abandonment of an earlier application for the same invention）

[70]人事項目（Identification of parties concerned with the patent or SPC）

[71]專利權人（Name（s）of applicant（s））

[72]發明人（Name（s）of inventor（s）if known to be such）

[73]受讓人（Name（s）of grantee（s）, holder（s）, assignee（s）or owner（s））

[74]代理人（Name（s）of attorney（s）or agent（s））

[75]發明人即專利權人（Name（s）of inventor（s）who is（are）also applicant（s））

[76]發明人即專利權人及受讓人（Name（s）of inventor（s）who is（are）also applicant（s）and grantee（s））

[80]有關國際條約之資料識別（Identification of data related to International Conventions other than the Paris Convention, and to legislation with respect to SPCs）

[81]國際申請的指定國（Designated State（s）according to the PCT）

[82]國際申請的選擇國

[83]微生物寄存資料（Information concerning the deposit of microorganisms）

[84]專利指定國（Designated Contracting States under regional patent conventions）

[85]符合PCT第23-1條或第40-1條規定開始國內程序的日期（Date of commencement of the national phase pursuant to PCT Article 23（1） or 40（1））

[86]國際申請相關資料（Filing data of the PCT international application）

[87]國際申請公開資料（Publication data of the PCT international application）

[88]檢索報告延遲公布的日期（Date of deferred publication of the search report）

[89]發明人證書

5-4-2 中華民國專利公報

一、發明專利公報

　　中華民國發明專利公報如圖5-2所示，其首頁（Homepage）的資訊即依專利識別書目代碼撰寫，最上面的欄位是書目資料的[12]及[19]欄，第[12]欄為文件種類，這裏指的是「專利公報」，第[19]欄為文件發行單位，文件發行單位係依照WIPO的標準，標示公報的發行國家，在圖5-2中的專利公報為我國的專利公報，因此，其所標示的發行國家為中華民國。書目資料中的[19]欄在我國舊的專利公報上是與[12]欄同時標示，在新的專利公報上，已將[19]與[12]欄分開表示。

　　[11]欄在專利書目識別代碼中為文件號碼，在舊的專利公報上為公告編號，係用流水號來表示，在前次的專利法修正以後，本欄已改為證書號數，自2004年8月1日起註冊公告的發明專利，不再以流水號來表示，其證書號數之前都加一個英文字母「I」，且其編號不再延續以前的流水號，而是從I220001開始編號。[45]欄則為專利的公告日。

　　[51]欄為國際專利分類號，國際專利分類號係依據1971年史德拉斯堡國際專利協定（Strasbourg Agreement Concerning the International Patent Classification）所制訂，由世界智慧財產權組織負責出版，每五年修訂一次，目前使用的是於2006年生效的第八版，分為部（Section）、次部（Subsection）、類（Class）、次類（Subclass）、目（Group）及次目（Subgroup），讀者若需查詢其內容可至經濟部智慧財產局網站（http://www.tipo.gov.tw/sp.asp?xdurl=mp/lpipcFull.asp&ctNode=7231&mp=1）。

【19】中華民國　　　　　　　【12】專利公報　　（B）

【11】證書號數：I398821
【45】公告日：中華民國 102 (2013) 年 06 月 11 日
【51】Int. Cl.：　　　　　　*G06Q30/02*　*(2012.01)*　　　　*G06F17/30*　*(2006.01)*

　　　　　　　　　　　　　　　　　　　　　　發明　　　　全 7 頁

【54】名　　　稱：資訊提供裝置、資訊提供方法、資訊提供程式及記憶其程式之電腦可讀取
　　　　　　　　之記錄媒體
【21】申請案號：101106587　　　　　【22】申請日：中華民國 101 (2012) 年 02 月 29 日
【11】公開編號：201305945　　　　　【43】公開日期：中華民國 102 (2013) 年 02 月 01 日
【30】優先權：2011/07/29　　　　日本　　　　　　　　2011-167309
【72】發明人：片桐陽子 (JP) KATAGIRI, YOKO
【71】申請人：樂天股份有限公司　　　　　　　　RAKUTEN, INC.
　　　　　　　日本
【74】代理人：陳長文
【56】參考文獻：
　　　TW　　201028947A　　　　　　　　TW　　201118783A
　　　US　　2004/0153389A1
審查人員：曾耀德

[57]申請專利範圍

1. 一種資訊提供裝置，其包含：特定部，其參照記憶表示用戶已對複數之交易對象進行比
較之比較資訊的比較資訊記憶部、及記憶表示用戶在與其他交易對象進行比較之後訂購
之交易對象之訂購資訊的訂購資訊記憶部，將包含於上述比較資訊中且未包含於與該比
較資訊相對應之上述訂購資訊中的交易對象特定為第 1 交易對象；擷取部，其參照上述
比較資訊記憶部及上述訂購資訊記憶部，擷取已與上述第 1 交易對象進行比較且由用戶
訂購之第 2 交易對象；生成部，其根據自記憶交易對象資訊之交易對象記憶部中讀出之
上述第 2 交易對象之交易對象資訊而生成推薦資訊；及提示部，其向第 1 交易對象之提
供者提示上述推薦資訊。

2. 如請求項 1 之資訊提供裝置，其中上述生成部參照上述比較資訊記憶部而求出上述第 2
交易對象之檢索數，根據該檢索數為特定之閾值以上之第 2 交易對象之交易對象資訊而
生成上述推薦資訊。

3. 如請求項 1 之資訊提供裝置，其中上述生成部參照上述比較資訊記憶部及上述訂購資訊
記憶部而求出上述第 2 交易對象之轉換率，根據該轉換率為特定之閾值以上之第 2 交易
對象之交易對象資訊而生成上述推薦資訊。

4. 如請求項 1 至 3 中任一項之資訊提供裝置，其中上述交對象資訊包含表示交易對象本身
之屬性之固定資訊、與表示該交易對象之附加屬性之附加資訊；上述生成部不使用上述
第 2 交易對象之固定資訊，而是根據該第 2 交易對象之附加資訊生成上述推薦資訊。

5. 如請求項 1 至 3 中任一項之資訊提供裝置，其中上述比較資訊係藉由當在複數之交易對
象之網頁之間發生頁面變換之情形時將該複數之交易對象建立關聯而生成者。

6. 如請求項 1 至 3 中任一項之資訊提供裝置，其中上述比較資訊係藉由將與在特定時間範
圍內顯示特定時間以上之複數之網頁相對應的複數之交易對象建立關聯而生成者。

7. 如請求項 1 至 3 中任一項之資訊提供裝置，其中上述比較資訊係藉由在對於複數之交易
對象產生相同之頁面變換之操作之情形時將該複數之交易對象建立關聯而生成者。

圖5-2　中華民國發明專利公報首頁

國際專利分類的結構如圖5-3所示，「部」是國際專利分類號的主要分類，用來表示發明專利的知識領域，目前將專利的技術分為8個領域，分別以大寫字母A至H表示，8個部的內容分別說明如下：

A 生活必需品

B 處理操作；運輸

C 化學；冶金

D 纖維；紙

E 固定構造物

F 機械工程；照明、加熱；武器；爆破

G 物理學

H 電學

圖5-3　國際專利分類號結構

次部是由各部所包含的資訊性標題所形成，只有名稱而沒有分類記號，如A部生活必需品，其次部包含了：農業、食品；煙草、個人或家用物品、保健；娛樂等。

「部」的下層再分為「類」，其目的是對該領域的發明技術做更明確的定義，它的表示法是在部的記號後，再加上二位數字表示，每一個「類」之下又有一個或多個「次類」，所表示的範圍更接近發明的技術內涵，其表示法係在類的記號之後再加一個大寫的字母。

　　「次類」之下又可分爲多個「目」，以顯示特定範圍的專利技術，又分爲主目與次目，主目定義了檢索目的上有用的技術主題範圍，表示法爲在次類字母後加上1至3位數字、斜線及數字00，如圖5-3中的「17/00」即爲主目的表示法。次目則是在主目之下的細分類，其表示方式係將主目後面的2位數字以非「00」的數字表示，如圖5-3中的「17/60」即爲次目的表示法。

　　次目在斜線之後，視需要可以再至第3、4位，這個第3位數字可以視爲是第2位數字的再細分，第4位數字可以看成是第3位數字的細分，如2/345次目，其技術即介於2/34與2/35之間，2/3456次目的技術領域係介於2/345與2/346之間。

　　次目的名稱是在限定主目的範圍，以利檢索主要技術的範圍，名稱的前面會有一個或多個圓點，來表示該層次的位置，圓點數相同的次目爲同一層，以下面一段H03G國際分類的例子來看：

H03G 放大器之控制

3/00 放大器或變頻器之增益控制

3/02 ・人工控制

3/04 ・・於非調諧放大器內者

3/06 ・・・有電子管者

3/08 ・・・・加入負反饋者

3/10 ・・・有半導體裝置者

3/12 ・・・・加入負反饋

3/14 ・・於選頻放大器內者

3/16 ・・・有電子管者

3/18 ・・・有半導體裝置者

3/20 ・自動控制（與音量壓縮或擴展相結合者見7/00）

3/22 ・・於有電子管之放大器內者

3/24 ・・・依靠環境噪音電平或聲音電平之控制

3/26 ・・・無信號時無音之放大器

3/28 ・・・・於調頻接收機內者

在H03G放大器控制的次類之下，又分為很多個目與次目，3/00放大器或變頻器之增益控制是一個主目，在這個主目之下有很多個次目，次目之間又有不同的階層，以名稱前的圓點來區分，3/02 ・人工控制與3/20・自動控制是同一層。在3/02次目下，又有很多次目，3/04・・於非調諧放大器內者與3/14・・於選頻放大器內者同為二點次目，所以，這二個次目是同一層。

在3/04・・於非調諧放大器內者的次目之下，分為3/06・・・有電子管者與3/10・・・有半導體裝置者二個次目，表示用於非調諧放大器內的技術可以再分為有電子管者跟有半導體裝置者。上面的國際專利分類號如果用結構化的方式表現，層次調整後如下所示：

> **H03G放大器之控制**
>
> 3/00 放大器或變頻器之增益控制
>
>   3/02 ・人工控制
>
>   3/04 ・・於非調諧放大器內者
>
>   3/06 ・・・有電子管者
>
>   3/08 ・・・・加入負反饋者
>
>   3/10 ・・・有半導體裝置者
>
>   3/12 ・・・・加入負反饋
>
>   3/14 ・・於選頻放大器內者
>
>   3/16 ・・・有電子管者
>
>   3/18 ・・・有半導體裝置者
>
>   3/20 ・自動控制（與音量壓縮或擴展相結合者見7/00）
>
>   3/22 ・・於有電子管之放大器內者
>
>   3/24 ・・・依靠環境噪音電平或聲音電平之控制
>
>   3/26 ・・・無信號時無音之放大器
>
>   3/28 ・・・・於調頻接收機內者

水平線上方說明本案為發明專利，水平線下首先見到的是[54]欄發明名稱，接著是[21]欄申請案號及[22]欄申請日期，分別標示該專利申請時的案號及申請的日期。本案因有早期公開，所以會看到[11]欄的公開編號及[43]欄的公開日。本案亦主張優先權，在[30]欄顯示優先權的相關資料，包括優先權案的時間、國家及案號等資訊。

[72]欄為發明人，揭示該專利發明人的中、英文名字，[71]欄為申請人的中、英文名字及其國別。發明人與申請人可能為同一人，表示該發明可能是發明人自己的發明，而不是在公司因職務上所產出。發明人與申請人也可能不是同一人，如圖5-2的I398821號專利，其發明人為公司員工，而申請人為公司，表示這個專利屬於職務上的發明，所以，其專利權屬於公司所有。

[74]欄是代理人，如果申請專利時，由代理人辦理時，就會標示代理人的姓名，如果該專利由發明人自己撰寫送件，就沒有代理人，圖5-2的I398821號專利，是透過專利代理人申請，所以專利公報上會說明其代理人。

[56]欄參考文獻是新增的欄位，所列的是該專利在審查時，審查委員所參考的資料。最後則是專利公報中最重要的：[57]欄申請專利範圍，而目前的專利公報上也會把審查人員的名字打在申請專利範圍之前。

二、新型專利公報

新型專利的專利公報的首頁如圖5-4所示，新的新型專利公報亦將[19]欄與[12]欄分開，[19]欄文件發行單位直接標示為中華民國，[12]欄文件種類則為專利公報。[11]欄的文件號碼亦改為證書號數，自2004年8月1日起新型專利在流水號前面再加一英文字母M，號碼自M240001開始編號。

新型專利公報其編輯格式與發明專利公報一樣，在專利名稱上方的水平線上會標示該專利為新型專利，與發明專利不同的是：[72]欄配合專利法中的定義，改稱新型創作人，[71]欄亦為申請人的中英文名稱，[74]欄為代理人資訊，最後一欄也是專利公報中最重要的：[57]欄申請專利範圍。

【19】中華民國　　　　　【12】專利公報　（U）

【11】證書號數：M454813

【45】公告日：中華民國 102 (2013) 年 06 月 11 日

【51】Int. Cl.：　　　*A47J47/00　(2006.01)*

　　　　　　　　　　　　　　　　　　　　　　　新型　　　全 3 頁

【54】名　　稱：切菜輔助工具
　　　　　　　　AUXILIARY TOOL FOR CUTTING FOOD MATERIAL

【21】申請案號：102200755　　　【22】申請日：中華民國 102 (2013) 年 01 月 11 日

【72】新型創作人：李宗江 (TW) LEE, TSUNG CHIANG；林秀憲 (TW)；劉千瑋 (TW)

【71】申請人：　　健行學校財團法人健行科技大學 CHIEN HSIN UNIVERSITY OF
　　　　　　　　　　　　　　　　　　　　　SCIENCE AND TECHNOLOGY

　　　　　　　　桃園縣中壢市健行路 229 號

【74】代理人：　　翁仁滉

[57]申請專利範圍

1. 一種切菜輔助工具，包含：一底座，上表面具有一長條狀的第一凹槽；一直立支柱，直立於該底座上表面，該直立支柱的底端嵌於該第一凹槽中，並可沿著該第一凹槽的延伸方向左右滑動，其中該直立支柱具有一直向分佈的長條狀開口，貫穿該直立支柱的前、後兩側表面；一橫向支柱，該橫向支柱的前端穿過該直立支柱的該長條狀開口，並可沿著該長條狀開口的延伸方向上下移動而調整該橫向支柱的高度，其中該橫向支柱的下側表面具有一溝槽，可夾嵌一菜刀的刀背；以及一固定銷，用以固定該橫向支柱於該長條狀開口中的位置，並允許該橫向支柱以該固定銷為支點而上下擺動。

2. 如申請專利範圍第 1 項所述的切菜輔助工具，其中該直立支柱的左、右兩側柱面具有複數個由上至下依序分佈的貫穿孔洞，可允許橫向插入該固定銷，而固定該橫向支柱。

3. 如申請專利範圍第 2 項所述的切菜輔助工具，其中該橫向支柱靠近前端的位置具有貫穿的插孔，可允許該固定銷插入，而支撐該橫向支柱。

4. 如申請專利範圍第 1 項所述的切菜輔助工具，其中該橫向支柱的末端具有一向下伸出的套環，可套合於該菜刀的握把。

5. 如申請專利範圍第 1 項所述的切菜輔助工具，其中該底座的前側表面具有一條狀的第二凹槽，可提供一沾板的邊緣嵌入而固定住該沾板。

6. 如申請專利範圍第 1 項所述的切菜輔助工具，其中該底座的前側表面設置了一可伸縮收放的腳架，當該腳架向外張開時，可用以承托一沾板。

7. 如申請專利範圍第 1 項所述的切菜輔助工具，其中該第一凹槽開口的寬度小於底面的寬度。

8. 如申請專利範圍第 7 項所述的切菜輔助工具，其中該直立支柱的底端為一上窄下寬的梯形結構，以防止該直立支柱由該第一凹槽脫離。

圖式簡單說明

　　第一圖顯示了本創作所提供一種切菜輔助工具的側面透視圖；第二圖顯示了本創作所提供切菜輔助工具的元件分解圖；以及第三圖顯示了本創作實際應用所提供切菜輔助工具的情形。

圖5-4　中華民國新型專利公報首頁

三、設計專利

　　設計專利的專利公報的首頁如圖5-5所示，自2004年8月1日新專利法實施後，新式樣（設計）專利的[11]欄文件號碼也改為證書號數，不再依原來統一的流水號編號，在流水號前面加一英文字母D，號碼自D100001開始編。同時在上方的水平線上亦標註該專利的類型為新式樣（設計）專利。新式樣專利名稱改為設計專利後，編碼原則亦繼續使用。

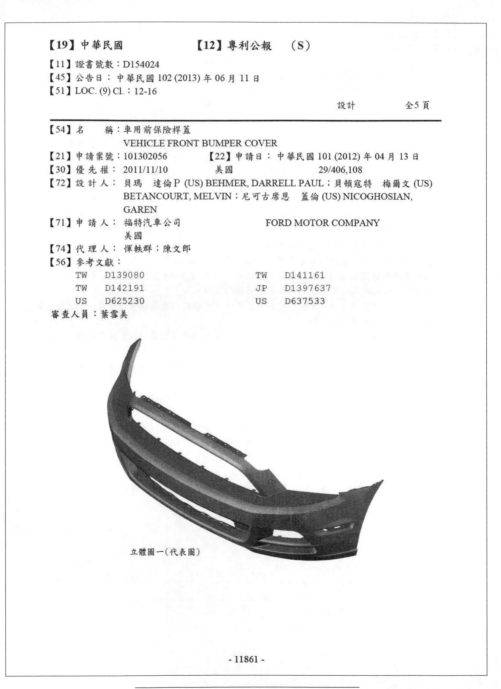

【19】中華民國　　　　　　【12】專利公報　　（S）

【11】證書號數：D154024
【45】公告日：中華民國 102 (2013) 年 06 月 11 日
【51】LOC. (9) Cl.：12-16

設計　　　　　全5頁

【54】名　　稱：車用前保險桿蓋
　　　　　　　VEHICLE FRONT BUMPER COVER
【21】申請案號：101302056　　　　【22】申請日：中華民國 101 (2012) 年 04 月 13 日
【30】優先權：2011/11/10　　　美國　　　　　　　29/406,108
【72】設計人：貝瑪　達倫P (US) BEHMER, DARRELL PAUL；貝頓寇特　梅爾文 (US)
　　　　　　　BETANCOURT, MELVIN；尼可古席恩　蓋倫 (US) NICOGHOSIAN,
　　　　　　　GAREN
【71】申請人：福特汽車公司　　　　　　FORD MOTOR COMPANY
　　　　　　　美國
【74】代理人：惲軼群；陳文郎
【56】參考文獻：
　　　TW　D139080　　　　　TW　D141161
　　　TW　D142191　　　　　JP　D1397637
　　　US　D625230　　　　　US　D637533
審查人員：葉雪美

立體圖一（代表圖）

- 11861 -

圖5-5　中華民國設計專利公報首頁

　　[51]欄的國際專利分類，在設計專利中不予採用，而改用另一個通用於國際工業設計專利的國際工業設計分類（International Classification for Industrial Designs）。它是一個專門以設計為專利類別而編製的分類方式，以簡化工業設計專利申請前的檢索流程、提高專利文獻的流通性。

　　1968巴黎公約的會員國在瑞士羅卡諾（Locarno）召開會議研擬建立一個國際通用的工業設計專利分類法，並於1968年10月8日簽訂羅卡諾協定（Locarno Agreement），隨即在1979年9月28日制訂第一版的國際工業設計分類法，因為是依據羅卡諾協定而制定，又稱為羅卡諾分類法（Locarno Classification, LOC）。目前所使用的版本是第八版，我國雖然尚未加入羅卡諾協定，但自2002年1月1日起，為符合世界潮流以及資料流通，新式樣（設計）專利的分類改採國際工業設計分類法。

　　國際工業分類可以分為類（Class）及次類（Subclass），第一階的類係依據專利標的的用途而分，類號則是一個二位數的阿拉伯數字，為了要湊成兩位數，在數字1到9的前面必須加0，如13類為發電、配電和變電的設備。

　　第二階的次類則是依產品而分，也是以一個二位數的阿拉伯數字來表示，在數字1到9的前面必須加0，以湊成兩位數。在第一階分類與第二階分類中間應用一個破折號來加以分開，如13類為發電、配電和變電的設備，13-03的分類則為配電和控制設備。

　　國際工業設計分類在表示時，第一階分類與第二階分類號碼的前面要標示Class的縮寫「Cl.」，如Cl.13-03。如果有好幾個（第一階或第二階分類）號碼必須被放在一起時，在第一階分類之間要用分號區隔，如Cl. 08-05；11-01，表示該專利的分類分別屬於08-05及11-01二個不同的類中。而第二階分類之間則以逗號區隔，如Cl. 08-05, 08，表示該專利的二個分類都是在08類中，次類則分別在05及08次類中。

　　在表示時，於物品分類號碼前，必須再加上羅卡諾的簡稱「LOC」，並將版本以阿拉伯數字註明在LOC後面的括弧中，如LOC （8） Cl. 23-04。另為配合我國需要，在第三階分類下有「＊」 開頭之分類號，係原國際工業設計分類中未列，而我國新增的項目，同時，如果在中文物品名稱後方有加註「＃」符號者係為原法文序號相同而英文序號不同者，於研究分類時需互相參酌。

設計專利公報其他的內容都與新型專利的專利公報相同，唯一不同的是在設計專利公報中看不到[57]申請專利範圍欄，主要是因爲設計專利所保護的是對物品之全部或部分之形狀、花紋、色彩或其結合，透過視覺訴求之創作，所以其保護的標的著重在圖說而非文字說明，所以在設計專利公報上都是各種角度的圖式說明。

5-4-3 美國專利公報

美國專利分爲Utility Patent、Design Patent及Plant Patent三種，其中Utility Patent相當爲我國的發明及新型專利，Design Patent即爲我國的設計專利，而Plant Patent爲植物專利，目前我國的專利類型並無該類。

一、美國發明專利公告公報

西元2000年以前的美國發明專利的專利公報首頁中，其專利號碼係一流水號。從2001年起，美國專利商標局對專利公報的格式做一修改，新的專利公報首頁如圖5-7所示，除了增加條碼外，其中改變最大的部分是專利號碼的表示方法。修改後的發明專利號碼表示法如圖5-6所示，前面二碼英文爲美國的國家碼，表示這是美國專利，後面接著的七位阿拉伯數字是專利號碼的流水號，最後的二碼是文件代碼，代表該專利的性質，常見的發明專利的文件代碼有三種：A1、B1及B2。

圖5-6　美國發明專利號碼編排方式

文件代碼所表示的是該專利的文件狀態，發明專利的文件代碼B1表示該專利係在申請日起18個月之內就審查完畢並授予的專利。發明專利的文件代碼B2表示該專利係在申請日起18個月後，先經過早期公開程序後，才審查核准並授予的專利。發明專利的文件代碼若爲A1，表示該專利僅提出申請案，專利的申請人尙未提出實質審查的申請，而在申請日起18個月後，依法進行早期公開，早期公開的專利其編號方式與核准的專利在專利號碼的編號方式稍有不同，它是以早期公開的年份加流水號來表示。

US006172609B1

(12) **United States Patent**

Lu et al.

(10) **Patent No.:** **US 6,172,609 B1**

(45) **Date of Patent:** **Jan. 9, 2001**

(54) **READER FOR RFID SYSTEM**

(75) Inventors: **Guiyang Lu**, Upland; **Michael F. Cruz**, Corona; **Peter Troesch**, Norco, all of CA (US)

(73) Assignee: **Avid Identification Systems, Inc.**, Norco, CA (US)

(*) Notice: Under 35 U.S.C. 154(b), the term of this patent shall be extended for 0 days.

(21) Appl. No.: **09/423,761**

(22) PCT Filed: **May 14, 1998**

(86) PCT No.: **PCT/US98/10136**

§ 371 Date: **Feb. 14, 2000**

§ 102(e) Date: **Feb. 14, 2000**

(87) PCT Pub. No.: **WO98/52168**

PCT Pub. Date: **Nov. 19, 1998**

Related U.S. Application Data

(60) Provisional application No. 60/046,419, filed on May 14, 1997.

(51) Int. Cl.^{7} **G08B 13/14**

(52) U.S. Cl. **340/572.4**; 340/825.34; 340/825.63

(58) Field of Search 340/572.4, 10.1, 340/825.63, 825.34

(56) **References Cited**

U.S. PATENT DOCUMENTS

5,451,958   9/1995 Schuermann 342/42

Primary Examiner—Thomas Mullen

(74) *Attorney, Agent, or Firm*—David B. Abel, Esq.; Squire, Sanders & Dempsey L.L.P.

(57) **ABSTRACT**

A reader (**10**) capable of efficiently reading tags (**12**) of differing protocols in a radio frequency identification system. The tag may be either a full-duplex tag or a half-duplex tag. The reader includes a display (**16**), a power switch (**18**) and a read switch (**20**) for enabling operation of the reader by a user. The reader further includes a coil (**60**); a driver circuit (**32**) coupled to the coil; and a signal analyzing circuit (**82, 84, 90**) coupled to the coil. The signal analyzing circuit analyzes tag identification signals sensed by the coil by detecting an initial data sequence of the tag identification signals and selecting from at least two different protocols the correct protocol of the tag identification signal.

21 Claims, 3 Drawing Sheets

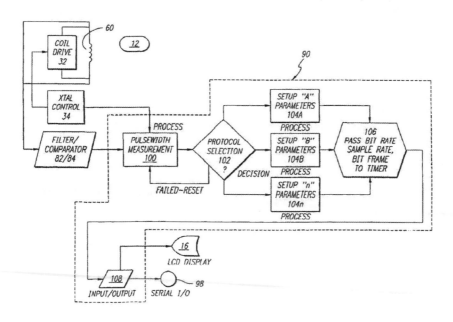

圖5-7　美國發明專利公報首頁

發明專利公報中的資訊，除專利號碼外，還有其他資訊，圖5-7中，在專利號碼下的[45]欄位是專利的公告日期，[54]欄是專利的名稱，其下依序是[75]欄發明人、[73]欄專利權人，[21]欄是該專利在美國的申請號。

[22]欄在專利書目識別代碼中的定義是申請日，但是，在圖5-7中的US6,172,609B1號專利中，[22]欄的資料所示的是PCT Filed，表示該專利曾經在PCT申請過專利，而該欄的時間即是在PCT申請專利的時間，而非在美國申請專利的時間。

由於專利權係採屬地主義，專利的申請人必須到各地去申請專利，才能使其技術獲得保護，而到各地去申請專利對發明人而言是一件勞民傷財的事，一個不小心就可能錯過了專利的優先權日而失去新穎性。

為了方便專利權人申請專利，讓申請人在一個國家申請專利，12個月之內再決定是不是要到其他國家申請，而不用担心申請日的問題。於是有了專利合作條約（Patent Cooperation Treaty, PCT）的國際合作協議出現，凡是PCT會員國內的專利申請人只要在其國內提出專利申請，在申請日起12個月之內都可以到其他會員國內提出申請。希望透過這樣的機制使申請人先不需要急著到各地去申請專利，可以好好的經過思考及規劃後，再根據布局決定要到那些國家去申請專利，而與PCT相關的資訊就記錄在專利書目識別代碼中主類為[80]的各個次類中。

PCT的相關資料並不是每個專利都會有，必須是有申請過PCT的專利才有，如圖5-7中的US6,172,609B1號專利，就在其專利公報的[86]及[87]欄分別標示在PCT申請的號碼及日期、在PCT公開的號碼及日期。

在專利的申請日及PCT資料之後，則是一些關於在美國申請時的資料，通常在[60]主類下會把與該專利申請有關的法律文件放在這裏，如圖5-7中的US6,172,609B1號專利，就在[60]欄中說明該專利曾經在1997年5月14日時，有一個臨時的申請號。

在美國專利公報上除了有[51]國際專利分類外，美國還有它自己的專利分類方式，在[52]欄中表示，這個部分是其他國家的專利公報上所沒有的。美國專利分類表（United States Patent Classification，UPC）係於1831年所制定，共分為化學（Chemical）、電機（Electrical）及機械（Mechanical）等三個部（Section）、450個類（Class）、約150,000個次類（Subclass）。

　　美國專利分類較國際專利分類詳細，而且會配合技術的發展隨時修增分類，不像國際專利分類固定 5 年修增一次，予人緩不濟急之憾。美國專利分類是以類與次類二個層次編排，第一層是類，以一組1至3位數的阿拉伯數字表示，並在前面都有標題以說明其主題，而且每一類都有定義說明，以說明其主題範圍。

　　次類則是對針對該類的主題範圍再加以細分，也是以數字表示，但是與類的數字之間以一條斜線做爲分隔，由於美國專利分類資料非常多，因此在美國的專利商標局（United States Patent and Trademark Office, USPTO）的網站，建置了查詢的網頁，可以很快的查到每一個類或次類所代表的意義，讀者若有需要可至該局網站：http://www.uspto.gov/web/patents/classification/uspcindex/indextouspc.htm查詢。專利分類的目的在使檢索的人可以很快而且正確的找到所要的技術，除了國際專利分類及美國專利分類之外，還有很多的國家、組織甚至民間公司都提供不同的分類方式，以供使用者檢索之用，讀者可以視需要使用。

　　在這一大項中的最後一項則是[58]欄檢索範圍，在這一欄中所列的都是美國專利分類，它所表示的訊息是指美國專利商標局的審查委員，審查該專利申請案時，審查委員在檢索先前技術時，所檢索資料的範圍，這個欄位只有在美國的專利公報上才有，我國的專利公報上沒有。

　　接著出現的是[56]欄先前技術文件明細，這一欄中所列舉的是專利申請人所提出的先前技術及由審查委員審查時所檢索的先前技術，如圖5-7中的US6,172,609B1號專利，其申請人在專利申請時所列舉的先前技術，只有一件專利公告號爲5,451,958的專利。

　　在先前技術文件名稱後，如果註記一個「*」號，表示該份文件係由審查委員所檢索出來的，沒有註記「*」號的先前技術，則表示該份文件是由專利申請人在申請時自己檢索的。由前面的說明可以看出：US6,172,609B1號專利中的先前技術，是由專利申請人自己提出的。

　　在[74]欄代理人之前還有一個我國沒有的資料，就是審查委員（Primary Examiner）的資料，如果有助理審查員（Assistant Examiner）也會一起註記上去。最後是[57]欄摘要或申請專利範圍。

二、美國發明專利公開公報

美國專利早期公開公報的資料格式如圖5-8所示，右上角仍為條碼，左上角的表示法與核准專利的專利公報有所不同，在專利公報上是把[19]欄文件發行單位與[12]欄文件種類合併表示為：United States Patent，而早期公開的公報則把這二欄分開，[19]欄文件發行單位為：United States，[12]欄文件種類為：Patent Application Publication，表示該份文件只是專利申請資料的公開資料而非正式專利。

早期公開的編號方式也與核准專利的編號方式有所不同，一般核准專利的編號係以流水號為之，而專利的早期公開則是以專利公開的年份加上流水號來表示，而其文件代碼為A1。

在早期公開的公報資料，所顯示的資訊較正式專利公報為少，原因是因為很多資料尚未確定，所以在早期公開的公報中只有申請時的基本資料，如[54]專利名稱、[75]欄發明人、[73]欄申請人、[21]欄申請號、[22]欄申請日、[51]欄國際專利分類、[52]欄美國專利分類…等。

(19) **United States**

(12) **Patent Application Publication** (10) Pub. No.: **US 2001/0045963 A1**

Marcos et al. (43) Pub. Date: **Nov. 29, 2001**

(54) **METHOD AND APPARATUS FOR BINDING USER INTERFACE OBJECTS TO APPLICATION OBJECTS**

(75) Inventors: **Paul Marcos**, Cupertino, CA (US); **Arnaud Weber**, Sunnyvale, CA (US); **Avie Tevanian**, Palo Alto, CA (US); **Rebecca Eades Willrich**, Menlo Park, CA (US); **Stefanie Herzer**, Menlo Park, CA (US); **Craig Federighi**, Mountain View, CA (US)

Correspondence Address:
THE HECKER LAW GROUP
1925 CENTURY PARK EAST
SUITE 2300
LOS ANGELES, CA 90067 (US)

(73) Assignee: **APPLE COMPUTER, INC.**

(21) Appl. No.: **09/844,496**

(22) Filed: **Apr. 25, 2001**

Related U.S. Application Data

(63) Continuation of application No. 08/834,157, filed on Apr. 14, 1997, now Pat. No. 6,262,729.

Publication Classification

(51) Int. Cl.^{7} **G06F 3/00**
(52) U.S. Cl. **345/765**; 345/769

(57) **ABSTRACT**

A graphical user interface (GUI) and accompanying functionality for binding Web page definitional elements to a back-end state (e.g., client- or server-side back-end state) and custom logic is provided. In one embodiment, a template containing definitional elements, custom logic, and bindings are generated that define all or a portion of a Web page based on input received and functionality provided by the invention.

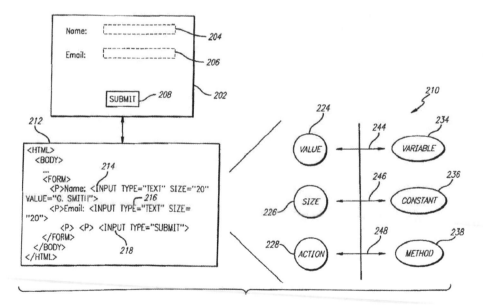

圖5-8　美國發明專利公開公報首頁

三、美國設計專利

美國的設計專利其專利公報首頁如圖5-9，在專利公報的首頁上，[12]欄文件種類標示為：United States Design Patent，其專利號自2001年起配合發明專利號碼的改變，將原來的流水號改為圖5-10所示，前面二碼依然是國家碼，後面加一個英文字母「D」代表設計專利以示區分，其後為六位數的流水號，最後的文件代碼為「S」。

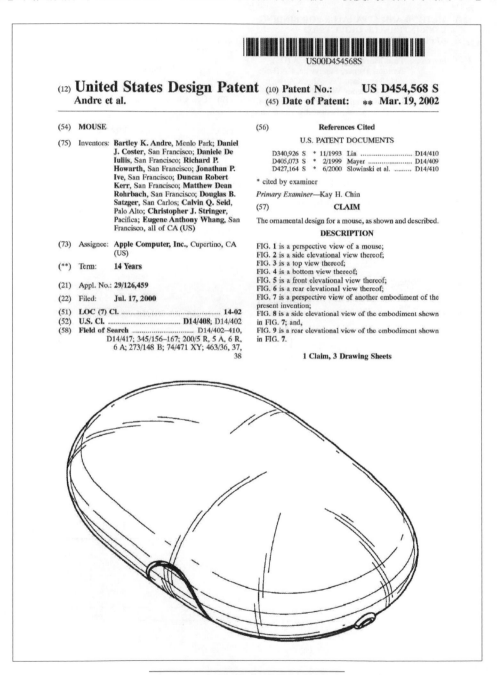

圖5-9　美國設計專利公報首頁

設計專利的專利公報內容格式，除了[12]欄文件種類標示及專利號碼的編排方式與發明專利的專利公報不同外，其餘的欄位大同小異，其中[51]欄國際專利分類改用國際工業設計分類。

圖5-10　美國設計專利號碼編排方式

四、美國植物專利

美國植物專利的專利號碼，自2001年亦做一改變，其編排方式如圖5-11所示，前面二位英文字母為國家碼，其後接二個英文字母「PP」代表該專利為植物專利，再接五位數的阿拉伯數字流水號，最後二位是文件代碼，植物專利的文件代碼有：P1、P2、P3等三種，P1代表該專利只有申請尚未進行實體審查，至18個月後依法早期公開的專利申請案，P2表示該專利沒有經過早期公開的程序就經實體審查核准，P3則表該專利經過早期公開程序後，才核准的專利。

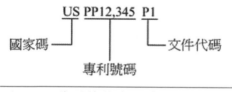

圖5-11　美國植物專利號碼編排方式

||||||||||||||||||||||||||||||||||||||

US00PP20010P2

(12) **United States Plant Patent**

Theobald

(10) Patent No.: **US PP20,010 P2**

(45) Date of Patent: **May 19, 2009**

(54) *LOMANDRA* PLANT NAMED 'SEASCAPE'

(50) Latin Name: ***Lomandra confertifolia ssp rubiginosa***

Varietal Denomination: **Seascape**

(75) Inventor: **Dave Theobald**, Merimbula (AU)

(73) Assignee: **Southern Aurora Flora Pty. Ltd.**, Merimbula (AU)

(*) Notice: Subject to any disclaimer, the term of this patent is extended or adjusted under 35 U.S.C. 154(b) by 0 days.

(21) Appl. No.: **11/890,191**

(22) Filed: **Aug. 4, 2007**

(51) Int. Cl.
A01H 5/00 (2006.01)

(52) U.S. Cl. Plt./263.1

(58) Field of Classification Search Plt./263.1
See application file for complete search history.

Primary Examiner—Kent L Bell

(57) **ABSTRACT**

A new and distinct cultivar of *Lomandra* plant named 'Seascape' characterized by a compact growth habit and narrow grey-green leaves.

1 Drawing Sheet

1

Botanical Classification: *Lomandra confertifolia* ssp *rubiginosa.*
Variety Denomination: 'Seascape'.

BACKGROUND OF THE INVENTION

The present Invention relates to a new and distinct cultivar of *Lomandra* plant, botanically known as *Lomandra confertifolia* ssp *rubiginosa*, and hereinafter referred to by the name 'Seascape'. The new cultivar was discovered and selected as a single plant growing within a bed of *Lomandra* plants in a greenhouse. The exact parents are unknown. The cultivar 'Seascape' was discovered in 2001 in Merimbula in the state of New South Wales, Australia.

The first asexual reproduction of the new *Lomandra* was in 2001 by division in Merimbula, New South Wales, Australia. The unique features of this new *Lomandra* are stable and reproduced true to type in successive generations of asexual reproduction.

SUMMARY OF THE INVENTION

The following traits have been repeatedly observed and are determined to be the unique characteristics of 'Seascape'. These characteristics in combination distinguish 'Seascape' as a new and distinct cultivar:

1. Compact growth habit.
2. Grey-green leaf color.
3. Narrow leaves.

The closest comparison cultivar is *Lomandra* 'SIR5'. *Lomandra* 'Seascape' is different from 'SIR5' in the following characteristics:

1. 'Seascape' has a more compact habit than 'SIR5'.
2. 'Seascape' has shorter leaves than 'SIR5'.
3. 'Seascape' has grey-green leaves. The leaves of 'SIR5' are green.
4. 'Seascape' has grey-purple basal shoots. The shoots of 'SIR5' are brown.

2

BRIEF DESCRIPTION OF THE PHOTOGRAPH

The accompanying photograph illustrates the distinguishing traits of *Lomandra* 'Seascape'.

The photograph at the top of the sheet is an overall view of a 16 month old plant.

The photograph at the bottom of the sheet is a close-up view of flowers.

The photographs were taken using conventional techniques and although colors may appear different from actual colors due to light reflectance it is as accurate as possible by conventional photographic techniques.

DETAILED BOTANICAL DESCRIPTION

The new *Lomandra* has not been observed under all possible environmental conditions. The phenotype may vary somewhat with variations in environment such as temperature and light intensity, without, however, any variance in genotype.

The following is a detailed description of the new *Lomandra* cultivar named 'Seascape'. Data was collected Merimbula, New South Wales, Australia from 16 month old plants raised in 20 cm. pots in commercial grade, soil-less potting mix. In the following description, color references are made to The Royal Horticultural Society Colour Chart, 1995 Edition.

Botanical classification: *Lomandra confertifolia* ssp *rubiginosa* cultivar 'Seascape'.
Parentage:
  Female parent.—Unknown.
  Male parent.—Unknown.
  Propagation.—Tissue Culture or Division.
  Root description.—Fine and fibrous.
Plant description:
  Growth habit.—'Seascape' is a short, rhizomatous plant forming a compact tussock. Average plant height is 50 cm and average plant spread is 75 cm.
  Leaves.—Shape, subulate; Width narrow 3–4 mm at base narrowing to the tip, average length 45 cm, upper and lower side color of leaf yellow-green

圖5-12 美國植物專利首頁

第六章

專利侵害

經過上一章的討論，想必讀者對於專利說明書已經有了一個初步的了解，專利權人在獲得專利權之後，在實施專利的過程中，一個具有經濟價值的專利往往會面臨到被仿冒的情況，在本章中將先討論專利侵害（Infringement）的態樣，再討論專利權的範圍要如何認定？專利侵害依據那些原則、流程進行鑑定？

6-1 專利侵害的態樣

申請人的專利在獲得專利權後，依專利法第五十八條規定：發明專利權人專有排除他人未經其同意而實施該發明之權。其中物之發明之實施，指製造、為販賣之要約、販賣、使用或為上述目的而進口該物之行為，方法發明之實施，指使用該方法、使用、為販賣之要約、販賣或為上述目的而進口該方法直接製成之物。

新型專利在第一百二十條中準用第五十八條第一項、第二項的規定，即專利權人專有排除他人未經其同意而實施該新型之權，其中實施係指：製造、為販賣之要約、販賣、使用或為上述目的而進口該物之行為。

設計專利則是在第一百三十六條規定：專有排除他人未經其同意而實施該設計或近似該設計之權。

對於發明、新型及設計專利權人的專利，其專利是否遭到侵害之認定，關鍵在於他人製造、為販賣之要約、販賣、使用或進口之「物品」或其使用之「方法」是否落入系爭專利之專利權範圍。有關專利的侵害態樣可分為：專利直接侵害（Direct Infringement）、專利間接侵害（Indirect Infringement）及專利協助侵害（Contributory Infringement）等三種。

一、專利直接侵害

專利的直接侵害是指將他人專利中的發明、新型或設計，一模一樣的加以製造、使用、販賣或進口，這種專利侵害的態樣，除非是故意的仿冒，否則在一般侵權態樣上並不多見。

二、專利間接侵害

專利的間接侵害又稱為引誘侵害（Inducement Infringement），是由第三人引誘侵權人直接從事專利的侵害行為。

> 小恩恩有一個組合式功能椅的專利，大眼妹看到這個功能椅頗具市場價值，而她如果生產一模一樣的功能椅，就會直接侵害小恩恩的專利。這時，聰明的大眼妹就把功能椅拆開，只賣零件不賣成品，由客戶自行帶回家組裝，這時她的行為就是對小恩恩專利的間接侵害，而向大眼妹購買零件回家組裝功能椅的客戶，則有直接侵害小恩恩專利之嫌。

在美國的專利法中，也認為積極引誘他人從事侵害專利行為的人，也相當是一種侵害的行為，這種間接侵害的態樣有：販賣專利標的未完成的產品、販賣未組合的產品、購買由侵害方法或機器所製造之非專利產品、修理或重製專利產品…等。

較為狹義的看法，則是認為販賣獲有專利之機械、製品、混合物或組成物之構件，或實施專利方法所需之材料或裝置，並為該發明的主要部分，又明知係為了侵害專利權的使用而特別製造或改造，且非實質上無侵害用途的一般商品，才算是間接侵害。

三、專利協助侵害

專利的協助侵害是指第三人未經專利權人的同意，以生產營利為目的而製造、銷售只能用於裝配專利產品的零件，或者只能用於實施專利方法的設備，也就是說，這些裝備、零件的唯一用途就是侵害專利權，則這個第三人就構成專利協助侵害。

專利權人的專利在遭到侵害時，必須要證明三件事：專利權是有效的、有侵權行為之事實、侵權行為人有故意或過失。由於專利權具有屬地主義及保護期間，專利權人所取得的專利權，僅在授予該專利權之國家境內及一定期間內始受該國法律的保護，保護期間屆滿或者專利權經撤銷確定者，專利權即失去法律效力而為社會所共有，任何人都可實施該專利權，所以，第一件事必須要確認該專利目前是有效的。

其次，專利權是一種使專利權人專有排除他人未經其同意而實施其專利之權利，因此，如果僅有實施的想法或者是侵權之準備，但是尚未有實質的製造、為販賣之要約、販賣、使用或進口等實施專利權之行為事實，或者雖然有實施專利權之行為或事實，但是，該行為或事實係經專利權人同意或默許的實施行為時，均不構成專利侵害。在符合以上的條件後，專利權人還必須要證明於何時、何地、如何被製造、為販賣之要約、販賣、使用或進口專利物品或專利方法，始構成專利侵害之行為事實。

最後，侵權行為人必須有故意或過失，所謂故意是指行為人如果已預見自己製造、為販賣之要約、販賣、使用或進口之行為侵害專利權，而仍為之者，所謂過失則是行為人不知其製造、為販賣之要約、販賣、使用或進口行為已構成專利侵害。

6-2 專利權範圍的認定原則

對於專利權範圍的解釋與認定，一般是以專利說明書中的申請專利範圍（Claim）做為認定及解釋專利權範圍的依據，而對專利權範圍的認定原則，常用的方法有：中心限定主義（Central Definition）、周邊限定主義（Peripheral Definition）及折衷主義等三種。

一、中心限定主義

中心限定主義認為專利權所保護的範圍，是以申請專利範圍為中心，在它的外側還有某種程度的技術延伸，而不只是侷限在申請專利範圍的文字記載範圍中。這個理論主要的觀點係認為創作本身即是一種技術思想，既然是一種技術思想，則自是抽象不易以文字明確的表達及界定，因此，主張申請專利範圍中所寫的文字內容，只是將抽象的技術思想具體化的一些例子而已，並不是全部的保護範圍。

所以，專利的保護範圍應該是以申請專利範圍為中心，可以向外做一定程度的延伸解釋，在圖6-1中最裏面的圓圈代表申請專利範圍，以中心限定主義的觀點，專利的保護範圍可以到達最外面的圓圈。

中心限定主義的優點是申請專利時，在申請專利範圍只要記載其發明的中心思想即可，撰寫時比較容易，且其要旨容易讓人理解，在專利遭到侵害時，對專利權的解釋較具彈性，對專利人可獲得較為完整、周全的保護。

而中心限定主義也有其缺點存在，因爲中心限定主義對專利權範圍的解釋較具彈性，因此，造成專利的保護範圍相對的也會具有一定程度的不確定性，一般人也就難以預測其專利權的範圍到底有多大，雖然，中心限定主可以提供專利權人較爲廣泛的保護，但對社會大衆而言，可能一不小心就會侵害他人的專利，有違當初專利權的精神。

二、周邊限定主義

周邊限定主義則是主張專利申請人所主張的專利權保護範圍就是專利說明書中的申請專利範圍，而且應該以申請專利範圍爲限，日後不能再任意的擴張其權利範圍，也就是說，申請專利範圍就是專利所保護的權利的極限。所以，沒有列在申請專利範圍的技術，將來就不在專利權的所主張的權利範圍內。

所以，從圖6-1來看，最內圈的圓就是申請專利範圍，以周邊限定主義的觀點而言，在這個圓圈中所限定的範圍就是專利的權利範圍，即使在專利說明書中已經記載的技術，如果沒有列在申請專利範圍中，即不屬於專利權所保護的範圍，將來不能夠再任意的向外擴充其範圍。

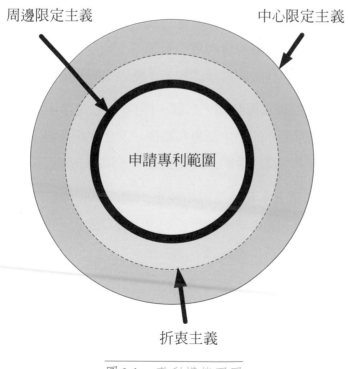

圖6-1　專利權範圍圖

　　周邊限定主義的優點是專利權的範圍清楚明白，可以避免專利權人的任意擴張其專利權保護範圍，而一般人也可以很容易、很清楚的理解他人的專利權範圍，不致於隨時會有侵害他人專利的情形發生，可以減少不必要的專利糾紛，有利於產業的發展。

　　由於周邊限定主義是以申請專利範圍為專利權的最大邊界，因此，專利權人在申請專利時，為了將來的保護能夠嚴密，所以，在寫申請專利範圍時，一定會儘其所能的擴大其申請專利範圍，以求能含蓋最大的保護範圍。如此一來反而會使得申請專利範圍變得更抽象、更複雜而不易判斷，這一方面造成申請人的負擔，另一方面也造成了日後專利侵害鑑定時的困難。

三、折衷主義

　　中心限定主義提供專利權人較完整的保護，主張專利權可由申請專利範圍適度的向外擴張，在認定上具有某程度的不確定性，相對的會限縮了社會大眾的利益。而周邊限定主義主張以申請專利範圍為保護的範圍，不得再行擴張其權利範圍，雖然顧及到社會大眾的權益，但是，又顯的過於僵硬沒有彈性。

　　為了彌補中心限定主義及周邊限定主義之不足，於是有所謂折衷主義的出現，折衷主義認為在界定及解釋專利權的範圍時，除了要依據申請專利範圍中的文字與說明外，還應參考專利說明書及圖式，才能確定專利權的實質含蓋範圍。

　　折衷主義所界定的專利權範圍，以圖6-1來看，就是指中間以虛線表示的圓圈以內的部分，最內的圓圈指的是申請專利範圍、文字說明所表示的部分，實際的專利權範圍，可以在參考了專利說明書及圖式後，予以擴充到虛線的範圍內。

　　而我國的專利法第五十八條第四項規定：發明專利權範圍，是以申請專利範圍為準，於解釋申請專利範圍時，並得審酌說明書及圖式，由該條規定可以看出，我國的專利法是較傾於採行折衷主義。

6-3 **專利侵害的認定原則**

專利權係授予專利權人在法律規定的有效期限內，享有法律所賦予之排他性效力之權利，除法律另有規定外，得排除他人未經專利權人同意而實施該發明、新型、設計（或近似該設計）之權，否則即侵害專利權人的專利權。

至於是否侵害專利之認定，關鍵在於他人實施該專利所為之製造、為販賣之要約、販賣、使用或進口之「物品」或其使用之「方法」是否落入系爭專利之專利權範圍。本節先介紹進行專利侵害鑑定時，所需用到的相關理論。

一、全要件原則（All Element Rule）

在撰寫專利的申請專利範圍時，必須要依據最少元件原則（Least Element Rule），因此，在申請專利範圍中所描述或記載的就是實現該專利所必要的而且是不可或缺的元件，也就是該專利的精華所在。

在專利侵害的訴訟中，必須先分析專利說明書中的申請專利範圍其所有構成要件，同時，解析被告侵權對象之所有構成要件，兩者逐一的加以比對，如果經過比對後的結果，被告侵權對象具有申請專利範圍的每一個構成要件，且其技術內容相同，則被告侵權對象會被認定是侵害專利。

如果在經過比對之後，被告侵權對象較專利權之申請專利範圍要件為少，表示該技術所用的要件比較少，而且能達到相同的功能，應該是比較進步的技術，基本上應認為是沒有侵害專利。

所以，在全要件原則下，被告侵害的技術必須與專利技術之申請專利範圍完全一樣，才算是侵害。在做專利的侵害鑑定時，它是判定被告對象是否落入字面侵權的一種狹義原則，而這種狹義的認定對專利權人會較為不利。

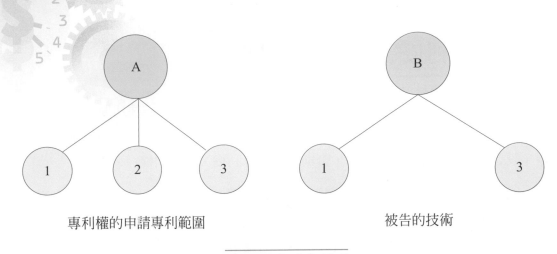

專利權的申請專利範圍　　　　　　　　被告的技術

圖6-2　　全要件原則

　　全要件原則可以用圖6-2表示，圖6-2左邊表示的是專利權的申請專利範圍，A是由1、2、3等三個元件所組成，而右邊被告侵害專利的技術B，則是由1、3等二個元件所組成，被告的技術只有二個元件，而專利權的申請專利範圍是由三個元件所組成，經過比對後就不符合全要件原則。

　　系爭專利在進行全要件比對之前，首先要將專利的申請專利範圍結構加以分解，以找出該申請專利範圍所包含的必要構成要件（Essential Element）、構成要件與構成要件之間的連接關係（Connection）、各構成要件所發揮的功能（Function），然後再把被控侵害專利的待鑑定物品或方法與系爭專利的申請專利範圍分解的構成要件，進行全要件比對。

　　被控侵害專利的待鑑定物品或方法，在經過與系爭專利的申請專利範圍進行全要件比對後，其可能的結果有：要件欠缺、要件完全相等及要件過剩等三種情形。

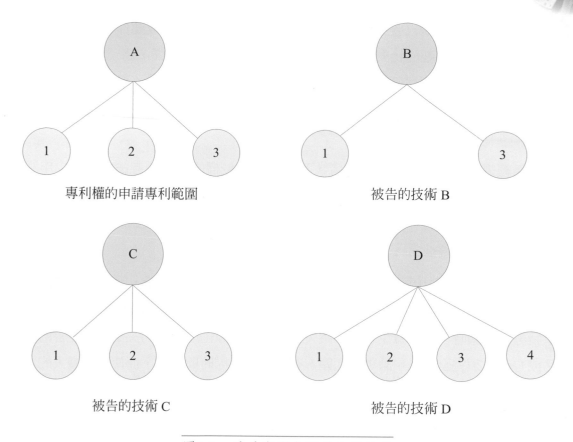

專利權的申請專利範圍　　　　　　　　被告的技術 B

被告的技術 C　　　　　　　　　　　被告的技術 D

圖6-3　　系爭專利全要件比對結果

　　要件欠缺又稱為刪減原則（Rule of Omission），是指被控侵害專利的物品或方法只具備申請專利範圍中的部分構成要件，如圖6-3中的被告技術B僅由1、3二個元件所組成，而A專利係由1、2、3等三個元件所組成，經比對後B技術沒有元件2，其結果為要件欠缺，符合刪減原則。

　　要件完全相等又稱為精確原則（Rule of Exactness），係指被控專利侵權的物品或方法與系爭專利的申請專利範圍中的構成要件全部相同，如圖6-3中的被告技術C，與A專利的申請專利範圍完全一樣，都是1、2、3三個元件，其比對結果即符合精確原則。

　　要件過剩又稱附加原則（Rule of Addition），乃指被控侵害專利的物品或方法除了具備系爭專利的申請專利範圍中的全部構成要件外，還具有其他額外的構成要件，如圖6-3中的被告技術D，除了具備A專利中的構成要件1、2、3三個元件外，另外又增加了一個元件4，經比對後即屬於要件過剩。

依全要件原則，只要具備專利申請專利範圍中的所有構成要件，即構成要件侵害，所以，從全要件比對的三種可能的結果來看，如果比對結果是要件完全相等，則完全符合全要件原則，很明顯的落入侵害的範圍。如果比對結果是要件過剩，因爲扣除過剩的元件之後，與申請專利範圍的元件是一樣的，所以也會落入侵害的範圍。

而經過比對後屬於要件欠缺者，乃是在被控侵權的物品或方法中，缺少申請專利範圍中的任何一個構成要件，或者與申請專利範圍中的要件不同，因爲以較少的元件而達到同樣的功能，所以，可以視爲是一種技術的進步，因此，在初步的鑑定時，基本上不會被認爲造成專利的侵害。

全要件原則是由專利權人來負界定專利權範圍的風險責任，因爲專利是採先申請主義，所以，發明人有早日提出專利申請，以避免失去新穎性的壓力，在撰寫申請專利範圍時，有時難免會有些疏失。而全要件原則所要求的又是被控侵害的物品或方法必須完全落入申請專利範圍，有時候就會因時間壓力，而使專利權人的權利受到損害。

因此，又有所謂的相對性全要件原則的理論被提出，藉以強化對專利權人的保護，在相對性全要件原則的理論中，認爲是否造成專利的字面侵害，原則上仍然要看被控侵權的物品或方法是否與申請專利範圍的構成要件完全相同，但是，如果申請專利範圍中的某一個構成要件，不是實施該專利所不可或缺的必要構成要件時，則該構成要件可以不被視爲是申請專利範圍中的必要構成要件，即使被控侵害的物品或方法不具備該構成要件，仍然會被視爲是構成字面侵害的行爲。

例如在圖6-3中的A專利是由1、2、3等三個元件所構成，以全要件原則而言，B技術如果只有1、3二個元件所構成，就不會成字面侵害。但是，從相對全要件原則來看，如果元件2對A專利來說，不是一個必要而且是不可或缺的原件，則元件2在相對全要件原則下，將會被視爲不是申請專利範圍中的必要元件，於是，A專利的申請專利範圍會擴大爲只有1、3等二個元件，這時恰好與B技術的構成元件完全相同，B技術在全要件原則下不會落入A專利的申請專利範圍，但是，在相對全要件原則之下，卻落入申請專利範圍而構成了侵害專利。

由上面的這個例子可以看出，由於所採用的理論不同，會使得原來沒有侵害他人專利的技術變成侵害，當然，也可以使得原來侵害的行為，因為理論基礎不同而變成不侵害，這樣任意的解釋將會造成社會、產業的不穩定。而且，所謂的必要構成要件是如何界定？又會是權利不穩定的源頭。

因此，在相對全要件原則理論中，將會由二方面分析，來決定該元件是否為必要構成要件。首先考量該要件是否是當初申請專利時，做為專利要件審查的依據，也就是說，該要件與先前技術比較，具備有產業利用性、新穎性及進步性，在這個情況之下，該要件就被視為是該專利的必要構成要件，否則該件將不會被視為是專利的必要構成要件。

其次再考量該構成要件是不是實現該專利的目的或其效果所必須，也就是說，將該構成要件刪除之後，是不是還可以達到原來申請專利範圍所要達到的目的或效果？如果該構成要件被刪除後，就不能達到原來專利所能達到的目的或效果，則該構成要件就是必要的構成要件。如果缺少了該構成要件，依然達到原來的效果，則該構成要件就不是必要的構成要件。

二、均等論（Doctrine of Equivalents）

由全要件原則來看，二個技術完全一樣，即是一種抄襲、模仿的行為，通常這種專利侵害的樣態較少見，大部分的專利侵害行為並不是來自對專利技術的抄襲、模仿，而是對專利的技術或產品做小幅度的變更，以便能避免落入全要件原則的判斷範圍。

專利的發明或創作係為一種技術思想，但是，該技術思想如果要不遺漏的以文字方式撰寫在申請專利範圍中，對申請人而言是有一定的困難度。這時候如果採用全部之構成要件相同，才落入字義侵害範圍的理論，大部分的侵害者都不會完全的照抄專利技術，而會在發明或創作之構成中，對比較輕微之構成要件加予變更，以避免落入其技術範圍中。如果要求申請人在申請專利的時候，就依據未來之技術，把可預測之實施型態撰寫在申請專利範圍，則又顯得是強人所難。

專利權的目的除了要保護專利權人的權利之外，還要能不妨害第三者之利益，所以，要求把申請專利範圍及支持發明之說明書內容與必要之圖式公開的作法，除了揭露技術促進產業進步外，也希望即使於說明書與圖式中沒有敘述到的事項，也不要有對第三者產生不可預期的損害事情。

　　專利的技術思想主要係依據撰寫於申請專利範圍之文字來解釋，但是，申請專利範圍的文字敘述屬於顯在的部分，還有一些非顯在的技術思想是與顯在技術思想均等的，所以對整個專利的技術思想之解釋，應包含顯在的技術思想與非顯在均等之技術思想。而均等論之目的，就是將隱藏未敘述或敘述不清的技術思想，使其成為顯在化而存在的法律上概念。

　　均等論是指被控侵權的物品或方法，經過全要件原則的判定，雖然沒有落入申請專利範圍的字義侵害，但是，如果其所使用的技術與原申請專利範圍間的差異或改變，在其所屬的技術領域中，具有一般通常知識的人都可以輕易想到而加以置換改變，則被控侵權的物品或方法，就會被認定與申請專利範圍的技術是均等，而被認定構成專利的侵權。

　　均等論是基於保障專利權人利益的立場，避免他人僅就其申請專利範圍之技術特徵稍作非實質之改變或替換，而能規避專利侵害的責任。因為想要以文字精確而且完整的描述申請專利範圍，實在是有其先天上無法克服的困難。所以均等論認為專利權範圍得擴大至申請專利範圍之技術特徵的均等範圍，不應該僅侷限於申請專利範圍之文義範圍。

　　被控侵權的物品或方法是否落入申請專利範圍，在做均等論的判斷時，要考量的因素有置換的可能性與置換的容易性。

（一）置換的可能性

　　置換的可能性是指被控侵權的物品或方法，是否可能經由申請專利範圍或者專利說明書中的記載，加以修正或改變而達到。其行為型態係發明之構成要件之一部分以其他相異之技術置換後，能達到與原技術實質上相同之功能與效果，且該行為型態係屬發明之技術思想範圍。

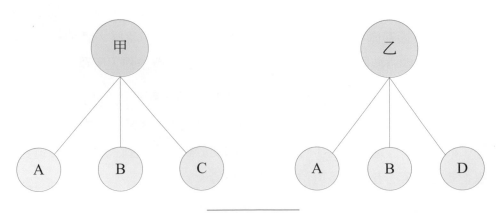

圖6-4　均等論

有關均等論中置換的可能性，可以用圖6-4表示，在圖6-4左邊的甲專利是由A、B、C三個要件所構成，而右邊的乙產品係由A、B、D三個要件所組成。在做均等論判定時，考量置換可能性時，其專利元件C在乙產品中係以元件D加以置換，成為A、B、D。

如果元件D與元件C在實質上達到了相同之功能及相同之效果，則元件D將會被視為與元件C是均等的，例如二個元件的結合固定，可以用螺絲釘予以固定，也可以用鉚釘加以固定，雖然方式不同，對某些結合後不需再分解的裝置而言，其所能達到的功能及效果是一樣的。

但是，如果元件C變換成元件D的技術思想不相同，元件C與元件D就不均等，例如手機的天線，其功能在於接收訊號，以前的技術是需要伸出一段天線來接收訊號，占用手機的空間，而在很多的手機從外觀上已經看不到天線，但是它還是需要天線，它已經被縮裝到手機內部的印刷電路板上了。

從構成要件的角度來看，雖然天線放在印刷電路板上，但是它與原來的天線達成相同的功能、效果，而從技術的角度來看，它可能必須經過某種程度的突破，才能達到相同的功能及效果，在置換的可能性上就會被認為是二者技術是不均等。

判斷置換的可能性時，在實務上並不是像前面所說的這麼單純，在決定被控侵害的物品或方法是否落入專利的技術思想之範圍內，主要還是要考慮其與專利技術之本質特徵是否為相同，至於解決手段之主要部分的變更或解決之原理不相同，則就認定不屬於均等。

而在確認專利技術的本質特徵時，需要參酌說明書之敘述、申請時之技術水準…等，但是，要如何區別專利構成要件中，何者是與本質特徵有關之要件，何者不是與本質特徵有關之要件，則是件相當困難但是又相當之重要的工作。凡是會變更本質特徵有關之要件，就有可能脫離原來專利的技術思想範圍，不會落入均等的範圍。

（二）置換的容易性

置換容易性是屬於程度上之問題，認為與發明的顯在部分均等之非顯在的部分，是不是專利技術思想之一部分範圍，應該由熟悉該項技藝的人士去判斷區別其難易程度，亦就是主觀範圍的限定。

置換的容易性是指在該技術領域中具有通常知識者，是否可以很容易的參考說明書的記載或專利申請範圍，而做出被控侵權的物品或方法。如果被控侵權的物品或方法，對其所屬技術領域中具有通常知識的人而言，依據專利說明書中的記載或者參酌申請專利範圍中所揭露的內容，即使在文字上沒有明示的非顯在的技術思想，但是，在參酌說明書之敘述，依申請專利時之技術水準及申請經過，予以合理的解釋，即可能做到這種改變或置換，而且很容易的就可以做到這種改變或置換，即會被認定構成專利的侵害。

技術是不斷的在進步，不同的時間點有不同的技術水準，而均等論的判斷標準又是置換的容易性與置換的可能性，產生爭議要做均等論的判斷時，就會發生判斷基準點的問題，到底是以什麼時候的技術為基準？時間點不同會影響到專利權人及被告的權益。

在判斷均等論的時間上，有二種不同的主張，第一種主張認為應該以申請專利時的技術水準，做為判斷均等論的時間基準，因為當專利專責機關在審核專利時，是以申請當時已知悉的技術為基準，在核准專利後，專利權人就不能隨日後技術的進步，而任意擴張其申請專利範圍，以免影響產業的秩序。日本、韓國、加拿大…等國係採取這種理論。

另一種主張則認為應該以發生專利侵害行為當時的技術水準，做為判定被控侵權的物品或方法是否有侵害他人申請專利範圍的基準，因為專利權人當初要求保護的是他整體的技術思想，而技術又是不斷的進步，如果不用專利遭受侵害當時的技術水準來判定是否均等，則因為技術的發展讓其他人可以很容易的以不同技術取代專利的技術，專利權人的權利不易受到保護。美國、我國、中國大陸…等都採用此等理論。

三、逆均等論（Reverse Doctrine of Equivalents）

逆均等論又稱為消極均等論（Negative Doctrine of Equivalent），專利申請人在申請專利時，都會先以較為概括或者抽象的上位概念用語來撰寫申請專利範圍，以期能獲得較大的專利權範圍，較常用的方法是以功能性語言描述技術手段（Means Plus Function）的方式撰寫申請專利範圍中的技術內容。

但是，用上位概念用語或功能性語言描述技術手段的方式所寫出來的申請專利範圍，較爲抽象不具體，雖然對專利權人而言，可以獲得較大的權利範圍，然而在遇到專利侵害的訴訟或糾紛時，就必須經由逆均等論來限縮其權利的範圍。

例如某專利技術的申請專利範圍是「一種可以在流體中載運人員或物品至遠方的裝置」，這樣的申請專利範圍，顯然是一種上位概念用語，如果這個專利能獲准，其所含蓋的範圍將包括在空中或水中的載具，但是，在空中使用的載具與在水中所使用的載具，其所需的技術是完全不同的，雖然符合全要件原則，但其專利範圍似乎不符合公益。

爲防止專利權人任意擴大申請專利範圍之文義範圍，需要透過逆均等論對申請專利範圍之文義範圍予以限縮，若待鑑定對象已爲申請專利範圍之文義範圍所涵蓋，但是係以實質不同之技術手段達成實質相同之功能或結果時，可以阻卻文義讀取，而判斷未落入專利權（文義）範圍。

四、禁反言（File Wrapper Estoppel）

禁反言又稱爲申請歷史禁反言（Prosecution History Estoppel），係爲防止專利權人藉著均等論，重新主張專利申請至專利權維護過程任何階段或任何文件中已被限定或已被排除之事項。

專利權人在申請專利的時候，爲了使他所申請專利的技術，能與先前技術做一個區隔，以符合新穎性、進步性等專利要件的要求，而能順利拿到專利權，往往會在專利實質審查時，限縮其技術之申請專利範圍。這樣的申請專利範圍一旦經過審查公告後，日後如果產生專利的侵害事件時，專利權人不能再主張限縮前的部分是其專利範圍。

有關禁反言對申請專利範圍的限縮，可以用圖6-5來表示，在圖6-5中外面的圓圈代表的是專利權人在申請時的申請專利範圍，經過專利審查委員的審查，專利權人爲了能拿到專利，而將其專利申請專利範圍予以限縮至內圈陰影處。一旦專利依照這個申請專利範圍核准公告後，未來落在二個圓圈中間的技術或產品，專利權人就不能再以原來的申請專利範圍，而主張專利被侵害。

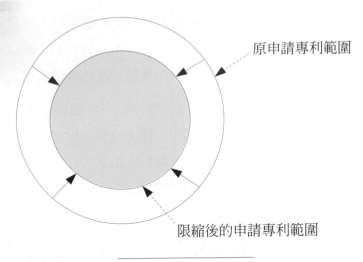

原申請專利範圍

限縮後的申請專利範圍

圖6-5　禁反言的圖示

　　不過，禁反言的適用也不是漫無限制的，不是任何在專利申請過程中，對於申請專利範圍的修正，都會構成禁反言的限制，必須要看修正的目的。如果專利權人在申請專利的審查過程中所做的修正，是為了避免專利審查人員以先前技術核駁其申請案，或者是因為專利說明書的內容不充分、不足以支撐其申請專利範圍，而限縮其專利範圍時，則這個部分的修正、限縮就會適用禁反言。

　　從另外一個角度而言，如果專利權人當初對申請專利範圍的修正，是因為專利申請專利範圍中的記載不清楚、誤記，而加以補充或修正，則這個行為並沒有限縮申請專利範圍的意圖，因此，也就沒有所謂的禁反言問題。

6-4　侵害鑑定

　　專利權是一個排他的權利，是不是遭到侵害，受影響的不只是專利權人，整個社會、產業都會受到影響，所以，專利侵害的鑑定，需要經過一個嚴謹的程序來進行判斷。在本節中，將先介紹專利侵害鑑定的基本觀念，再分別介紹發明專利、新型專利及設計專利其侵害鑑定的流程。

6-4-1 專利侵害鑑定的基本觀念

由於專利是一種國家所賦予專利權人獨占的權利，而其權利的期限又至少有十年以上，在這麼長的生命週期中，該技術領域的技術是不斷的在進步，以前無法達到的功能，現在成為可能，這也就產生到底有沒有侵權的爭議。而有時我們也會在市面上看到某種產品，從外形看起來與專利的申請專利範圍疑似相同，到底有沒有侵害？

專利說明書中的資訊包含有法律文件及技術文件，因此，在實際進行專利的侵害鑑定時，要考量的問題就不是只有單純的法律問題，同時也要考量到技術的問題，這也是在進行侵害鑑定時非常不易之處。

首先考量的是專利權的範圍是什麼？其次才是考慮被告侵害的待鑑定對象是否侵害專利權人的專利？有關專利權的範圍是屬於法律問題（Question of Law），而判斷待鑑定對象是否侵害專利權人的申請專利範圍，則是屬於事實問題（Question of Fact）。針對法律問題與事實問題的釐清，其程序是不同的，對專利權範圍之認定有疑義，需透過行政訴訟程序來確定專利權的範圍，而要判斷是否有侵害專利權，則需經由司法途徑來確定。

專利權範圍的法律問題，在第5章中已從專利說明書的撰寫中予以說明，而對於待鑑定對象是否落入專利權人的申請專利範圍，則需要透過專利侵害鑑定的程序才能予以判定。

在判斷被告所製造、使用、為販賣之要約、販賣或進口之物品，或其所使用的方法，是否有落入專利權人的物品專利或方法專利的申請專利範圍時，通常經由二個步驟的判斷。首先要解釋該專利的申請專利範圍，以確定其專利權，其次，則是判斷待鑑定物是否落入專利的申請專利範圍，如經判斷落入專利的申請專利範圍，則構成專利侵害，如經判斷未落入專利的申請專利範圍，則就未構成專利侵害。

在判斷待鑑定對象是否落入申請專利範圍的事實問題，需透過司法程序來達成，但是在司法程序中，又如何判定是否有侵權行為？依專利法第一百零三條規定，法院受理專利訴訟案件，得囑託司法院所指定的專利侵害鑑定機構進行鑑定，

而專利侵害鑑定機構則是由司法院所指定。司法院在網站上公告了五十七所願意擔任侵害鑑定的專業機構及其專業技術領域[1]，如表6-1所示。

表6-1　專利侵害鑑定專業機構參考名冊

單位	專業技術領域
國立臺灣大學	電子、光學元件及原理設計、磁性元件及原理設計、超導體元件及原理設計
國立臺灣科技大學（專利鑑定與軟體認證諮詢中心）	電機、電子、半導體、光學、控制工程、通訊工程、資訊、軟體、醫學工程、機械工程、材料工程、建築、土木、營建工程、物理、測量、測試、化工、高分子、工商業設計、運動娛樂、交通運輸、日常用品等
國立陽明大學	醫學工程、復建輔具、生物科技、醫療科技
國立清華大學	理工、生科、法律、管理、人文社會
國立中央大學	醫學工程、環境工程、機械工程、印刷工程、化學工程、日常用品、材料工程、紡織工程、燃燒設備、控制工程、通訊工程、航太工程、工業設計、化學、土木、物理、光學、資訊、測量、測試、電機、電子、氣象、資訊管理
國立交通大學	運輸、光電、資訊、材料、電子、機械、生技、土木結構、工管、通訊
國立中興大學	工程、農業、生物科技、製藥
國立中正大學	數學、物理、化學生物、地球環境、生命科學、資訊工程、電機、機械、化工、通訊、機電光整合
國立雲林科技大學	環境工程、機械工程、化學、資訊、化學工程、生物化學、材料工程、建築、土木、燃燒設備、物理、光學、測量、測試、控制工程、電機、電子、通訊工程、工業設計、商業設計、空間設計
國立中山大學	機械設計、機械功能設計製造、電機功能設計製造、土木功能設計、能源系統、汽電共生、燃燒與火災研究、瓦斯爐具、影像處理、空氣汙染控制工程、廢棄物焚化與處理、氣懸微粒採樣與分析、空氣品質監測、大氣汙染化學及擴散模式、生物技術、生化工程、生物科技、電腦網路、電子商務、網際網路應用、資訊軟體、資料自動收集條碼

---

[1] http://www.judicial.gov.tw/work/work01/work01-35.asp

單位	專業技術領域
國立屏東科技大學	生物技術、農園藝、森林作物生產技術、植物保護、植物病蟲害、畜牧獸醫、野生動物保育、水產養殖技術、食品科技、木材加工工業、水土保持、土木技術、機械工程、機械材料、農機技術、車輛工程、環境工程技術、資訊管理技術
國立臺灣海洋大學	農業、畜牧業、食品業、交通運輸、環境工程、機械工程、化學、生物化學、材料工程、土木、物理、燃燒設備、光學、電機、電子、通訊工程、工業設計、航運、林產加工
臺灣大電力研究試驗中心	高低壓輸配電、冷凍空調之產品
臺灣營建研究院	營建相關之工程技術、材料、工法
農業工程研究中心	農業水土資源之調查分析及保育利用、農業工程構造設施之規劃設計及研究發展、農業用水量與水質作物土壤之關係、電腦資訊系統應用於農業水資源技術
食品工業發展研究所	食品技術、生物技術
生物技術開發中心	生物化學、生物技術
中華經濟研究院	大陸、國際以及臺灣經濟之研究
臺北病理中心	病理檢驗與研究、病理技術之研究與成果
國立臺灣大學嚴慶齡工業發展基金會合設工業研究中心	化學工程、土木工程、水利工程、結構工程、應力檢驗、造船工程、電機工程、機械工程、建築材料、電子、光學、電訊、微機電、奈米技術、醫學工程、軌道工程、環境工程、冶金
資訊工業策進會	資訊軟體技術
臺灣電子檢驗中心	電子、電機類相關產品及零組件 涵括到電器、通訊、資訊、醫療等產品之機構
工業技術研究院 （技術移轉與服務中心）	醫學工程、運動娛樂、交通運輸、環境工程、機械工程、印刷工程、　化學、化學工程、生物化學、材料工程、紡織工程、採礦、燃燒設備　、測量、測試、光學、控制工程、資訊、電機、電子、通訊工程、航太工程、日常用品、工業設計、橡膠、塑膠、儀器、工業安全衛生、冷凍空調、熱流（傳）、農業機械
中國生產力中心	機械、電機、工業設計
金屬工業研究發展中心	機械工程、材料工程

單位	專業技術領域
聯合船舶設計發展中心	交通運輸、造船、船舶機械
紡織產業綜合研究所	紡織纖維及製品之試驗、研究
中華營建基金會	消防救生、運動娛樂、環境工程、水利工程、機械工程、材料工程、　建築、土木、燃燒設備、電機、冷凍空調、昇降機、交通道路、橋樑、隧道、河海堤、涵渠、給水、汙水、景觀、能源
臺灣玩具暨兒童用品研發中心	兒童用品、娛樂用品、日用品
財團法人臺灣經濟科技發展研究院	經濟研究、工業技術、環境工程、光學、資訊、機械、電子、電機、電信、產業分析、中小企業、營建、土木工程、材料工程、交通、公共安全、觀光、土質、水汶、勞工安全、衛生、噪音、空氣研究、化學、醫藥、食品、檢測、測量、資產評鑑研究、日常用品、運動用品、工業設計
中華工商研究院	工業技術、工業設計、勞工安全衛生、環境工程、景觀工程、能源、傳播媒體、電機、機械、營建、土木工程、交通工程、日常用品、氣象、資訊、土質、水汶、水利研究、毒物化學、商業研究、生物化學、材料工程、化學工程、藥物工程、商業方法、商業設計、測量、測試、農林漁牧業、食品業、醫學工程、航太、通訊、光學、採礦、物理、核子工程、紡織工程、經濟分析、法律、工業衛生汙染、不動產評鑑研究、動產評鑑研究、無形資產評鑑研究、鑑定及損害賠償研究
中央研究院	生物科技、物理、化學、資訊、文史
行政院農業委員會農業試驗所	農藝作物鑑定、蔬菜及溫帶果樹生產調查、花卉品種與栽培技術、作物病蟲害鑑定、農藥藥害鑑定
中國石油股份有限公司煉製研究所	石油煉製技術
臺灣糖業公司臺糖研究所	農業、糖業、生物化學
臺灣電力股份有限公司綜合研究所	電力科技、環境工程、機械工程、化學、化學工程、材料工程、土木、燃燒設備、資訊、電機、能源效率、核子工程、電信、經濟分析

單位	專業技術領域
行政院農業委員會水產試驗所	水產科技研究發展政策、水產生物之分類及生態之調查研究、漁場資源之解析及評估研究、漁場環境之調查及漁海況之分析、栽培漁業及海洋牧場之研究、漁具、漁法之試驗研究、水產生物之繁殖及養殖技術之研究
行政院衛生署藥物食品檢驗局	藥物、食品、化妝品衛生檢驗
國防部軍備局中山科學研究院	醫學工程、運動娛樂、交通運輸、環境工程、機械工程、印刷工程、　化學、化學工程、生物化學、材料工程、紡織工程、採礦、燃燒設備　、測量、測試、光學、控制工程、資訊、電機、電子、通訊工程、航太工程、日常用品、工業設計、橡膠、塑膠、儀器、工業安全衛生、冷凍空調、熱流（傳）、農業機械
中國機械工程學會	機械自動化、化工設備、微電腦控制系統、運輸設備
中國土木水利工程學會	土木、水利、建築、環境工程、測量、試驗、檢查等及其相關之工法、材料、機具
中國礦冶工程學會	礦業類、冶金類、油氣類
中國印刷學會	印刷數位化、自動化技術研究、圖文傳播科技及產業發展趨勢研究、圖文傳播教育研究
中華民國建築師公會全國聯合會	建築物及其實質環境之調查、測量、設計、監造、估價、檢查、鑑定
中華民國電機技師公會全國聯合會	合約履行鑑定、安全性鑑定、電器火災鑑定、專利侵害鑑定
中國農業工程學會	農業工程
中華民國生物醫學工程學會	醫學電子、生物力學、生醫材料等之相關學理及工程技術
中華民國土木技師公會全國聯合會	土木工程
中華民國工業設計協會	產品之機構、造型等相關之新型、新式樣
中華民國光學工程學會	光學科學及技術

單位	專業技術領域
臺灣省機械技師公會	機械工程（含機械設備、燃燒設備、昇降機、運動娛樂設備、金屬） 機電整合（機電自動化、電路控制應用、電腦週邊設備） 工業設計
臺北市工礦安全衛生技師公會	工礦安全衛生之規劃、設計、研究、分析、檢驗、測定、評估、鑑定及計劃管理等
自行車工業暨健康科技工業研究發展中心	自行車、電動自行車、電動休閒車、運動器材、健身器材、醫療輔具
臺北市土木技師公會	土木建築
臺灣省水利技師公會	水利
中華民國建築技術學會	建築、土木、水利、結構、環工、電機、機械、營造業、材料製造業
臺北市機械技師公會	建築設施類、一般機械類、其他專業性設備

　　鑑定機構係按照法院與兩造所提供之證據與資料進行鑑定，專利權人在主張其專利權被侵害時，必須負舉證責任。也就是說，專利權人必須證明系爭專利確實有被侵害之事實，亦即必須先證明自己有專利權，其次再證明被告有實施其專利權之行為。

　　但是，如果系爭專利為方法專利，實務上，專利權人是難以得知被告之實施行為是侵害系爭方法專利，而且亦難以舉證。因此，對於方法專利，在專利法第九十九條特別訂有推定條款，將舉證責任適度地轉嫁予被告。

　　專利法第九十九條第一項規定：製造方法專利所製成之物在該製造方法申請專利前，為國內外未見者，他人製造相同之物，推定為以該專利方法所製造。因此，方法專利的專利權人只要證明：以其方法專利所製成之物在該專利申請之前，相同物均未見於國內外，且他人製造之物與方法專利所製造之物相同，即足以推定他人係以專利方法製造，而構成侵權。

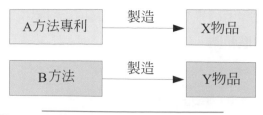

圖6-6　方法專利侵害推定圖

　　推定的方式可以用圖6-6表示，X物是由A方法專利所製造，Y物是由B方法製造，如果證明X物與Y物是一樣的，則可以推定B方法與A方法專利是一樣的。

　　在法律上的推定，也可以用反證推翻，所以，在專利法第九十九條第二項中亦規定：前項推定得提出反證推翻之，被告如果能證明其製造該相同物之方法與專利方法不同者，就是提出反證。再以圖6-3來看，如果被告能證明B方法與A方法專利不同，就可以推翻當初侵權的推定。

6-4-2 專利侵害鑑定基準

　　經濟部智慧財產局於2004年10月5日完成專利侵害鑑定要點草案，並移送司法院，舊的專利侵害鑑定基準亦自該日起停止適用，但是，司法院迄今尚未正式公布新的專利侵害鑑定要點，而專利侵害鑑定基準卻已停用。在本小節中將先介紹專利侵害鑑定基準中對專利侵害的鑑定流程，下一小節再介紹專利侵害鑑定要點中，發明專利與新型專利的侵害鑑定流程，以供讀者做一比較。

　　由於專利侵害鑑定基準已自2004年10月5日起停止適用，所以，對於專利侵害鑑定基準僅就其流程予以簡要說明，不做深入探討，而專利侵害鑑定要點雖然司法院尚未公布，然未來的專利侵害鑑定將依專利侵害鑑定要點進行鑑定，所以，在下一小節中會就專利侵害鑑定要點做較多的說明。

　　專利的侵害鑑定程序，是將待鑑定物與專利的申請專利範圍逐項進行比對，而不是將待鑑定物與專利的產品進行比對，所以，專利說明書中的申請專利範圍到底含蓋多大，就影響到待鑑定物會不會落入申請專利範圍。

　　在專利侵害鑑定基準中對專利侵害鑑定的流程如圖6-7所示，首先是依專利權範圍認定原則，分解申請專利範圍之構成要件，專利權範圍認定的理論有中心限定主義、周邊限定主義及折衷主義，我國係採行折衷主義。分解申請專利範圍之構成

要件的主要工作，是分解申請專利範圍中的獨立項及附屬項，並解析獨立項與附屬項的關係，以確定專利權範圍。

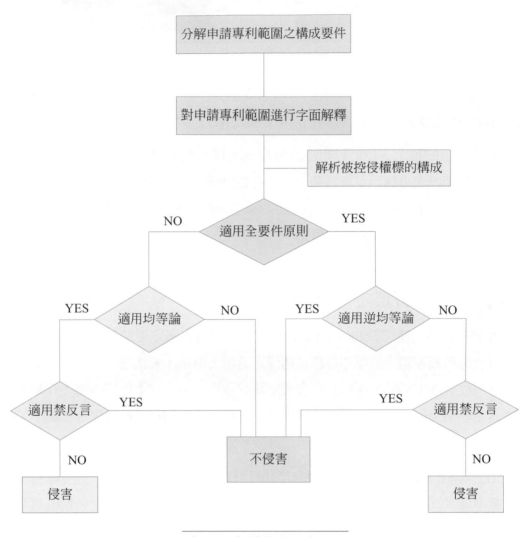

圖6-7　專利侵害鑑定流程

其次是對申請專利範圍進行字面解釋，以界定申請專利範圍真正所能含蓋的專利權範圍，在對申請專利範圍進行字面解釋時，首先考量的是內部證據（Intrinsic Evidence），如有不明或不足的時候，再參酌外部證據（Extrinsic Evidence）。所謂內部證據是指直接與專利申請文件有關的資料，如申請專利範圍的文字定義、專利說明書的說明、圖式、歷史檔案、先前技術⋯等。外部證據則是指不是專屬於申請專利文件的資料，如前案資料、專家證人的意見、字典、工具書、教科書⋯等。

解釋申請專利範圍時優先考量內部證據的原因有二，首先是因為內部證據是發明人或專利權人當初界定專利內容的說明或文字，日後在解釋專利的申請專利範圍時，當然是要以發明人或專利權人的本意為優先考量。其次，由於科技的進步日新月異，以往既有的語彙或文字，常常無法用來描述新的技術內容，所以，在專利說明書或申請專利過程中的檔案，會同意發明人或專利權人自行對申請專利範圍內所使用的文字加以定義。

既然內部證據與外部證據都有這麼多，在解釋申請專利範圍時，到底應以何種順序來進行？一般來說，在進行申請專利範圍字面解釋時，會先對申請專利範圍中的用語、文字加以解釋，如果申請專利範圍的用語有模糊或不清楚的地方，再參酌的說明書、申請專利過程中答辯的檔案資料…等內部證據加以解釋。一般來說，在解釋申請專利範圍中所使用的用語、文字的意義時，主要是參考該技術所屬領域中具有通常知識的人，對該等用語、文字所通認或習慣的意義。

但是，在技術所屬領域中具有通常知識的人，對該等用語、文字所通認或習慣的意義，有時候又會流於過度的主觀判斷，為了能較為客觀的解釋申請專利範圍的字面意義，對於有爭議的用語或文字，除了靠技術所屬領域中具有通常知識的人，對該等用語、文字所通認或習慣的解釋外，應先探查發明人本身於專利說明書或專利申請過程中，對該用語是否曾經加以說明或限制，以確定發明人的真正意思。如果在專利說明書或申請專利過程中，沒有特別的說明或限制，再以專業字典或詞典中的定義來解釋。

由於專利的侵害鑑定過程，是將待鑑定對象與系爭專利的申請專利範圍進行比對，以判斷是否造成侵害，在鑑定流程中的分解申請專利範圍之構成要件及對申請專利範圍進行字面解釋的步驟，其目的都是在確定申請專利的範圍。在確立了系爭專利的申請專利範圍後，為了能比對待鑑定對象與申請專利範圍，還要對待鑑定物解析其結構或方法，俾進行後續的比對。

在分解了申請專利範圍的構成要件，並對申請專範圍進行字面解釋之後，同時也解析待鑑定對象或其方法，依鑑定流程，接著進行的就是全要件原則的比對。由於在撰寫申請專利範圍時，是依照最少元件原則，因此，申請專利範圍中所記載的內容一定是實現該專利所不可或缺的元件，所以，經過比對之後，待鑑定的物品或方法如果具備系爭專利之申請專利範圍所界定的技術特徵，就造成專利的侵害，否則就沒有侵害。

在6-3節中已經說明依全要件原則進行比對後，其結果不外乎是：要件完全相等、要件過剩及要件欠缺，如果比對結果為要件欠缺，則判斷為不侵害專利，其餘情形，不論是要件完全相同或要件過剩的情形，依全要件原則都會被判斷為侵害專利。

待鑑定對象與系爭專利的申請專利範圍，在經過全要件原則的比對後，如果不符合全要件原則，接著要再進行均等論判斷，如果比對結果符合全要件原則，則要進行逆均等論的判斷。

為了避免他人稍微變更申請專利範圍中的某些元件，而能輕易的模仿其技術，於是有了均等論的理論，在均等論之下，被控專利侵害的物品或方法，雖然未落入系爭專利的申請專利範圍之字面意義中，但是，如果二者間的差異或改變，是該技術領域中具有通常知識的人都可以輕易的想到而加以置換，則被控侵害的物品或方法即會被認為與系爭專利的申請專利範圍中所記載的技術是均等。

在進行均等論的判斷時，要考量的是：置換的可能性與置換的容易性，亦即被控專利侵害的物品或方法，是否可能由系爭專利的申請專利範圍或說明書的記載，加以修正或改變而達到，其修正或改變是不是在該技術領域中具有通常知識的人可以輕易達到的。

除了考量置換的可能性與置換的容易性外，做均等論的判斷時，也可以採用假設性申請專利範圍（Hypothetical Claim）的方式，假設性申請專利範圍判斷法是將被控專利侵害的物品或方法，視為是一個由假設性申請專利範圍的字面意義所界定，在經過比對後，如果這個假設性申請專利範圍仍然具有專利性，則認為被控專利侵害的物品或方法含蓋於系爭專利均等擴張的申請專利範圍之內，否則，該被控專利侵害的物品或方法則被視為屬先前技藝的公共領域中的技術，不構成侵權。

待鑑定對象與系爭專利的申請專利範圍，經過全要件原則的比對後，如果比對結果符合全要件原則，初步會被認定為構成專利侵害，但是，為求週延還要進行逆均等論的判斷。

在經過逆均等論將申請專利範圍中的上位用語加以限縮後，再將被控侵害的物品或方法與系爭專利的申請專利範圍進行比對，這時如果被控侵害的物品或方法仍然落入系爭專利的申請專利範圍，則構成專利的侵害，否則就不構成專利侵害。

最後，不論是經均等論的判斷或者是由逆均等論的判斷，其結果如果是有侵害專利，基於衡平（Equity）原則，都需要再經過禁反言的判斷。在均等論判斷後，認為被控侵害的物品或方法與系爭專利的申請利範圍相同，但適用禁反言時，則認定為二者不相同，如果不適用禁反言，就維持均等論的判斷。

同樣的，利用逆均等論判斷後，如果認為被控侵權的物品或方法在實質上沒有利用發明之技術方法或手段，則該部分與申請專利範圍所對應之部分不相同，就不構成專利的侵害。

禁反言之原則適用於申請專利範圍之縮減或補正，在專利的申請過程中或核准後，專利權人有放棄其申專利範圍之事實，即不得再行主張。但是，對於有關物質發明專利，在有利用該物質特性而衍生出的一系列相關產品上，縱使有禁反言原則之適用，但對於有使用該物質專利權之事實並未改變，並不因而就脫離關係。

6-4-3 發明與新型專利的侵害鑑定要點

專利侵害鑑定基準自2004年10月15日停止適用後，經濟部智慧財產局於同日將修正的專利侵害定要點草案函送司法院。在專利侵害鑑定要點草案的適用範圍一章中，明確定義了專利侵害鑑定原則僅供法院或侵害專利鑑定專業機構等參考，而非用來拘束上述機關或機構。

在2004年專利侵害鑑定要點草案擬訂時，我國的專利分為發明專利、新型專利及新式樣專利，在進行專利侵害鑑定時，將發明專利與新型專利歸為一類，新式樣專利原來即另外單獨一類，2011年專利法修訂後，將新式樣專利改為設計專利，但侵害鑑定要點並未跟著改名。因此，在本小節中將會先討論發明專利與新型專利的侵害鑑定原則，在下一小節中再介紹新式樣（設計）專利的侵害鑑定原則。

發明專利與新型專利的侵害鑑定流程如圖6-8所示，整個鑑定流程可分為二個階段，首先是解釋申請專利範圍，其次是比對解釋後之申請專利範圍與待鑑定對象。

在進行比對解釋後之申請專利範圍與待鑑定對象時，需先解析申請專利範圍之技術特徵並解析待鑑定對象之技術內容，再基於全要件原則，判斷待鑑定對象是否符合文義讀取。

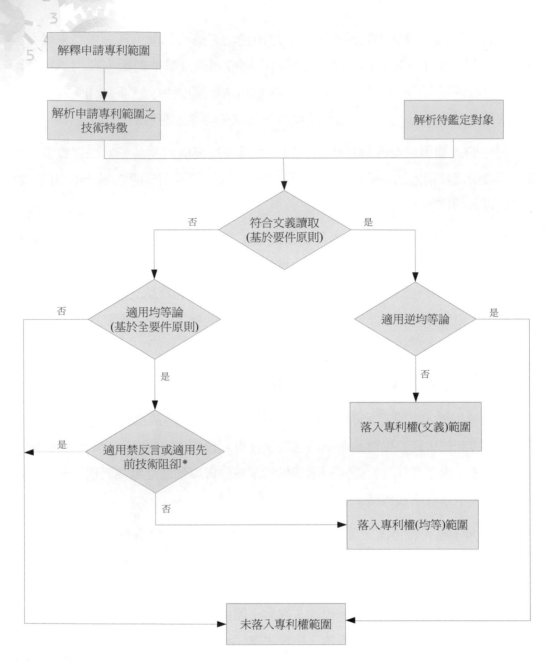

* 被告可擇一或一併主張適用禁反言或適用先前技術阻卻，判斷時，二者無先後順序關係。

圖6-8　發明及新型專利侵害鑑定流程

　　若待鑑定對象經過比對後，符合文義讀取且被告主張適用逆均等論，應再比對待鑑定對象是否適用逆均等論，若待鑑定對象適用逆均等論，則應判斷待鑑定對象未落入專利權範圍。如果待鑑定對象不適用逆均等論，則應判斷待鑑定對象落入專利權（文義）範圍。

　　若待鑑定對象符合文義讀取，而且被告又未主張適用逆均等論，則應判斷待鑑定對象落入專利權範圍。如果待鑑定對象不符合文義讀取，應再比對待鑑定對象是否適用均等論。

　　若待鑑定對象不適用均等論，則應判斷待鑑定對象未落入專利權範圍。如果待鑑定對象適用均等論，且被告主張適用禁反言或先前技術阻卻時，應再判斷待鑑定對象是否適用禁反言或先前技術阻卻。

　　若待鑑定對象適用禁反言或先前技術阻卻二者或其中之一者，則應判斷待鑑定對象未落入專利權範圍。若待鑑定對象不適用禁反言，且不適用先前技術阻卻，則應判斷待鑑定對象落入專利權範圍。若待鑑定對象適用均等論，且被告未主張適用禁反言或先前技術阻卻時，應判斷待鑑定對象落入專利權範圍。鑑定細節及注意事項將詳述如下。

一、解釋申請專利範圍（Claim Construction）

　　專利侵害鑑定流程的第一階段是解釋申請專利範圍，解釋申請專利範圍之目的，在能正確解釋申請專利範圍之文字意義，以合理界定專利權範圍，由於技術不斷的進步，不能以現在的技術去解釋過去的申請專利範圍，因此，申請專利範圍之文義範圍（Scope）應限制在申請時（Filing）所能瞭解之意義。

（一）解釋申請專利範圍的證據

　　用來解釋申請專利範圍之證據包括內部證據與外部證據。內部證據包括請求項之文字、發明或新型的說明、圖式及申請歷史檔案，發明或新型的說明包括發明所屬之技術領域、先前技術、發明或新型的內容、實施方式及圖式簡單說明。申請歷史檔案則是指自申請專利至維護專利權的過程中，申請時原說明書以外之文件檔案，如申請、舉發或行政救濟階段之補充、修正文件、更正文件、申復書、答辯書、理由書或其他相關文件等。

　　外部證據是指內部證據以外之其他證據。經常被引用的外部證據包括發明人或創作人之其他論文著作、發明人或創作人之其他專利、相關前案（如追加案之母案、主張優先權之前案等）、專家證人之見解、該發明所屬技術領域中具有通常知識者之觀點或該發明所屬技術領域之權威著作、字典、專業辭典、工具書、教科書等。

如果內部證據即足以使申請專利範圍清楚明確，則無須再考慮外部證據，若是外部證據與內部證據對於申請專利範圍之解釋有不一致或衝突時，則優先採用內部證據，不足之處再採行外部證據。

（二）解釋申請專利範圍

對於專利權的範圍，在專利法第五十八條第四項中明文規定，是以申請專利範圍為準，在解釋申請專利範圍時，得審酌發明說明書及圖式。可見得專利權的範圍主要是取決於申請專利範圍中之文字，如果申請專利範圍中所記載的內容明確時，應該以其所記載之文字意義及該發明所屬技術領域中具有通常知識者所認知或瞭解該文字在相關技術中通常所總括的範圍予以解釋。

如果申請專利範圍中記載了多個技術特徵時，應以請求項所記載之整體內容為依據加以解釋，不得僅就其中部分的技術特徵，來認定其專利權範圍。對於以二段式撰寫之請求項，不能僅就其前言部分，或只就其特徵部分之技術予以解釋，應結合其特徵部分與前言部分所述之技術特徵，來認定其專利權範圍。

在解釋申請專利範圍時，如果遇到申請專利範圍之記載內容與發明或新型的說明或圖式中之記載內容不一致時，應以申請專利範圍之記載內容認定專利權範圍。對於說明書中出現誤記事項時，應依實質內容予以正確解釋。

通常在撰寫申請專利範圍，都會使用連接詞來連接前言與主體部分，而連接詞的使用方式不同，也會造成申請專利範圍的不同，所以，在解釋申請專利範圍時，應該依請求項中連接詞之表達方式，決定其專利權範圍。

前言部分是用來描述申請專利之標的相關事項，主體部分是描述技術特徵之關係，連接詞則是用來連接前言與主體，其表達方式決定了專利之保護強度。連接詞可分為開放式連接詞、封閉式連接詞、半開放式連接詞及其他表達方式等，常用的連接詞及其型式整理如表6-2。

表6-2　連接詞的型式

連接詞型式	連接詞
開放式連詞	包含、包括、comprising、containing、including
半放式連接詞	主要（基本上、實質上）由⋯組成、consisting essentially of、consisting substantially of
封閉式連接詞	由⋯組成、consisting of
其他表達方式	構成（composed of）、具有（having）、係（being）

　　在申請專利範圍中請求項，如果使用開放式連接詞，是表示在該元件、成分或步驟之組合中，不排除在請求項中未記載的元件、成分或步驟，中文常用的開放式連接詞有：包含、包括，英文常用的開放式連接詞有：comprising、containing、including。

　　使用封閉式連接詞則是表示在該元件、成分或步驟之組合中，僅包含請求項中所記載之元件、成分或步驟，不包含未記載的元件、成分或步驟，中文常用的封閉式連接詞有：由⋯組成，英文常用的有：consisting of。

　　半開放式連接詞是介於開放式連接詞與封閉式連接詞之間，用以表示在元件、成分或步驟之組合中，不排除實質上不會影響申請專利範圍所記載的元件、成分或步驟，中文的表示方式有：主要（或基本上、實質上）由⋯組成，英文則表示為：consisting essentially of、consisting substantially of等。

　　如果請求項是以其他連接詞撰寫，如：構成（composed of）、具有（having）、係（being）等，其究竟屬於開放式、封閉式或半開放式連接詞，則還需要參照說明書的上、下文意，依個案內容再予以認定。

　　如果申請專利範圍是以功能手段用語或步驟功能用語（Means Plus Function or Step Plus Function）表示，在其請求項中並未記載對應的結構、材料或動作，因此，在解釋申請專利範圍時，對於技術特徵僅能包含發明或新型的說明實施方式中對應於該功能之結構、材料或動作，及該發明所屬技術領域中具有通常知識者不會產生疑義之均等物或均等方法，來認定其專利權範圍。

　　在解釋申請專利範圍時，除了要注意請求項中的連接詞外，還要注意請求項中所使用的上位（Genus）概念與下位（Species）概念，上位概念指複數個技術特徵屬於同族或同類的總括概念，或複數個技術特徵具有某種共同性質的總括概念，下位概念則是相對於上位概念表現爲下位之具體概念。

　　例如交通工具是用來將人、物運輸至他地之載具，包含客車、貨車、火車、船、飛機…等，此時，交通工具就是一種上位概念，相對的，客車、貨車、火車、船、飛機…等就是下位概念。

　　申請專利範圍中的請求項，使用上位概念用語時，除非申請專利範圍之用語本身係用於賦予專利性，否則，僅能包括有限下位概念事項。由於技術是不斷的發展，如果將上位概念用語無限上綱到所有下位概念用語，將有礙產業及社會的進步，所以，有限下位概念事項是將上位概念用語予以限縮，係指說明書內容所記載之下位概念事項部分，以及申請時該發明所屬技術領域中具有通常知識者所能理解之下位概念事項部分。

　　最後，在解釋申請專利範圍時，還需要清楚的律定請求項中元件的數目，律定元件數目可以分爲二個部分來看，首先考量的是擇一形式的用語，所謂擇一形式係指在請求項中的元件，以「或」、「及」並列記載一群具體技術特徵的選項。擇一形式總括用語中的「及／或」，其意義爲：選擇其中之一或其組合，所以，在解釋擇一形式用語時，應限定在其所記載之選項中。

　　如某專利之申請專利範圍爲：其特徵爲A、B、C或D，表示其組成元件僅能爲A、B、C、D中的一個。如果某專利的申請專利範圍爲：由A、B、C及D組成的物質群中選擇的一種物質，表示該專利的組成元件爲A、B、C、D的各種可能之組合。而專利的申請專利範圍，如果寫成：由A、B、C及D組成，則表示該專利的組成元件爲A、B、C、D，四個元件缺一不可。

　　其次，在申請專利範圍的請求項中，會以各種不同的方式表示元件的數目，必須要依其表示法清楚的認知元件的數目，如對偶（dual）的意義是指雙數，複數的意義是至少二，也就是元件數目要大於等於二，至少一的意義爲一以上，也就是元件數目要大於等於一。

（三）參酌說明及圖式

專利法第五十八條第四項規定專利權的範圍，以申請專利範圍為準，於解釋時得參酌說明書及圖式。可見得專利權範圍實質內容之認定，仍是以申請專利範圍中所記載的範圍為準，而發明或新型說明書所記載事項及圖式，其目的只是在補充說明書文字之不足，以使該發明或新型所屬技術領域中，具有通常知識者在閱讀說明書時，得依圖式直接理解該發明或新型之各個技術特徵及其所構成的技術手段。

如果在解釋申請專利範圍時，其所記載之技術特徵已經很明確時，就不能將發明或新型的說明及圖式所揭露的內容引入申請專利範圍，只有在申請專利範圍中所記載之技術特徵不明確時，才可以參酌發明或新型說明與圖式來解釋申請專利範圍。而如果遇到申請專利範圍之記載內容與發明或新型說明及圖式所揭露的內容不一致時，則仍然要回歸專利法的基本精神，對於不一致的地方應以申請專利範圍為準。

至於在發明說明中有揭露但並未記載於申請專利範圍之技術內容，依專利法第五十八條第四項，是不得被認定為專利權範圍，而且說明書中所記載之先前技術，也是排除於申請專利範圍之外的。由於科技是日新月異的，對於申請專利範圍之用語，如果專利權人在發明說明中創造新的用語或賦予既有用語新的意義，而該用語的文義明確時，仍然可以用該文義來解釋申請專利範圍。

二、解析申請專利範圍之技術特徵

專利侵害鑑定的第二階段是比對解釋後的申請專利範圍與待鑑定對象，在進行第二階段比對時，首先要解析申請專利範圍的技術特徵。在解析申請專利範圍的技術特徵時，可以將專利的技術特徵分為得組合或拆解的技術特徵及不得省略的技術特徵二類。

（一）得組合或拆解的技術特徵

在進行全要件原則比對時，請求項中的每一個技術特徵，均對應表現在待鑑定對象中，則待鑑定對象會被認定構成專利侵害。因此，不論是以待鑑定對象中的多個元件、成分或步驟，來達成申請專利範圍中單一技術特徵之功能，或者是以待鑑定對象中單一元件、成分或步驟，達成申請專利範圍中多個技術特徵組合之功能，均得稱該技術特徵係對應表現在待鑑定對象中。

所以，爲了進行後續的比對，必須要對申請專利範圍中的技術特徵進行解析，以解析出可以組合的技術特徵或者可以拆解的技術特徵。

（二）不得省略的技術特徵

申請專利範圍所記載內容係爲一個整體之技術手段，不論元件、成分或步驟如何拆解或組合，某些申請專利範圍所記載之技術特徵都不能省略，這個技術特徵也要比對前予以定義出來。

三、解析待鑑定對象之技術內容

專利的侵害鑑定是要將待鑑定對象與系爭專利的申請專利範圍進行比對，所以，在比對前除了要解析系爭專利的申請專利範圍及其技術特徵外，同樣的也要解析待鑑定對象的技術內容，俾利後續的比對。

在解析待鑑定對象的技術特徵時，通常會依申請專利範圍的文字記載，將請求項中能相對獨立實現特定功能、產生功效的元件、成分、步驟及其結合關係設定爲技術特徵。解析待鑑定對象後，所得到的元件、成分、步驟或其結合關係，與申請專利範圍之技術特徵必須要能相對應，在待鑑定對象中與申請專利範圍之技術特徵無關的元件、成分、步驟或其結合關係，均不得納入比對內容。

在比對待鑑定對象與申請專利範圍時，如果待鑑定對象中的元件、成分、步驟或其結合關係與技術特徵之文義相同時，原則上應該以該技術特徵之文字予以命名。如果待鑑定對象中的元件、成分、步驟或其結合關係與該技術特徵之文義並非完全相同，而其已有名稱時，則應以該名稱予以命名，如果都沒有名稱時，則以其所屬技術領域中之名稱予以命名。

由於發明專利的標的有物的專利、方法專利及用途專利，不同的標的有不同的比對方式。當專利標的爲物時，所送之待鑑定對象應爲物，就所送之待鑑定物中與申請專利範圍所述之申請標的對應之物予以比對。專利標的爲組合物時，應就申請專利範圍所述之成分及比例與所送待鑑定對象做比對。

如果當初是以製造方法來界定物的申請專利範圍時，雖然申請專利範圍中所記載的內容，包括了物與製造方法，但是，其專利標的爲物，所以，待鑑定對象只需爲最終產物即可。當專利的標的爲方法時，應就待鑑定對象中與申請專利範圍所述之申請標的對應之方法進行比對。用途專利則比照方法專利的方式處理。

四、文義讀取判斷

文義讀取的目的在確認解釋後申請專利範圍中之技術特徵的文字意義，是否完全對應表現在待鑑定對象中。要符合文義讀取，必須先符合全要件原則的判斷，在提出告訴之請求項中，至少有一個請求項的所有技術特徵，完全對應表現在待鑑定對象中，才符合文義讀取。

也就是說，以解析後之申請專利範圍之技術特徵與待鑑定對象所對應之元件、成分、步驟或其結合關係逐一進行比對，如果比對後，待鑑定對象欠缺解析後申請專利範圍中的任一個技術特徵，即不符合文義讀取。

待鑑定對象是不是包括解析後申請專利範圍之所有技術特徵，也會受到申請專利範圍中，請求項中的連接詞之表達方式的影響，同樣的元件、成分或步驟的組合，會因為使用的連接詞不同，而有不同的結果。

以開放式連接詞而言，它表示在該元件、成分或步驟之組合中，不排除在請求項中未記載的元件、成分或步驟。例如某專利的申請專利範圍，以開放式連接詞表示為：……包括A、B、C……，而待鑑定對象對應之元件為：A、B、C、D，則因為開放式連接詞不排除請求項中未記載的元件、成分或步驟，所以除了申請專利範圍中的A、B、C外，不排除其他元件，因此，待鑑定對象雖為A、B、C、D的組合，仍應判斷為符合文義讀取。

就封閉式連接詞而言，它表示該元件、成分或步驟之組合中，僅包含請求項中所記載之元件、成分或步驟，不包含未記載的元件、成分或步驟。再以前面的案例來看，某專利仍是由A、B、C三個元件所組成，如果三個元件的關係以封閉式連接詞表示為：…由A、B、C組成…，即表示該專利的元件只包含A、B、C，其餘的元件都不在其專利權的範圍。這時，待鑑定對象如果過解析是：由A、B、C、D所組成，則應判斷待鑑定對象是不符合文義讀取。

半開放式連接詞是用以表示元件、成分或步驟之組合中不排除實質上不會影響申請專利範圍所記載的元件、成分或步驟。前面的專利申請專利範圍以半開放式連接詞寫成：…主要由A、B、C組成……，而待鑑定對象如果為：A、B、C、D所組成，這時，待鑑定對象是否符合文義讀取，則有賴該技術領域中具有通常知識的人加以判斷，如果元件D是實質上不會影響技術特徵的元件、成分或步驟或其結合關係，則應判斷待鑑定對象符合文義讀取。如果元件D是實質上會影響技術特徵的元件、成分或步驟或其結合關係，則應判斷待鑑定對象不符合文義讀取。

在撰寫申請專利範圍時，專利申請人為了能獲得較大的專利權範圍，往往會採用上位概念用語來記載其技術特徵，在專利侵害鑑定的判斷上，如果申請專利範圍中所記載之技術特徵係上位概念用語，而待鑑定對象所對應的是下位概念時，應判斷待鑑定對象符合文義讀取。

在全要件的原則之下，待鑑定對象與系爭專利的申請專利範圍，經過文義讀取的比對後，如果待鑑定對象符合文義讀取，而被告如果主張適用逆均等論時，應再比對待鑑定對象是否適用逆均等論，如果被告未主張適用逆均等論時，就應判斷待鑑定對象落入專利權的文義範圍。如果經過比對後，待鑑定對象不符合文義讀取，應再比對待鑑定對象是否適用均等論。

五、均等論判斷

如果待鑑定對象中之元件、成分、步驟或其結合關係的改變或替換，相對於申請專利範圍之技術特徵，沒有產生實質上的差異（Substantial Difference）時，則適用於均等論的判斷。

在進行均等論的比對時，一般是採用三步測試法，若待鑑定對象之對應元件、成分、步驟或其結合關係，與申請專利範圍之技術特徵係以實質相同的技術手段（Way），達成實質相同的功能（Function），而產生實質相同的結果（Result）時，則依均等論，應判斷待鑑定對象之對應元件、成分、步驟或其結合關係，與申請專利範圍之技術特徵無實質差異。也就是說，待鑑定對象與系爭專利的申請專利範圍兩者間之差異，為該發明所屬技術領域中具有通常知識者所能輕易完成者。

例如某專利的申請專利範圍之技術特徵為：A、B、C，而待鑑定對象之對應元件為：A、B、D。如果元件C與元件D兩者在進行文讀取的判斷時，不符合文義讀取，接著就要再判斷元件C與元件D兩者是否係以實質相同的技術手段，達成實質相同的功能，產生實質相同的結果，如果元件C與元件D兩者所用之技術手段、功能、結果皆為實質相同，應判斷元件C與元件D之間無實質差異，待鑑定對象與系爭專利的申請專利範圍適用均等論。

在進行均等論的判斷時，待鑑定對象必須要先符合全要件原則，如果待鑑定對象欠缺解析後申請專利範圍中之任一個技術特徵，即不適用均等論，應判斷待鑑定對象未落入專利權範圍。

在進行均等論比對時，應該以解析後申請專利範圍之技術特徵與待鑑定對象所對應之元件、成分、步驟或其結合關係中，不符合文義讀取之技術內容逐一進比對（Element by Element），不得以申請專利範圍之整體（As a Whole）與待鑑定對象進行比對。

在判斷待鑑定對象的技術特徵與系爭專利的申請專利範圍是不是均等時，應以侵權行為發生時，該發明所屬技術領域中具有通常知識者之技術水準加以判斷，如果待鑑定對象與申請專利範圍之對應技術特徵中的技術手段、功能、結果，其中之一有實質上的不同，就不適用均等論。

在經過均等論的比對後，如果待鑑定對象不符合全要件原則時，就不適用均等論，應判斷待鑑定對象未落入專利權範圍。若待鑑定對象適用均等論，且被告未主張適用禁反言或先前技術阻卻時，應判斷待鑑定對象落入專利權均等的範圍。若待鑑定對象適用均等論，且被告主張適用禁反言或先前技術阻卻時，應再比對待鑑定對象是否適用禁反言或先前技術阻卻。

六、逆均等論判斷

為了防止專利權人任意擴大其申請專利範圍之文義範圍，因此，有了逆均等論的理論，對申請專利範圍之文義範圍予以限縮。如果待鑑定對象已為申請專利範圍之文義範圍所涵蓋，但是，待鑑定對象係以實質不同之技術手段達成實質相同之功能或結果時，則應判斷未落入專利權文義範圍。也就是說，待鑑定對象已符合文義讀取，但是，實質上並未利用發明或新型說明所揭示之技術手段時，就適用逆均等論。

在進行逆均等論的比對時，應依據說明書中，發明或新型說明之內容（包括書面揭露、可據以實施程度等）來決定，就申請專利範圍中所記載之技術特徵逐一檢視說明。

如果待鑑定對象符合文義讀取又適用逆均等論時，應判斷待鑑定對象未落入專利權範圍。如果待鑑定對象符合文義讀取但不適用逆均等論，則應判斷待鑑定對象落入專利權的文義範圍。

七、禁反言

禁反言的目的是爲了防止專利權人藉著均等論，重新主張自專利申請至專利權維護過程中，任何階段或任何文件中已被限定或已被排除之事項。由於申請專利範圍爲未來界定專利權範圍之依據，一旦經過公告後，任何人都可以取得申請至維護過程中每一階段之文件，基於對專利權人在該過程中所做之補充、修正、更正、申復及答辯的信賴，不容許專利權人藉著均等論，任意重新主張其原先已限定或排除之事項。因此，禁反言可視爲均等論之阻卻事由。

如果申請專利範圍在專利的申請中或維護過程中，曾經有補充、修正或更正等行爲，應探討其是否與可專利性有關。若理由明確，應依其理由具體判斷是否適用禁反言，若理由不明確，得推定其與可專利性有關，適用禁反言。若專利權人能證明其補充、修正或更正與可專利性無關，則應判斷待鑑定對象不適用禁反言。

例如某專利之申請專利範圍之元件爲：A、B、C，而待鑑定對象之對應元件爲A、B、D，雖然專利權人於申請專利時，其申請專利範圍中有記載A、B、D，但是於申請專利的過程中，已將A、B、D修正爲A、B、C，這時就適用禁反言，專利權人就不能再主張當初的元件D仍在專利權範圍內。但是，如果專利權人在專利的申請至維護過程中，已經註明元件D與元件C相同意義，且其補充、修正或更正與可專利性無關，則待鑑定對象就不適用禁反言。

在專利侵害鑑定的過程中，主張禁反言對被告有利，所以禁反言的舉證責任屬於被告，如果被告沒有主張禁反言，其他的人不得主動要求被告或法院提供申請歷史檔案。而當專利侵害鑑定過程中，如果禁反言與均等論兩者在適用上產生衝突時，在專利侵害鑑定要點中規定是以禁反言優先適用。

經過比對及判斷後，如果待鑑定對象適用均等論，但不適用禁反言及先前技術阻卻時，應判斷待鑑定對象落入專利權的均等範圍。如果待鑑定對象適用均等論，且適用禁反言，應判斷待鑑定對象未落入專利權範圍。

八、先前技術阻卻

先前技術是指涵蓋在專利的申請日之前，所有能爲公眾得知之資訊，如果專利有主張優先權者，則以優先權日爲先前技術判斷的基準日，先前技術屬於公共財，任何人均可使用，不限於世界上任何地方、任何語言或任何形式的表達。既然

先前技術屬於公共財,就不允許專利權人藉著均等論的擴張而將先前技術涵括在內,因此,先前技術阻卻得為均等論之阻卻事由。

待鑑定對象經過比對、判斷後,即使適用均等論,如果被告主張適用先前技術阻卻,而且經過判斷後,待鑑定對象與某一先前技術完全相同,或雖然不完全相同,但是,為該先前技術與所屬技術領域中之通常知識者,都能做到的簡單組合,則就適用先前技術阻卻。

例如專利之申請專利範圍之技術特徵為:A、B、C,而待鑑定對象之對應元件為:A、B、D_1,先前技術所對應之元件為:A、B、D。雖然在侵權行為發生之時,對該發明所屬技術領域中具有通常知識者之技術水準而言,元件C與元件D_1之間並無實質差異,而適用均等論,但是,如果元件D_1與元件D相同,或者元件D_1是元件D與所屬技術領域中,具有通常知識的人可以簡單組合時,則適用先前技術阻卻。

在專利侵害鑑定的過程中主張先前技術阻卻與禁反言一樣,都對被告有利,所以,應由被告負舉證責任。如果被告沒有主張先前技術阻卻,其他的人也不得代為主動提供相關先前技術資料,以判斷待鑑定對象是否適用先前技術阻卻。

經過比對、判斷後,如果待鑑定對象適用均等論,但是,不適用禁反言及先前技術阻卻時,應判斷待鑑定對象落入專利權的均等範圍。如果待鑑定對象適用均等論,且適用先前技術阻卻,則應判斷待鑑定對象未落入專利權範圍。

6-4-6 設計專利的侵害鑑定要點

2011年專利法修訂時,已將新式樣專利改為設計專利,但司法院並未同步推出設計專利的侵害鑑定要點,由於設計專利是由新式樣專利調整修訂的,性質類似,因此,本書暫時以原新式樣專利侵害鑑定要點的內容,做為設計專利侵害鑑定要點說明的基礎,同時修訂相關條文對應,俟新的要點公布後再行修正。

因為在舊的專利法中,新式樣專利並未包含電腦圖像及圖形化使用者介面,因此,在原新式樣專利侵害鑑定要點中也無相關規範,而本節係參照原新式樣侵害鑑定要點所述,故讀者應留意此一缺口。

依專利法第一百二十一條規定：設計指對物品之全部或部分之形狀、花紋、色彩或其結合，透過視覺訴求之創作，第二項也規定：應用於物品之電腦圖像及圖形化使用者介面，亦得依本法申請設計專利。由於設計涉及物品之全部或部分之形狀、花紋、色彩或其結合，透過視覺訴求之創作，因此，在設計專利的侵害鑑定流程上，也與發明或新型專利的侵害鑑定流程有所不同。

設計專利的侵害鑑定流程，與發明及新型專利的侵害鑑定流程相同的部分，都是分成二個階段，第一階段在解釋申請專利的範圍，第二階段則是比對解釋後申請專利之範圍與待鑑定物品，詳如圖6-9所示。

在比對解釋後申請專利之新式樣（設計）範圍與待鑑定物品時，首先要以該新式樣（設計）所屬技藝領域中，具有通常知識者之水準，就待鑑定物品之技藝內容進行解析，並排除功能性設計，再以普通消費者之水準，判斷解析後待鑑定物品與解釋後申請專利之新式樣（設計）物品是否相同或近似。

如果判斷結果為不相同或不相似，則判斷未落入專利權範圍，如果判斷結果為相同或相似，則再以普通消費者之水準，判斷解析後待鑑定物品與解釋後申請專利之新式樣（設計）的視覺性設計整體是否相同或近似。

如果判斷結果為不相同或不相似，則判斷未落入專利權範圍，如果判斷結果為相同或相似，還要再以該新式樣（設計）所屬技藝領域中具有通常知識者之水準，判斷待鑑定物品是否包含申請專利之新式樣（設計）的新穎特徵。

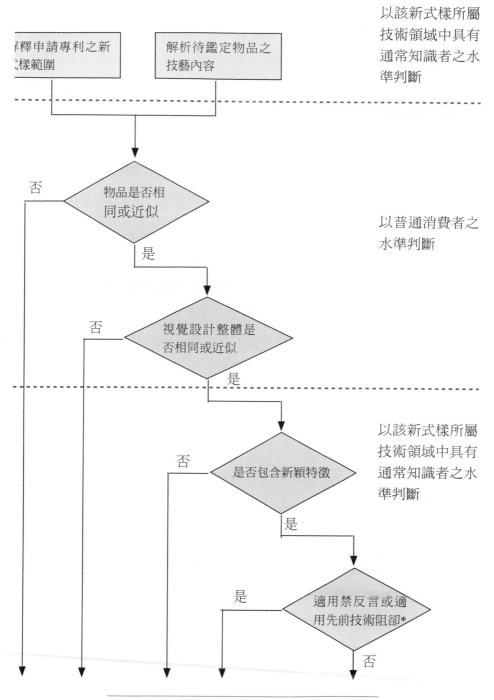

以該新式樣所屬
技術領域中具有
通常知識者之水
準判斷

解釋申請專利之新
式樣範圍

解析待鑑定物品之
技藝內容

否

物品是否相
同或近似

是

以普通消費者之
水準判斷

否

視覺設計整體是
否相同或近似

是

以該新式樣所屬
技術領域中具有
通常知識者之水
準判斷

否

是否包含新穎特徵

是

是

適用禁反言或適
用先前技術阻卻*

否

圖6-9　新式樣（設計）專利侵害鑑定流程

如果判斷結果待鑑定物品不包含申請專利之新式樣（設計）的新穎特徵，則該待鑑定物品就未落入專利權範圍，若待鑑定物品包含了系爭專利的新穎特徵，且被告主張適用禁反言或先前技藝阻卻時，應再判斷待鑑定物品是否適用禁反言或適用先前技藝阻卻。鑑定細節及注意事項將詳述如下。

一、解釋申請專利之新式樣（設計）範圍

設計是一種應用於物品外觀全部或部分之形狀、花紋、色彩或其結合之設計，它的實質內容係由設計結合物品所構成，因此，在解釋申請專利之新式樣（設計）範圍時，應以圖面上所揭露物品外觀之設計為準，同時結合物品名稱所指定之物品，來加以認定新式樣（設計）專利權範圍。

解釋申請專利範圍之目的，在確認申請專利之新式樣（設計）範圍及其新穎特徵，俾合理的界定其專利權的範圍。由於技藝是不斷的在進步，不能以現在人的眼光去看待前人的技藝，以免落入後見之明，所以，在解釋申請專利之新式樣（設計）範圍，亦應限制在申請時的技藝水準，除了物品的功能性設計外，都是以專利申請前之先前技藝為基礎，來確認新穎特徵。

如同解釋發明專利與新型專利的申請專利範圍一樣，用來解釋申請專利之新式樣（設計）範圍的證據，也包括了內部證據與外部證據。用來解釋申請專利之新式樣範圍的內部證據，包括了圖說及申請歷史檔案，其中圖說係指物品名稱、創作說明、圖式說明及圖式，而申請歷史檔案則是自專利申請至維護專利權的過程中，申請時原圖說以外之文件檔案，如申請、舉發或行政救濟階段之補充、修正文件、更正文件、申復書、答辯書、理由書或其他相關文件等。

用來解釋申請專利範圍之外部證據，則是指內部證據以外之其他證據，經常被引用做為外部證據的文獻，包括創作人之其他論文著作、創作人之其他專利、相關新式樣（設計）專利前案、專家證人之見解、該新式樣（設計）所屬技藝領域中具有通常知識者之觀點或所屬技藝領域之權威著作、字典、專業辭典、工具書、教科書等。這裡所謂的通常知識，是指該新式樣（設計）所屬技藝領域中，已知的普通知識，包括習知或普遍使用的資訊，以及在教科書或工具書中所記載之資訊，或從經驗法則所瞭解的事項。

在進行申請專利範圍的解釋時，如果內部證據就足以使申請專利之範圍清楚明確，則無須考慮外部證據，如果外部證據與內部證據對於申請專利範圍的解釋有衝突或不一致者，則應優先採用內部證據。

　　設計專利的專利權範圍，依專利法第一百三十六條第二項規定，以圖式爲準，但是解釋申請專利範圍時得審酌說明書。準此規定，新式樣（設計）專利的專利權範圍，應以已經公告之圖式或經更正公告之圖式爲準。

（一）圖式的解釋

　　由於科技的不斷進步，圖式呈現的方式，創作人在申請專利時，可以視需要選擇適當的工具，可以用墨線繪製、可以用照片展現、也可以採用電腦列印。申請專利的新式樣（設計）包括色彩時，應依圖式中色彩應用於物品之結合狀態圖，及創作說明中所記載指定色彩之工業色票編號或檢附色卡，來認定專利權範圍，如果沒有結合狀態圖或者是沒有工業色票編號或色卡，則其專利權範圍將被認定不包含色彩。

　　新式樣（設計）的圖式係由立體圖及六面視圖（前視圖、後視圖、左側視圖、右側視圖、俯視圖、仰視圖）或二個以上立體圖呈現，必要時並得繪製其他輔助之圖面，俾能具體、寫實的呈現物品外觀之形狀、花紋或色彩。因此，在解釋申請專利之新式樣（設計）範圍時，應該要綜合各圖面所揭露之點、線、面，再構成一個具體的新式樣（設計）三度空間設計，不得僅侷限於各圖面之圖形。

　　在專利法第一百二十一條中規定，設計專利是對物品之全部或部分之形狀、花紋、色彩或其結合，透過視覺訴求之創作。所以，設計是對物品的外觀形狀、花紋、色彩或其結合的一種設計，它的實質內容是由設計結合物品所構成，因此，設計是不能單獨的脫離物品而構成設計。在解釋申請專利範圍時，應該要以圖式上所揭露的物品外觀設計爲準，同時結合物品名稱所指定之物品，才能認定申請專利的範圍。

　　既然新式樣（設計）專利是以應用於物品外觀之整體設計爲其專利權的範圍，自然就不能只以局部設計來認定其專利權範圍，例如某種輪胎的新式樣（設計）專利之圖式中，揭露空間形狀及平面花紋，則日後在解釋申請專利範圍時，就不能只認定形狀爲專利權範圍，亦不得僅認定花紋爲專利權範圍，而應以其形狀及花紋整體設計爲其專利權的範圍。

　　在製作圖式時，隱藏在物品內部的設計，通常是不會表現於圖式，基於繪圖的一般原則，圖式上表現設計之線條都是以實線表示，在物品內部看不到的線條則是以虛線表示，因此，在專利侵害鑑定要點草案中，認爲非實線之線條僅爲讀圖之參考，不得作爲解釋申請專利範圍的依據。

　　圖式中所呈現的內容包含視覺性設計及功能性設計兩部分，不具視覺性的設計不在專利權範圍內。所謂視覺性設計，是指申請專利之新式樣（設計）必須是肉眼能夠確認而具備視覺效果的設計，對於肉眼無法確認而必須藉助其他工具始能確認之設計，屬不具備視覺性之設計，就不在專利權的範圍內。

　　而功能性設計則是指物品之外觀設計特徵純粹取決於功能需求，爲因應其本身或另一個物品之功能或結構而做的設計，在專利法第一百二十四條第一款即規定：純功能性設計的物品造形是不予專利的。如螺釘與螺帽上的螺牙，螺牙的目的就是爲了讓螺釘與螺帽能夠結合，它的外觀設計就是爲了讓螺釘與螺帽結合，因此，螺牙的外觀設計屬於功能性設計，不能將其視爲專利權的範圍。

　　雖然功能性設計是指形成物品用途、功能的重要構成元件，如果是爲了配合其他物品的功能或結構而設計，就不屬於專利權的範圍，但是這並不表示所有這樣的元件都不含蓋在專利權的範圍內，如果物品中的元件其用途，雖然是與物品其它的元件結合，但是，它的外觀設計能夠呈現視覺效果，則該元件就屬於透過視覺訴求之視覺性設計。例如椅子的靠背是支撐人體的功能性元件，如果它的外觀設計能夠現一種與以往傳統不同的視覺效果，則可以視爲一種視覺性設計，而成爲專利權的範圍。至於那些設計屬於視覺性設計、那些設計爲功能性設計，可以由該所屬技藝領域中具有通常知識者參酌通常知識予以認定。

（二）解釋創作說明

　　專利法第一百三十六條第二項規定，設計專利權的範圍，以圖式爲準，並得審酌說明書。也就是說，如果依圖式或物品名稱，仍然無法明確解釋申請專利範圍時，可以參酌創作說明書所載明之事項。

　　物品用途的目的在輔助說明物品名稱所指定之物品，它的內容包括物品之使用、功能等有關物品本身之敘述，對於新開發的新式樣（設計）物品，或新式樣（設計）物品爲其他物品之構成元件或附屬零件，應參酌創作說明的內容，以認定專利權範圍中之新式樣（設計）物品及其近似範圍。

　　而創作特點則是輔助說明圖面所揭露應用於物品外觀有關形狀、花紋、色彩設計之創作特點，創作特點包括新穎特徵、因材質特性、機能調整或使用狀態使物品外觀產生形態變化之部分、設計本身之特性、指定色彩之工業色票編號及色彩施予物品之範圍等與設計有關之內容。但是，如果只以文字記載於創作說明，而未以

圖面具體呈現物品之三度空間形狀，或未以圖面、照片或色卡具體呈現施於物品形狀上之花紋、色彩，將來都不會被認定為專利權範圍。

二、解析待鑑定物的技藝內容

在解釋過申請專利範圍後，緊接著進入專利侵害鑑定的第二階段 ── 比對解釋後申請專利範圍與待鑑定物品，這個階段的工作包括：解析待鑑定物的技藝內容、判斷物品是否相同或近似、判斷視覺性設計整體是否相同或近似、判斷是否包含新穎特徵及禁反言、先前技藝阻卻。

解析待鑑定物品時，應該要依其用途、功能，認定待鑑定物品對應解釋後申請專利範圍之部位，與申請專利範圍無關之部位不得納入。例如申請新式樣（設計）的物品是燈座，待鑑定物為包含燈座的檯燈，在比對時，應就二個燈座加以比對，不能將與申請專利範圍燈座無關的部分納入，而比對整個檯燈。

解析待鑑定物品之設計時，也應就解釋後申請專利範圍中之形狀、花紋、色彩，認定待鑑定物品對應之部位，與申請專利範圍中之形狀、花紋、色彩無關之形狀、花紋或色彩不得納入，亦不得將物品之構造、功能、材質、尺寸等非屬形狀、花紋、色彩之特徵納入比對內容。例如某一種輪胎的設計僅為立體形狀，待鑑定物品具有立體形狀及平面花紋，進行比對時，應僅就其形狀加以比對，不得將與形狀無關之花紋納入，而比對形狀及花紋。

三、判斷物品是否相同或近似

圖說中的物品名稱，是定義專利權人指定專利權所施予之物品，物品名稱所隱含之用途、功能係認定物品之近似範圍之基礎。例如物品的名稱是原子筆，即隱含其具有書寫及攜帶等功能。

在判斷待鑑定物品是否落入專利權範圍時，應以物品所屬領域中具有普通知識及認知能力的普通消費者的角度加以判斷，所謂普通消費者並不是該物品所屬領域中之專家或專業設計者，但會因物品所屬領域之差異而具有不同程度的知識及認知能力。

因此，在判斷新式樣（設計）物品與待鑑定物品是否相同或近似時，應依普通消費者選購商品的觀點，先判斷專利物品與待鑑定物品是否相同或近似，再判斷專利視覺性設計整體與待鑑定物品之設計是否相同或近似。

所謂相同物品是指用途與功能都相同的物品，近似物品則指用途相同但功能不同的物品，或者是指用途相近，不論其功能是否相同的物品。例如鋼筆和原子筆的用途都是書寫文字，但兩者之墨水供輸功能不同，即為近似物品。

待鑑定物品與申請專利範圍，經過相同或相似物品的比對及判斷後，如果待鑑定物品與申請專利範圍不相同或相似，則應判斷為未落入專利權範圍，如果待鑑定物品與申請專利範圍被判斷為相同或相似，則還要再進行視覺性設計整體是否相同或近似的比對及判斷。

四、視覺性設計整體是否相同或近似

在比對及判斷專利權範圍中之視覺性設計整體與待鑑定物品是否相同或近似時，應模擬普通消費者選購商品之觀點，再加以比對及判斷。如果待鑑定物品所產生的視覺印象，會使得普通消費者會將該視覺性設計誤認為待鑑定物品，產生混淆之視覺印象，則應判斷該視覺性設計與待鑑定物品相同或近似。

相較於對視覺性設計的相同或近似判斷，是以普通消費者於侵權行為發生時之觀點作考量。對於開創性發明物品之設計及開創設計潮流之設計，因為在市場上的競爭商品較少、設計自由度寬廣且需要較高的創意及較多的開發資源，為鼓勵創作，其設計的近似範圍會比既有物品之改良設計更為寬廣。

比對、判斷視覺性設計整體與待鑑定物品是否相同或近似時，應考量的因素有：比對整體設計、綜合判斷及以主要部位為判斷重點。

（一）比對整體設計

新式樣（設計）專利的專利權是以應用於物品外觀之整體設計為範圍，所以，申請專利範圍不得割裂，或局部主張其權利，在待鑑定物品與解釋後申請專利範圍進行比對時，應對其整體設計加以比對，不得拆解只對部分元件進行比對。

例如某專利物品為包含錶帶之手錶，待鑑定物品僅為錶帶，在比對時，不可以把將手錶拆解為錶帶及錶殼，再就專利物品中之錶帶與待鑑定物品進行比對，應該以專利物品 — 整個手錶包含錶帶及錶殼與待鑑定物錶帶進行比對。

對於立體的物品，在判斷待鑑定物品與解釋後申請專利範圍中之設計是否相同、近似時，應依圖式中所揭露的點、線、面，構成三度空間形體後，再以圖式所

揭露之形狀、花紋、色彩所構成的整體視覺性設計與待鑑定物品進行比對，不能只以六面視圖的每一視圖與待鑑定物品的每一面分別進行比對。

（二）綜合判斷

前面的步驟中，以整體設計為對象進行比對時，是以解釋後的申請專利範圍中，主要部位之設計特徵為重點，再綜合其他次要部位之設計特徵，而構成整體視覺性設計統合的視覺效果，最後，考量所有設計特徵之比對結果，予以客觀判斷其與待鑑定物品是否相同或近似。

如果在主要部位之設計特徵相同或近似，而次要部位之設計特徵不同時，原則上應認定整體設計近似。相反的，如果主要部位之設計特徵不同，即使次要部位之設計特徵相同或近似，原則上都認定整體設計不相同或不近似。

（三）以主要部位為判斷重點

在綜合判斷中，物品主要部位的設計特徵是決定待鑑定物品與申請專利範圍，是不是相同或相似的一個重要的考量因素，主要部位是指容易引起普通消費者注意的部位，但是，不包括使用中無法目視的部位，通常在選擇主要部位時，要考量視覺正面及使用狀態下之設計二種情形。

對於立體的物品，在判斷待鑑定物品與解釋後申請專利範圍中之設計是否相同、近似時，是依圖式中所揭露的點、線、面，構成三度空間形體後，再以圖式所揭露之形狀、花紋、色彩所構成的整體視覺性設計與待鑑定物品進行比對。但是，有些物品在使用狀態下，某些部位之外觀並非消費者注意之焦點，這時，應以普通消費者選購或使用商品時所注意的部位作為視覺正面，以該視覺正面為其主要部位，進行後續判斷。

由於科技的進步，物品為了運輸、商業、新奇等種種需求，發展出多種可以組合、折疊或變化的造形，這類的物品在比對時，就不易找到主要部位。針對此類可以組合、折疊或變化造形的物品，應該以其使用狀態下的外觀設計為主要部位，如果圖式所揭露伸展後之使用狀態下的設計，與待鑑定物品不可摺疊之設計為相同或近似者，應判斷兩者之設計為相同或近似。

待鑑定物品與申請專利範圍,在經過視覺性設計整體是否相同或近似的比對及判斷後,如果認為二者沒有相同或相似,則應做未落入專利權範圍之判斷。經過比對後,待鑑定物品與申請專利範圍,是以相同的設計應用於相同物品,二者基本上是相同的新式樣(設計),而待鑑定物品與申請專利範圍,不論是以近似的設計應用於相同的物品、以相同的設計應用於近似的物品或者是以近似的設計應用於近似的物品,其結果都是二者屬近似之新式樣(設計)。

當待鑑定物品與申請專利範圍,以普通的消費者水準進行比對判斷之後,其結果不論是相同的新式樣(設計)抑或是近似之新式樣(設計),都必須再以該技術所屬技藝領域中,具有通常知識水準的觀點,再行判斷該設計是不是包含新穎的特徵。

五、判斷新穎特徵

待鑑定物品與解釋後申請專利範圍經過比對後,雖然結果判斷為視覺性設計整體相同或近似,但是,這時尚不能認定待鑑定物品落入系爭專利的專利權範圍,還必須判斷待鑑定物品是否利用該新穎特徵,如果待鑑定物品包含該新穎特徵,待鑑定物品才有落入專利權範圍之可能。

由於申請專利範圍中的新穎特徵,已經在解釋申請專利範圍時予以確認,因此,在本步驟中,僅須判斷待鑑定物品是否包含該新穎特徵。如果待鑑定物品經過判斷,未包含該申請專利範圍中的新穎特徵,應判斷其未落入專利權範圍,如果待鑑定物品經過判斷,包含了該申請專利範圍中的新穎特徵,則還需要再判斷是否適用禁反言或先前技藝阻卻。

六、禁反言

待鑑定物品與解釋後申請專利範圍之整體視覺性設計,雖然經過比對判斷結果近似,但是,如果相關證據能證明待鑑定物品使設計整體近似之部分,為專利權人於專利申請至專利權維護過程所排除之事項,則適用禁反言。

因為禁反言的主張對被告有利,所以,被告應負舉證的責任,如果被告沒有主張禁反言,其他的人不可以主動要求被告或法院提供申請歷史檔案。專利的圖式如果曾經有補充、修正或更正之情事,應該探討其補充、修正或更正之情事,是否與可專利性有關,與可專利性有關的補充、修正或更正,適用禁反言。

補充、修正或更正的內容是否與可專利性有關，需由專利權人負舉證責任，專利權人如果能證明其補充、修正或更正的部分與可專利性無關，則應判斷待鑑定物品不適用禁反言。如果專利權人的理由不明確，則該補充、修正或更正的部分，將會被推定其與可專利性有關，適用禁反言。

待鑑定物品經過比對判斷，結果包含了新穎特徵，而且與申請專利之視覺性設計整體相同或近似，但不適用禁反言，則應判斷待鑑定物品落入專利權範圍。如果待鑑定物品包含了新穎特徵，而與申請專利之視覺性設計整體相同或近似，且又適用禁反言，應判斷待鑑定物品未落入專利權範圍。

七、先前技藝阻卻

雖然待鑑定物品包含了新穎特徵，而且與申請專利之視覺性設計整體相同或近似，但是，如果被告主張適用先前技藝阻卻，並且經過判斷，待鑑定物品與其所提供之先前技藝相同或近似，則適用先前技藝阻卻。

主張先前技藝阻卻與主張禁反言一樣，都對被告有利，所以，都是要由被告負舉證責任，如果被告沒有主張先前技藝阻卻，其他的人不能主動提供相關先前技藝資料，要求判斷待鑑定物品是否適用先前技藝阻卻。

待鑑定物品包含了新穎特徵，而且與申請專利之新式樣（設計）視覺性設計整體相同或近似，但是不適用禁反言及先前技藝阻卻時，應判斷待鑑定物品落入專利權範圍。如果待鑑定物品包含了新穎特徵，而且與申請專利之新式樣（設計）視覺性設計整體相同或近似，並且適用先前技藝阻卻時，則應判斷待鑑定物品未落入專利權範圍。

第七章

專利資料庫

依據世界智慧財產權組織的報導，在世界上各種可提供技術開發的資訊，包括專業期刊、雜誌、百科全書…等，只有專利中的資訊，可以將技術的核心完全公開，研發人員如果能夠善加利用已公開的專利資訊，則可以縮短60％的研發時間、至少可節省40％的研發經費。

以往企業對於研發人員都會要求其撰寫研究報告或技術報告，但是，現在已經有公司認為與其要求研發人員撰寫技術報告或研究報告，不如要求研發人員將研發成果申請專利。專利資訊中包含了各產業最尖端、最具商業價值的技術，研究專利的資訊可以掌握及了解產業的發展動向，以做為日後技術研發的參考。

專利公報的專利說明書中含有90%以上的研發成果，其中又有80％的研發成果不在期刊、學術論文…等技術文獻中，所以，研發人員要了解技術發展的情形，與其讀學術論文，不如去讀專利公報。

既然在專利公報中隱藏了這麼多的資訊，我們要如何去找出我們所需要的專利？專利公報中又隱藏了些什麼資訊？在本章中首先介紹專利資訊，其次介紹可以從那些資料庫中找到專利公報及進行檢索時的各種策略，在本章的最後，將說明專利的引證關係及其意義。

7-1 專利資訊

在各國現行的專利制度中，其基本理念都是要求發明人要充分的揭露其技術，以換取國家給予一定期間的獨占權利。發明人為了能揭露其技術，使該技術領域中習知該技術的人，能夠了解其技術內容並據以實施，在申請專利時，就必須要具備申請書、專利說明書…等相關文件。

在黃文儀所著的專利實務一書中，將專利資訊分為廣義的專利資訊及狹義的專利資訊，狹義的專利資訊指的是發明、新型或新式樣專利的說明書，廣義的專利資訊除了發明、新型或新式樣專利的說明書外，還包括各國專利主管機關定期出版的專利公報、分類表、分類索引、統計資料及不公開發行的所有在審查過程中的文件。

其中專利公報是各國專利主管機關對已經核准的專利所公告發行正式的官方文件，專利說明書則是由各專利權人在申請專利時所撰寫的，於申請專利時向專利主管機關所提出之說明，其內容較專利公報中的內容為多。

一、專利資訊的特點

由於專利的獲得必須經過一定的審查程序，且需合乎核予專利的各項要件，所以，專利資訊不同於其他的資訊，由於專利必須具有新穎性，因此，它所揭露的技術不會在其他的文獻中重覆出現，且其資訊經過嚴格的審查，除了詳細可靠外，並可讓該技術領域的人，可以利用其現有的技術分類，迅速取得及時公開的資訊。

專利資訊可以顯示產業研發、商業經營…等資訊，黃文儀在其所著之專利實務一書中，將專利資訊的特點，綜整歸納如下：

（一）內容新穎

因為專利的要件是新穎性、進步性及產業利用性，所以，在專利資訊中所揭露的技術會比在其他文獻中所發表的技術要來的早。

（二）記載詳細，有系統、具實用性

專利說明書所揭露的技術必須要使該技術領域中熟知該技術的人，都能夠在看到所揭露的技術之後據以實施，所以，專利資訊有系統的呈現人類研發的技術演進過程。由於產業利用性是專利的要件之一，因此，凡是經過實質審查核准的專利，都具備了實用性，是較為可靠的技術。

（三）發行迅速、傳遞遠方

對於採行早期公開、請求審查制的國家而言，專利申請後，自申請日起十八個月就會將申請案公開，專利申請案一旦公開，全世界的研發人員都可以看到其技術內容。而專利經過審查後，都會刊登在專利公報上，透過各國專利主管機關間的交流，專利資訊很快的可以傳遞到遠方。

（四）格式體裁統一、價格便宜

各國的專利主管機關在發行專利公報時，在各項書目資料之前都會加註統一的國際專利書目識別代碼、國際專利分類號…等，且每份說明書的首頁格式也固定，以方便大眾閱覽。由於專利說明書是由各國政府所發行，可以用便宜的價格獲得，在網際網路日益普及的今日，幾乎重要的技術擁有國，其專利主管機關都會將專利公報上網公告，使用者的取得成本非常低廉。

（五）重複出版、數量龐大

對於專利申請案的公布方式，各國的專利法都不一樣，所以，規定不一定相同，有的國家只公布一次，有的國家會公布多次，再加上一個專利可能申請多個國家的專利，核准後都會公布，因此，以每一年所公告的專利核准案而言，大約有三分之二是重複出現的。

（六）侷限性

專利權有一定的期間，且具有屬地主義，在利用專利資訊時，應該要注意其時效性及地域性。

（七）文字簡練、明確、嚴謹

專利文獻具有法律性質，因此，在文字上會力求簡練，特別是在專利說明書中的申請專利範圍，其文字敘述不但需要嚴謹，而且還要精簡、明確。

（八）無可替代性

據估計約80％的專利資料，從未在其他地方公布過，因此，就技術資訊而言，專利資訊具有某種程度的不可替代性。

（九）發明名稱籠統

專利資訊中發明名稱往往與其內容不完全一致，因此，在利用專利資訊時，要先確認其真正的內容。

（十）附有補充資訊

很多專利的前案在公布時，都會附專利主管機關準備的檢索報告，列出了相關專利前案資料及文獻，除了可以做為評估專利性的參考外，也可以做為追溯之用。

（十一）寓技術、法律和經濟三種資訊於一體

專利資訊除了用以揭露技術外，同時也是一種由國家所授予獨占權的法律文件，它律定了獨占的權利範圍，並且可以反映專利產品的市場趨勢。

二、專利資訊的功用

專利資訊既然是將技術、法律和經濟等資訊結合在一起，我們就可以利用專利資訊對於技術的趨勢加以預測進而結合市場狀態擬訂研發方案，黃文儀在其專利實務一書中，將專利資訊的功用歸納為：評斷專利性、避免侵害他人專利權、了解專利權狀況、預測技術走向及尋求具體技術方案等五項。

（一）評斷專利性

　　專利申請人在撰寫專利申請文件之前，應先進行專利檢索，以了解該發明在其申請日之前，是否已被公開，以避免申請後因不具新穎性而遭核駁。

（二）避免侵害他人專利權

　　在一個新技術或新產品投入市場之前，應先檢索相關專利技術，以避免投入研發後，才發現侵權而無法實施，侵害他人專利除了訴訟曠日廢時之外，對於商譽亦是一種無形的損失。

（三）了解專利權狀況

　　由專利資訊中可以了解該專利的有效期間是否到了，也可以知道在專利權期間的專利是不是因為未繳維護費，而中止專利權，或者在專利權期間專利權移轉他人…等，這些資訊有助於了解一個專利的專利權狀況。

（四）預測技術走向

　　透過對於特定技術領域中的專利申請活動情況的調查及統計，或者對該技術領域中獲得專利較多的廠商，就其專利進行分析，可以了解產業中現有技術的發展情況及該技術未來的發展趨勢。

（五）尋求具體技術方案

　　專利制度的目的在藉由發明人將技術揭露，而促進產業的進步，所以，研發人員閱讀專利文獻，可以受到啟發而找到解決問題的具體技術方案。

三、專利資訊的重要性

　　專利說明書既然是同時結合技術及法律的文件，且具有上面所說的特點，如果將專利資訊予以分析，可以了解相關技術的發展趨勢，也可以了解產業內的競爭者技術發展的趨勢或專利部署的情形，以做為未來在相關技術上研發規劃。

　　在蔣禮芸的研究中歸納專利資訊的重要性有：技術能力的指標、技術發展與資源分配、隱含經濟價值、策略規劃與技術發展的參考、創新研發的來源。

（一）技術能力的指標

　　對專利的書目資料進行分析，可以了解競爭公司的專利件數、技術發展的方向，以評估自己公司的技術領先程度。

（二）技術發展與資源分配

從競爭廠商的技術發展程度及產業的競爭狀況，決定自己未來的研發方向與資源的分配。

（三）隱含的經濟價值

由專利的引證情形，可以追蹤該技術領域中的所有專利，其中被引證最多的專利，即為該領域中影響最大、或貢獻最多的專利，可能是基礎專利，也可能是先前技術。

（四）策略規劃與技術發展的參考

藉由對專利資料的分析統計，可以評估公司的技術需求，進而訂出未來五年到十年的研發方向。

（五）創新研發的來源

大多數的技術都不會無中生有，而是以先前技術為基礎，再進一步的改進而成為一個新的技術或專利，因此，專利資訊是研發創新的來源，以Canon公司為例，該公司即認為研發人員與其研讀學術文獻，不如讀專利公報。

7-2 專利資料庫

由上一節對專利資料的介紹，可以知道專利資料中所顯示的資訊，對技術的創新有著顯著的影響，而取得專利資訊最方便的管道就是專利資料庫，近年來，由於網際網路的蓬勃發展，資訊的傳遞也愈來愈快，以往的資料要透過光碟資料庫才能查詢，且光碟資料庫中的資料，只能夠定時更新，資訊的來源有時差。現在網際網路上的線上資料庫多到不可數，可以很快的就找到已經整理過的即時資訊。所以，經由這些網路上的線上資料庫，可以很快的獲得最新而且最完整的資料，俾能在最短時間內掌握該技術領域的最新發展。

在本節中將先介紹什麼是專利資料庫及其特色為何，再分別介紹我國、美國及歐洲專利資料庫。

7-2-1 專利資料庫

在談專利資料庫之前，先要了解什麼是資料庫（Database），在辦公室的工作中，我們每天要處理很多的表單，再把這些表單分門別類的放在檔案夾中保存，不同的檔案夾最後集中存放到檔案櫃，這個檔案櫃可以視為是一個資料庫。

從資訊科技的角度來看，資料庫的組成可以用圖7-1表示，由圖7-1中可以很容易的看出：一個資料庫中會含有很多的資料表（Table），這個資料表就像是日常在辦公室所見到的檔案夾（Folder），存放的是同一類型性質的資料，而在檔案夾中又存放了一筆筆單一的記錄（Record），這個單一的記錄就好比是我們實體世界上所看到的單一筆的訂單，而在訂單的記錄中又包含有客戶名稱、品名、數量…等欄位（Field），由這些基本資料才能組織一個資料庫。

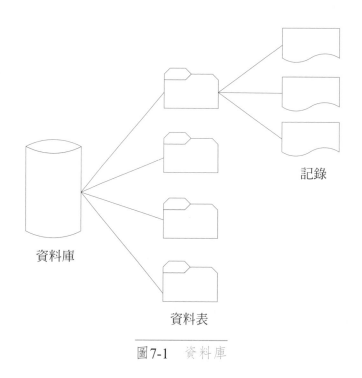

記錄

資料庫

資料表

圖7-1　資料庫

資料庫可說是一個組織蒐集一些內部彼此相關、共享及具協調控制性的資料，它具有整合（Integrated）及共享（Shared）的特性，所謂的整合就是多個不同的資料表組織在一起，消除其間重複的資料，而共享則是所有的授權者都可以依其需求取得所需的資料。

專利資料庫蒐集了與專利有關的資料，以滿足不同使用者的需求，對研發人員而言，專利資料庫所提供有關專利的資料及訊息，可以協助其了解技術領域目前

的發展方向與動態。對企業管理者而言，從專利資料庫的資料可以發現產業內的競爭者目前的技術發展方向及市場變化的訊息。

專利資料庫的特色經陳達仁、黃慕萱的研究整理，計有：資料範圍廣泛、檢索速度快省時省力、檢索費用不同、內容新穎性高等四種。

（一）資料範圍廣泛

專利資料庫包含的資料範圍廣泛，資料時間長，一般付費的專利資料庫都會包含不同國家的專利，以讓使用者可以了解特定技術在全球不同地方的發展情形，也可以從時間的角度來研究分析技術的發展。專利資料庫的資料除了可以由時間軸來分析各國的技術發展，也可以從技術面來分析某一特定技術，在不同時間上的發展情形。

（二）檢索速度快省時省力

電子化的專利資料庫與傳統紙本的專利公報相比，透過精緻的檢索介面，配合後端的檢索引擎設計，可以讓研發人員更快速的檢索到所需要的專利資料。也可以讓使用的人依其檢索的目的，自行設定檢索範圍及顯示呈現的格式。

（三）檢索費用不同

以往的專利資料庫放在光碟上，需要定時更新才能獲得最新資訊，時效性較差，由於網際網路的日益普及，目前的專利資料庫都是透過網際網路連接，提供的資料較為即時。

網際網路上的專利資料庫眾多，因為所提供的服務不同，所收的檢索費用也不同，也有的資料庫是由政府所提供，而不需收費。以一般的專利分析而言，使用政府所提供的免費資料庫，即可以滿足其需求。

（四）內容新穎性高

企業的創新研發是每日都在進行的，所以資料的時效性是非常重要的，一般的紙本檢索工具書約每年出版一次，而大部份的專利資料庫，其更新的頻率為每週到每月不等，以滿足使用者的需求。由於資料庫更新的速度快，所以資料庫可以維持新穎的內容，讓使用者隨時都可以檢索到最新的資訊，以了解技術的最新發展趨勢。

　　由於網際網路的興起，使得網路資料庫已經成為專利資訊檢索的一個不可或缺的工具，以電子形式呈現的專利資料庫讓專利檢索變的更加快捷。一般網路專利資料庫的檢索方式，幾乎都會提供簡易查詢（Simple Search）、布林檢索（Boolean Search）、進階檢索（Advance Search）…等多種方式，供使用者選用。有關於專利資料庫的檢索技巧，將在本章下一節中介紹，本節先介紹各國的專利資料庫。

7-2-2　我國專利資料庫

　　我國的專利資料庫目前由經濟部智慧財產局業管，是免費使用的資料庫，資料庫內的公告專利書目資料自1950年迄今（2013年6月21日），共1,048,135件，申請專利範圍資料自1974年迄今，共951,732件，資料每月更新三次。早期公開專利的書目資料自2003年迄今（2013年6月16日），共441,228件，資料每月更新2次。

　　經濟部智慧財產局的網址為：http://www.tipo.gov.tw/mp.asp?mp=1&tp=g，首頁頁面如圖7-2所示，點選頁面右上角的選項「我想…」中的檢索系統，即可找到專利資料庫的連結，如圖7-2中右上角紅框所示。

圖7-2　經濟部智慧財產局首頁

　　點選進去後，檢索系統頁面的畫面如圖7-3所示，第1個連結就是中華民國專利資訊檢索系統，直接點進去後，會發現還有2個選項，系統提供2個版本供使用者選擇：完整版及快速版，使用者可以視自己的需要選擇合適的版本。

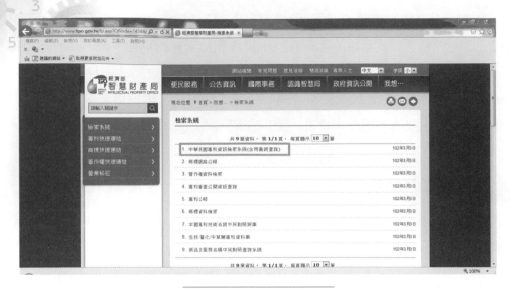

圖7-3　檢索系統的連結

　　完整版提供了申請專利範圍及完整專利說明書的全文檢索，但是，相對的，檢索需要耗費的時間也較多，這個功能主要是針對為達專利案件檢全率之研發及專業檢索之使用者使用。

　　快速版則是提供基本書目、摘要及案號等檢索，因為檢索時範圍限縮，因此，可提高系統回應效能，快速得到檢索結果，其餘顯示資訊則與「完整版」系統完全相同，這個功能係針對不需作專利說明書全文檢索之簡易指令使用者使用。

　　本小節中將以完整版為介紹標的，我國的專利資訊檢索系統的功能有：分類瀏覽、專利檢索、專利狀態查詢、權利異動查詢及積體電路布局。分類瀏覽是以專利的國際分類號做為檢索的條件，專利檢索則包含了簡易檢索、布林檢索、進階檢索、表格檢索及索引瀏覽。積體電路布局包含公告資料查詢及案件狀態查詢。

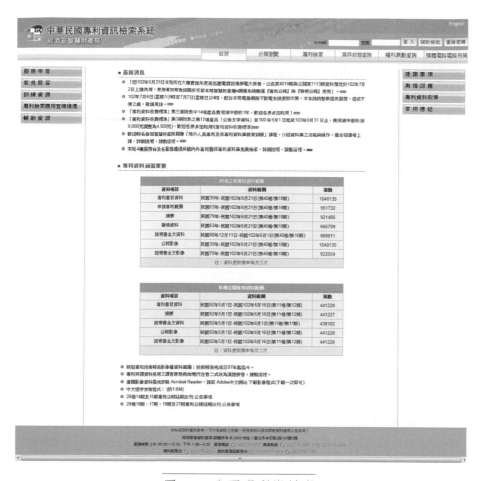

圖7-4 我國專利資料庫

（一）分類瀏覽查詢

分類瀏覽查詢係以分類號進行瀏覽，如圖7-5，可分為國際專利分類號（IPC）及國際工業設計分類號（LOC）等2種方式查詢。國際專利分類號用於瀏覽發明專利與新型專利，國際工業分類號則用於瀏覽設計（新式樣）專利。

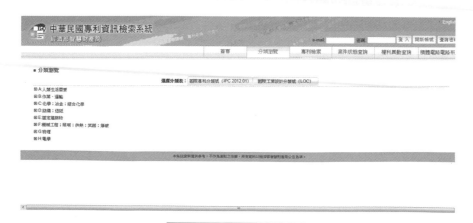

圖7-5 分類瀏覽查詢

分類瀏覽的結果如圖7-6所示，以本案例而言，只點選國際專利分類號A，其專利即有212,696件，在畫面下方列出清單供使用者點選閱讀，但是，想要用這種方法找到需要的專利，是件非常不容易的事。

圖7-6 分類瀏覽結果

（二）專利檢索

專利檢索包含了簡易檢索、布林檢索、進階檢索、表格檢索及索引瀏覽。

1. 簡易檢索

簡易檢索的畫面如圖7-7所示，系統提供2種檢索方式，一種是以專利的公開/公告號、證書號或申請號進行檢索，另一種是提供關鍵字的方式進行檢索，使用者可以視自己的需求，選擇適合的檢索方式。為了限縮或擴張檢索結果，系統也允許將上面所述的2種檢索方式，視需要以公開/公告日、申請日、優先權日及新型技術報告完成時間等四個條件進行布林運算。

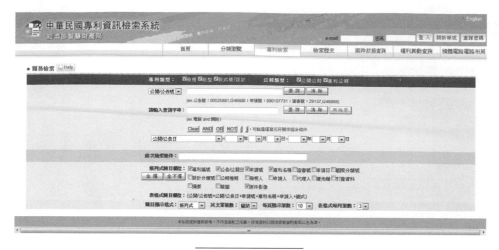

圖7-7　簡易檢索

　　圖7-8是以公告號進行專利檢索的例子，如果已經知道所要檢索的專利之公告號或者是申請號，可以輸入該專利之公告號或申請號，按下右方的查詢鍵後，即可進行檢索。

　　使用者在按查詢鍵前，也可以視自己的需要，選擇專利的類型，或者公報的類型，以限縮檢索範圍。同時，也可以在畫面的下方選擇顯示的欄位，以方便系統顯示檢索結果。

圖7-8　以公告號進行檢索

　　以公告號進行檢索的結果如圖7-9所示，因為當初是以完整的公告號做檢索，所以，檢索結果只有1筆資料，系統將直接顯示該專利。如果不知道專利的公告號或申請號，就必須利用系統所提供的其他查詢功能。

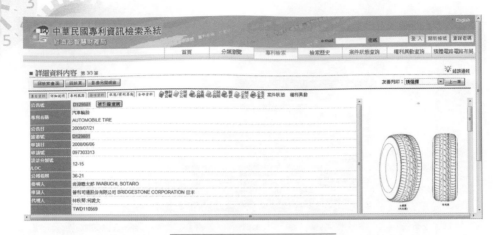

圖7-9　公告號的檢索結果

　　在不知道專利號碼的情況下，可以用專利名稱進行檢索，圖7-10即是以專利名稱檢索的例子，檢索的時候可以輸入全部的名字，也可以輸入部份關鍵字，輸入的關鍵字愈少，所檢索出來的資料就會愈多。

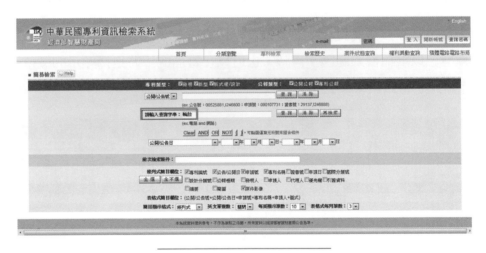

圖7-10　以關鍵字簡易檢索

　　在輸入字串「輪胎」進行檢索，其檢索結果如圖7-11所示，因為輸入的關鍵字只有「輪胎」，其檢索結果顯示有12,676筆資料。為便於閱讀，讀者可以自行調整頁顯示的資料筆數，也以自行選擇顯示的欄位。在系統中，可以直接在顯示結果頁上點選專利公報、公開公報、公告說明及公開說明等原始檔案，這些檔案都是以pdf格式顯示。

圖7-11　關鍵字檢索結果

以「輪胎」為關鍵字進行檢索，其結果如圖7-11所示，使用者可以選擇所要閱讀的的專利，在專利編號上點選即可看到進一步的內容。

在圖7-11的檢索結果中，點選「D154214」號專利，即會顯示核准公告專利的公報資料，如圖7-12所示。

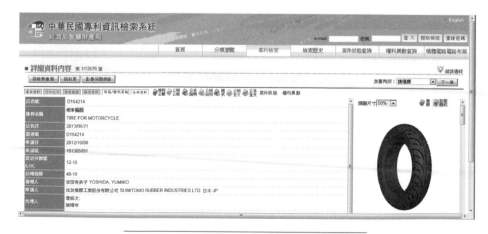

圖7-12　D154214號專利核准公告資料

2. 布林檢索

　　布林檢索的的畫面如圖7-13所示，除了上方的檢索條件可以選擇外，在檢索方式上，有3種方式可以選擇，使用者可以直接在不限欄位處輸入關鍵字，進行檢索。也可以利用布林運算的限縮或擴大檢索範圍，布林運算最多可以有5個條件，可選擇的欄位有：專利編號、專利名稱、申請號、發明人、專利權人、摘要、申請專利範圍及發明/創作說明等八個欄位，並且可與國際專利分類號或國際工業設計分類號做布林運算。

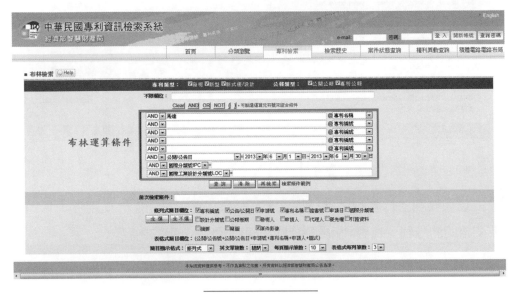

圖7-13　布林檢索

　　在圖7-13中以馬達為專利名稱中的關鍵字、檢索範圍自2013年6月1日至6月30日，以「and」做布林運算，檢索結果如圖7-14。使用者可以選擇所要閱讀的專利，在專利編號上點選即可看到進一步的內容。

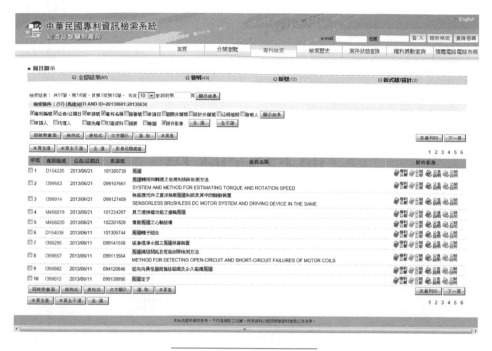

圖7-14　布林檢索結果

在圖7-14的檢索結果中，點選「I399563」號專利，即會顯示核准公告專利的公報資料，如圖7-15所示。

圖7-15　I399563號專利核准公告資料

3. 進階檢索

進階檢索的的畫面如圖7-16所示，除畫面上方的檢索條件與中間的顯示方式選項與簡易檢索及布林檢索一樣外，由於進階檢索提供使用者直接下指令檢索，所以，在畫面中間有一指令欄，它可以跟時間、國際分類號、國際工業設計分類號做布林運算，以限縮或擴大檢索結果。時間選項包括：公開/公告日、申請日、優先權日、新型技術報告完成時間。

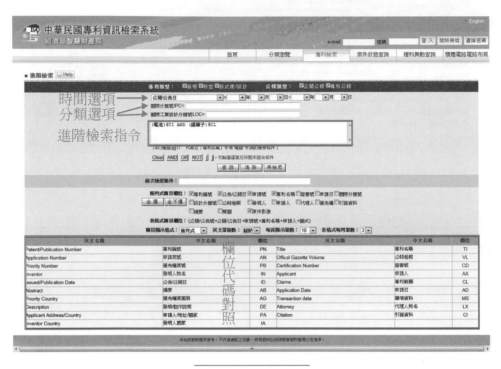

圖7-16　進階檢索

由於進階檢索是以指令方式為之，為避免使用者對指令不熟或臨時忘記，系統仿效美國專利商標局，在畫面下方提供欄位代碼對照表。在圖7-16中以專利名稱中含電池及專利範圍中含鋰離子為檢索條件，其結果如圖7-17所示，共有938件，其中發明專利889件、新型專利49件。

圖7-17　進階檢索結果

　　在圖7-17的檢索結果中，點選「I398977」號專利，即會顯示核准公告專利的公報資料，如圖7-18所示。

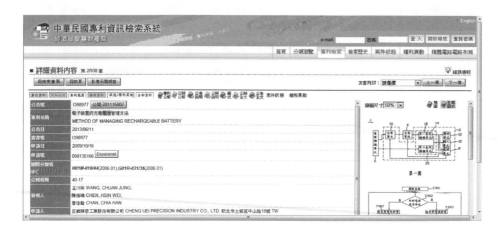

圖7-18　I398977號專利核准公告資料

4.表格檢索

　　表格檢索的畫面如圖7-19所示，最上方是檢索條件，可供使用者選擇檢索的類型，在時間選項欄中，可以選擇檢索的時間範圍，以縮小檢索範圍，系統所提供的時間選項有：公開/公告日、申請日、優先權日及新型技術報告完成時間等4種。

　　在檢索關鍵字表格中，使用者可以視需要在相關欄位中輸入關鍵字，也可以藉由布林代數的運算，來限縮或擴大檢索範圍。檢索結果的顯示方式，使用者亦可視需要，勾選所需顯示的欄位。

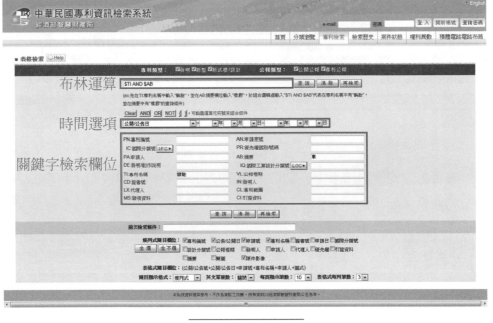

圖7-19　表格檢索

　　在圖7-19的表格檢索頁中，在專利名稱欄中輸入「儲能」、在摘要欄中輸入「車」，2個關鍵字以布林代數的「and」做運算，其檢索結果如圖7-20所示。全部專利共有24件，其中發明專利9件、新型專利15件。

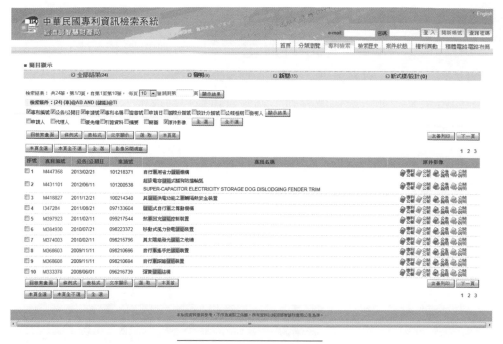

圖7-20　表格檢索結果

在圖7-20的檢索結果中，點選「M397923」號專利，即會顯示核准公告專利的公報資料，如圖7-21所示，也可以直接在原件影像下點選所要的影像資料，影像資料包括：專利公報、公開公報、公告說明及公開說明等4類。

圖7-21　M397923號專利核准公告資料

5.影像瀏覽

在核准公告的畫面中所顯示的資料，只是專利的基本資料，系統還提供影像資料，包括：專利公報、公開公報、公告說明、公開說明、圖示、公開全文、公告全文，如果是新型專利，就會有新型專利技術公報的選項，如圖7-22上方所示。

但是，並不是每個專利檢索都會有上述之結果，如果專利在送件時同時就申請實體審查，而且在送件後18個月以內就核准，就不會有公開公報的資料。如果使用者在檢索的主畫面中沒有勾選公開公報，檢索結果中也不會出現公開公報的資料，此時，雖然可以在查詢結果的畫面上看到公開公報的icon，但是游標無法點選。

圖7-22　影像瀏覽案例

(1) 專利公報

點選專利公報的icon後，專利公報結果顯示如圖7-23所示，系統資料係以Acrobat的格式製作，使用者需下載Acrobat Reader才能閱讀。使用者若想要把查詢的資料存下來，以便進行後續的分析，可以使用Acrobat所提供的「儲存副本」的功能，即可將資料存檔。

圖7-23是一個新型的專利公報，在它的第【12】欄專利公報後面的英文字母，係根據WIPO所訂之文件種類編碼所編，A為發明公開公報、B為發明專利公報、U為新型專利公報、S為設計專利公報。

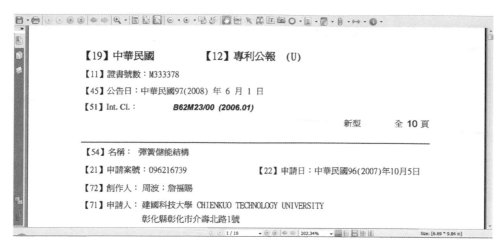

圖7-23　專利公報影像

(2) 公開公報

　　點選公開公報的icon後，專利公開公報顯示如圖7-24所示。

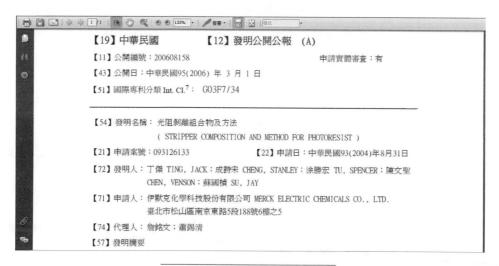

圖7-24　專利公開公報影像

(3) 公告說明

　　點選公告說明的icon後，顯示專利說明書影像檔如圖7-25所示，讀者可點選畫面左邊的藍字，直接閱讀所需的內容，也可以下載全部的檔案。為防止用程式大量下載專利說明書，下載前必須要輸入驗證碼，只要在方框內輸入驗證碼後，按下「完整說明書下載」鍵，即可直接下載整份說明書。

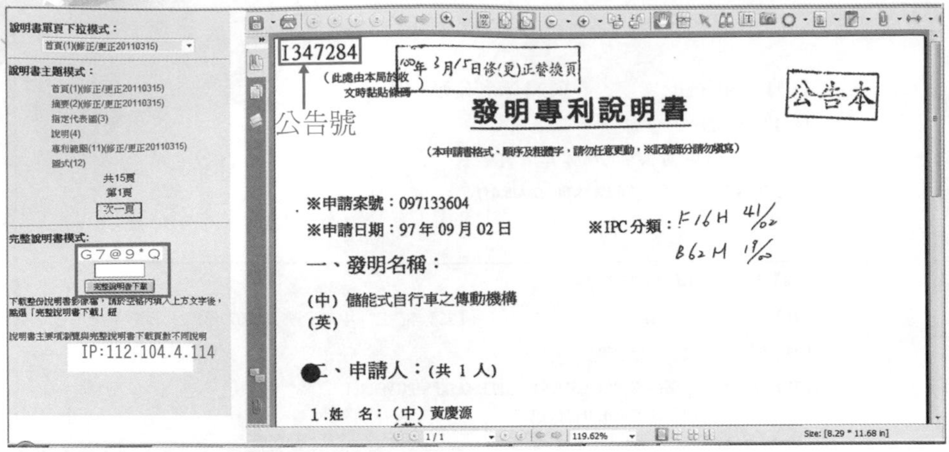

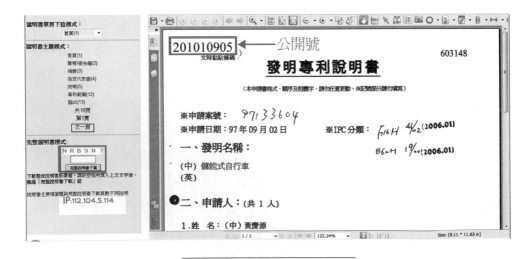

圖7-25　專利公告說明影像

(4) 公開說明

　　點選公開說明的icon後，顯示專利說明書影像檔如圖7-26所示，讀者可點選畫面左邊的藍字，直接閱讀所需的內容，也可以下載全部的檔案。為防止用程式大量下載專利說明書，下載前必須要輸入驗證碼，只要在方框內輸入驗證碼後，按下「完整說明書下載」鍵，即可直接下載整份說明書。

　　讀者乍看之下，可能會覺得圖7-26與圖7-25好像是一樣的，是不是筆者放錯圖片？其實不然，它們的內容是不一樣的，只是第一頁的書目資料一樣而已，但是，在公告說明書的右上角所寫的是公告號（圖7-25左上方的方框），而公開說明書上所寫的是公開號（圖7-26左上方的方框）。

圖7-26　專利公開說明影像

(5) 圖式

　　點選圖式的icon後，可以看到專利說明書中的圖式影像檔如圖7-27所示。

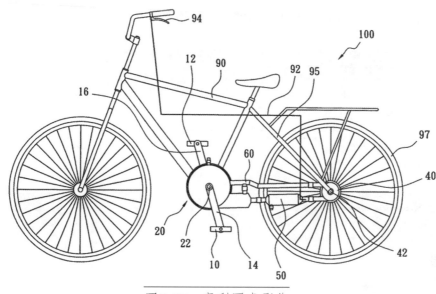

圖7-27　專利圖式影像

(6) 公告全文

　　點選公告全文的icon後，就可以看到專利說明書中全文影像檔如圖7-27所示。

發明專利說明書

※申請案號：093126133　　　　　　※IPC分類：G03F7/34

一、發明名稱：
　光阻剝離組合物及方法
　STRIPPER COMPOSITION AND METHOD FOR PHOTORESIST

二、中文發明摘要：
　一種對基材及金屬無腐蝕性之光阻剝離組合物，此光阻剝離組合物係由醇胺化合物、二醇類化合物及N,N-二甲基乙醯胺所構成。此光阻剝離組合物係可在有效地移除光阻殘留物之同時，同時防止金屬表面受到腐蝕。

三、英文發明摘要：
　A non-corrosive photoresist stripping composition, comprising: (1). Amino-alcohol compound, (2). Carbitol compound, (3). N,N-dimethyl acetamine(DMAC). The photoresist residue can be removed easily without damage the metal and substrate surface.

四、指定代表圖：
　（一）本案指定代表圖為：圖2
　（二）本代表圖之元件符號簡單說明：

五、本案若有化學式時，請揭示最能顯示發明特徵的化學式：

六、發明說明：
　【發明所屬之技術領域】
[0001]　本發明是有關於一種半導體清洗製程，且特別是有關於一種光阻剝離組合物及方法。
　【先前技術】

圖7-28專利公告全文影像

(三) 案件狀態查詢

　　專利案件狀態檢索系統提供使用者以專利之申請號做為關鍵字進行檢索，其提供2種方式讓使用者可以查詢案件的狀態，以圖7-29之I312814號專利為例，當讀者在檢索資料時，想要知道目前這個專利的狀態，可以直接點選註記A處的方框「案件狀態」，即可看到該專利的狀態如圖7-30所示。

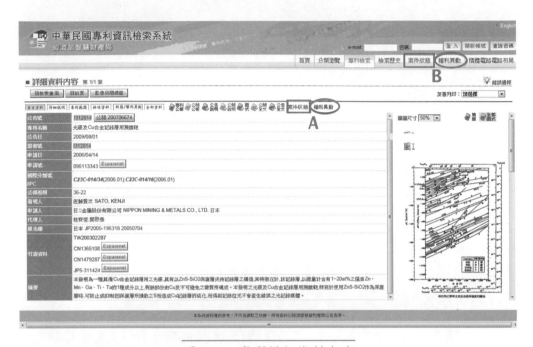

圖7-29　專利詳細資料內容

　　由圖7-30可以看到I312814號專利的以往歷史狀態，它是在2006年4月14日提出申請發明專利、申請號是095113343，同時提出實體審查，專利申請案在2007年2月16日公開、公開號是200706674。

　　其次，本案的申請日為2006年4月14日、公開日為2007年2月16日，時間不到18個月，為什麼會有這樣的結果，從系統上是看不出原因的，筆者研判應該是專利申請人依專利法第三十七條第二項規定，申請提早公開其申請案，讀者可能也要從其他的管道去了解。

專利案件狀態 　　　　　　　　　　　　　　　　　　　　　　　　　　　【印出】

專利編號	I312814
專利名稱	光碟及Cu合金記錄層用濺鍍靶

專利申請案號	狀態異動日期	案件申請日期	實體審查申請日	相關申請案號	公開號	公告號	證書號	專利類別	狀態異動資料
095113343	20090801	20060414	20060414		200706674	I312814	I312814	發明	初審核准
095113343	20090629	20060414	20060414		200706674			發明	初審核准
095113343	20070216	20060414	20060414		200706674			發明	初審審查中

本系統資料僅供參考，不作為准駁之依據，所有資料以經濟部智慧財產局公告為準。

圖7-30　I312814號專利案件狀態

　　如果檢索時已經知道專利的申請號，可以直接用圖7-29中B處的案件狀態查詢功能，此時可以輸入完整的申請案號，或者以字尾用「*」或「?」等萬用字元的方式檢索。

　　採用萬用字元的方式檢索時，符合條件的資料可能會很多，為了限縮檢索範圍，可以再加上案件狀態做為檢索條件，案件狀態的選項包括：全部、審查中、初審審查中、再審審查中、新型形式審查中、初審核准、初審核駁、再審核准、再審核駁、新型形式審查核准、新型形式審查核駁、成立、不成立、駁回、銷案、結案等16種。

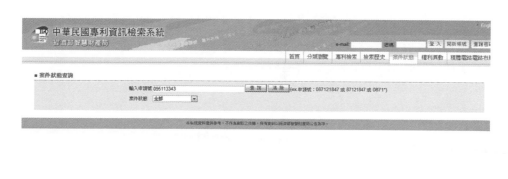

圖7-31　案件狀態查詢

專利案件狀態檢索結果如圖7-32所示，除了顯示該專利的申請案號與申請日期外，也會顯示該專利目前的狀態，狀態係由近而遠排列。以095113343號申請案為例，本案於2006年4月14日提出申請、申請號是095113343，同時提出實體審查，專利申請案在2007年2月16日公開、公開號是200706674，2009年6月29日初審核准，2009年8月1日公告、公告號及證書號是I312814。

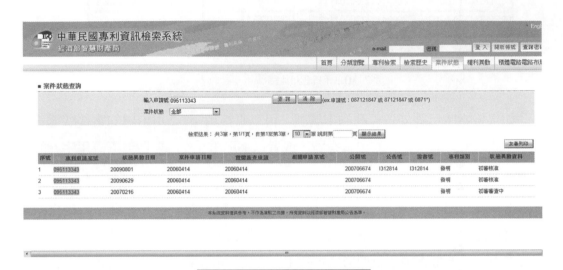

圖7-32　案件狀態查詢結果

（四）權利異動資料

本系統亦提供權利異動資料的查詢，查詢的方式如同案件狀態查詢一樣有2種，在專利檢索時，已經找到某一專利想要知道它的權利狀態，可以利用圖7-29中A處的橢圓框「權利異動」功能，其結果如圖7-33所示。

專利案件權利異動　　　　　　　　　　　　　　　　　　　　　　【印出】

專利編號	I312814
專利名稱	光碟及Cu合金記錄層用濺鍍靶

專利申請案號	095113343
申請日	20060414
公開號	200706674
公開日	20070216
公告號	I312814
公告日	20090801
證書號	
專利名稱	光碟及Ｃｕ合金記錄層用濺鍍靶
代理人	閻啟泰林景郁
專利權人	ＪＸ日鑛日石金屬股份有限公司 JX NIPPON MINING & METALS CORPORATION 日本
專發明人	佐藤賢次 SATO, KENJI 日本
授權註記	無
非專屬授權註記	
專屬授權註記	
再授權註記	
獨家授權註記	
質權註記	無
讓與註記	有(20110505)
繼承註記	無
信託註記	無
異議註記	無
舉發註記	無
消滅日期	
撤銷日期	
專利權始日	20090801
專利權止日	20260413
年費有效日期	20130731
年費有效年次	4

本系統資料僅供參考，不作為准駁之依據，所有資料以經濟部智慧財產局公告為準。

圖7-33　I312814號專利權利異動資料

　　如果不是在專利檢索中想要查詢專利的權利異動情形，系統也提供了功能如圖7-29中B處橢圓框的「權利異動查詢」，其畫面如圖7-34。檢索的條件可以是申請號或公告號、專利權人姓名、代理人或專利師姓名等3種。

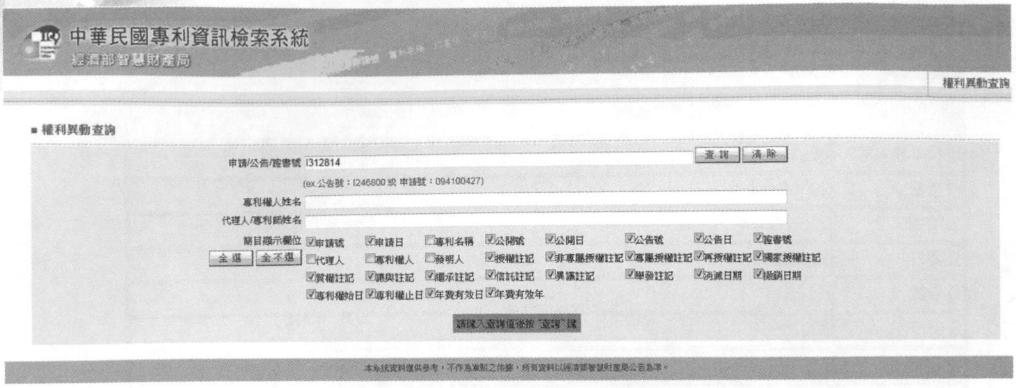

圖7-34　權利異動查詢畫面

　　權利異動查詢結果的詳細資料如圖7-35所示，資料除了案件狀態資料外，還有該專利的授權、質權、讓與、繼承、信託、異議、舉發、消滅、撤銷…等資料，一般人都可以在此找到標的專利的相關資料。

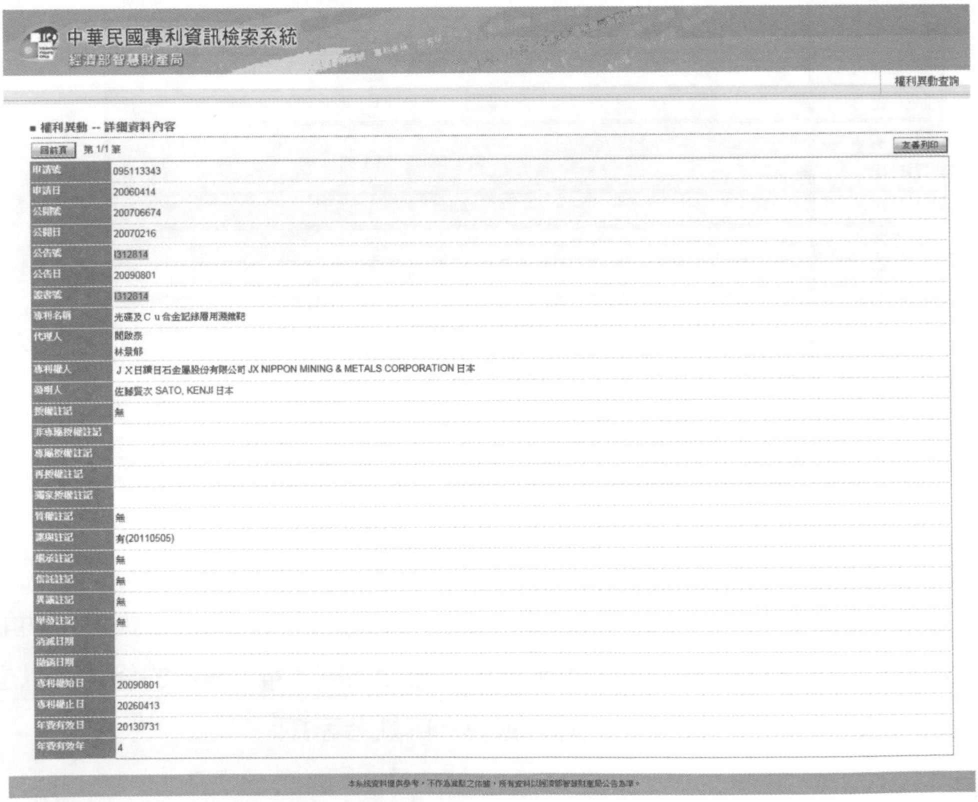

圖7-35　權利異動查詢結果

對特定專利的案件狀態及權利異動的查詢，除了前面所述的方法外，也可以在專利詳細資料頁面中，點選上方的「狀態/權利異動」功能，如圖7-36上方方框，系統會將該專利的案件狀態及權利異動資料顯示在畫面下方。

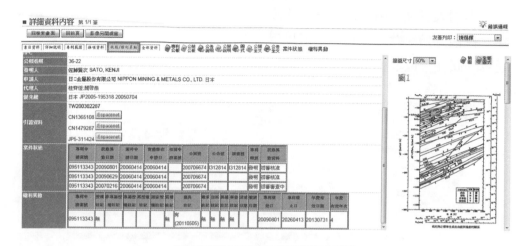

圖7-36　狀態/權利異動查詢

（五）雜項資料

雜項資料係記載跟專利有關的一些資料，如圖7-37中的雜項資料，就記載著I312814號專利讓與及專利證書作廢等資料。

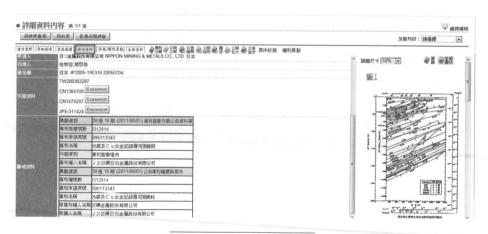

圖7-37　雜項資料查詢

（六）積體電路布局

積體電路布局的查詢是本次系統提供的新功能，可以查詢的資料有：公告資料查詢與案件狀態查詢。

1. 公告資料查詢

積體電路布局公告資料查詢畫面如圖7-38所示，可以用不限欄位查詢，也可以選擇不同條件透過布林運算，可選擇的檢索欄位包括：申請號、布局名稱、申請人名稱、創作人名稱、代理人姓名、登記證書號、簡單說明、結構分類、技術分類、功能分類，也可以用公告日期、發證日期及申請日期做為布林運算的條件，以限縮檢索結果。

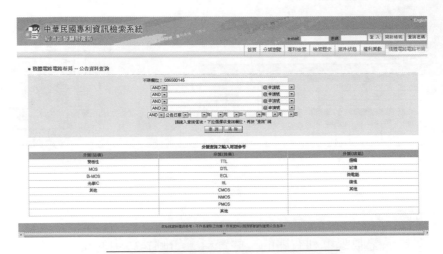

圖7-38　積體電路布局公告資料查詢

積體電路布局公告資料查詢結果如圖7-39所示，顯示的資料包括：申請案號、布局名稱、公告日期、發證日期、案件狀態、申請日、登記證書號、簡單說明、申請人的中文名稱及地址、創作人中文名稱、分類結構、分類技術及分類功能等。

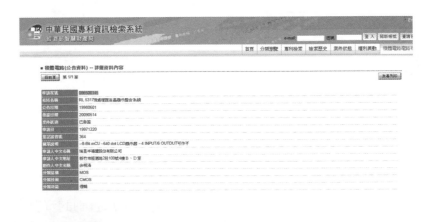

圖7-39　積體電路布局公告資料查詢結果

2. 案件狀態查詢

　　積體電路布局案件狀態查詢畫面如圖7-40所示，僅能用申請號做為查詢條件，查詢結果如圖7-41所示，內容較公告資料增加創作人的國籍及地址欄。

圖7-40　積體電路布局案件狀態查詢

圖 7-41積體電路布局案件狀態查詢結果

7-2-3 美國專利資料庫

美國的專利資料庫放在美國專利商標局的網站上,美國專利商標局的網站的網址是:http://www.uspto.gov如圖7-42所示,可點選網頁的左上角Patents,或者是網頁中間的Search Patents(如圖7-42中的方框處),即可進入圖7-43的畫面。

圖7-42　美國專利商標局首頁

在圖7-43中選擇左方藍色功能表中的Patent Full-Text Database(PatFT & AppFT)的選項,即可進入美國專利資料庫的首頁,如圖7-44所示。

資料庫的內容包括了2個部分,左邊是已經公告的專利(Issued Patent),資料庫的內容含蓋自1976年以後,已經公告的專利全文資料(Full-text),及1790年起的專利全文影像檔(Full-page Image)。右邊則是申請中的專利資料(Published Applications),資料庫的內容為2001年3月15日以後早期公開的專利申請案全文及其影像檔。

資料檢索的方式，不論是公告的資料庫或是早期公開的資料庫，都提供了快速檢索（Quick Search）、進階檢索（Advance Search）及專利號（Patent Number）、公開號（Publication Number）檢索等方式。

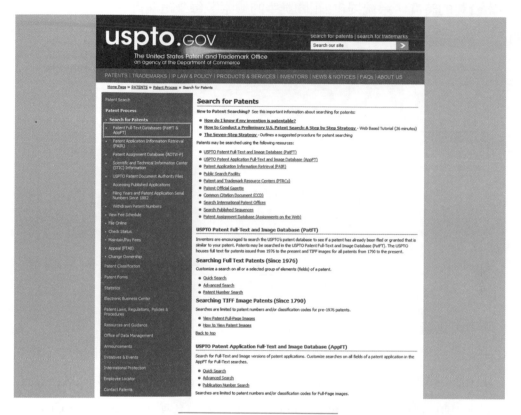

圖7-43　美國專利商標局

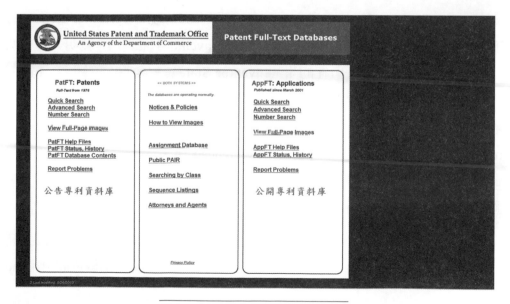

圖7-44　美國專利資料庫首頁

一、專利公告資料檢索

(一) 快速檢索

美國公告專利資料庫的快速檢索網頁如圖7-45所示，畫面左下角可以先選擇所要檢索資料的時間，系統提供2組關鍵字的檢索，每一組關鍵字可以選擇其所在的欄位，2組關鍵字之間還可以用布林代數加以組合運算。

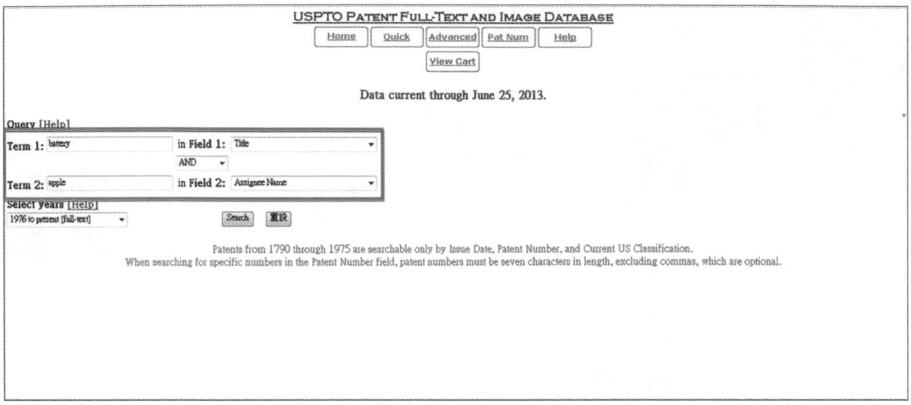

圖7-45　公告專利快速檢索

檢索可以選擇的欄位有：所有欄位（All Field）、專利名稱（Title）、摘要（Abstract）、公告日（Issue Date）、專利號（Patent Number）、申請日（Application Date）、申請號（Application Serial Number）、申請種類（Application Type）、申請人姓名（Assignee Name）、申請人所在城市（Assignee City）、申請人所在國家（Assignee Country）、國際分類號（International Classification）、美國分類號（Current US Classification）、主審查官（Primary Examiner）、助理審查官（Assis-tant Examiner）、發明人姓名（Inventor Name）、發明人所在城市（Inventor City）、發明人所在的州（Inventor State）、發明人的國家（Inventor Country）、專利代理人（Attorney or Agent）、PCT資訊（PCT Information）、國際優先權（Foreign Priority）、再發行日（Reissue Date）、有關美國的申請資料（Related US App. Data）、參考資料（Referenced By）、國外參考資料（Foreign References）、其他參考資料（Other References）、申請專利範圍（Claim）、規格描述（Description/Specification）…等欄位。

我們想知道Apple有哪些跟電池有關的專利，就可以在專利名稱（Title）欄輸入battery，在申請人姓名（Assignee Name）欄內輸入Apple，2個欄位間再用and的

布林代數做運算，求其交集，結果如圖7-46所示，共有56件專利，讀者可以視需要以超連結點入個別專利的文字檔。

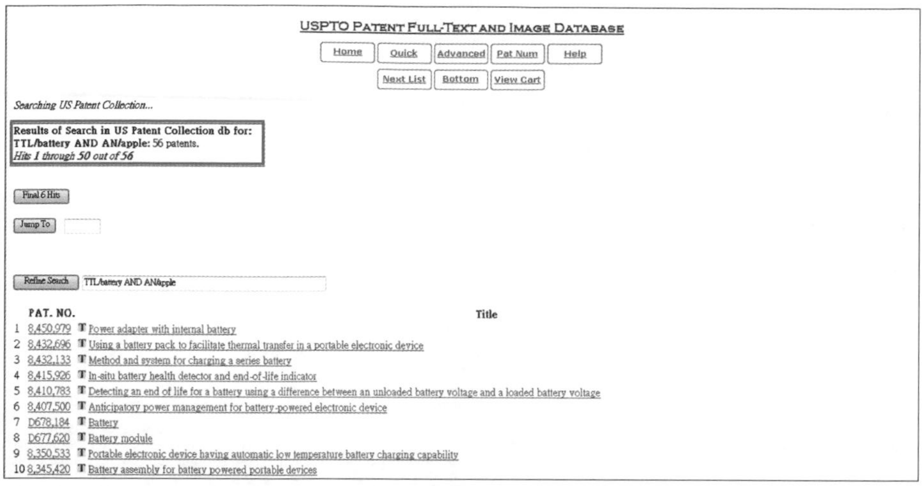

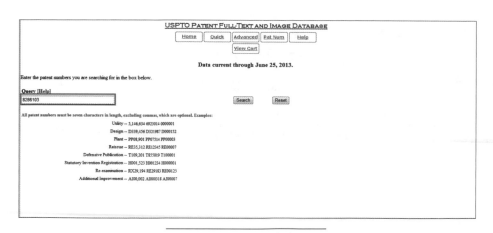

圖7-46　公告專利快速檢索結果

（二）專利號檢索

　　美國專利資料庫中以專利號檢索的首頁如圖7-47所示，當使用者已經知道要檢索專利的專利號時，即可以直接利用專利號進行檢索，而快速的獲得檢索結果。檢索時專利號的輸入方式，在Query欄的下方有範例可供參考。

圖7-47　公告專利號檢索

　　要檢索Apple的滑動解鎖專利，如果知道專利號，就可以直接在檢索欄位中輸入專利號，如圖7-47，檢索結果如圖7-48所示，因為只有1件專利，所以直接顯示其內容。

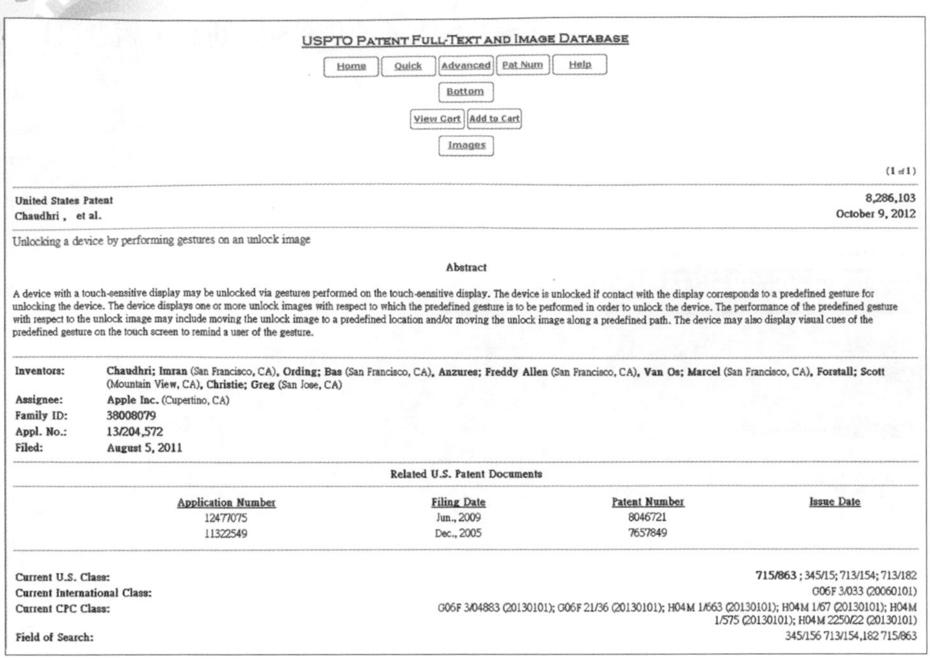
USPTO PATENT FULL-TEXT AND IMAGE DATABASE

Home | Quick | Advanced | Pat Num | Help

Bottom

View Cart | Add to Cart

Images

(1 of 1)

United States Patent 8,286,103
Chaudhri , et al. October 9, 2012

Unlocking a device by performing gestures on an unlock image

Abstract

A device with a touch-sensitive display may be unlocked via gestures performed on the touch-sensitive display. The device is unlocked if contact with the display corresponds to a predefined gesture for unlocking the device. The device displays one or more unlock images with respect to which the predefined gesture is to be performed in order to unlock the device. The performance of the predefined gesture with respect to the unlock image may include moving the unlock image to a predefined location and/or moving the unlock image along a predefined path. The device may also display visual cues of the predefined gesture on the touch screen to remind a user of the gesture.

Inventors: Chaudhri; Imran (San Francisco, CA), Ording; Bas (San Francisco, CA), Anzures; Freddy Allen (San Francisco, CA), Van Os; Marcel (San Francisco, CA), Forstall; Scott (Mountain View, CA), Christie; Greg (San Jose, CA)
Assignee: Apple Inc. (Cupertino, CA)
Family ID: 38008079
Appl. No.: 13/204,572
Filed: August 5, 2011

Related U.S. Patent Documents

Application Number	Filing Date	Patent Number	Issue Date
12477075	Jun., 2009	8046721	
11322549	Dec., 2005	7657849	

Current U.S. Class: 715/863 ; 345/15; 713/154; 713/182
Current International Class: G06F 3/033 (20060101)
Current CPC Class: G06F 3/04883 (20130101); G06F 21/36 (20130101); H04M 1/663 (20130101); H04M 1/67 (20130101); H04M 1/575 (20130101); H04M 2250/22 (20130101)
Field of Search: 345/156 713/154,182 715/863

圖7-48　公告專利號檢索結果

（三）進階檢索

美國專利資料庫的進階檢索功能如圖7-49所示，系統提供使用者可以自行在Query的欄位中下檢索指令，各欄位的名稱與簡稱代碼的對照，在該網頁的下半部有對照表，可供使用者參考。

使用者如果對檢索指令很熟悉的話，可以直接下指令檢索，檢索指令可以看Query欄的右側範例。如果對指令不熟悉，可以直接點選下方的欄位名稱，即可查到欄位的意義及其用法，也可以按Query右側的Help來看每一個欄位的指令下法。

如果要檢索的關鍵字是二個以上的單字，檢索時沒有加雙引號（“），則會找到欄位中有這些單字的專利，多個單字如果用雙引號連起來，系統會找到這些單字連在一起的專利。

USPTO PATENT FULL-TEXT AND IMAGE DATABASE

Home | Quick | Advanced | Pat Num | Help

View Cart

Data current through June 25, 2013.

Query [Help]

Examples:
ttl/(tennis and (racquet or racket))
isd/1/8/2002 and motorcycle
in/newmar-julie

Select Years [Help]
1976 to present [full-text]

Search 重設

Patents from 1790 through 1975 are searchable only by Issue Date, Patent Number, and Current US Classification.
When searching for specific numbers in the Patent Number field, patent numbers must be seven characters in length, excluding commas, which are optional.

Field Code	Field Name	Field Code	Field Name
PN	Patent Number	IN	Inventor Name
ISD	Issue Date	IC	Inventor City
TTL	Title	IS	Inventor State
ABST	Abstract	ICN	Inventor Country
ACLM	Claim(s)	AANM	Applicant Name
SPEC	Description/Specification	AACI	Applicant City
CCL	Current US Classification	AAST	Applicant State
CPC	Current CPC Classification	AACO	Applicant Country
ICL	International Classification	AAAT	Applicant Type
APN	Application Serial Number	LREP	Attorney or Agent
APD	Application Date	AN	Assignee Name
PARN	Parent Case Information	AC	Assignee City
RLAP	Related US App. Data	AS	Assignee State
REIS	Reissue Data	ACN	Assignee Country
PRIR	Foreign Priority	EXP	Primary Examiner
PCT	PCT Information	EXA	Assistant Examiner
APT	Application Type	REF	Referenced By
PRAD	Priority Filing Date	FREF	Foreign References
PT3D	PCT 371c124 Date	OREF	Other References
PTAD	PCT Filing Date	GOVT	Government Interest
RLFD	Related Application Filing Date	FMID	Patent Family ID
PPPD	Prior Published Document Date	RPAF	Reissued Patent Application Filing Date

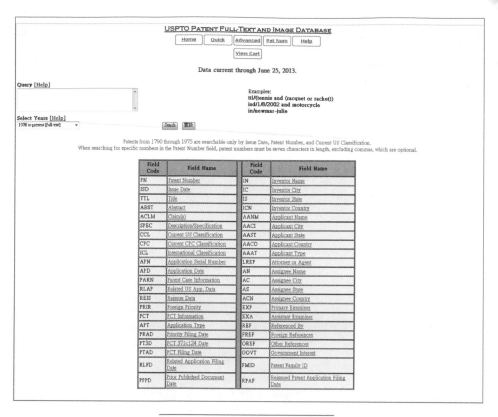

圖7-49　公告專利進階檢索

例如要檢索電子商務的專利時，如果以electronic commerce爲檢索條件在「摘要」欄中檢索，檢索出摘要中含有electronic及含有commerce的專利，但是，這些專利不一定都跟電子商務有關。如果在檢索時，用“electronic commerce”爲關鍵字檢索，則系統檢索的結果是符合electronic commerce二個字連一起，同時出現的專利，在這些專利中與電子商務有關的專利會比較多些。

進階檢索指令的範例如圖7-50所示，可以只在一個欄位中以關鍵字檢索，也可以在二個以上的欄位中，使用布林代數來限縮檢索範圍，進階檢索的指令是在欄位代碼之後加一斜線（/），在斜線後則是要進行檢索的關鍵字。圖7-50中的範例是以布林代數的方式，檢索專利權人Amazon.com在2013年1月1日至2013年6月26日間所公告的專利。

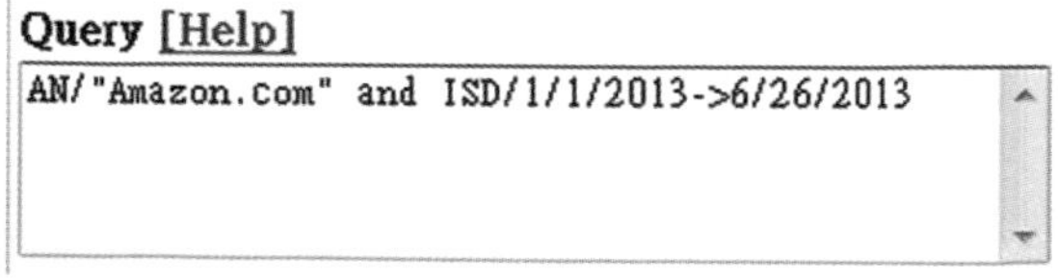

Query [Help]
AN/"Amazon.com" and ISD/1/1/2013->6/26/2013

圖7-50　公告專利進階檢索指令範例

　　專利檢索的結果如圖7-51所示，在網頁的上方顯示檢索的結果，符合條件的專利有多少筆，接著就是這些專利的列表，左邊是專利號，右邊是專利名稱，在專利號與專利名稱之間有黃底藍字的「T」字，表示該專利有全文資料。

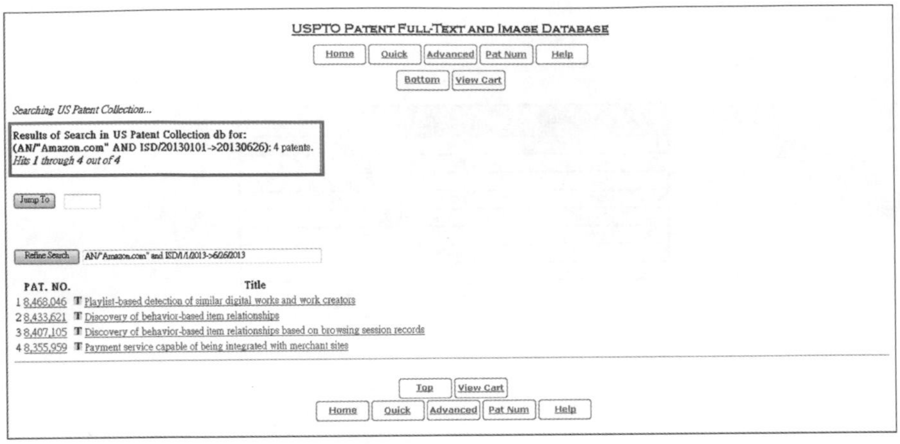

圖7-51　進階檢索結果

　　由專利名稱中找到可能的目標專利後，直接點選專利號或者專利名稱，都可以連結到專利全文，如圖7-52所示。檢索的專利全文資料，只有文字檔而沒有圖形，如果使用者需要看專利公報的影像資料，可以點選網頁上方紅色按鈕第四排的「Image」，即可看到該專利的全文資料。

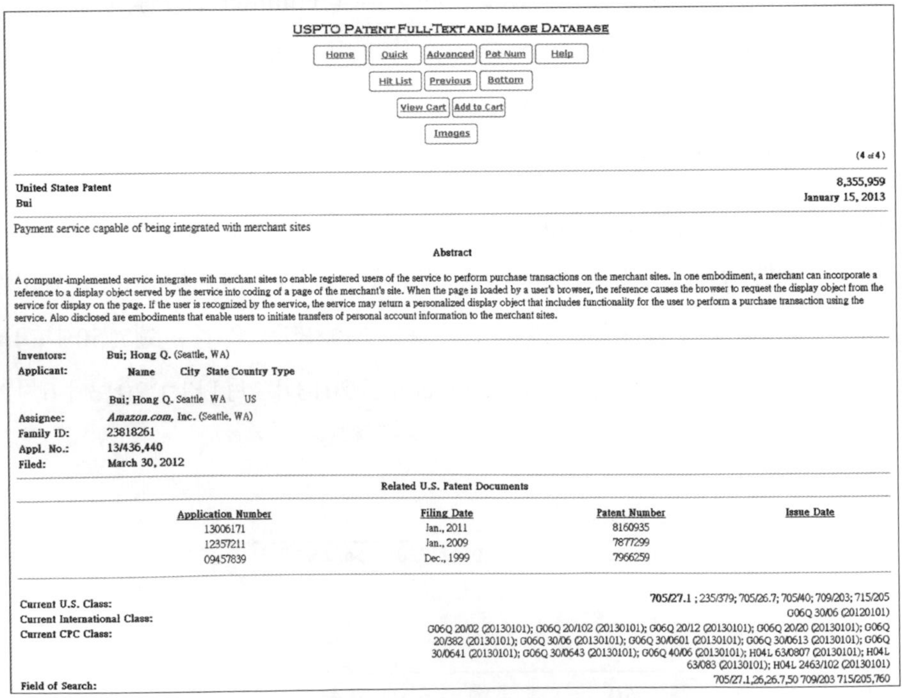

圖7-52　公告專利全文資料

要看到美國專利資料庫中的專利公報影像檔，必須要先安裝一個TIFF的外掛程式，讀者的電腦如果原來沒有安裝TIFF外掛程式，可以點選圖7-52中第一排最右邊的「Help」，在該網頁中尋找下載的網站。

圖7-53　美國專利資料庫的輔助功能

點選了「Help」之後網頁如圖7-53所示，再往下點選「How to Access Patent Full-page Images」，即可找到對TIFF外掛程式的說明，及可以下載TIFF外掛程式的網站等資料。

安裝TIFF外掛程式之後，點選「Images」就會顯示該專利的專利公報影像資料，如圖7-54所示。專利公報的影像資料一次只會顯示一頁，在網頁上方的黃色部份會顯示該專利的總頁數與現在的頁數，如果已經知道要找的資料在那一頁，可以直接在它上方的輸入欄位中輸入想要看的頁碼。

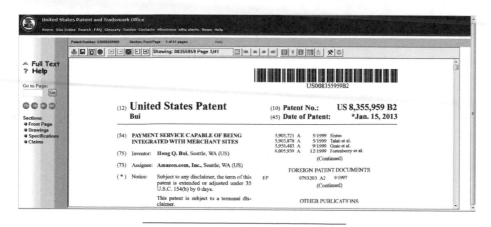

圖7-54　美國專利公報影像資料

如果不知道要找的資料在那一頁，那就只好一頁一頁的找，在網頁左方有四個黃色圓按鈕，提供使用者可以看下一頁或上一頁、第一頁或最後一頁的功能，以方便逐頁的尋找資料。

當然，如果使用者不知道要找的資料在那一頁，系統也提供了一個功能，讓使用者可以很快的找到專利的首頁、圖式、規格及申請專利範圍，在網頁左邊的下面四個選擇鍵，就分別提供了上述的4個功能，讓使用者可以方便的找到所需資料的大概位置。

二、專利公開資料檢索

（一）快速檢索

美國專利資料庫的公開資料快速檢索網頁如圖7-55所示，畫面左下角可以先選擇所要檢索資料的時間，系統提供2組關鍵字的檢索，每一組關鍵字可以選擇其所在的欄位，2組關鍵字之間還可以用布林代數加以組合運算。

圖7-55　專利公開資料快速檢索

檢索可用的欄位亦如公告專利資料庫的欄位，在此不再贅述，僅以一案例說明，圖7-55係用以檢索用於行動裝置的電池目前申請中的專利有哪些，因此，以專利名稱為Battery、申請專利範圍中有Mobile Device為關鍵字進行檢索，其結果如圖7-56所示，共有135件專利申請案。

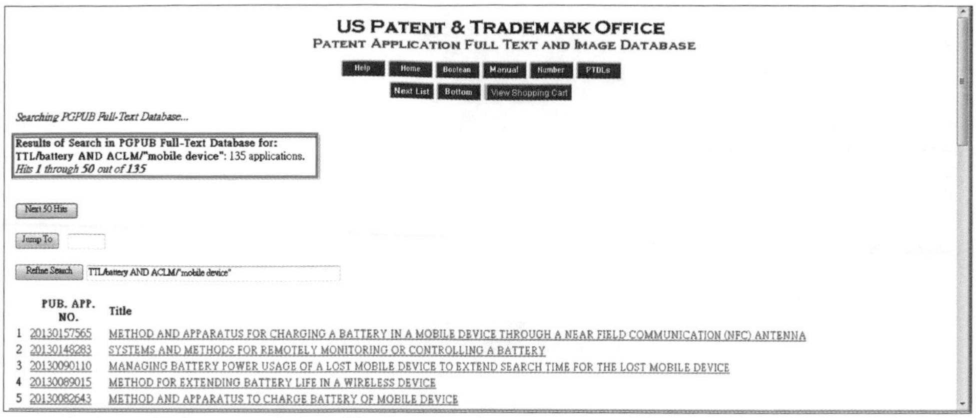

圖7-56　快速檢索結果

（二）公開號檢索

當使用者已經知道要檢索的專利申請案的公開號時，即可以直接利用公開號進行檢索，如圖7-57，而快速的獲得檢索結果，如圖7-58。檢索時公開號的輸入方式，在Query欄的下方有範例可供參考。

圖7-57　專利公開資料公開號檢索

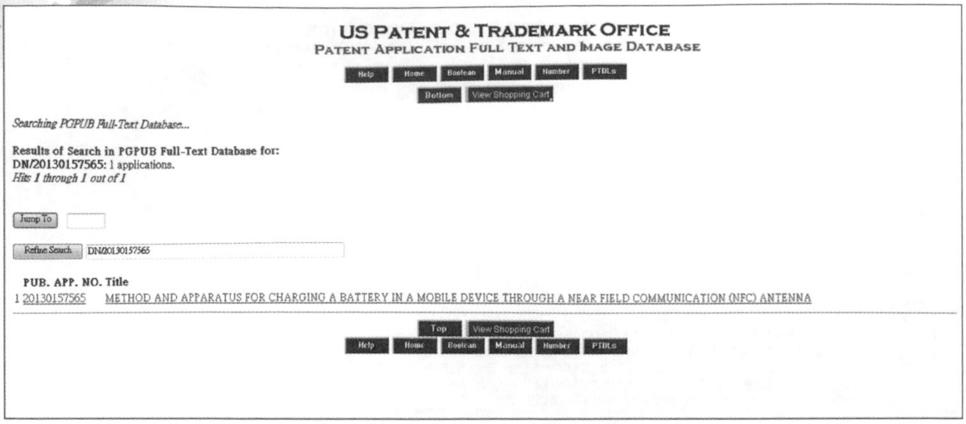

圖7-58　公開號檢索結果

（三）進階檢索

美國專利資料庫的公開資料的進階檢索功能如圖7-59所示，系統提供使用者可以自行在Query的欄位中下檢索指令，各欄位的名稱與簡稱代碼的對照，在該網頁的下半部有對照表，可供使用者參考。

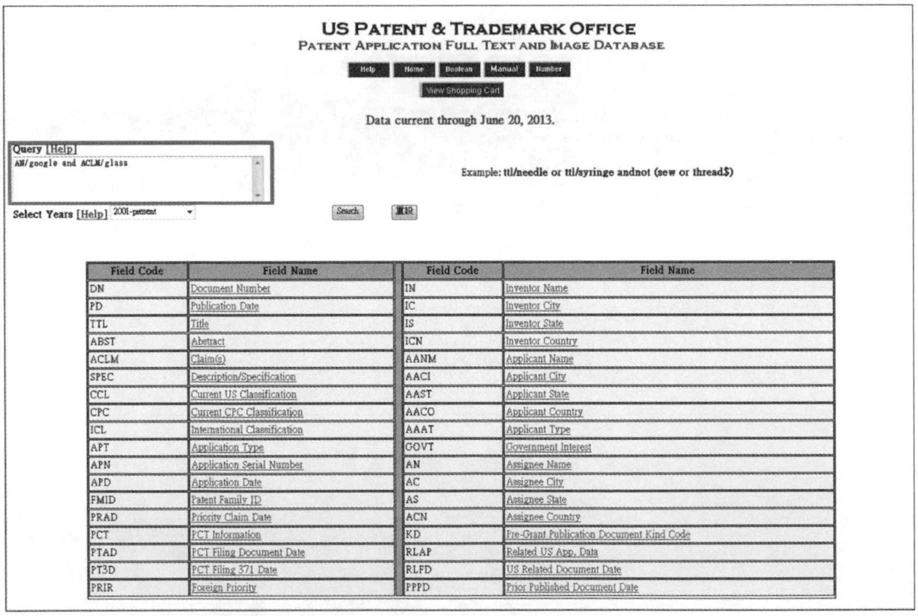

Field Code	Field Name	Field Code	Field Name
DN	Document Number	IN	Inventor Name
PD	Publication Date	IC	Inventor City
TTL	Title	IS	Inventor State
ABST	Abstract	ICN	Inventor Country
ACLM	Claim(s)	AANM	Applicant Name
SPEC	Description/Specification	AACI	Applicant City
CCL	Current US Classification	AAST	Applicant State
CPC	Current CPC Classification	AACO	Applicant Country
ICL	International Classification	AAAT	Applicant Type
APT	Application Type	GOVT	Government Interest
APN	Application Serial Number	AN	Assignee Name
APD	Application Date	AC	Assignee City
FMID	Patent Family ID	AS	Assignee State
PRAD	Priority Claim Date	ACN	Assignee Country
PCT	PCT Information	KD	Pre-Grant Publication Document Kind Code
PTAD	PCT Filing Document Date	RLAP	Related US App. Data
PT3D	PCT Filing 371 Date	RLFD	US Related Document Date
PRIR	Foreign Priority	PPPD	Prior Published Document Date

圖7-59　專利公開資料進階檢索

當我們想知道Google的智慧型眼鏡申請了那些專利，可以在專利的公開資料庫中，以專利權人為Google、申請專利範圍中有glass為關鍵字進行檢索，結果有4件專利，如圖7-60所示。

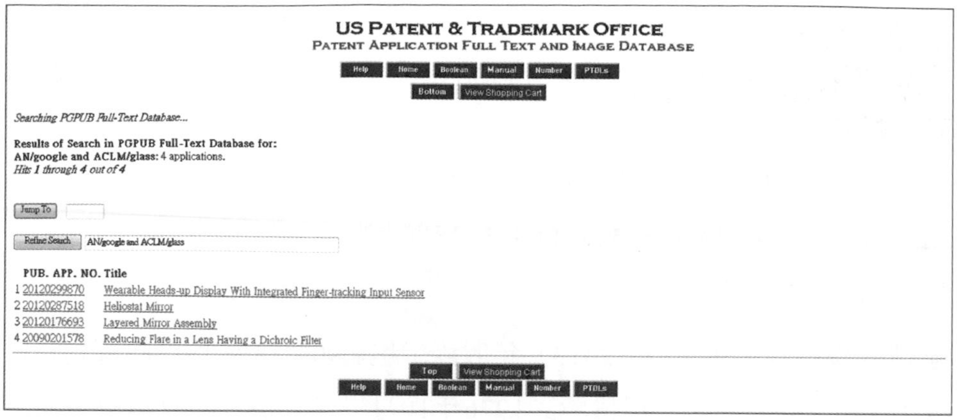

圖7-60　進階檢索結果

7-2-4 歐洲專利資料庫

　　歐洲的專利資料庫至2013年6月已有超過90個國家的專利資料，資料庫內包含歐洲專利局（EPO）、世界智慧財產權組織（WIPO）及全球（Worldwide）的資料。由於各國對專利分類的不盡相同，歐洲專利局為整合各國專利的分類，另行編訂歐洲專利分類（European Classification System, ECLA）。

　　美國專利商標局與歐洲專利局於2011年達成協議，由二個局共同管理，發展出一個新的分類—合作專利分類（Cooperative Patent Classification, CPC），它是以歐洲專利分類為基礎，所衍生出來的分類方式，2013年後歐洲專利資料庫的分類就不再用歐洲專利分類，而改用合作專利分類，預計2015年後，美國專商標局的分類也不再用美國專利分類，一律改用合作專利分類。

一、資料庫的內容

（一）歐洲專利局

　　歐洲專利局的資料庫包含最近2年內歐洲專利局所公告的歐洲專利，超過2年以上的專利，也要用全球（Worldwide）的專利庫來檢索。在這個資料庫中看不到專利家族、引證資料、全文資料及專利的法律狀態，這些資料都要到全球專利資料庫中才找的到。

(二)4 世界智慧財產權組織

　　世界智慧財產權組織的資料庫也是包含最近2年由世界智慧財產權組織所核發的專利，超過2年以上的專利，就要用全球（Worldwide）的專利庫來檢索。在這個資料庫中，同樣也看不到專利家族、引證資料、全文資料及專利的法律狀態等資料，這些資料也是要到全球專利資料庫中才找的到。

（三）全球

　　全球的專利資料庫至今（2013）年收錄了超過90個國家/地區的專利資料，從2005年1月起，該資料庫已可檢索到1976年10月以後未審查的日本申請案摘要及1998年後日本優先權案的資料。

　　歐洲資料庫的網址在http://worldwide.espacenet.com/，其首頁如圖7-61所示，首頁左邊是其所提供的檢索方式，包括：智慧型檢索（Smart Search）、進階檢索（Advanced Search）及分類號檢索（Classification Search）等三種檢索方式。

圖7-61　歐洲專利資料庫首頁

二、智慧型檢索

　　智慧型檢索的頁面如圖7-62所示，使用者可以只輸入檢索條件，不需要輸入檢索的欄位，系統會自己判斷要到那個欄位去檢索。如輸入Apple做為檢索條件，其檢索結果如圖7-63所示，很清楚的在檢索結果上顯示：ia=Apple，告訴我們它是在發明人及專利權人（Inventor and Applicant）欄位檢索的，因為輸入的檢索關鍵字Apple的字首是大寫，所以，系統會自動的把它當做是人名或公司名稱，如果輸入的檢索關鍵字是apple呢？。

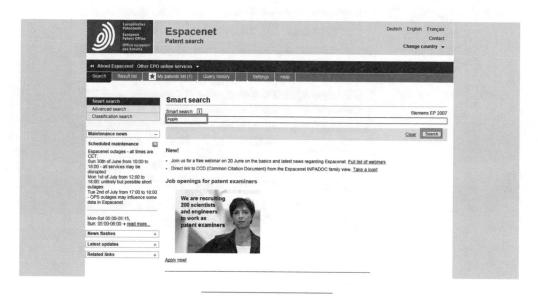

圖7-62　智慧型檢索

　　用Apple做為關鍵字檢索的結果如圖7-64，所顯示的檢索方式為：txt=Apple，txt的欄位指的是專利名稱（Title）、摘要（Abstract）、發明人（Inventor）及專利權人（Applicant），顯然範圍比剛剛的大，結果當然也比之前的多。

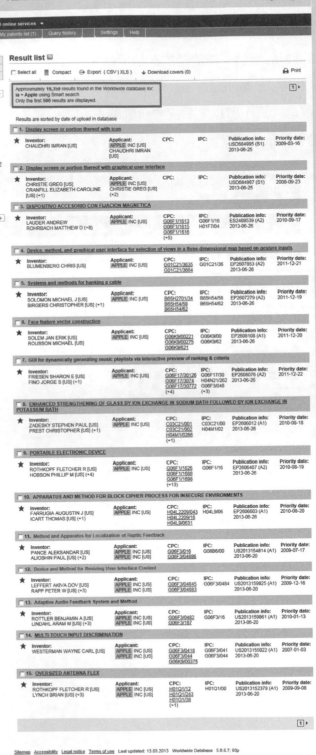

圖7-63　Apple的智慧型檢索結果

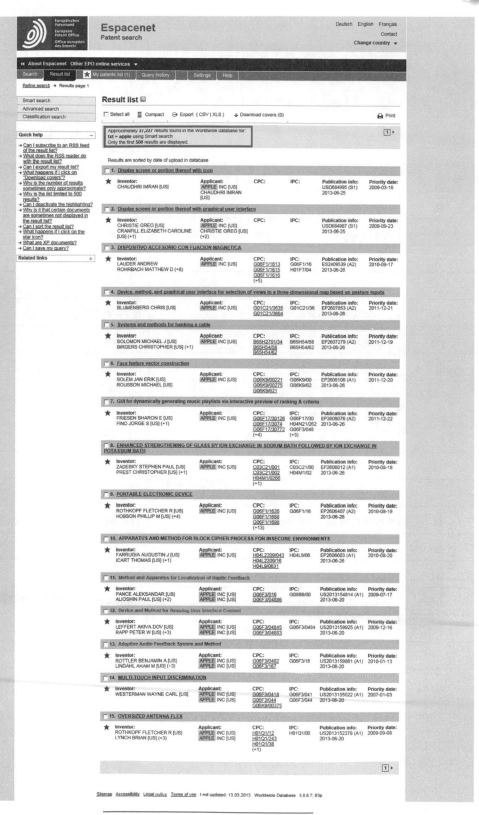

圖7-64　Apple的智慧型檢索結果

　　有時候系統太聰明也不是件好事，會讓我們在檢索的時候，找到太多的可能不是我們所要的結果，智慧型檢索也提供使用者可以用欄位名稱進行檢索，以限縮檢索結果，欄位名稱的代碼與範例如表7-1所示，讀者可以適當的運用在檢索上，再加上布林代數，可適當的調整檢索結果。

表7-1　智慧型檢索的欄位代碼表

欄位代碼	欄位名稱	案例
in	inventor	in＝smith
pa	applicant	pa＝siemens
ti	title	ti＝"mouse trap"
ab	abstract	ab＝"mouse trap"
pr	priority number	pr＝"ep20050104792"
pn	publication number	pn＝ep1000000
ap	application number	ap＝jp19890234567
pd	publication date	pd＝20080107 OR pd＝"07/01/2008"OR pd＝07/01/2008
ct	citation/cited document	ct＝ep1000000
ec	European classification	ec＝"A61K31/13"
ia	inventor and applicant	ia＝Apple OR ia＝"Ries Klaus"
ta	title and abstract	ta＝"laser printer"
txt	title, abstract, inventor and applicant	txt＝"microscope lens"
num	application, publication and priority number	num＝ep1000000
ipc	all current and previous versions of the IPC	ipc＝A63B49/08
cl	IPC and EC	cl＝C10J3

　　智慧型檢索也有一些限制，每次檢索時，最多只能用10個書目資料的欄位，而且在做布林運算的總項次也不能超過20個，至於斜線（Slash）就只能用在日期、CPC及IPC等欄位上，其他地方都不能用。

三、進階檢索

　　歐洲專利資料庫的進階檢索如圖7-65所示，在網頁中分成2個部份，上面是選擇資料庫，進階檢索所提供的資料庫有3個：歐洲專利局、全球及世界智慧財產權組織。第二個部份則是檢索所使用的欄位名稱，計有：專利名稱（Title）、專利名稱或摘要（Title or abstract）、公告號（Publication number）、申請號（Application number）、優先權號（Priority number）、公告日（Publication date）、專利權人（Applicant）、發明人（Inventor）、合作專利分類號（CPC）及國際專利分類號（IPC）。

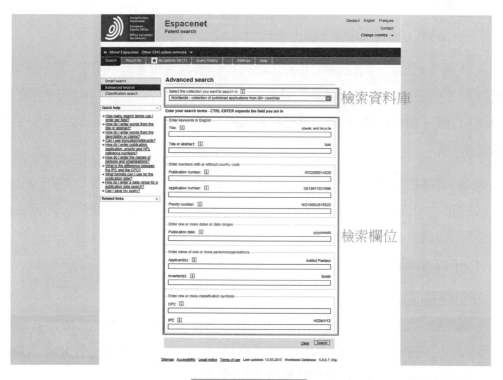

圖7-65　　進階檢索

　　進階檢索的規則除了與前面快速檢索相同的規則之外，對於不確定的內容，還可以用萬用字元（Wildcards）來輔助檢索，以擴大檢索範圍，系統提供的萬用字元有*、?、#等3個，各有不同的意義。

　　萬用字元「*」可以用來代表一串不特定的字元，「?」只能用於代表零個或1個字元，而「#」則是精確的表示1個字元。例如以car*在專利名稱中檢索，可能找到的結果，其專利名稱欄中都是含有以Car3個字母為始的單字，如Xar、cars、 card、cards…等。如果用car?在專利名稱中檢索，則最多只能找到專利名稱欄中含car、cars、card…等，這些單字最多只會由4個字元組成，不會出現5個以上字母組成的單字，但是會出現3個字母組成的單字。「#」與「?」這2個萬用元最大的不同是「?」所代表的是零個或1個字元，而「#」則是只有1個字元，再以前面的例子來看，用car#為關鍵字檢索，因為它代表的是1個精確的字，所以其結果不會有car，只會有cars、card…等由4個字母組成的單字。

在使用萬用字元時，也有些要注意的事項，萬用字元只能放在字尾，不能夾雜在單字中間，例如前面的檢索案例，使用者可以用car?檢索，但是不可以用c?ar做為檢索條件。在檢索的欄位上，萬用字元只能用在專利名稱、摘要、發明人、專利權人等4個欄位中，其餘欄位都不可以使用萬用字元檢索。

在使用「?」及「#」2個萬用字元時，在它前面至少要有2個英、數字，如ca?是允許的，而c?則因為前置字元不足，而不被允許使用。而且萬用字元的1次最多同時使用3個，如以ca???檢索，可以找到car、cars、card、care、cable…等，1次最多只能用3個。

但是，在使用萬用字元「*」檢索時，前面的前置字元至少要有3個，如ca*是不正確的語法，而car*才是系統會接受的正確語法。專利的公告號或公開號之前都有1個國家代碼，檢索時一定要輸入，而且輸入時在國家碼與公告號或公開號之間不能有空白，否則系統無法執行檢索。

四、分類號檢索

分類號檢索的目的在提供使用者檢索合作專利分類號之用，其檢索畫面如圖7-66所示，使用者可以在上面的對話框中直接輸入要檢索分類號的關鍵字，即可找出其分類號，如果知道合作專利分類號，也可以在該欄位輸入，而得到它的意義。

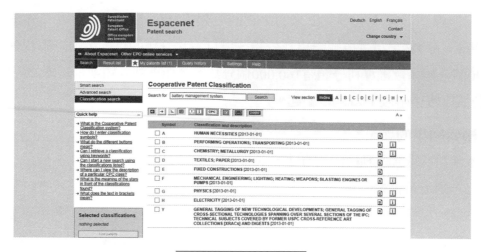

圖7-66　分類號檢索

　　在分類號檢索的欄位中輸入關鍵字：Battery Management System，則可以找到這個技術可能的分類，如圖7-67所示，系統會由最有可能的分類往下排，由圖7-67可以看出這個技術最有可能的分類是H02J 7/00，由這個分類的定義：circuit arrangements for charging or depolarizing batteries or for supplying loads from batteries 來看，也算符合技術內涵。

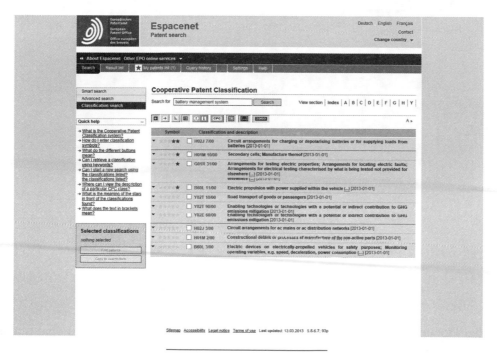

圖7-67　分類號檢索結果

合作專利分類不是憑空出來的，它的分類架構係衍生自歐洲專利分類，而歐洲專利分類又是衍生自國際專利分類，所以，它分類的更細，國際專利分類有70,000個分類、歐洲專利分類有160,000個分類，合作專利分類則是超過250,000個分類，可以把技術更精細的群組起來。

五、檢索結果的顯示

不論是採取那一種檢索的方法，歐洲專利資料庫檢索的結果如圖7-68所示，系統將逐一列出符合檢索條件的專利資料，如果檢索結果超過1頁，系統會自動分頁每頁15篇，在網頁的中間會顯示本次檢索符合條件的專利數，在右上角可以選擇要看的頁數。

圖7-68　歐洲專利檢索結果

選擇要看的專利後，直接點選專利名稱，即可顯示該篇專利的專利公報資料如圖7-69所示。網頁上方是專利名稱等書目資料及摘要，左方則有一些頁籤可選，包括：書目資料（Bibliographic）、技術描述（Description）、申請專利範圍（Claims）、圖式（Mosaics）、原始文件（Original Document）、引證資訊（Citied Document）、被引證資訊（Citing Document）、法律狀態（Legal Status）及專利家族（Patent Family）。

其中被引證資訊與引證資訊是比較容易混淆的，引證資訊的英文雖然是被動式，但是，筆者認為以它的意義來看，中文應該用主動式表示會比較合適，它指的是目前看到的這件專利，在申請過程中所引證的前案資訊，以美國專利而言，這個資訊有可能是專利申請人所提出的，也有可能是由審查官所提出。被引證資訊則是指目前看到的這件專利，曾經被那些專利當做前案引證過。

圖7-69　歐洲專利資料庫專利公報

圖7-69的上方是專利的書目資料，下方是專利的摘要，由於歐洲專利資料庫中含蓋了多個國家的專利資料，而一個發明通常會在不同的國家或地區申請專利，所以，在書目資料中的有一個欄位also published as，用來顯示這件專利還在那些國家申請過，它的公告號是什麼。

如果想看該專利的原始文件，可點選畫面左邊的Original document按鈕，即可透過瀏覽器看到原始文件的PDF檔，如圖7-70所示。

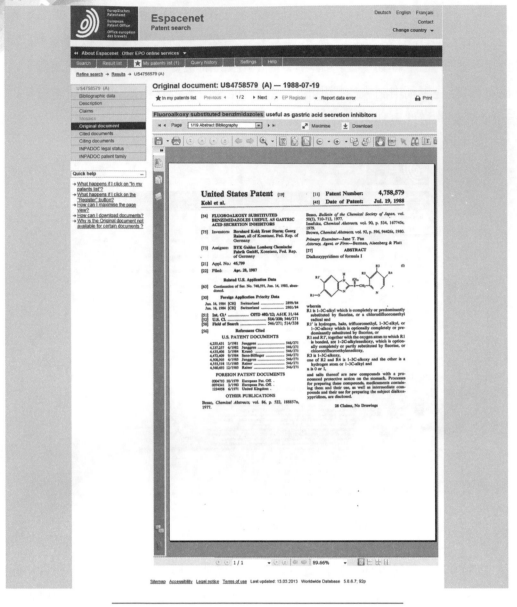

圖7-70 歐洲專利資料庫專利公報原始文件頁

　　想要知道這件專利在申請時，曾經引證過那些前案資料，可以點選左邊的
Cited Document按鈕，所得結果如圖7-71所示，系統會列出申請時所引證的專利資
料，使用者若需要看某個特定的專利內容，可以直接點選進入即可。

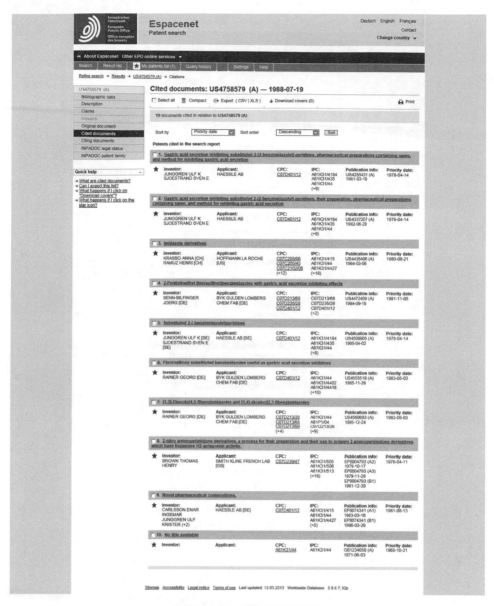

圖7-71　專利引證資訊

　　點選Citing Document按鈕，則可以找出目前有哪些專利引證過這件專利，如圖7-72所示，因爲被引證資料是動態的，所以，不同時間查詢，所得的結果可能會不一樣。

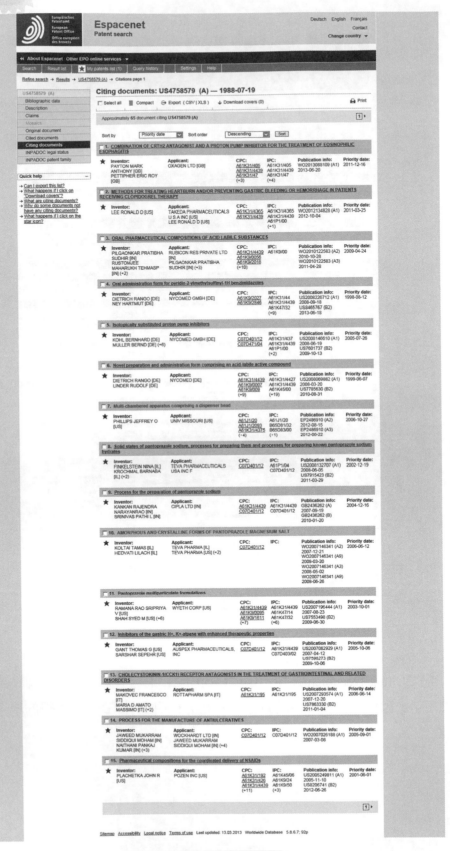

圖7-72 專利被引證資料

　　歐洲專利資料庫把各國專利的法律狀態也納入資料庫中，所以個別專利只要點選左邊的INPADOC legal status欄，如圖7-73，即可知道該專利年費繳交情形、授權、讓與、權利是否還存續…等狀態，

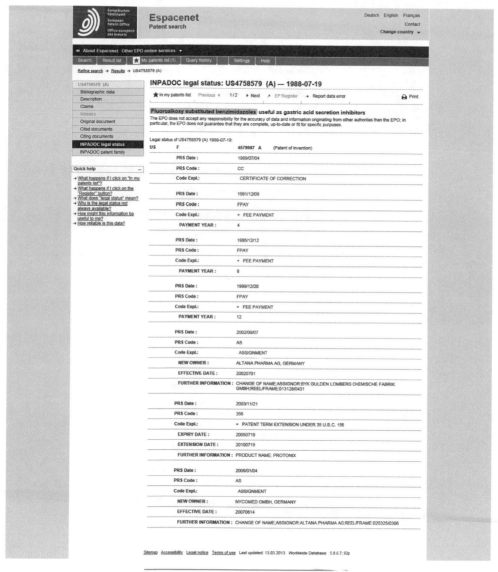

圖7-73　專利法律狀態查詢結果

　　專利是屬地主義，所以，專利權人會依其產品銷售策略，而到世界各地申請專利，以尋求保護，歐洲專利資料庫提供INPADOC patent family的功能，可以把某一個專利在各地申請案找出來，稱為專利家族，如圖7-74所示。

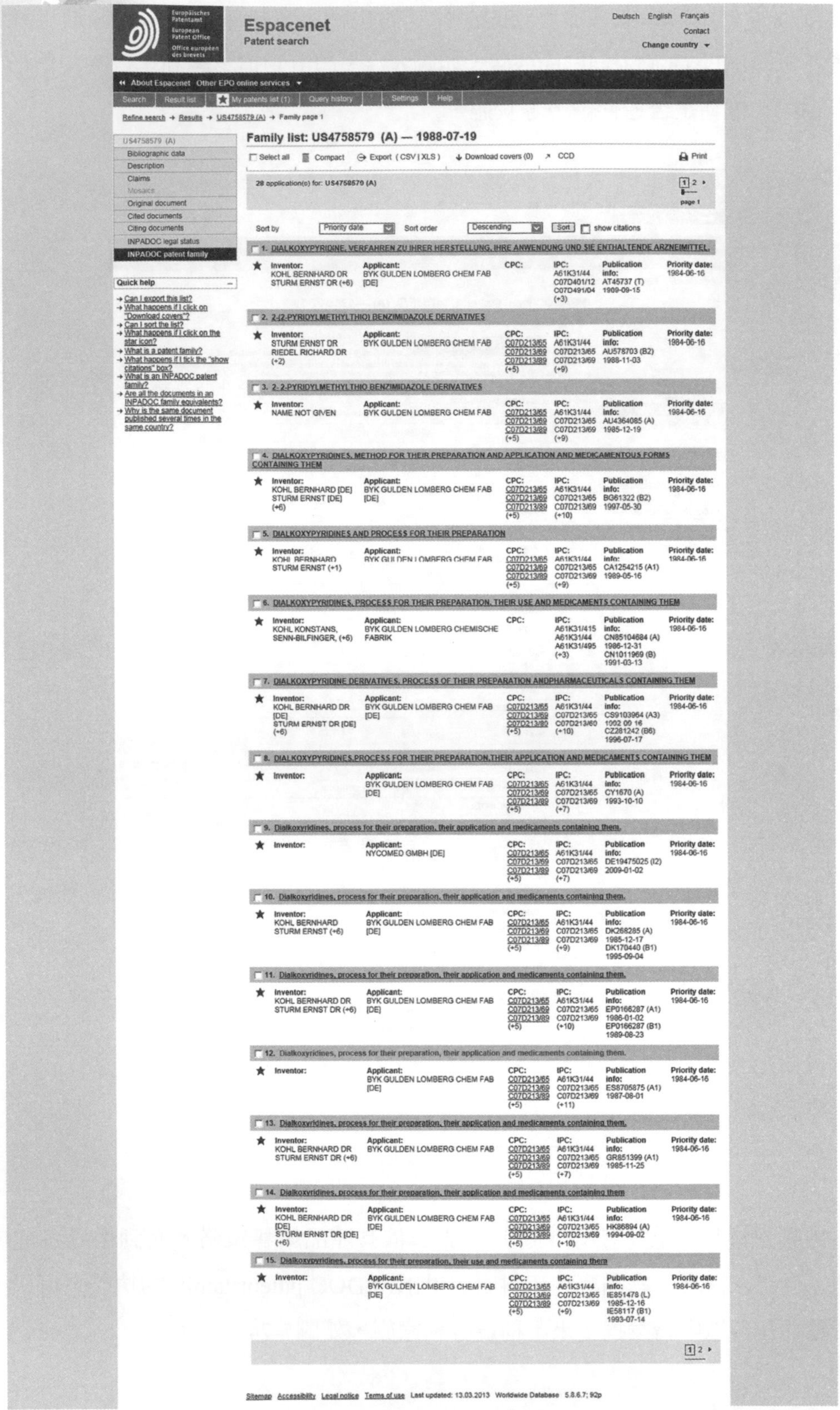

圖7-74 專利家族資訊

專利家族（Patent Family）在歐洲專利局中有不同的定義，但基本上都是以專利的優先權案（Priority）做爲認定專利家族的基礎，本書將佐以圖表方式說明其間差異，表7-2所示爲專利文件與優先權案的關係，表內共有5個專利案，分別爲D1至D5，3個優先權案，分別爲P1至P3。

其中D1的優先權案爲P1，D2及D3的優先權案都是P1及P2，D4的優先權案爲P2及P3，D5的優先權案則爲P3。

表7-2　專利文件與優先權案關係表

專利文件	優先權案		
D1	P1		
D2	P1	P2	
D3	P1	P2	
D4		P2	P3
D5			P3

第一種專利家族的定義是：所有的優先權案或優先權案的組合完全相同的專利，其組合稱爲同一專利家族，如表7-2中的D2及D3，它們的優先權案都是P1及P2，爲同一家族的專利。這個專利家族中的專利亦稱爲等效的（equivalents）專利，在歐洲專利資料庫的書目資料中，以also published as列出。

第二種專利家族的定義是：專利家族中的專利至少有一個共同的優先權案，以表7-2中的專利爲例，則有3個不同的專利家族：P1、P2及P3，P1的專利家族中包含D1、D2及D3等3件專利，P2的專利家族中包含D2、D3及D4等3個專利，P3的專利家族則包含D4及D5。在歐洲專利資料庫中輸入優先權案的號碼，即可找到此專利家族中的所有專利。

第三種專利家族的定義是廣義的專利家族定義，只要直接或間接透過同一個優先權案所連接的專利，就是同一專利家族中的專利。因此，表7-2中的5個專利都是同一專利家族中的專利，在歐洲專利資料庫中，可在書目資料中的 INPADOC Patent Family查得。

第八章

專利檢索理論與實務

8-1 專利檢索

專利檢索是指從眾多的專利資訊中，找出合乎特定條件的專利，以做為後續分析之用，由於網路上的專利資料庫具有快速獲得的優勢，隨著網際網路的普及，網路上的專利資料庫，目前除了上一節中所介紹的各國官方機構的專利資料庫外，還有很多經過加值處理的付費專利資料庫，如Delphion、Aureka…等，可供使用者選擇適當的專利資料庫進行檢索。

在本節中將先探討專利檢索的類型，其次討論專利檢索時所使用的語言種類及其優缺點，再討論專利檢索的技巧與策略，最後探討專利檢索結果的評估。

8-1-1 專利檢索類型

由於網路上可用的專利資料庫有很多，不論選擇的是那一個專利資料庫，在檢索前要先確定檢索的目的與應用時機，接著要訂定適合的檢索策略才能達到事半功倍的效果。在陳達仁、黃慕萱的研究中，依專利檢索的時機，彙整專利檢索的型態有：專利現況檢索（State-of–the–art Search）、可專利性檢索（Patentability Search）、專利侵權檢索（Infringement Search）及專利有效性檢索（Patent Validity Search）等四種。

一、專利現況檢索

專利現況檢索是在企業投入一個新的技術或產品研發之前，為了要了解該技術的發展現況，或是為了有系統的整理相關專利而進行的檢索。

專利現況檢索主要的時機是在研發一個新技術或新產品時，對該技術領域進行前案檢索，以了解該技術領域目前申請專利的情形，並藉由對前案資料的大量檢索，了解該技術領域目前的研究動態，以評估企業未來是否要投入在該技術領域之研發，以有效的運用資源。

為了要全面的檢索前案資料，做專利現況檢索時，為求檢索完整與周延，所檢索的資料包括本國及外國的專利資料，檢索的範圍相當的大，其結果亦可能由數十篇到數百、數千篇不等，需要耗費相當的人力與時間才完成檢索與分析的工作。

二、可專利性檢索

研發人員在研發新技術後，在提出專利申請案時，為了確定該技術是不是符合專利的新穎性、進步性及產業利用性，就要先進行可專利性檢索，其目的只是為確定要申請專利的技術目前並未侵害他人的專利，而且目前也沒有其他人提出相同的專利申請案。

當研發一個新的技術或產品，而且想要提出申請專利時，需要對該技術領域先進行可專利性檢索，在研發的初期、中期與後期都要不斷的進行這樣的檢索，以了解掌握是不是有與自己相同的或類似的發明出現，俾能及早採取相關因應措施。

做技術的可專利性檢索時，為了能讓技術順利通過審查，必須要儘可能的檢索到所有相關專利、期刊、論文或書籍…等資料才能周延，以免所研發的技術侵害他人的專利，致使研發的投資浪費。

可專利性檢索時，不論是從相關專利、期刊、論文或書籍…等，只要找到一篇與該技術發明相同的文獻，即可停止檢索，因為就這一篇文獻已足以使該技術發明喪失新穎性，而無法取得專利。

三、專利侵權檢索

專利侵權檢索是在發生侵權疑慮時，針對該專利所進行相關的檢索，以確認是不是有侵權，專利侵權的態樣包含自己侵害他人專利權及他人侵害自己的專利權二種。自己侵害他人專利權時，應先進行專利侵權檢索，研讀二造的專利以確認雙方的申請專利範圍，以尋求可能的和解空間。至於別人侵害自己的專利權時，則必須先確認專利侵害的程度，俾提出告訴。

所以，專利侵權檢索的時機有二：首先是避免侵害他人的專利權，希望在研發一個新技術之前，就能透過專利侵權檢索不要因為侵害他人專利權，而遭致專利權人控訴。其次是監控競爭對手的技術發展趨勢，時時注意競爭對手的技術，除了可以了解技術的最新發展外，也可以防止侵權的發生。

專利侵權檢索的範圍主要在尚在專利期限內的專利，所以，在檢索時專利權的日期是非常重要的，對於已經超過專利權期限的專利，就不需要檢索、分析了。至於檢索的數量，只要能找到與系爭專利相同的前案即可停止，此時，該專利已侵害他人的專利了。

四、專利有效性檢索

專利有效性檢索的目的在判斷專利的專利權是不是還存在，以作為侵權判斷或做專利迴避設計之用。

專利有效性檢索的時機有二：首先是迴避設計，在申請專利前先做專利有效性檢索，如果檢索前案發現其專利權仍然存在，就要考量採取迴避設計。其次是侵權抗辯時，當技術或產品經過多次的努力而研發完成，卻遭他人主張侵害其專利，這時就需要做專利有效性檢索，以確定該專利是否仍具法律效力，以做為抗辯依據。

專利有效性檢索的重點在於判斷專利之有效性，所以檢索的範圍也是愈大愈好，最好能含蓋該技術領域中所有相關的專利以求周延，在檢索的數量上，只要能夠找到與系爭專利完全相同的前案即可停止，完全相同的前案表示系爭專利不具新穎性，該專利原本就不該被核准，所以，其檢索結果可以做為日後抗辯的佐證。

各種專利檢索型態的目的、時機與範圍、數量，可比較歸納如表8-1所示。

表8-1　各種專利檢索型態比較表

檢索型態比較項目	檢索時機	檢索目的	檢索範圍與數量
專利現況檢索	研發前的前案檢索	評估是否值得投入研發，避免重複他人已做的研究	為求周延與完整，檢索規模大
可專利性檢索	研發技術欲申請專利時	確定欲申請專利的技術符合專利要件，並調查是否有相關前案	儘可能檢索相關專利、期刊、論文…等，以求周延
專利侵權檢索	避免侵害他人專利權監控競爭對手的技術發展趨勢	保護自己的專利、防止他人侵權為技術或授權而評估他人專利的價值	檢索範圍為目前尚在專利權期間之專利
專利有效性檢索	迴避設計侵權抗辯	查證特定專利之專利期限，以做為侵權抗辯之用	檢索範圍愈大愈好

8-1-2 專利檢索語言

　　由於各國的專利制度已經實施多年，加上近年來大家對智慧財產的保護日益重視，專利的申請量逐年增加，致使專利資料庫內的資料量亦急劇上升，使用者要想在專利資料庫逐筆檢索到所需的資料是不可能的做到的，再加上網際網路的發達，網路上各國的免費資料庫與付費的加值資料庫，亦是多的不勝枚舉，想要周延的檢索到相關資料，更是件不可能的任務。

　　一般傳統資料庫爲了讓使用者能夠很快的在眾多資料中找到所要的資料，都會提供一種結構化的查詢語言（Structured Query Language, SQL），來提供使用者可以很快的在資料庫中查詢到所需要的內容。目前市面上常見的關聯式資料庫（Relational Database）如Oracle、Sybase、Microsoft SQL Server、Access…等，都提供SQL的功能。

　　結構化查詢語言的指令，依使用時機及特性，可以分爲資料定義語言（Data Definition Language, DDL）及資料操作語言（Data Manipulation Language, DML）資料定義語言主要的功能在定義資料庫中的資料表及其欄位，資料操作語言的功能，則是對資料庫中的資料做運算、存取。

　　而專利資料庫亦可視爲是一種資料庫，雖然建置資料庫的機構不同，但是在資料庫中的欄位卻是大同小異，如果能有一個共同的查詢語言，就會較易進行專利檢索了。但是，如果要讓每一位使用者都要學會資料庫的查詢語言，才能到資料庫中檢索專利資料，這似乎又是強人所難了點。

　　所以，在專利資料庫的系統中，都會提供一種可以判讀的語言，供使用者進行檢索，這些人機互動的語言就稱爲是檢索語言。專利資料庫中的檢索語言會因爲各個資料庫的不同，而會有些許的差異，使用者在檢索時，可以先看看各個資料庫所提供的說明，才不會誤用檢索指令而漏失資料。

　　專利資料庫的檢索語言，依陳達仁與黃慕萱的整理歸納，可分爲控制語言（Controlled Language）及自然語言（Natural Language）二大類。控制語言是一種標準、固定的檢索語言，它是以一個明確的字或詞在資料欄位中進行檢索，如國際分類號、專利公告號…等，使用控制語言在專利資料庫中進行檢索時，輸入檢索的字或詞必須與資料庫中的控制語言一致，才可能檢索到相關的專利資料。

如果使用者所使用的控制語言與資料庫中所定義的語法不同，就無法找到正確的資料、甚至於找不到資料，所以，對於控制語言的使用，必須經過一段時間的訓練，才能對其指令熟悉。

相對於控制語言的嚴謹與精確，自然語言則是一種不固定且非標準化的用語，由檢索者依其想法自然產出，也是在檢索時最常使用的一種語言，常用的是關鍵字（Keyword），可檢索的欄位包括專利名稱、摘要、申請專利範圍…等。

表8-2　檢索語言的優缺點比較表

優缺點 語言	優點	缺點
控制語言	控制詞彙標準化，可維持檢索用語一致化 能提高回收率與精確率 易進行層次附屬關係檢索	一般使用者不易使用 不具彈性 用語受表達限制
自然語言	一般使用者較易使用 較具彈性 字義表達較自由	使用者需考慮周詳，以免遺漏資料 精確率較差 語意模糊

控制語言與自然語言由於特性不同，其優缺點的比較如表8-2所示，控制語言所使用的指令已經標準化，檢索用語非常一致且固定，可以很快的找到所要的資料，一旦輸入資料庫所設定的控制語言即可找到相關資料，回收率自然高，而控制語言可以將一個字或詞的廣義與狹義關係的字或詞集中在一起，較容易進行屬性關係的檢索，提高其檢索的精確率。

由於使用控制語言進行檢索，需要的技巧較高，對於沒有經過專業訓練的使用者而言，進入障礙較高，可能因為對指令的陌生或是輸入錯誤的指令，而檢索到錯誤或者是無關的資料。而控制語言又是一種標準化的指令，不易隨時增加新的字、詞以擴充其檢索能力，且無法用口語化的表達，致有時候會因為找不到合適的檢索用語而大費周章。

相對於控制語言的複雜度，自然語言在檢索時不需要熟悉複雜的控制語言，可以直接用資料中的用語或自己認知的關鍵字進行檢索，使用上較為方便，且不必受限於固定的檢索指令，使用者彈性較大，因為它沒有標準化的指令限制，檢索的自由度較高，運用得宜檢索的效益也較高。

由於自然語言並不是使用資料庫所提供的標準指令，所以，在檢索前的準備作業非常重要，要慎重的決定檢索的關鍵字，才不會在檢索時遺漏了相關資料，由於使用者要自訂檢索的關鍵字，不同的使用者對於同一技術中的關鍵字認知不一定相同，因此，檢索的精準度會比較差。

一般的專利資料庫為了提高檢索的精確度，都不會只單獨提供一種檢索語言，大多會提供簡易檢索與進階檢索的功能，簡易檢索又稱為快速檢索，顧名思義就是檢索的步驟很快，只要在單一欄位中輸入想要檢索的字或詞，即可以進行檢索。系統提供簡易檢索的指令，多為自然語言，因為所給的查詢條件過於簡單，所以得到符合查詢條件的資料就非常的多，還要再做進一步的篩選才能獲得所需的資料，在時間、金錢及人力等資源的投入上，都顯得相當的不經濟。

在進階檢索時，系統除了使用困難度較高的控制語言外，還會提供布林代數的運算，以縮小檢索的範圍，使檢索結果不致於過多，各項限制條件，視各資料庫而異。

8-1-3 專利檢索的技巧

專利檢索技巧係指在專利檢索的過程中，為完成某一個特定的目的，所採取的行動，也就是說，在確定專利檢索的目的之後，應該要規劃一個檢索策略再進行檢索。縱然如此，有的時候在檢索的過程中，還是有些意想不到的情況會發生，這時就必須要應用一些檢索技巧來予以克服，俾提高檢索效率。

雖然專利的檢索技巧可以幫助使用者解決在檢索時可能遭遇的問題，但是，也只能提供使用者一般性的指引，使用者還是要靠自己檢索的經驗，才能解決所面臨的問題，達到專利檢索的目標。

檢索技巧的分類，不同的學者有不同的分類見解，在陳達仁與黃慕萱的研究中，將檢索的技巧分類歸納為：一般性檢索技巧、決定主要相關專利的檢索技巧、縮小檢索集合的檢索技巧、擴大檢索集合的技巧及有助於提高效率的檢索技巧等五種。

一、一般性檢索技巧

由於網路上的專利資料庫非常多，各個資料庫的檢索指令也不全然相同，在進行檢索之前一定要先查閱其說明，例如對發明人的檢索，有的資料庫是將發明人的名字放在前面，有的資料庫卻是姓放在前面，放錯了位置就檢索不到相關專利資料。

一般性的檢索技巧是用來熟悉專利資料庫結構及相關檢索指令的檢索技巧，主要目的是讓爾後的檢索能更有效率的進行，常見的一般檢索技巧有：確認資料庫的檢索欄位、利用輔助檢索法、了解檢索結果的排序方式及注意檢索詞彙的應用與變化等。

（一）確認資料庫的檢索欄位

每個專利資料庫中的欄位不盡相同，但是有些欄位是專利資料庫檢索時必須要具備的基本檢索欄位，而不同的檢索範圍所採用的檢索欄位亦不同，一般而言，使用者在檢索時可以用來檢索的欄位包括：專利號碼、專利權人、發明人、國際分類號…等專利說明書的書目資料相關欄位。

（二）利用輔助檢索法

由於專利資料庫中的資料數以萬筆，甚至於幾百萬筆，要從中找出有用的資料甚為不易，因此，各個資料庫都會提供輔助的檢索方法，以提高使用者的檢索效率，使用者在使用資料庫前可以先了解該資料庫所能提供的輔助檢索工具。

一般常見的輔助檢索法有：布林運算元、相近運算元、萬用字元、限制欄位等。布林運算元是專利資料庫中最常見到的輔助檢索法，幾乎每一個資料庫中都有提供布林代數的運算元，它是利用布林代數來連接二個以上的檢索結果，常用的有：AND、OR及NOT。AND表示二個集合間的交集關係、OR表示二個集合間的聯集關係、NOT則是用來表示二個集合之間的差集關係。至於使用時的語法，各個資料庫都不同，有的資料庫直接以英文的方式輸入、有的資料庫是以符號表示，使用者在檢索前都要先釐清。

相近運算元大部分是用在英文資料的檢索上，目的是在確認檢索的二個單字之間，是不是還有可能會有其他的單字出現，其使用方式亦依各個資料庫的不同而不同。

萬用字元則是提供使用者在不確定英文單字的寫法時，為了避免在檢索時有遺珠之憾，可以利用萬用字元將英文單字截頭或去尾，以提高檢索的回收率。各個專利資料庫對萬用字元使用上的限制亦不相同，有的資料庫可以將萬用字元放在字首，有的資料庫則會限制字首不能使用萬用字元，這也是使用者在檢索前要先確認的。

（三）了解檢索結果的排序方式

檢索結果的排序方式影響使用者後續閱讀及分析的時間，一般免費的專利資料庫大多依專利號排序，也就是依公告時間排序，但是付費資料庫所能提供的排序方式選擇性就大些，除了依專利號排序外，還可以依專利權人、國家…等方式，適當的使用排序方式，可以比較快的閱讀及分析。

（四）注意檢索詞彙的應用與變化

在英文的專利資料庫中檢索時，要注意英文單字的拼法，很多的英文單字有美式拼法及英式拼法，如果在檢索前沒有注意，往往會漏失掉某些訊息。而有的單字之單複數或者動詞時態不是規則變化，以萬用字元的方式可能無法完全檢索到，這也是在檢索前選擇關鍵字時要注意的。

二、決定主要相關專利的檢索技巧

在進行專利檢索時，如果能夠找到一篇或者數篇該技術領域中重要的專利，再從該專利往下找相關專利，可以增加檢索的效果。但是在找重要專利的過程中，常常面臨的問題是檢索到的資料過多、檢索到的資料過少。

當檢索後合乎檢索條件的資料過多時，除了以人工逐筆的篩選外，應該要檢討當初所用的關鍵字或檢索方式是不是太廣泛、不夠精確，致使檢索結果過多，這時候可以考慮採用較狹義的關鍵字，以縮小檢索範圍。

當檢索結果太少或者甚至於沒有合乎條件的資料時，除了要檢討所選用的關鍵字外，還要看看所使用的檢索語言的語法，是不是該資料庫的標準語法不同。如果是所選用的關鍵字太狹義，可以放寬關鍵字的範圍，甚至於可以採用關鍵字的上位用語來做為新的關鍵字，重新再檢索，如果是檢索語言用錯，則需配合資料庫的檢索語言加以修改。

三、縮小檢索集合的檢索技巧

當檢索出來的專利筆數太多時，就必須縮小檢索範圍，以方便進行篩選，縮小檢索範圍的方法可以從檢索語言著手，在控制語言方面，可以從專利的國際分類號或者美國分類號下手，不論是美國分類號或者是國際分類號都是按照一定的規則分類，因此，可以由一階分類逐漸往下階縮減，使檢索的技術範圍變小，以縮小檢索結果。

在自然語言方面，則是要重新檢討關鍵字，除了當初關鍵字可能選擇錯誤外，也可能所使用的關鍵字包含的概念過於廣泛，可以用布林代數予以限縮，也可以限制關鍵字檢索的欄位，或者以限制專利的時間，來使檢索結果變少。

四、擴大檢索集合的技巧

另外一個情況是專利檢索的結果太少，檢索出來的專利太少，很可能會遺漏了重要的專利，而沒有被發掘出來，為了要提高檢索的回收率，以擴大檢索的結果，還是要從檢索語言著手。

在控制語言方面首先應檢討輸入的分類號是不是錯誤，如國際專利分類號第三階與第四階之間的空白，有的資料庫空白的部分要補0，有的資料庫第三階與第四階之間不留空白，使用者要先檢查是不是輸錯了致使檢索不到資料。

其次可能是所要檢索的分類號已經改分到另一類，或有新的分類出現，舊分類都移到新分類下了，這個情形在美國專利分類號較為常見，因為美國專利分類號常常會配合新技術的出現，而更新分類號，如果一時不查而以舊分類號進行檢索，就有可能找不到相關專利。

以上的情形是誤用舊的專利分類號，另一種情形是使用者對於技術分類的認知，與實際可能不同，或者一個技術因為應用的不同，可能被放在不同的分類下，這時也很容易因為分類號選錯而找不到資料。例如Security的技術，如果其應用與電子商務有關，會被放在G06F的分類之下，如果與加解密的技術有關的話，也有可能被放到H04L的分類中，在檢索的時候，如果只在單一的分類中檢索，都可能會有遺珠之憾，此時唯有將分類號的檢索層次擴大，才能找到比較完整的資料。

在自然語言方面，首先要檢討的是檢索時所使用的關鍵字是不是太狹義，可以優先考慮用上位概念用語做為關鍵字，以擴大檢索範圍，同時檢索時，也可以利

用布林代數運算元，以聯集的方式增加檢索範圍。在關鍵字的選定上，除了全名以外，還要考量該關鍵字有沒有常用的簡稱，或者英文部分的單、複數，中文的翻譯…等，應該把這些可能的同義字一起用聯集進行檢索，才能避免關鍵字的遺漏。

五、有助於提高效率的檢索技巧

專利檢索是一件很繁雜而無趣的工作，但是，它對研發人員來說，又是一件很重要的事，在遇到瓶頸時，可以採取的方法，經陳達仁與黃慕萱的研究歸納為：思考法（Think）、諮詢法（Consult）、閒逛法（Wander）、領悟法（Catch）、中斷法（Break）、重新架構法（Reframe）、改變法（Change）、焦點法（Focus）及擴大法（Dilate）等。

思考法是在檢索遭遇瓶頸時，先暫時停止檢索，回歸思考面嘗試提出的想法，在重新律定檢索程序後，再繼續檢索。在檢索過程中，藉由諮詢法，與同儕間相互的討論，也可能得到一些靈感，而對僵局能有所突破。

遭遇到挫折、瓶頸時，如果一直鑽牛角尖可能很難有所突破，反而會產生疲乏，此時可以採用閒逛法，隨意的看些其他的東西，也許就會有新的啟發，而使問題迎刃而解。

領悟法是一種頓悟，檢索的工作產生阻礙，不妨留意其他的可行方法，也許一個小小的改變，就會產生意想不到的效果。習慣有的時候也會成為我們的一種阻力而非助力，當使用者一直採用長久習慣的思考模式，而無法突破時，可以改採中斷法，先停止所有以往的思維模式，採取另外一種檢索方法，說不定就會有突破了。

在經過多次反覆的修正檢索技巧與檢索策略之後，如果仍然不能獲得滿意的檢索結果，可能就要重新修正檢索的架構，看看程序是否有瑕疵。也可以改變對檢索問題的觀點，從不同的角度來思考，以改變原來的思維模式、尋求突破。

焦點法則是一種縮小檢索範圍的方法，以便更容易的找到精確的資料。擴大法則是剛好相反，其目的在擴大檢索範圍，以期找到更多的資料。

8-1-4 專利檢索的策略

專利的檢索策略（Search Strategy）係指某一技術檢索方法的整體規劃，以避免找不到相關專利，或者所找到的專利篇數過多或過少，在專利檢索的過程中，檢索技巧與檢索策略二者是相輔相成的，唯有事先規劃了完善的檢索策略，配合靈活的檢索技巧，才能獲得高品質的檢索結果。

因應不同的檢索目的，會有不同的檢索策略產生，專利檢索是一個精細的工程，需要在檢索之前就要預先規劃一套有組織、具邏輯的檢索策略，以引導檢索的執行。常用的專利檢索策略，經陳達仁與黃慕萱整理計有：精確檢索、分區組合檢索、引用文獻滾雪球法及層次檢索等四種。

一、精確檢索

精確檢索的目的在找尋特定的專利，通常是以已知的書目資料進行檢索，例如已經知道專利名稱、發明人、專利權人…等書目資料，可以利用這些資料在相關欄位中進行檢索。

由於在檢索之前就已經知道這些要檢索的關鍵字，所以，在採行精確檢索的策略時，會有較高的精確率，但是，要特別注意的是，採用精確檢索只能尋找在一定範圍內的特定資料，不能大規模的檢索，而且要確保輸入的書目資料必須是對的，才能找到正確的資料。

二、分區組合檢索

分區組合檢索是專利檢索中最常使用的一種檢索策略，在檢索之前先把檢索的技術分為多個主題，每一個主題之內再選定檢索所需的關鍵字，在下檢索指令時，主題內的各個關鍵字之間以布林代數運算元做聯集（OR）運算，主題與主題之間，則是以布林代數運算元做交集（AND）運算。為了確保檢索的完整性，各主題內的關鍵字應該要儘量周延，以免有遺漏。

檢索結果如果所獲得的專利資料過多的話，可以調整檢索的主題，以縮小檢索範圍，並可藉此刪除相關度較低的主題。如果所獲之專利數量過少的話，可以先排除掉相關度較小的主題，用較少的主題檢索可以得到較大範圍的結果。

在專利檢索中，分區組合檢索的策略較適合用在自然語言上，控制語言則較不適用分區組合檢索，因為自然語言中的關鍵字具有非結構化的特性，才會因為主題不同，而有不同的關鍵字組合，控制語言因為指令與欄位都已高度的結構化，可運用的空間已經沒有了，所以，沒有必要再採取分區組合檢索。

三、引用文獻滾雪球法

引用文獻滾雪球法的策略是先找出一篇或數篇重要的專利，再根據這些專利的書目資料，往下做進一步的檢索，不斷的重複檢索，專利資料會像滾雪球一樣愈滾愈多。

引用文獻滾雪球法的目的在追求檢索的回收率，它需要先確定一篇或數篇有用的專利資料，再不斷擴展、重複檢索，使得合乎條件的專利數量不斷的上升，往往需要經過多次反覆的檢索，才可能蒐集到較為完整的專利資料。

四、層次檢索

層次檢索的目的在尋找資料庫中所有的相關專利資料，著眼在高回收率，它是透過分層的方式，從狹義到廣義，一層一層的找尋相關專利。一般可以分為三個層次進行，第一層次是使用完全能代表該技術主題的關鍵字檢索，這個層次的檢索結果是檢索範圍最小的資料，也是與該技術最相關的專利資料。

第二層次則是使用第一層次關鍵字的狹義詞，做為其關鍵字進行檢索，目的在找出於第一層次檢索中因為選用關鍵字太精準而被遺漏的專利資料。第三層次檢索又較為廣泛，它是採用較為廣義或上位的關鍵字再進行一次檢索，其目的在尋找所有可能的相關專利資料。

8-1-5 檢索結果的評估

讀者在了解專利檢索的策略與檢索的技巧後，在實際進行檢索後，一定又會疑惑：檢索出這麼多的專利資料，到底夠不夠？如何來評估專利檢索策略好不好？在陳達仁與黃慕萱的研究中，認為可以用檢索的精確率（Precision Ratio）及回收率（Recall Ratio）做為評估檢索結果的指標。

一、精確率

檢索的精確率也有人稱之為檢準率，是用來評估從專利資料庫檢索出與該技術相關專利的能力，精確率的計算方式可以用下面的方程式來表示。

$$P = \frac{A}{B} \times 100\%$$

其中B代表本次檢索到的專利總篇數，A則表示從檢索出來的專利中逐篇閱讀、篩選後，與要檢索的技術相關的專利篇數，二者的比值即為本次檢索的精確率。

精確率愈小表示A遠小於B，顯示在本次的檢索中，檢索到與該技術相關的專利數愈少，也就是說，本次檢索的精確度低。精確率大表示A與B非常接近，顯示在本次的檢索中，檢索到與該技術相關的專利數較多，也就是說，本次檢索的精確度較高，如果檢索結果是A＝B，也就是說P＝1，表示檢索出來的專利全部都與該技術有關，這是最佳的狀態，但是不易達成。

檢索的結果經過評估，如果精確率過低，首先要檢討該次所使用的檢索策略，可能檢索策略有需要修正的地方，其次再檢討檢索技巧，看看是不是有什麼需要改善的地方，例如關鍵字的選擇、上下位用語的使用…等，以提升下次檢索時的精確率。

二、回收率

檢索的回收率也稱之為檢全率，是用以評估檢索出所有與該次檢索相關專利的能力，檢索的回收率計算可以用下面的方程式表示。

$$R = \frac{C}{D} \times 100\%$$

其中C表示檢索出的專利與該次檢索相關的專利篇數，D則表示專利資料庫中所有與該次檢索相關的專利篇數，二者的比值即為本次檢索的回收率。在這個比值中，C很容易就可以算的出來，即是經過閱讀、篩選與該技術有關的專利總篇數。

D值的計算就比較不容易了，它是指專利資料庫中所有與該次檢索相關的專利篇數，這個數字是見人見智的，由於每個人檢索出來的結果都不一樣，如何知道專利資料庫中與該技術有關的專利到底有多少筆？從另外一個角度來看，如果知道專利資料庫中有多少與該技術有關的專利，就應該可以全部找到、回收率應為100%才對。

計算D值一般係採用平行檢索法爲之，這也是個估計值，它的作法是由數位專業的檢索人員就同一主題，採用不同的檢索策略與技巧進行檢索，檢索的結果以聯集的布林代數運算（相同的專利只計算一次），其結果即爲預估的專利資料庫中與該技術相關的專利數。

回收率的值愈低，表示C與D的差距愈大，顯示檢索到該技術相關的專利數少。C與D的差距愈小，計算出來的回收率就會愈大，表示檢索到的專利與該技術領域的相關性較高。

8-2　專利引證

一篇文章的價值在於它的內容可信與其創意，要達到這個目的，除了要作者獨特的見解外，還要能夠引經據典，這個引經據典在學術上就稱爲引證（Citation）。一篇沒有引證文獻的論文，不能算是一篇好論文，同樣的，一篇論文發表之後，如果都沒有被引證過，也不能算是一篇好的論文。

本節中將從引證的角度，來探討專利所隱含的意義與價值，由於引證的觀念來自文獻，所以本節會先介紹文獻引證的概念，再討論專利引證所代表的意義，最後討論引證的一些限制。

8-2-1　引證的基本概念

文獻的分析可分爲「質的分析」與「量的分析」二種，在文獻計量學中探討有關文獻「量的分析」的重要理論有：布萊德福分佈律（Bradford's Law of Scattering）、洛特卡倒平方律（Lotka's Law of Inverse Square）及齊普夫定律（Zipf's Law）等三大定律。對於文獻「質的分析」，一般則是採用引證率分析，雖然引證率高的文獻不一定代表它的品質比較好，但是沒有人引證過的文獻，其品質或創意一定比有被引證過的文獻差。

解析專利資訊

一、引證的目的

文獻的引證是科學研究的一部分，它也是用來衡量文獻品質、創意、研究者績效的指標，依據Weinstock的研究，引證他人文獻的動機有：尊敬該學門的開創者、尊崇相關研究工作成就、提供研究背景資料、修正自己或他人的著作、批評他人的著作、佐證自己的論點…等。

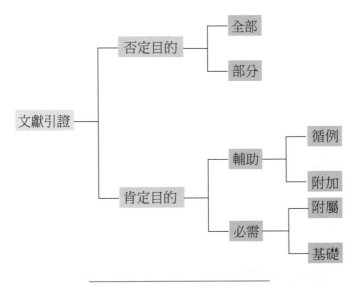

圖8-1　文獻引證目的分析圖

Chubin與Moitra則是認為文獻引證的目的可以分為肯定的目的與否定的目的，可以用圖8-1來表示，為了否定的目的而引證文獻，作者都會加以說明，以否定為目的的文獻引證又可以分為全部否定與部分否定，全部否定是對所引證的文獻內容全部予以否定，其目的可能是在推翻前人的見解、提出新的見解，部分否定則是對於前人的見解只有部分予以否定，據Chubin與Moitra的研究，大約只有5%的作者會部分否定前人著作。

以肯定的目的而引證文獻者，又可以分為必需的（Essential）文獻引證與輔助的（Supplementary）文獻引證，輔助目的的引證是為了用來加強作者立論的重要性，可分為循例引證與附加引證。

必需的引證也可以分為基礎的引證與附屬的引證二類，基礎的引證是指屬於絕對必要不可缺少的文獻，如數學的公式等，附屬的引證則是指引證的文獻與該論著沒有直接關係，是一種可有可無的文獻。

二、引證率

依Chubin與Moitra的研究，引證文獻的目的有肯定的目的與否定的目的，因此，一篇文章被引證很多次，如果不是一篇在該技術領域中的經典之作，可能就是一篇很差的作品，但是，一篇很差的作品而又會被刊登的機率可能不會很高，所以，我們假設會被引證很多次的文獻都是品質很好、具有學術價值的文獻。

根據Garfield以諾貝爾獎得主的著作為例，進行研究顯示，諾貝爾獎得主的文獻被引證次數與一般學者的文獻被引證次數比為169:5.51，相差約30倍。該研究中被引證次數最多的50位作者，其中有6位是諾貝爾獎主，而其餘的44位被引證次數較多作者中，後來又有6位獲得諾貝爾獎。由其研究可知，著名學者所發表的論文，其被引證的機率會比其他學者為高。

8-2-2 專利引證

任何一門學科或技術的發展，都是建立在前人的研究成果之上，而文獻間的引證正是記錄人類科學發展的軌跡，藉由在文獻中標註參考文獻，作者可以說明對前人研究結果的肯定或否定。

專利引證與科學文獻的引證是一樣的，也是為了對先前技術的繼承與修正，專利申請時，各國的專利專責機構都會要求專利申請人，在專利說明書中要說明該發明或技術，主要參酌過去那些先前技術或是科學理論，在美國的專利公報中，除了將專利申請人自己引證過的資料列出來，甚至於還會將專利審查委員在該專利審查期間，所引證過的專利或其他文獻一併列出，以供其他發明人參考。

根據統計的資料顯示，在美國所公告的專利資料中，每一個專利平均會引證5個至6個美國的先前專利、參考1個非專利的其他文獻資料，Narin 與Olivastro的研究也指出，如果一個專利被他人引證超過6次，就屬於被引證次數前10%的專利了，可見得專利引證的情況顯得相當分散，但是可能會集中在少數幾個重要的專利上。

專利公報上有關引證的欄位在書目資料的[56]欄，在[56]欄有關先前技術引證的部分，包括專利文件及其他文獻，以圖8-2的US6,915,294號專利為例，該專利所引證的專利資料有13篇，其他文獻則只有1篇，是1篇期刊文獻，而引證的13篇專利

中，在專利的公告號之後，有「*」號的5篇專利是由專利審查委員在審查專利時所引證的專利，其餘沒有「*」號的專利，則是由專利申請人自己列出引證的前案。

US006915294B1

(12) **United States Patent** (10) Patent No.: **US 6,915,294 B1**
Singh et al. (45) Date of Patent: **Jul. 5, 2005**

(54) **METHOD AND APPARATUS FOR SEARCHING NETWORK RESOURCES**

(75) Inventors: **Jaswinder Pal Singh**, New York, NY (US); **Randolph Wang**, Princeton, NJ (US)

(73) Assignee: **firstRain, Inc.**, New York, NY (US)

(*) Notice: Subject to any disclaimer, the term of this patent is extended or adjusted under 35 U.S.C. 154(b) by 416 days.

(21) Appl. No.: **09/935,782**

(22) Filed: **Aug. 22, 2001**

Related U.S. Application Data

(63) Continuation-in-part of application No. 09/933,888, filed on Aug. 20, 2001, and a continuation-in-part of application No. 09/933,885, filed on Aug. 20, 2001.
(60) Provisional application No. 60/227,875, filed on Aug. 25, 2000, provisional application No. 60/227,125, filed on Aug. 22, 2000, and provisional application No. 60/226,479, filed on Aug. 18, 2000.

(51) Int. Cl.7 .... G06F 7/00; G06F 17/33; G06F 3/00; G06F 9/00; G06F 17/00
(52) U.S. Cl. 707/3; 707/10; 715/738
(58) Field of Search 707/1, 3, 10, 102, 707/104.1; 709/219, 228; 715/738, 739, 748, 760, 968; 345/619, 440

(56) **References Cited**

U.S. PATENT DOCUMENTS

5,717,914	A	*	2/1998	Husick et al. 707/5
6,012,072	A	*	1/2000	Lucas et al. 715/526
6,112,201	A	*	8/2000	Wical 707/5
6,119,124	A		9/2000	Broder et al.
6,125,361	A		9/2000	Chakrabarti et al.
6,154,213	A	*	11/2000	Rennison et al. 715/854
6,219,833	B1		4/2001	Solomon et al.
6,260,042	B1		7/2001	Curbera et al.
6,314,565	B1		11/2001	Kenner et al.
6,363,377	B1	*	3/2002	Kravets et al. 707/4
6,377,945	B1		4/2002	Risvik
6,463,430	B1		10/2002	Brady et al.
6,493,702	B1		12/2002	Adar et al.

(Continued)

OTHER PUBLICATIONS

Bruce Schatz, William H. Mischo, Tomothy W. Cole, Joseph B. Hardin, and Ann P. Bishop (1996), Federating Diverse Collections of Scientific Literature, pp. 28–36.*

(Continued)

Primary Examiner—Safet Metjahic
Assistant Examiner—Merilyn Nguyen
(74) Attorney, Agent, or Firm—Wilson Sonsini Goodrich & Rosati

(57) **ABSTRACT**

The present invention pertains to the field of computer software. More specifically, the present invention relates to populating, indexing, and searching a database of fine-grained web objects or object specifications. An embodiment of the invention is directed to a method of searching resources on the web. A query is received to search for information on the web and one or more web pages and one or more subsets of one or more web pages are accessed. The subsets have been extracted from one or more web pages prior to receiving the query. The subsets are extracted responsive to one or more views. The one or more views are defined independently of the search query. The views are content-sensitive filters that specify which subparts of a web page a user is interested in. Prior to receiving the search query, the subsets are stored in a database. Responsive to the search query, at least one or more of the extracted subsets of one or more web pages stored in the database is identified. The search query is used as a criterion for identifying at least one or more of the subsets.

18 Claims, 4 Drawing Sheets

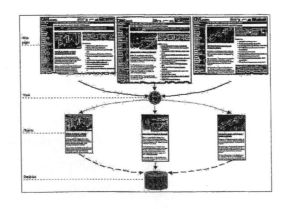

圖8-2　美國專利公報的引證說明圖

專利引證分析是指對專利的引證情況，進行各種統計分析，以探討專利的重要性與影響力，以及研究引證與被引證國家間、公司間、科學和技術領域之間的關係。至於做專利引證分析的方法，可以直接利用計算的方法來分析專利的引證關係，作為專利技術影響的指標，或者藉由分析專利引證網路，來顯示關鍵專利及重要的技術領域。

專利引證分析的應用範圍，Karki在其研究中將之整理有：辨識領先技術、衡量國家間引證的表現、繪製技術引證圖、競爭情報的工具、科學關係指標等五類。

一、辨識領先技術

當某一個專利被引證的頻率相當高的話，表示該專利當中可能包含有特定的先進技術，所以，利用專利被引證或文獻被引證的次數，可以用來測量一個技術的品質與影響力，並且可用來研究該技術資訊分佈的情況，以畫出技術領域間的相互關係。

二、衡量國家間引證的表現

Karki認為國家間專利引證表現的比較指標，可以透過引證效率（Citation Performance Ratio, CPR）的公式予以計算，該公式是以特定的時間或特定的技術領域為標的，計算所有被引證率前10%的專利當中，某一個國家專利所占的比例，並將計算結果再做正規化而得。如果引證效率大於1表示該國專利的引證表現相對較優異，相反的，如果引證效率小於1，則表示該國專利的引證表現相對較差。

三、繪製技術引證圖

技術引證圖有助於用來評估一個公司或國家在各技術領域中的相對地位與關係，並且可以用來追蹤目前最熱門的技術領域，其技術的發展趨勢，以做為公司未來的發展規劃。此外，引證與被引證間的關聯，亦可用來比對某公司與原始製造公司以及某一專門技術發明公司之間的關係。

四、競爭情報的工具

專利引證分析是一種相當有用的競爭情報工具，藉由引證分析的統計，可以發現某一項特定產業的技術其在該產業中的競爭力，也可以看出某一特定公司其技術在該產業中的競爭力。

五、科學關係指標

專利引證除了可以從量方面，顯示科學技術的發展的情形，並提供專利與科學關係強弱的指標外，還可顯示基礎研究所帶來的經濟效益。

由於在美國專利公報中有相當完整的引證資料，因此，在專利的引證分析上，可以分為對專利文獻的引證與對非專利文獻的引證等二個方面進行。

一、對專利文獻的引證

對專利文獻的引證其目的在探討技術與技術間、國家與國家間以及公司與公司間技術發展的關係。例如二個專利如果共同引證其他專利、共同被其他專利引證、或者相互引證的次數愈多，就表示這二個專利之間的關係就愈接近。同樣的，如果二家公司的專利會共同引證到相同的專利、被其他專利共同引證、或相互引證次數多，也表示這二個公司的產品或研發方向非常接近，他們可能是合作的伙伴，也可能是競爭的對手。如果二個技術經過引證分析，也有類似前面的結果，就表示這二種技術領域可能具有較強的關聯性。

在Ellis等人的研究中指出，專利引證分析除了可以辨識技術演進過程中的重要發展歷程外，還可以藉由共同被引證的分析，顯示在某一個大主題當中的小主題群，以判斷在重要技術領域內包含了那些小主題。

二、對非專利文獻的引證

對非專利文獻的引證分析，其主要是在探討技術與學術之間的關係，目的在於討論科學與技術間的互動關係、兩者之間關係的強弱、科學與技術的發展以及知識流動的狀況和過程。

研究的對象多是針對某個特定國家或某個特定產業進行分析，研究的方法大多是計算專利引證非專利文獻的次數，及比較各種科學文獻的出版量與核准專利間的關係，以找出各技術領域專利與基礎科學之間的關係。

8-2-3 引證的限制

文獻的引證可以用來衡量文獻品質、創意、研究者績效的指標，但是，對於引證資料的使用，也不能漫無限制，以免因為解讀了錯誤的資料，而做出錯誤的決

策。本節將從引證文獻的目的來探討文獻引證的限制，再從文獻引證限制來討論專利引證的限制。

一、文獻引證的限制

每位研究者引證他人的文獻的目的都不一樣，有的人是為了引證他人的文獻來支持自己的論點，以增加自己文章的說服力，或者是藉由批判他人的文獻，以提升自己文章的價值。也有的人引證文獻與其研究內容並沒有直接的關係，只是為了某種社會、心理目的而引證他人的文獻。

在蔣禮芸的研究中將作者引證他人文獻之目的，與本身研究直接有關的原因歸納有以下的14項。

1. 肯定先鋒者的研究成就。
2. 肯定相關文章的成就。
3. 認同或採用作者的方法、儀器。
4. 提供背景資料。
5. 改正自己作品中的錯誤。
6. 改正別人文章中的錯誤。
7. 批評前人的著作。
8. 具體化要求。
9. 預告即將出版的文章。
10. 提供尋找資訊的線索。
11. 認證資料和事實。
12. 提出定義或詞彙的原始來源。
13. 否認他人的作品或意見。
14. 否認先鋒者的研究成就或是否認其人是先鋒。

而作者引證他人文獻之目的，與本身研究無直接相關的原因則有：

1. 為阿諛某人的引用。
2. 以自詡為目的的引用。
3. 為相互吹捧而帶有偏見的引用。
4. 為支持某一觀點牽強的引用。
5. 為維護某一學術研究派別利益的不正常引用。
6. 因迫於某種壓力的引用。

　　既然引證的行為是由作者本身的自由心證來決定是否引用某篇文章，並沒有一個明確的引證標準可供遵循，因此，在引證文獻時，就常常會因為動機的不同，以及作者學科知識與語言能力的不足，而產生引證上的錯誤或偏差，而影響到以後對資訊的解讀。

　　在何光國的研究中，則認為文獻的引證受到內在與外在二種限制，外在的限制有資料蒐集無法齊全與引用文獻的來源過分集中二個原因，使得研究者常常因為參考文獻的來源受限，而使其研究無法達到完美。而內在的限制則包括研究者個人教育水準與語言能力不同，以及研究者個人對主題的認知和瞭解不同，因為研究背景不同，會使得研究者在引證文獻時，所採用的標準也不相同。

　　由於有這麼多的不確定因素，使得文獻在被引證的過程中，增加了不少的主觀因素。受到這些主觀因素的影響，在文獻的引證上就會有某些奇怪的現象，蔣禮芸的研究中將這些現象歸納為：

1. 一份聲譽較好的期刊，其相關論著被引證的機會相對也會較多。
2. 一篇與主題有關的經典作品，被引證的機會也相對較多。
3. 由於研究者個人的偏好，使引用文獻的選擇，失去常有的客觀標準。
4. 每位研究者所蒐集的資料，常受環境侷限而不完整，因此，研究者只會引證手邊上現有的資料。
5. 每位研究者對引證文獻的取捨，很難保持客觀和毫無私心。
6. 研究者由於個人教育水準與實務經驗的限制，使得引證文獻的選擇無法達到較高的標準。
7. 研究者個人對主題知識的解釋發生偏差，因此對原著立論無法分辨正誤與真偽，在取捨時易發生錯誤。
8. 研究者個人對主題知識的解釋太過狹隘，使得引證文獻與相關主題的文獻失去銜接。
9. 研究者利用引證文獻的方式，欠缺統一的標準，有些研究者未註明引證文獻的出處，使讀者只有相信引證文獻的正確，否則便必須取得原文並加以研讀。

　　由於文獻的引證有上面所談的問題，使得文獻引證分析的結果，不能完全取信於人，除了上面的問題以外，在做文獻引證分析時，還必須注意到樣本的選擇是

否具代表性，尤其是在分析一個學科領域時，如何從眾多的學者中選擇具代表性與重要性的研究對象相當重要，而這將直接影響到研究結果是否能取信於人。

二、專利引證的限制

文獻的引證面臨了這麼多的問題與限制，而其引證的目的主要在學術研究上，而專利的引證分析，因為其目的不同，資訊判讀的正確性，將對一個企業的營運發展，產生莫大的影響。

專利引證分析之限制與文獻引證分析的限制，在某種程度上是相同的，但是，由於專利權將來具有經濟效益，且受到專利法的限制，使得其引證資料的分析比一般文獻的引證分析還要複雜。

一般文獻所引證的資料都是由作者自己揭露，而專利公報上所標示的引證資料，卻不一定都是專利申請人所提供的，專利申請人在提出專利申請案時，所列出的引證資料，是為了證明該專利具有新穎性、進步性及產業利用性等可專利性。但是，在專利審查期間，審查委員還會依其對該技術領域的瞭解，進行相關專利的檢索，以確定該申請專利之內容未與先前技術或已核准之專利雷同，這個檢索牽涉到專利法的規範、審查過程和審查者個人的專業知識與判斷等因素，所以檢索結果的技術領域，可能與原來的技術領域不全然相同。

因此，在做專利引證分析或者是閱讀專利引證分析報告時，必須要注意以下的事項，以免被資訊所誤導而做出錯誤的決策。

（一）重要專利有沒有被引證

大多數的發明人所引證的專利，都是用來對其研究背景做描述，而不是對該專利真正有影響的相關專利或文獻，所以，在做專利引證分析時，要先判斷對該專利真正有影響力的文獻有沒有被引證，或者是在該技術領域中，重要的專利有沒有被引證。

（二）引證是否正確

引證的資料來源影響到引證分析的結果，通常都會用原始的第一手資料做為引證資料的來源，如果一時無法掌握第一手的資料，而需要用二級資料來做分析，就要注意該二級資料的來源及其正確性。

（三）引證的目的

引證的目的視研究者研究目的而有所不同，有些專利引證的是真正的先前技術，但是，有的時候所引證的卻是負面的專利，也就是不贊成或反對先前的研究或論點，在做專利分析時，往往不會對正面或負面的引證加以區分，這也是我們在閱讀報告時要注意的盲點。

（四）撰寫專利者的心態

因為專利權具有排他性，所以，專利申請人的目標與專利審查委員的想法是完全不同的，專利申請人希望所獲得的專利權愈大愈好，目的在如何想盡辦法讓自己的發明通過審查。而專利審查委員則是要站在社會公益的一方，其目的則在檢索相關的專利或學術文章，以對該申請案的新穎性進行審查。

因此，專利申請人在撰寫專利說明書時，主要著眼於如何才能凸顯該發明的新穎性、產業利用性、非顯而易見等可專利性，以使該申請更容易通過審查而取得專利權，所以，其引證的專利或非專利文獻，到底是不是真正相關的資訊，就相當值得懷疑。

（五）審查委員的因素

專利審查委員的個人因素，也會影響到專利引證的品質，如專利審查員的時間有限、引證習慣、本身的語文能力…等，都可能是在分析專利引用時所可能產生的影響因素。

（六）公司的策略

由於專利具有經濟上的效益，因此，許多公司在申請專利時，都會有一定的策略，希望誤導專利審查委員到其他領域，在專利的引證上，往往就會引證並不是真正與該技術相關的專利及非專利文獻，或者只是引證一般背景描述的文獻。這時，如果專利審查委員一時不察，沒有確實瞭解該專利的技術領域，並進行相關文獻的檢索，就有可能會將該專利歸類在不適當或不直接相關的領域中。這將會造成日後其他發明人、公司或專利審查委員在檢索時，很難順利且正確的找出該專利。

透過專利的引證可以找到技術發展的脈絡，但是，如果一味的相信引證結果而沒有加以分析查證，很可能就以錯誤的資訊而做出錯誤的決策，這是我們在做引證分析時要注意的。

8-3 專利檢索實務

8-3-1 中華民國專利資料庫檢索實務

一、資料庫基本運用

（一）簡易檢索

案例一 檢索毛巾的專利

　　用簡易檢索的方式，檢索毛巾的專利，輸入毛巾做為檢索的關鍵字，如圖8-3所示。

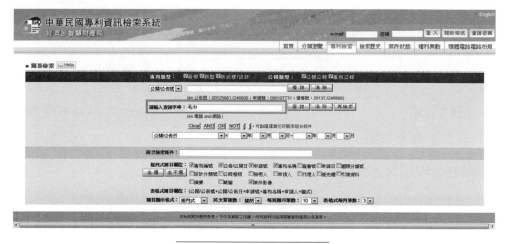

圖8-3　檢索毛巾的專利

　　毛巾的專利用簡易檢索得到的結果如圖8-4所示，共計有2,971件專利資料，其中發明專利有1,189件、新型專利有1,353件、新式樣/設計專利有429件。因為我們選的關鍵字範圍太大，以致於檢索出的資料量顯然還太多，不易由人工再篩選。

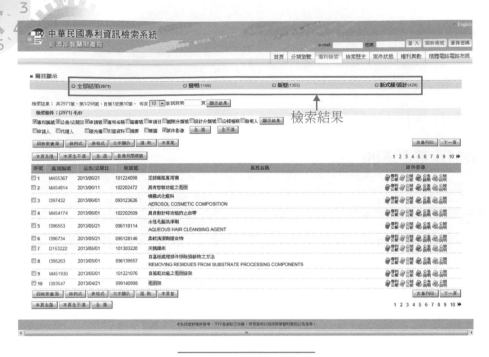

圖8-4　簡易檢索結果

（二）布林檢索

1. 單一條件的布林檢索

案例二 檢索毛巾吸水技術的專利

　　用布林檢索毛巾的吸水技術的專利，以毛巾及吸水做為檢索的關鍵字，二者再以AND做布林運算後，在專利範圍欄中進行檢索，如圖8-5所示。

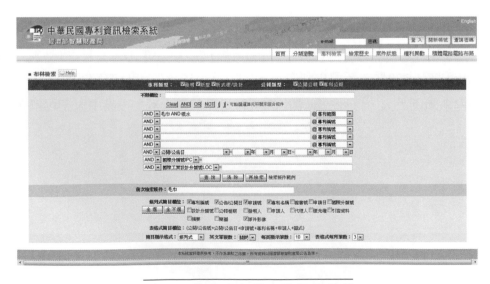

圖8-5　檢索毛巾吸水技術的專利

　　毛巾吸水技術的專利，運用布林檢索的結果如圖8-6所示，共有19件專利，其中3件是發明專利、16件為新型專利。

圖8-6　布林檢索結果

2. 多條件布林檢索

案例三 檢索具有加溫功能的布的專利

　　要具有加溫功能的布的專利，在檢索前要先確定所用的關鍵字，從功能面可以找出加熱、保溫等關鍵字，在技術上選擇遠紅外線做為關鍵字，材料則用布、紡織為關鍵字。

　　檢索時將以上3組關鍵字分別於專利範圍、發明/創作說明及專利名稱中，除每個欄位中的關鍵字間有布林運算，同時每個欄位間再運用布林運算加以組合，詳細組合如圖8-7所示。

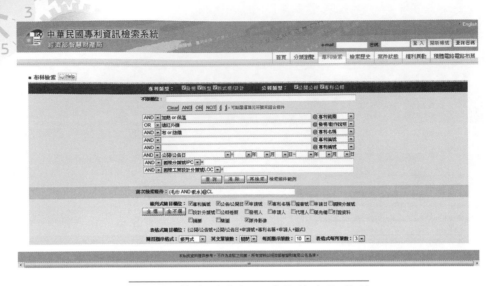

圖8-7　檢索具有加溫功能的布的專利

在專利範圍欄中的關鍵字加熱、保溫，二者間再用OR做布林運算，專利名稱欄中的關鍵字則用布、紡織，二者間也用OR做布林運算，檢索技術與功能的二個欄位（專利範圍、發明/創作說明）間以OR做布林運算，再與專利名稱做AND運算。

圖8-8　布林檢索結果

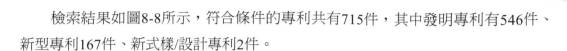

　　檢索結果如圖8-8所示，符合條件的專利共有715件，其中發明專利有546件、新型專利167件、新式樣/設計專利2件。

（三）進階檢索

案例四 檢索製作含有竹炭的布技術的專利

　　檢索製作含有竹炭的布技術的專利，以竹炭、布、紡織為關鍵字，透過進階檢索，結合布林運算，檢索指令如圖8-9所示。

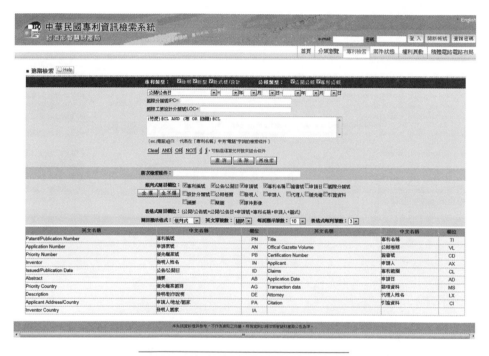

圖8-9　檢索含有竹炭的布的專利

檢索結果如圖8-10所示，共有158件專利，其中發明專利42件、新型專利116件。

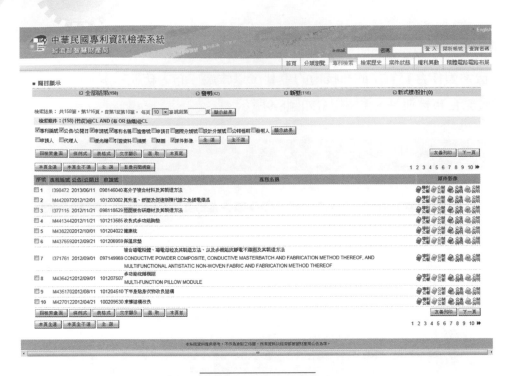

圖8-10　檢索結果

（四）表格檢索

案例五 檢索穿了可以降溫的衣服的技術的專利

檢索穿了可以降溫的衣服的技術的專利，選擇關鍵字時，在材料上選布、紡織、衣，功能上選擇涼、降溫，材料上的三個關鍵字間用OR做布林運算，放在發明/創作說明欄，功能上的二個關鍵字也用OR先做布林運算，放在專利範圍欄中，再把發明/創作說明欄與專利範圍欄做AND的布林運算，如圖8-11所示。

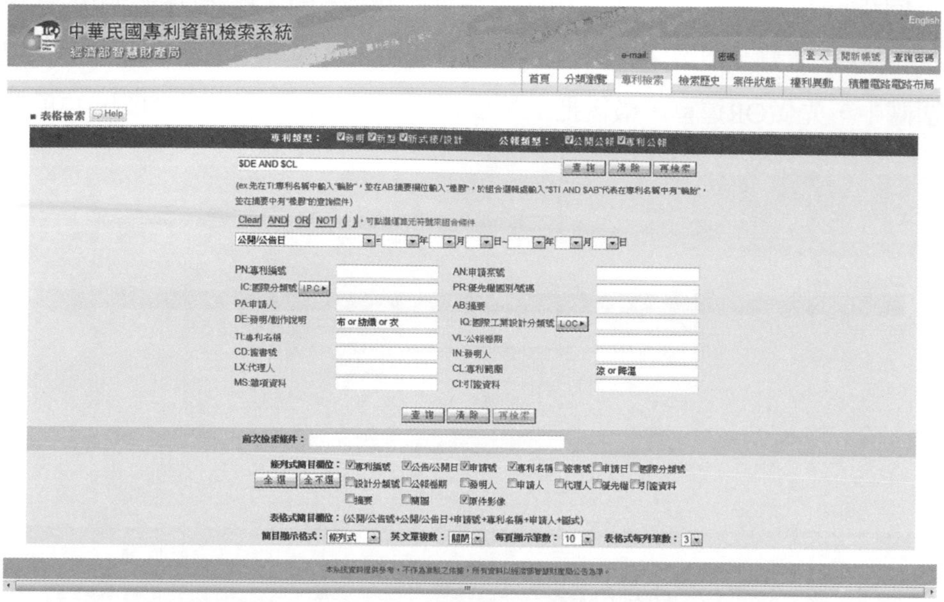

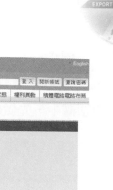

圖8-11　檢索清涼衣的專利

　　檢索結果如圖8-12所示，共有938件專利，其中發明專利有613件、新型專利325件。

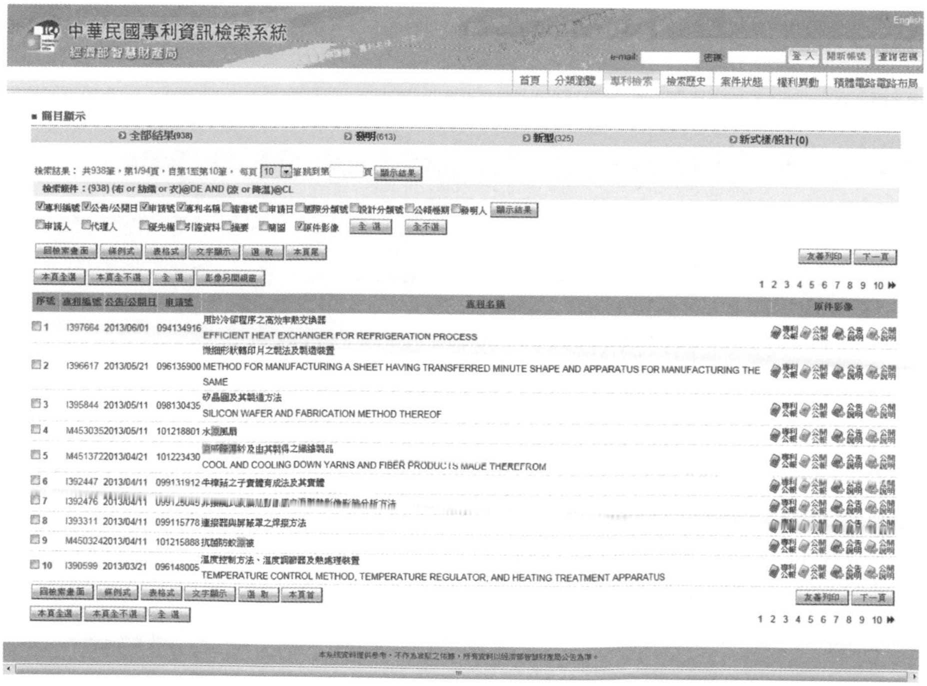

圖8-12　檢索結果

　　以同樣的關鍵字，調整檢索條件，關鍵字布與紡織仍然放在發明/創作說明欄中，二者做OR運算，關鍵字衣則改到專利名稱欄中，關鍵字涼與降溫仍然還是在專利範圍欄中，先做OR運算，最後把三個欄位間再做AND運算，詳如圖8-13所示。

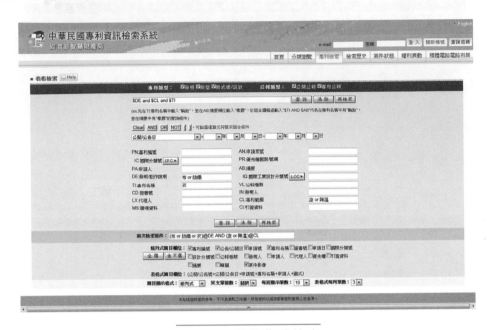

圖8-13　調整條件檢索

　　調整檢索條件後，檢索結果如圖8-14，只剩下9件專利，其中發明專利4件、新型專利5件。

圖8-14　調整檢索條件的檢索結果

（五）IPC檢索

案例六 用國際專利分類檢索人造纖維生產人造長絲設備的專利

當我們知道要檢索的技術的國際分類時，也可以用國際分類做檢索條件，如我們要檢索人造纖維生產人造長絲設備的專利，已經知道它的國際專利分類是D01D5/00，就可以用國際專利分類做爲檢索關鍵字檢索，如圖8-15。

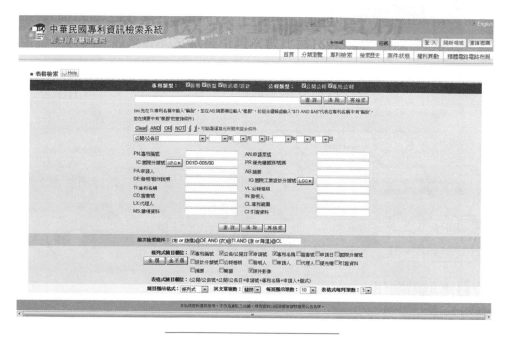

圖8-15　國際專利分類檢索

運用國際專利分類進行檢索時，如果不知道分類想要查詢時，可以直接點選欄位旁的IPC按鈕，查詢到所要的分類，直接點選系統就會自動帶入。如果知道國際分類，也可以直接輸入，但輸入時需注意到格式，國際分類號的第三階與第四階間，要加上「-」分開，第四階爲三位數，不足三位，前面需補0，如D01D5/00要寫成：D01D-005/00。

檢索結果如圖8-16所示，共有94件專利，其中發明專利86件、新型專利8件。

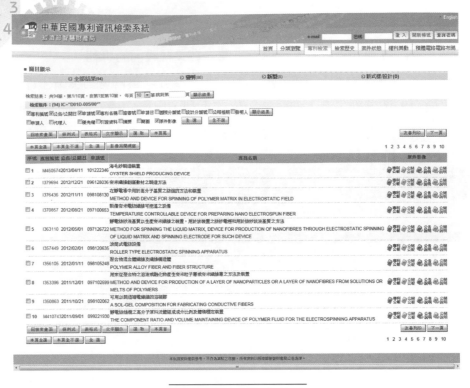

圖8-16　IPC檢索結果

二、資料庫進階應用

案例七　檢索Nike衣服的專利有那些

　　檢索策略：以衣做為檢索的關鍵字，因為不知檢索結果有多大，先放在不限欄位中檢索，以尋求最大結果，專利權人則以Nike的中文，即廣告上看到的耐吉做關鍵字，二者用AND做布林運算，如圖8-17所示。

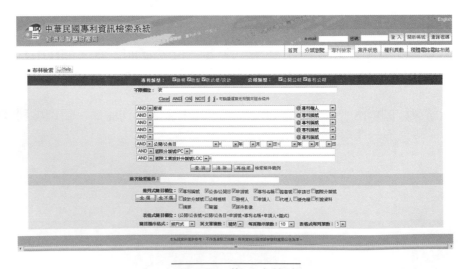

圖8-17　第一次檢索

　　第一次檢索結果如圖8-18，只有3件專利，再檢視內容，發現並不是我們要找的資料，於是，要修正檢索策略。

圖8-18　第一次檢索結果

　　外國廠商的中文翻譯名稱，可能因為代理人不同或者時間不同而不一樣，還好現在經濟部智慧財產局的中華民國專利資料庫，已經把專利權人、發明人的英文名字都輸入建檔，為了避免掛一漏萬，先用專利權人的英文名稱檢索，如圖8-19所示。

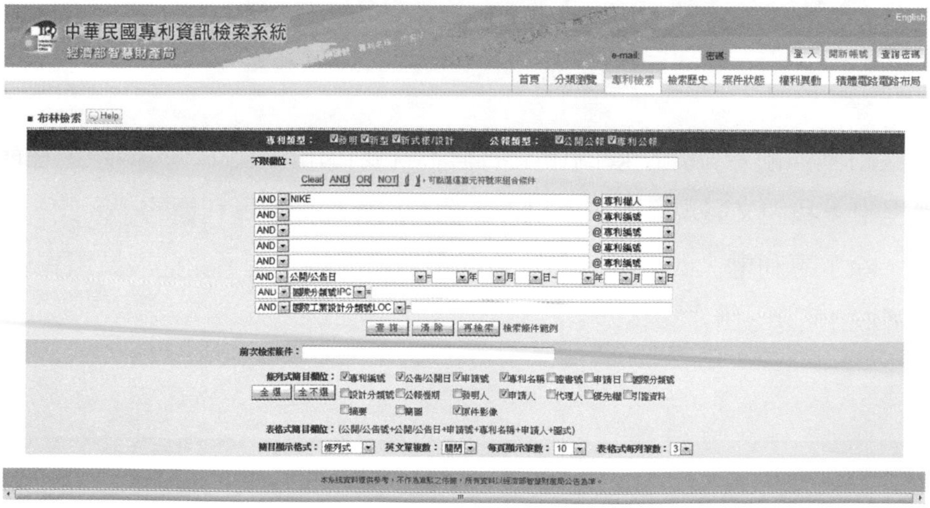

圖8-19　第二次檢索

從檢索結果中發現：Nike的中文名稱除了耐吉外，還有耐基，剛剛果然漏了，但是，因為耐基是百慕達的公司，與耐吉是不是同一家，實務上還要再做確認。

圖8-20　第二次檢索結果

假設耐基與耐吉都是Nike的中文名稱，就要再用耐基做一次檢索，在前面的檢索過程中，我們又發現除了衣服以外，還有用服裝做為專利標的，因此，第三次檢索時，除了專利權人改用耐基外，關鍵字再把服裝加入，並把服裝跟衣做OR運算，如圖8-21所示。

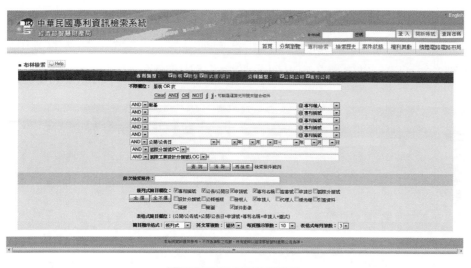

圖8-21　第三次檢索

　　檢索結果如圖8-22所示，共有16件專利，其中15件是發明專利，1件是新式樣/設計專利，讀者再從這16件專利中去篩選合於條件的專利。

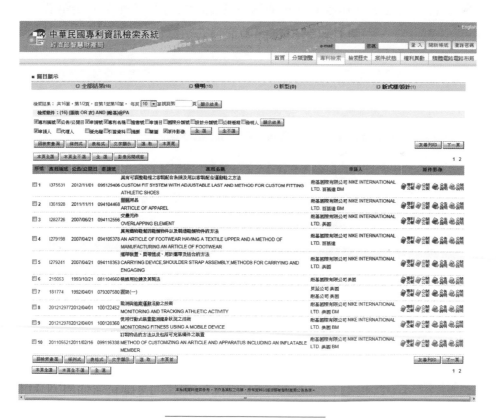

圖8-22　第三次檢索結果

案例八 檢索毛巾的專利

在經歷紡織業的外移後，興隆毛巾經過輔導成立了觀光工廠，將毛巾做成蛋糕，如圖8-23所示，並申請多項專利，要如何找出他們的專利呢？

圖8-23　毛巾蛋糕

以公司名稱做為專利權人進行檢索，其結果如圖8-24所示，系統並未發現該公司的專利，會不會是報導錯誤呢？或者專利不是登記在公司呢？於是筆者又到經濟部商業司的網站上，試著去尋找公司負責人的名稱。

圖8-24　專利權人檢索結果

找到負責人名稱後，改用負責人名稱為發明人進行檢索，發現發明人有同名同姓者，再細看專利發現毛巾相關專利的專利權人就是該公司的負責人，於是，再用負責人的名字當檢索關鍵字，在專利權人欄位進行檢索，如圖8-25所示。

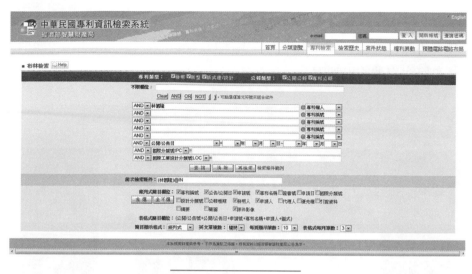

圖8-25　第二次檢索

　　檢索結果如圖8-26所示，共有38件專利，其中發明專利有4件、新型專利有33件，新式樣/設計專利有1件。

　　雖然專利法規定職務上的發明，其專利權應屬雇用人，但是，台灣有很多中小企業，企業主常常會把專利的專利權人登記為自己，這在做專利檢索時，常常會因檢索者沒注意，而造成漏失。

圖8-26　第二次檢索結果

案例九 品牌 vs. 專利權人

蛋糕毛巾小鋪也是一家把毛巾做成蛋糕的公司,其網頁如圖8-27,據稱他也有專利,要如何找出他的專利呢?

圖8-27　蛋糕毛巾小鋪首頁

首先以網頁上所列的蛋糕毛巾小鋪做為專利權人進行檢索,發現並沒有該專利權人的專利,如圖8-28所示。為了找到真正的專利權人,經過上網查詢後,發現蛋糕毛巾小鋪跟穎創毛巾工作坊有關係。

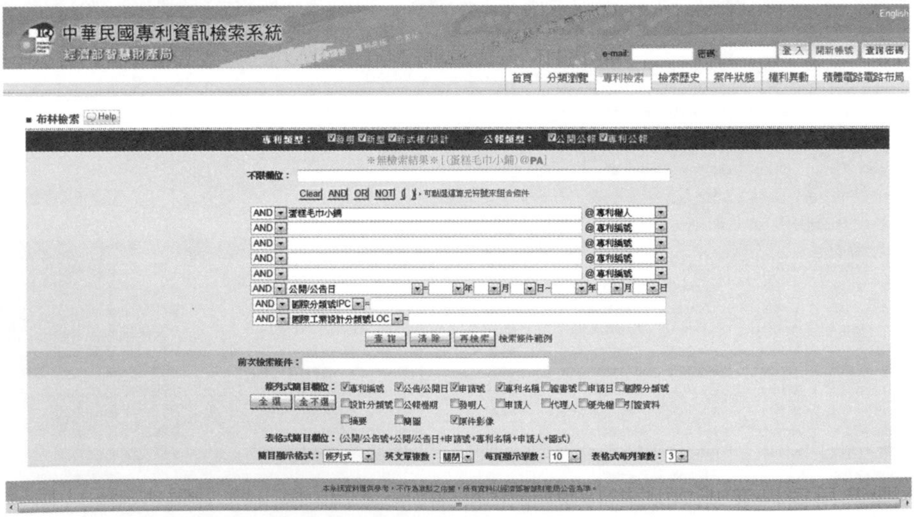

圖8-28　專利權人檢索結果

於是，改用穎創毛巾工作坊做為專利權人再做檢索，結果如圖8-29所示，仍然是沒有資料。

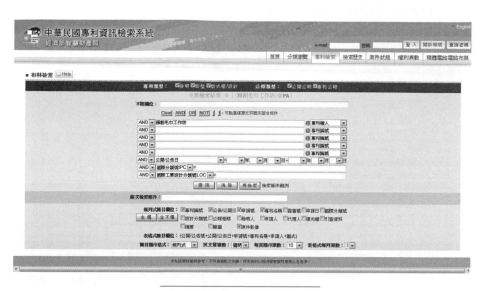

圖8-29　第二次檢索結果

第三次再檢索時，僅取公司的前2個字做為關鍵字，在專利權人欄位中檢索，如圖8-30所示。

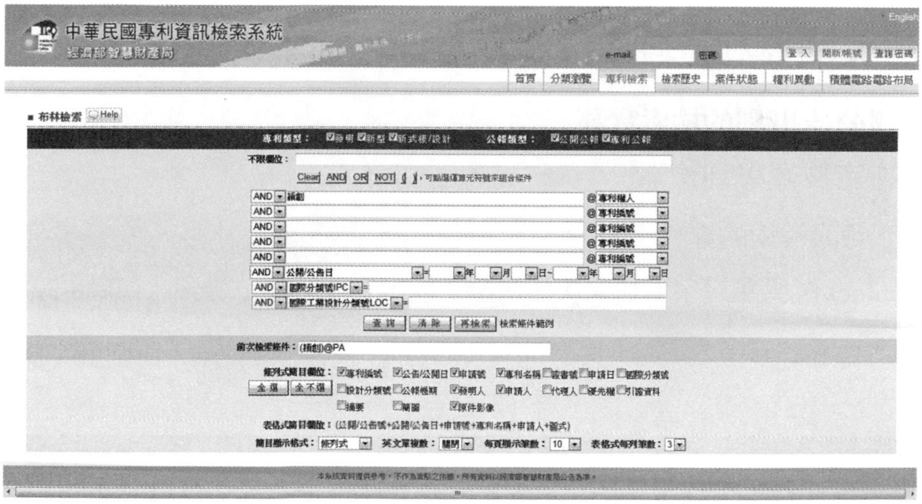

圖8-30　第三次檢索

　　縮短公司名稱後，檢索出9件專利，但因為公司名稱只取前2個字，所以，檢索的範圍可能會擴大，需要再逐一做確認，從申請人的地址，跟網頁的地址做比對，發現只有前7件專利是該公司的專利，其餘均不是。

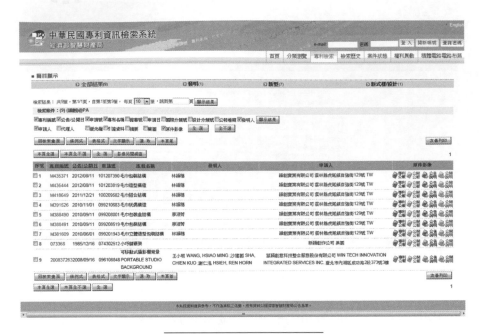

圖8-31　第三次檢索結果

8-3-2　美國專利資料庫檢索實務

一、美國公告專利的檢索實務

（一）特定技術專利檢索

案例一　檢索解鎖的專利

　　以**unlock**做為關鍵字，利用快速檢索功能，在不限欄位檢索，如圖8-32所示。

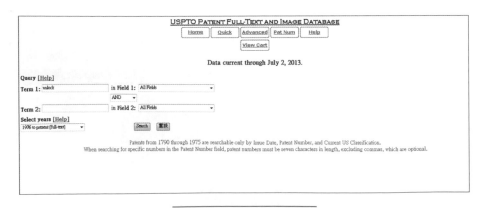

圖8-32　解鎖專利檢索

　　檢索結果如圖8-33所示，共有42,413件專利，逐一檢視發現檢索結果的範圍很大。

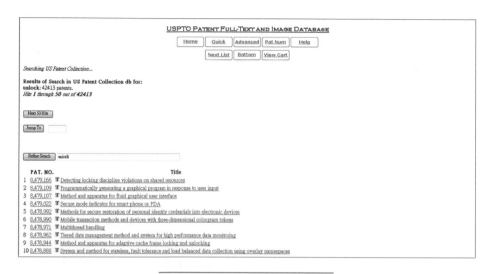

圖8-33　解鎖專利檢索結果

（二）特定技術、特定用途專利檢索

案例二 檢索螢幕解鎖的專利

　　前面檢索出的解鎖專利這麼多，那些是用在螢幕的呢？在檢索的關鍵字中，除了原來選的unlock外，另外再增加一個display，依然在快速檢索中，以不限欄位進行檢索，如圖8-34所示。

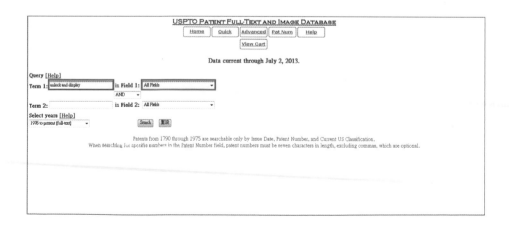

圖8-34　螢幕解鎖專利檢索

檢索結果如圖8-35所示，共有70件專利。

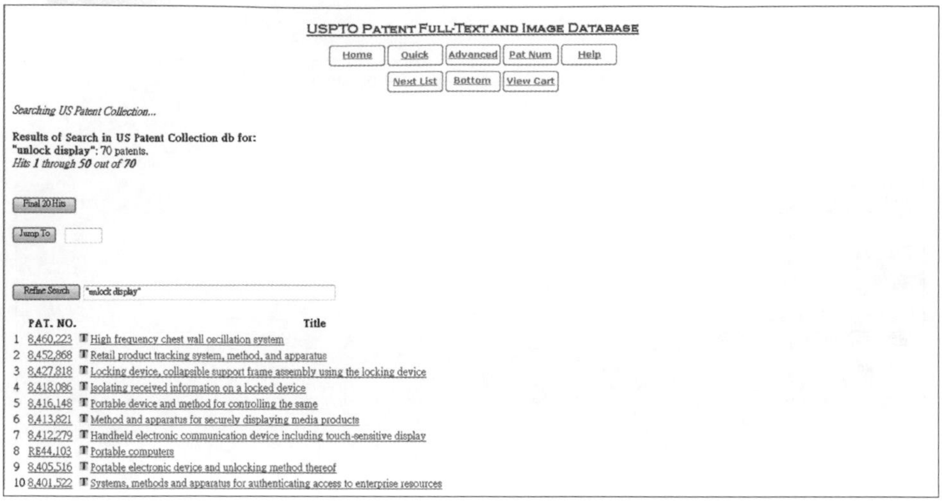

圖8-35　螢幕解鎖專利檢索結果

（三）特定技術、特定公司專利檢索

案例三　檢索Apple的螢幕解鎖專利

　　前面檢索出用於螢幕的解鎖專利有70件，將這個檢索條件與專利權人為Apple的條件做AND運算，即可出找Apple所擁有的解鎖專利。

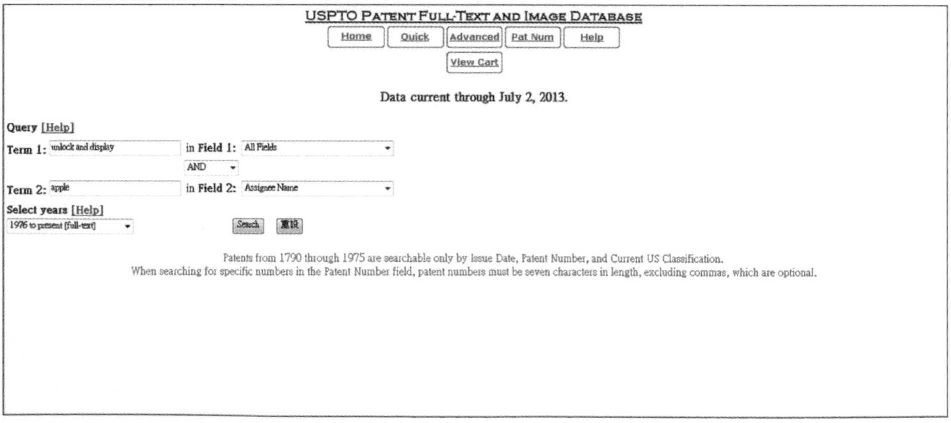

圖8-36　檢索Apple的螢幕解鎖專利

檢索結果如圖8-37所示，共有3件專利。

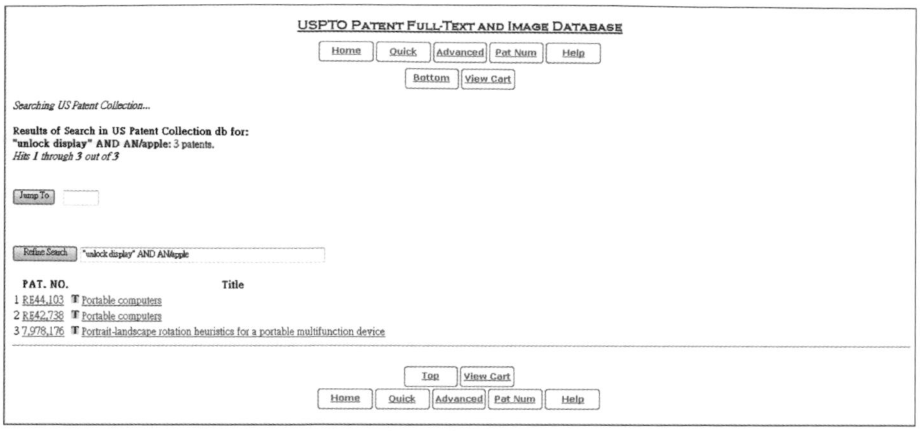

圖8-37　Apple的螢幕解鎖專利

（四）特定公司專利檢索

案例四　檢索台積電在美國的專利

以TSMC為關鍵字，用進階檢索在專利權人的欄位進行檢索。

圖8-38　檢索台積電的專利

以TSMC做為關鍵字檢索，結果只有25件專利，這個結果好像跟我們的認知有差距。

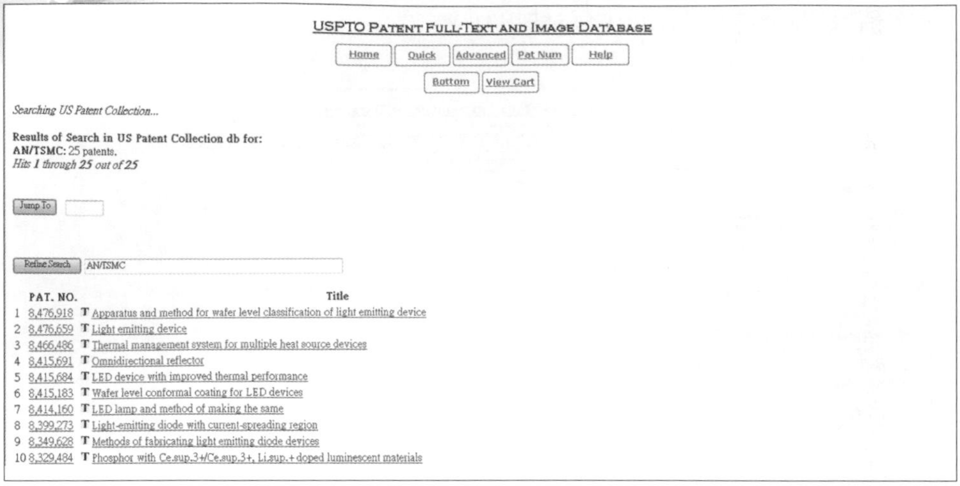

圖8-39 台積電專利檢索結果

再參考台積電的網站,改用他的全名Taiwan Semiconductor Manufacturing Company與TSMC一起再擴大範圍用進階檢索再做一次檢索,如圖8-40所示。

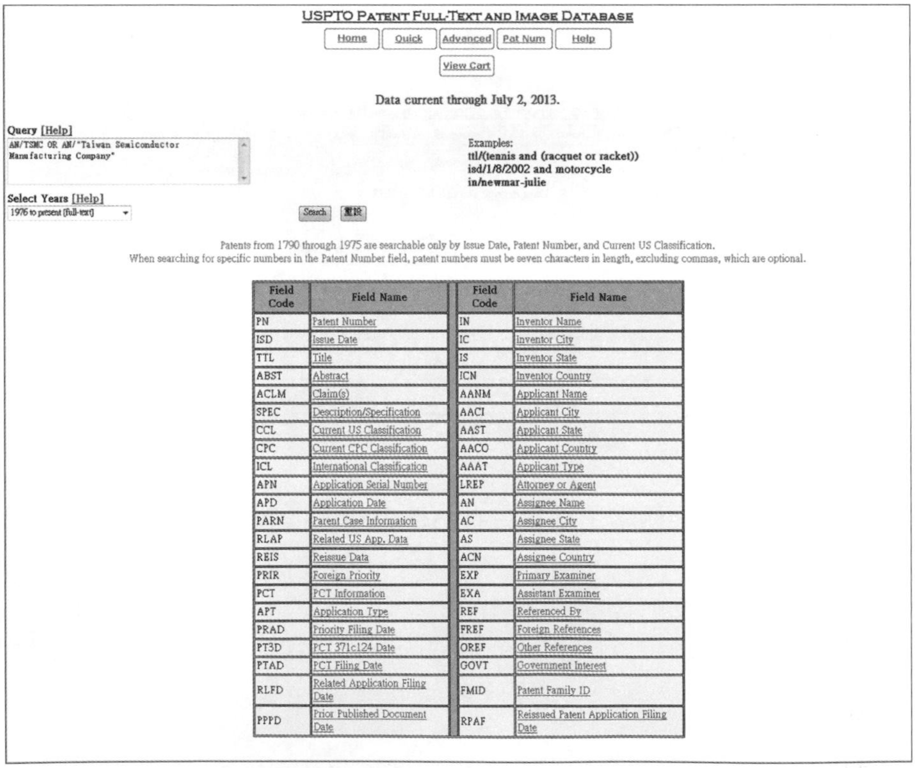

圖8-40 擴大檢索範圍

擴大檢索範圍後，檢索出的專利有4516件。

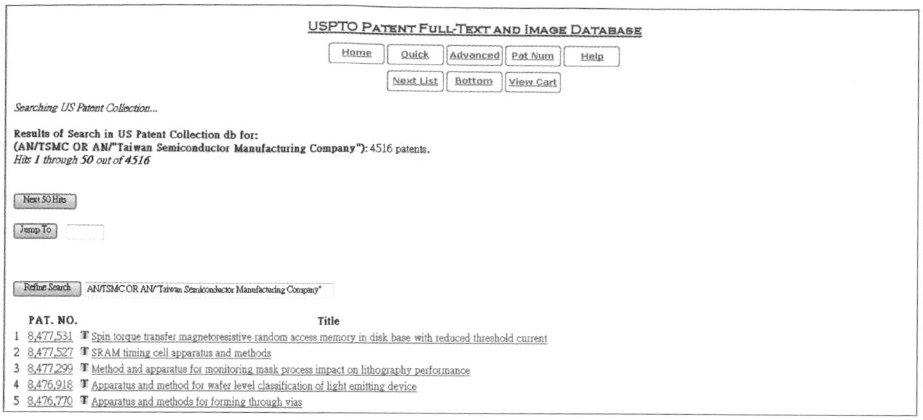
USPTO PATENT FULL-TEXT AND IMAGE DATABASE

Home | Quick | Advanced | Pat Num | Help

Next List | Bottom | View Cart

Searching US Patent Collection...

Results of Search in US Patent Collection db for:
(AN/TSMC OR AN/"Taiwan Semiconductor Manufacturing Company"): 4516 patents.
Hits 1 through 50 out of 4516

Next 50 Hits

Jump To

Refine Search AN/TSMC OR AN/"Taiwan Semiconductor Manufacturing Company"

	PAT. NO.		Title
1	8,477,531	T	Spin torque transfer magnetoresistive random access memory in disk base with reduced threshold current
2	8,477,527	T	SRAM timing cell apparatus and methods
3	8,477,299	T	Method and apparatus for monitoring mask process impact on lithography performance
4	8,476,918	T	Apparatus and method for wafer level classification of light emitting device
5	8,476,770	T	Apparatus and methods for forming through vias

圖8-41　擴大檢索範圍結果

（五）特定公司、特定時間專利檢索

案例五 檢索台積電2012年的專利

想要檢索台積電在2012年有那些專利獲證，我們利用進階檢索的功能，以專利權人台積電加上時間區間做AND運算，如圖8-42所示。

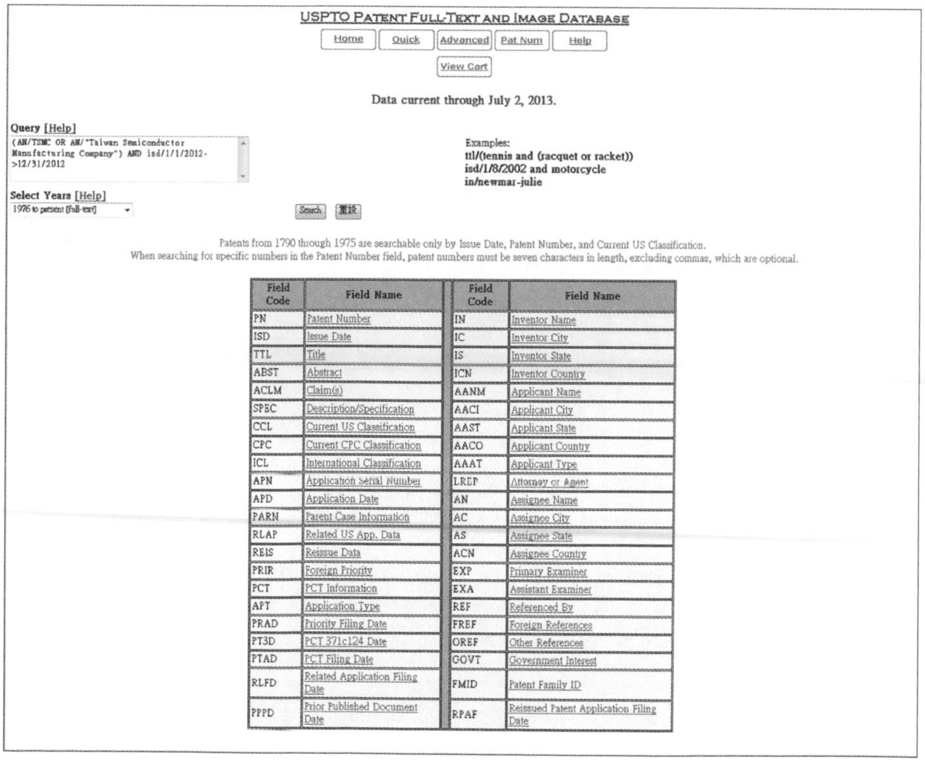
USPTO PATENT FULL-TEXT AND IMAGE DATABASE

Home | Quick | Advanced | Pat Num | Help

View Cart

Data current through July 2, 2013.

Query [Help]
(AN/TSMC OR AN/"Taiwan Semiconductor Manufacturing Company") AND isd/1/1/2012->12/31/2012

Examples:
ttl/(tennis and (racquet or racket))
isd/1/8/2002 and motorcycle
in/newmar-julie

Select Years [Help]
1976 to present [full-text]

Search　重設

Patents from 1790 through 1975 are searchable only by Issue Date, Patent Number, and Current US Classification.
When searching for specific numbers in the Patent Number field, patent numbers must be seven characters in length, excluding commas, which are optional.

Field Code	Field Name	Field Code	Field Name
PN	Patent Number	IN	Inventor Name
ISD	Issue Date	IC	Inventor City
TTL	Title	IS	Inventor State
ABST	Abstract	ICN	Inventor Country
ACLM	Claim(s)	AANM	Applicant Name
SPEC	Description/Specification	AACI	Applicant City
CCL	Current US Classification	AAST	Applicant State
CPC	Current CPC Classification	AACO	Applicant Country
ICL	International Classification	AAAT	Applicant Type
APN	Application Serial Number	LREP	Attorney or Agent
APD	Application Date	AN	Assignee Name
PARN	Parent Case Information	AC	Assignee City
RLAP	Related US App. Data	AS	Assignee State
REIS	Reissue Data	ACN	Assignee Country
PRIR	Foreign Priority	EXP	Primary Examiner
PCT	PCT Information	EXA	Assistant Examiner
APT	Application Type	REF	Referenced By
PRAD	Priority Filing Date	FREF	Foreign References
PT3D	PCT 371c124 Date	OREF	Other References
PTAD	PCT Filing Date	GOVT	Government Interest
RLFD	Related Application Filing Date	FMID	Patent Family ID
PPPD	Prior Published Document Date	RPAF	Reissued Patent Application Filing Date

圖8-42　檢索台積電2012年獲證的專利

檢索結果台積電在2012年共有477件專利，如圖8-43所示。

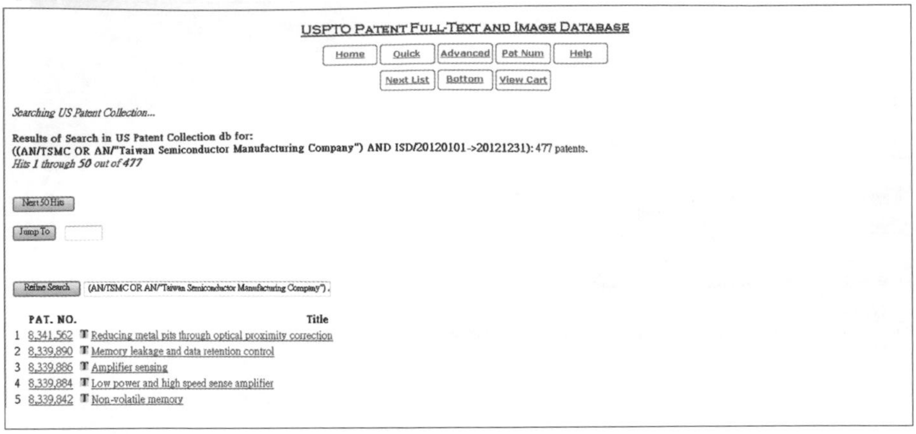

圖8-43　檢索結果

（六）專利號檢索

案例六 檢索特定專利號

　　如果我們知道某一專利的公告號，也可以用公告號直接檢索，如圖8-44所示，公告號的輸入格式可參考檢索欄位下方的說明。

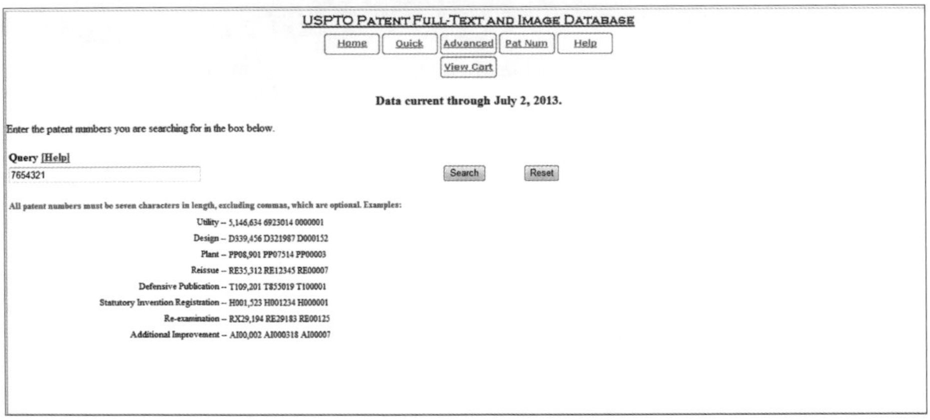

圖8-44　專利號檢索

　　專利號檢索只有一個號碼，因此，只會檢索出一件專利，系統會直接將專利顯示出來。

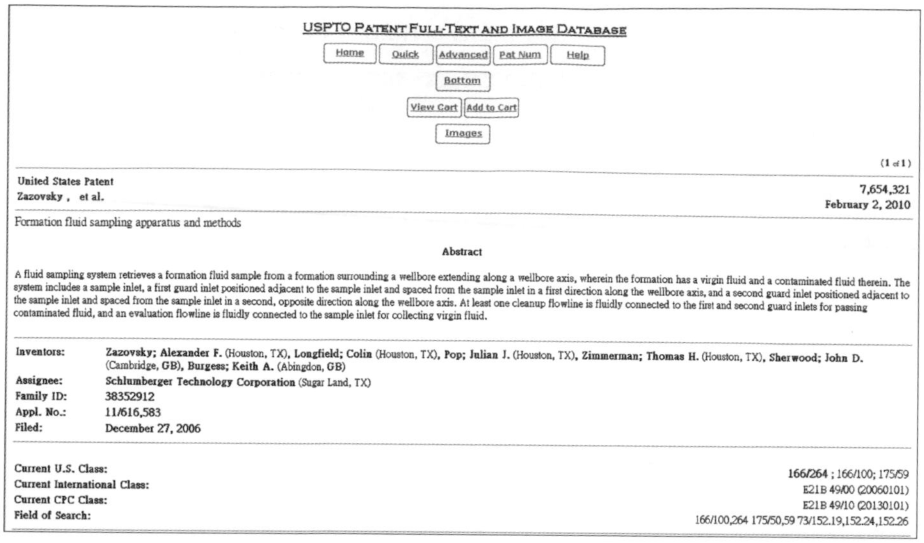
USPTO PATENT FULL-TEXT AND IMAGE DATABASE

Home | Quick | Advanced | Pat Num | Help

Bottom

View Cart | Add to Cart

Images

(1 of 1)

United States Patent 7,654,321

Zazovsky , et al. February 2, 2010

Formation fluid sampling apparatus and methods

Abstract

A fluid sampling system retrieves a formation fluid sample from a formation surrounding a wellbore extending along a wellbore axis, wherein the formation has a virgin fluid and a contaminated fluid therein. The system includes a sample inlet, a first guard inlet positioned adjacent to the sample inlet and spaced from the sample inlet in a first direction along the wellbore axis, and a second guard inlet positioned adjacent to the sample inlet and spaced from the sample inlet in a second, opposite direction along the wellbore axis. At least one cleanup flowline is fluidly connected to the first and second guard inlets for passing contaminated fluid, and an evaluation flowline is fluidly connected to the sample inlet for collecting virgin fluid.

Inventors:	Zazovsky; Alexander F. (Houston, TX), Longfield; Colin (Houston, TX), Pop; Julian J. (Houston, TX), Zimmerman; Thomas H. (Houston, TX), Sherwood; John D. (Cambridge, GB), Burgess; Keith A. (Abingdon, GB)
Assignee:	Schlumberger Technology Corporation (Sugar Land, TX)
Family ID:	38352912
Appl. No.:	11/616,583
Filed:	December 27, 2006

Current U.S. Class:	166/264 ; 166/100; 175/59
Current International Class:	E21B 49/00 (20060101)
Current CPC Class:	E21B 49/10 (20130101)
Field of Search:	166/100,264 175/50,59 73/152.19,152.24,152.26

圖8-45　專利號檢索結果

二、美國公開專利的檢索實務

(一)特定公司的技術檢索

案例一 檢索Google正在申請專利的技術

想要知道Google目前有那些技術正在申請專利，可以利用美國專利商標局的快速檢索，在檢索欄內輸入Google，再於欄位中選定Assignee name，如圖8-46。

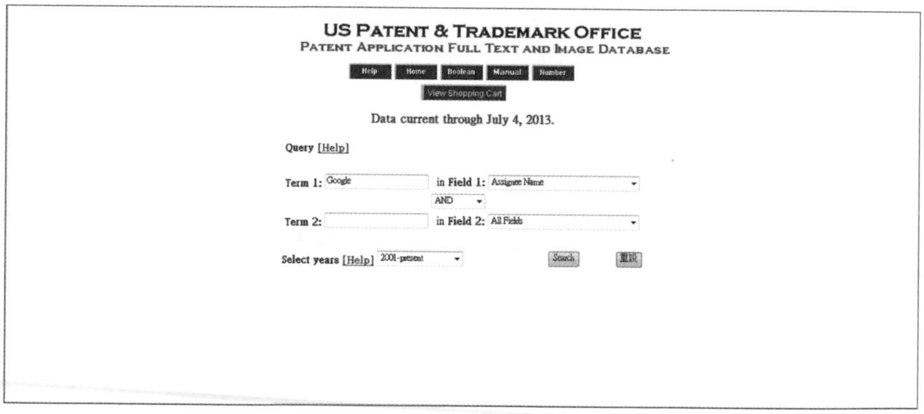

圖8-46　Google的技術檢索

檢索結果顯示Google在美國專利商標局中，早期公開的技術資料共有2039件，其中部分已公告專利。

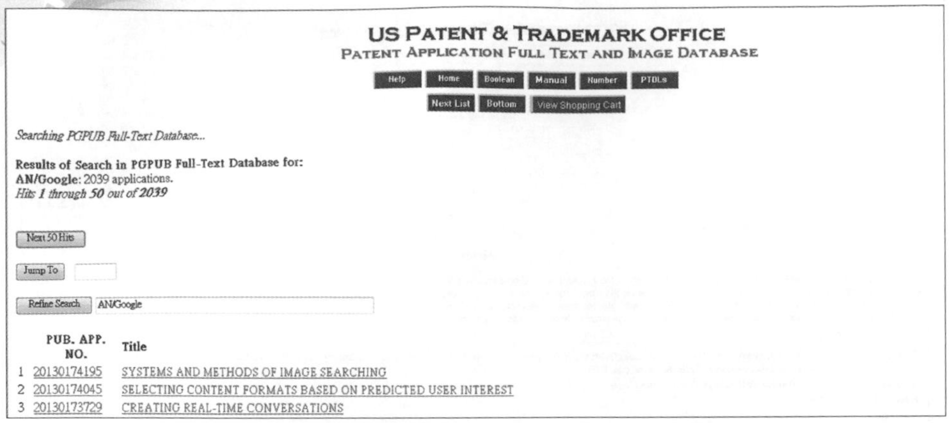

圖8-47　Google早期公開的專利

（二）特定公司、特定時間的技術檢索

案例二 檢索Google在2013年5月2日公開的申請專利技術

　　想知道Google在2013年5月2日公開了那些申請專利的技術，可以利用快速檢索中的布林運算，如圖8-48所示。

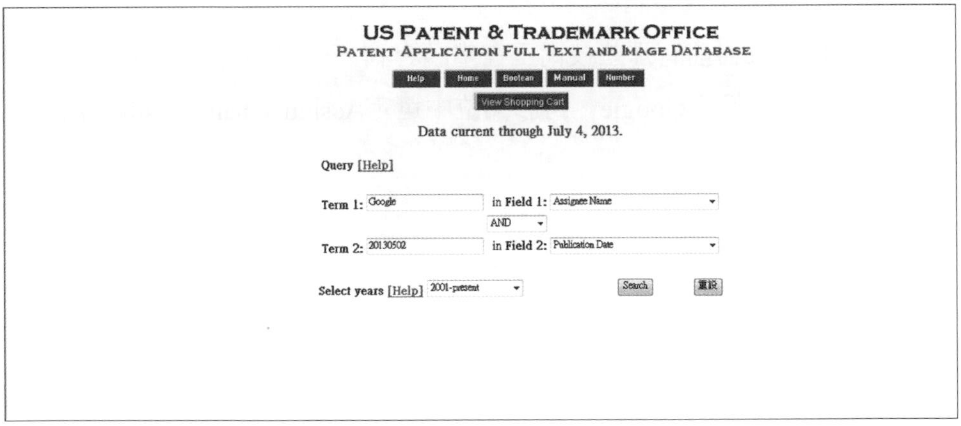

圖8-48　檢索Google在2013.5.2.公開的專利技術

　　檢索結果顯示Google在2013年5月2日早期公開的專利技術共有28件，如圖8-49所示。

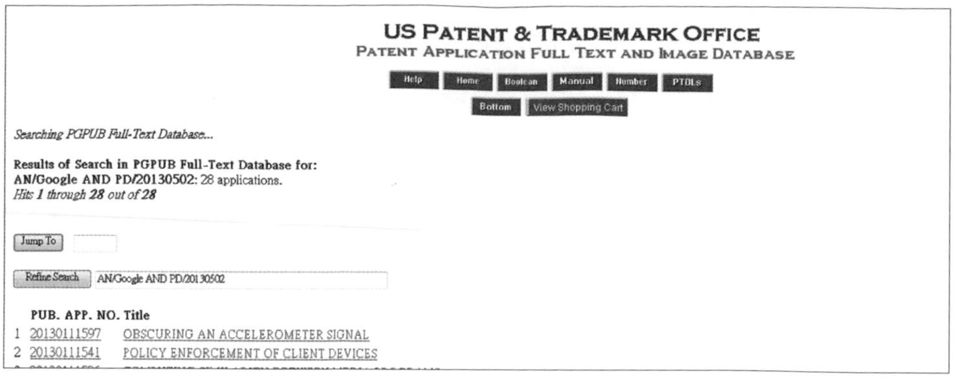

圖8-49　檢索結果

（三）特定公司、特定技術檢索

案例三 檢索Google地圖的技術

要檢索Google最早在網路上提供地圖服務的公司，投入了哪些技術，可以用專利權人Google與專利規格中的Map做AND運算，如圖8-50所示。

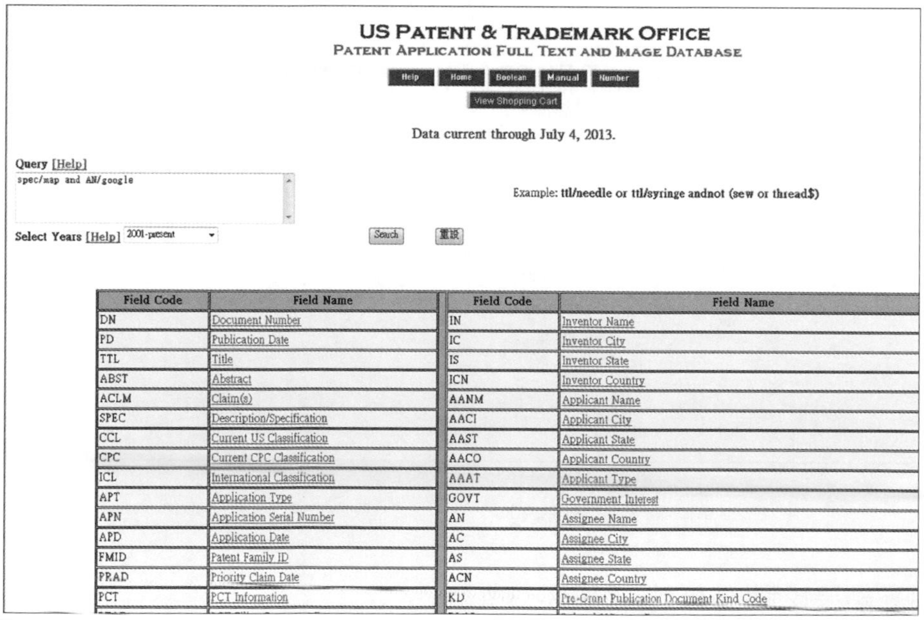

Field Code	Field Name	Field Code	Field Name
DN	Document Number	IN	Inventor Name
PD	Publication Date	IC	Inventor City
TTL	Title	IS	Inventor State
ABST	Abstract	ICN	Inventor Country
ACLM	Claim(s)	AANM	Applicant Name
SPEC	Description/Specification	AACI	Applicant City
CCL	Current US Classification	AAST	Applicant State
CPC	Current CPC Classification	AACO	Applicant Country
ICL	International Classification	AAAT	Applicant Type
APT	Application Type	GOVT	Government Interest
APN	Application Serial Number	AN	Assignee Name
APD	Application Date	AC	Assignee City
FMID	Patent Family ID	AS	Assignee State
PRAD	Priority Claim Date	ACN	Assignee Country
PCT	PCT Information	KD	Pre-Grant Publication Document Kind Code

圖8-50　檢索Google的map技術

檢索結果發現Google在Map上目前已經早期公開過的技術共有726件，如圖8-51所示。

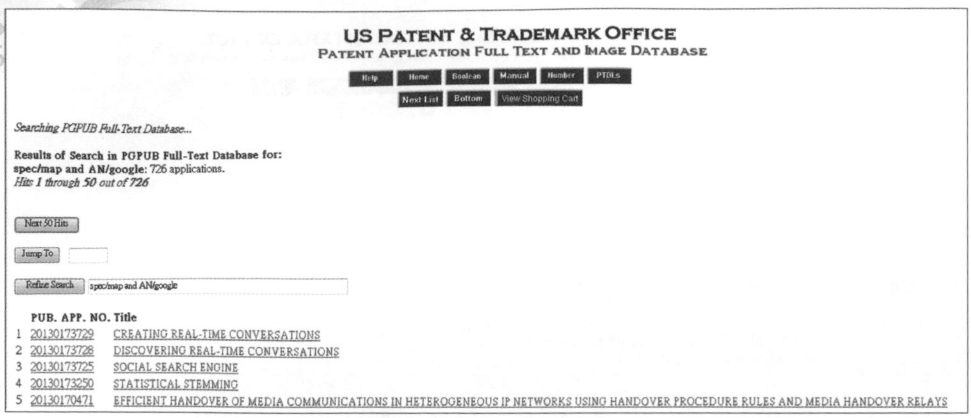

圖8-51　檢索結果

（四）公開號檢索

案例四　檢索特定公開號的專利文件

如果已經知道專利的公開號，可以在號碼檢索的功能中，直接輸入公開號，如圖8-52所示。

圖8-52　公開號檢索

檢索結果找到1件專利，如圖8-53所示。

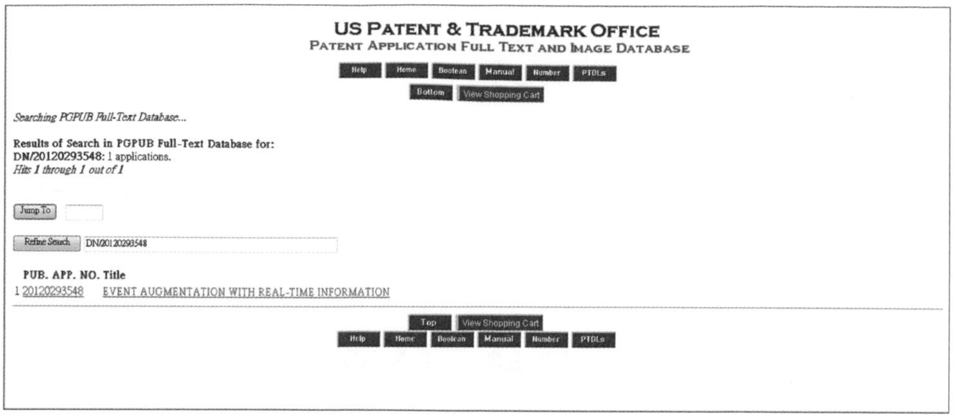

US PATENT & TRADEMARK OFFICE
PATENT APPLICATION FULL TEXT AND IMAGE DATABASE

| Help | Home | Boolean | Manual | Number | PTDLs |

| Bottom | View Shopping Cart |

Searching PGPUB Full-Text Database...

Results of Search in PGPUB Full-Text Database for:
DN/20120293548: 1 applications.
Hits 1 through 1 out of 1

| Jump To | |

| Refine Search | DN/20120293548 |

PUB. APP. NO. Title
1 20120293548   EVENT AUGMENTATION WITH REAL-TIME INFORMATION

| Top | View Shopping Cart |

| Help | Home | Boolean | Manual | Number | PTDLs |

圖8-53　檢索結果

8-3-3 歐洲專利資料庫檢索實務

一、智慧型檢索

（一）特定技術專利檢索

案例一 檢索網路購物安全的專利

　　爲了了解網路購物的安全性，我們試著利用歐洲專利資料庫的智慧型檢索，來檢索網路購物安全的專利，輸入關鍵字爲Internet Security，如圖8-54所示。

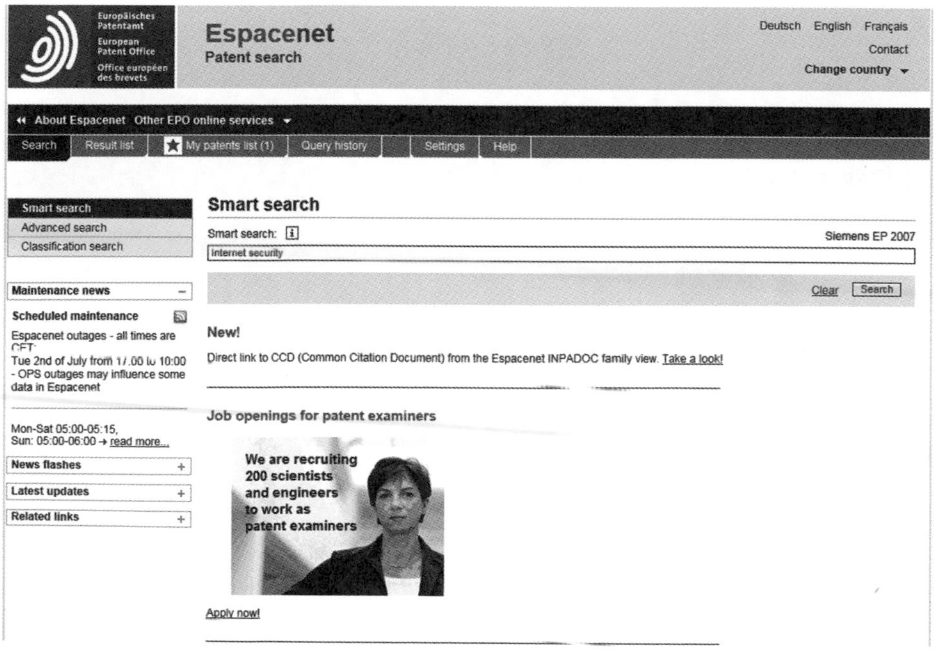

圖8-54　檢索Internet security的專利

　　檢索結果如圖8-55所示，共有258件專利，但是，仔細的看一下系統所顯示的資訊，發現由於關鍵字Internet在輸入時，第一個字母用大寫，於是，系統自動把它視為人名或公司名，而選擇在發明人及專利權人的欄位檢索，第二個字Security則是在專利名稱、摘要、發明人及專利權人的欄位檢索。

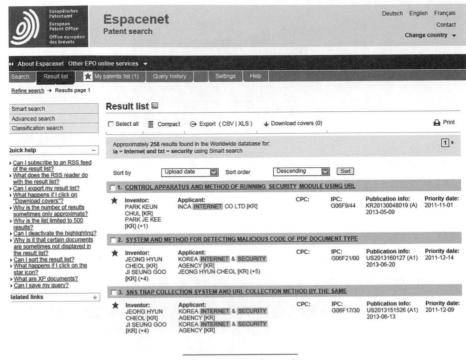

圖8-55　檢索結果

　　這個結果跟我們預期的有落差，於是，我們再把Internet改成小寫，重新檢索一次，如圖8-56所示。

圖8-56　檢索Internet security的專利

當檢索條件改為Internet Security後，新檢索出的專利如圖8-57所示，共有6,666件，跟剛剛比起來，大幅成長。

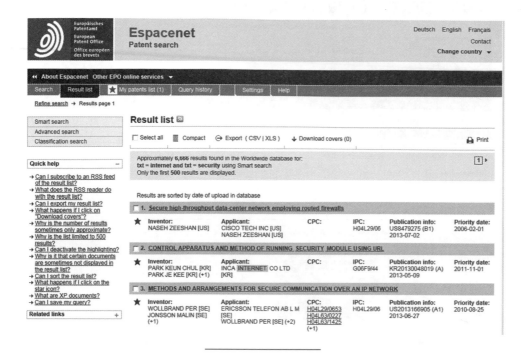

圖8-57　檢索結果

（二）特定公司、特定時間專利檢索

案例二 檢索Apple在2011年至2012年間的專利

要檢索Apple在2011年至2012年間的專利有哪些，也可以利用智慧型檢索，運用布林代數及日期限制，進行檢索，如圖8-58所示。

圖8-58　Apple在2011年至2012年的專利

檢索結果共有6,056件專利，如圖8-59所示。

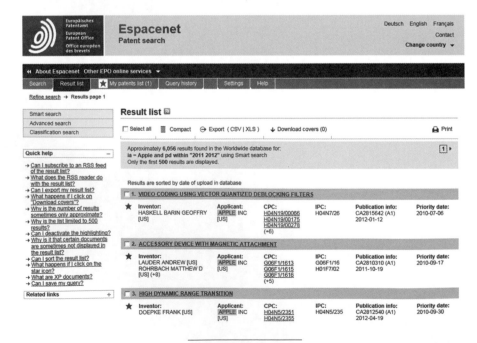

圖8-59　檢索結果

二、進階檢索

（一）特定技術專利檢索

案例三 檢索手機觸控螢幕解鎖的專利

要檢索手機觸控螢幕解鎖的專利，我們選擇的關鍵字為：Touch Sensitive Display及Unlock，在進階檢索的Title or Abstract的欄位中檢索，如圖8-60所示。

圖8-60 檢索手機觸控螢幕解鎖專利

檢索結果如圖8-61所示，共有14件專利。

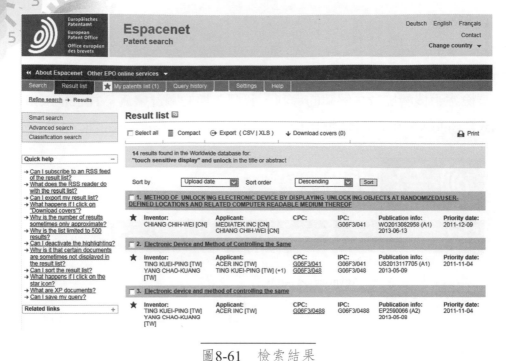

圖8-61　檢索結果

所檢索出來的專利數，如果覺得太少，應如何擴大檢索範圍呢？前面檢索時，把Touch Sensitive Display用雙引號（"）括起來的目的，是希望把這3個關鍵字是連續在一起出現的專利才選出來。如果這樣的條件太嚴苛，我們可以適度的讓關鍵字中夾雜非關鍵字，如圖8-62所示，在Touch與Display這2個關鍵字中，可以間隔3個非關鍵字，這樣就會使檢索的範圍適度擴大，關鍵字中間的間隔應讓多大，讀者可視狀況自行調整。

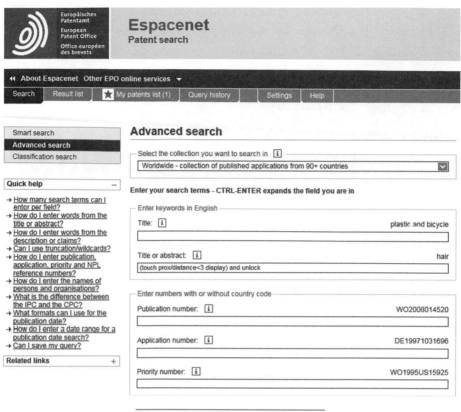

圖8-62　擴大檢索條件的檢索

讓關鍵字間出現距離，果然使檢索結果變多，如圖8-63，共有39件專利。

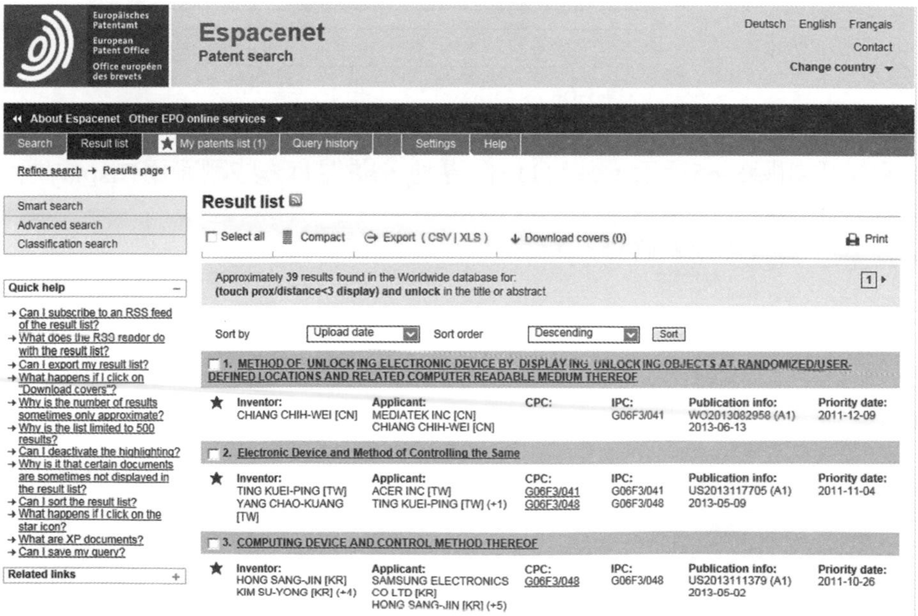

圖8-63　檢索結果

如果調整關鍵字，又會產生什麼結果呢？前面我們用Touch Display，現在把Dis-play換成Screen，其餘不變，如圖8-64。

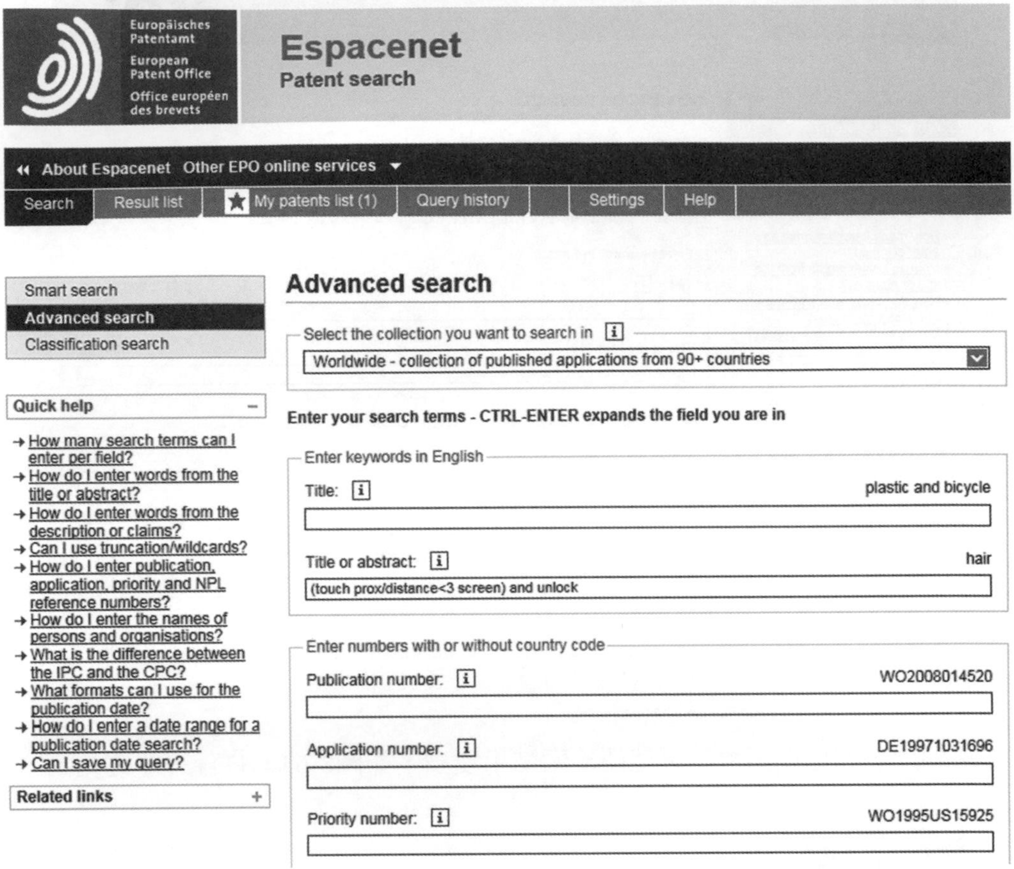

圖8-64　調整關鍵字再檢索

檢索結果如圖8-65所示，共有113件專利，顯然有一些剛剛用Display所沒有找到的專利。

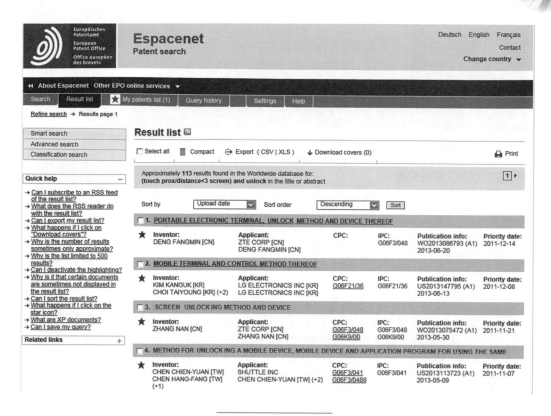

圖8-65　檢索結果

（二）特定技術、特定時間專利檢索

案例四 檢索2013年核准的觸控螢幕解鎖專利

接下來我們想知道前面所檢索出來的觸控螢幕，有哪些是在2013年所核准的，在進階檢索中，關鍵字可以不用調整，但是，再加上一個檢索條件Publication Date，在這個欄位中輸入2013，再讓它跟原來的檢索條件做AND運算，如圖8-66所示。

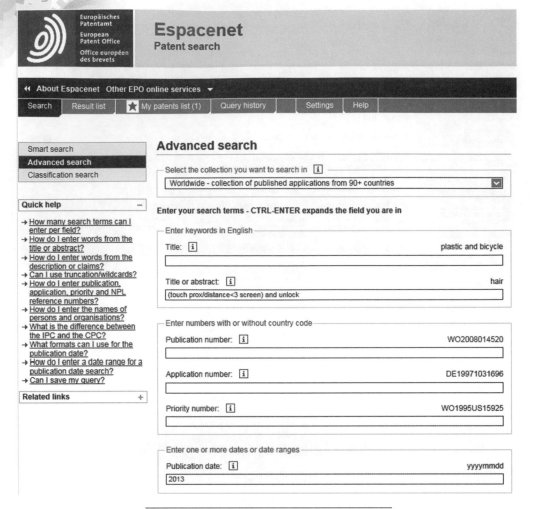

圖8-66 檢索觸控螢幕在2013年的專利

檢索結果如圖8-67所示，2013年的觸控螢幕專利共有11件專利。

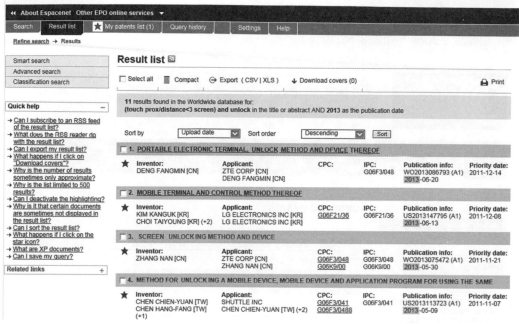

圖8-67　檢索結果

解析專利資訊

(三) 特定發明人（姓）專利檢索

案例五 檢索Jobs的專利

　　Jobs帶領Apple引領風潮數十年，想知道他有哪些專利，可以在Inventor的欄位中輸入關鍵字Jobs，如圖8-68所示。

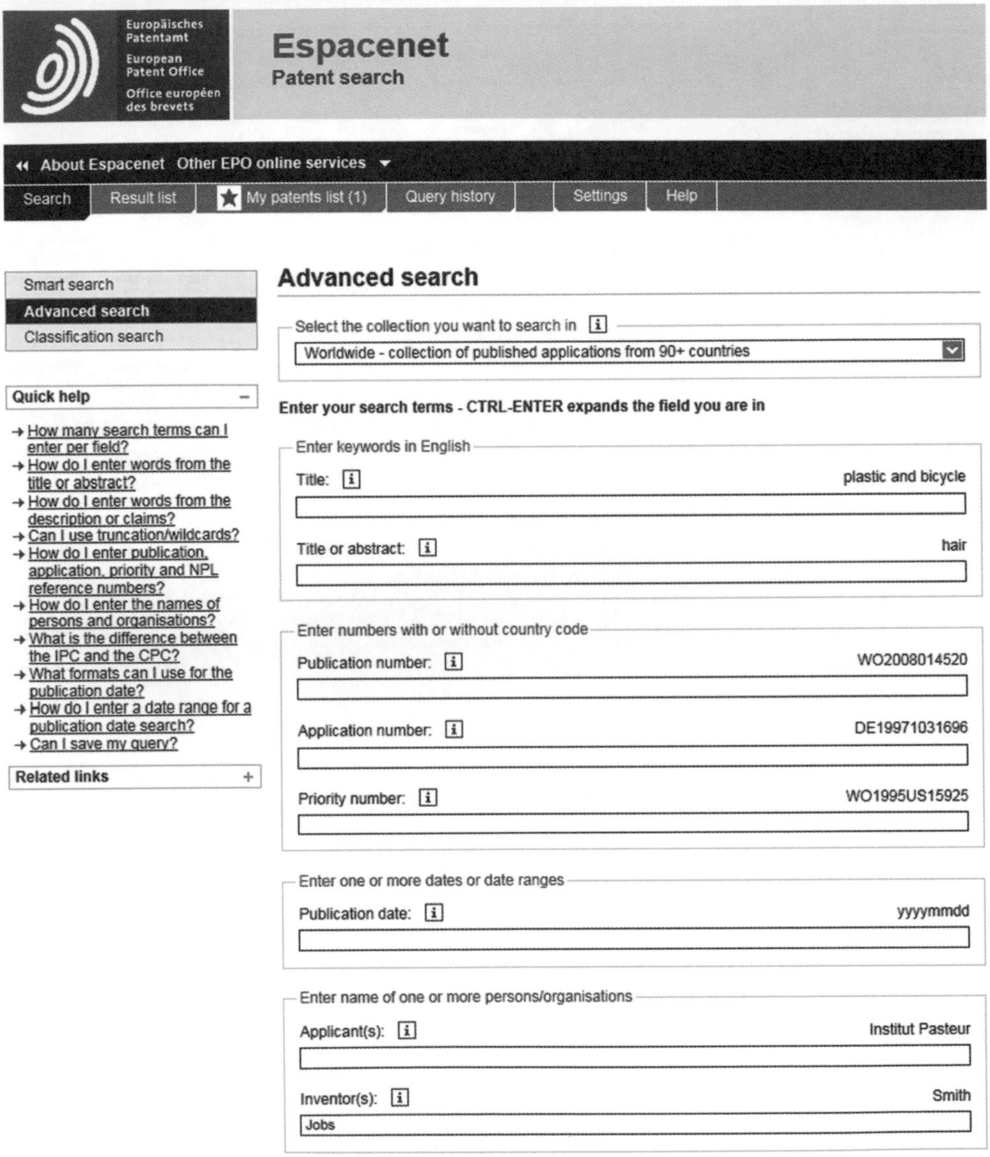

圖8-68　檢索Jobs的專利

檢索結果發現Jobs的專利共有688件，如圖8-69所示。

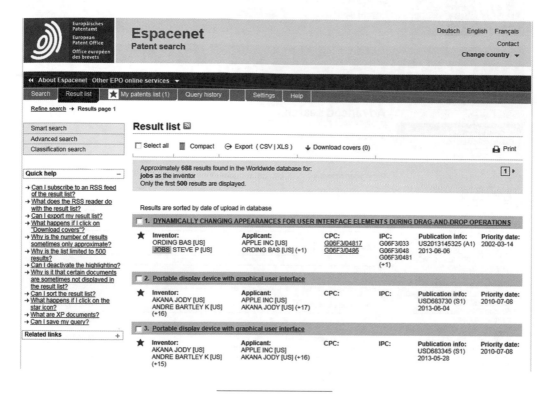

圖8-69　檢 索 結 果

（四）特定發明人（姓）在特定公司的專利檢索

案例六 檢索Jobs在Apple的專利

剛剛已經檢索出Jobs的專利有688件，而他在Apple有多少專利呢？可以利用進階檢索，在Inventor欄位中輸入Jobs，同時在Applicant欄中輸入Apple，如圖8-70所示。

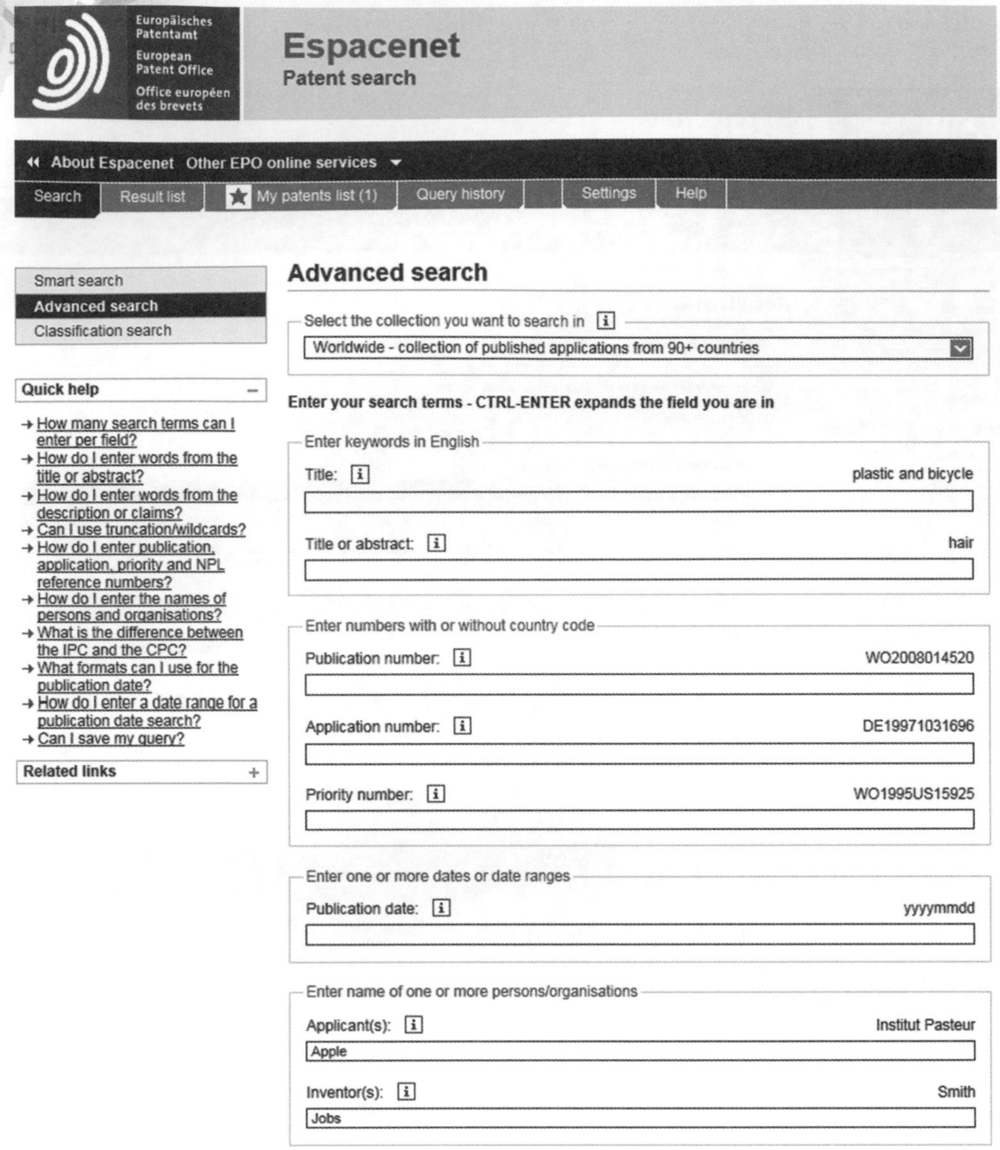

圖8-70　檢索Jobs在Apple的專利

檢索結果如圖8-71所示，共有519件專利。

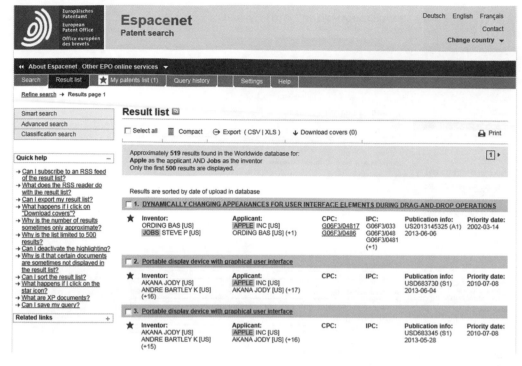

圖8-71 檢索結果

（五）特定發明人（全名）專利檢索

案例七 檢索Steve Jobs的專利

前面檢索Jobs的專利只用姓氏做為關鍵字，有沒有可能範圍太呢？有了這層考量，我們可以改用他的全名Steve Jobs做為關鍵字進行檢索，如圖8-72所示，但是，要注意的是：歐洲專利資料中對於發明人的名字排列方式，跟一般英文用詞習慣的名在前、姓在後不同，它的排列是姓在前、名在後，讀者在檢索時，要特別留意，以免輸錯關鍵字而找不到專利。

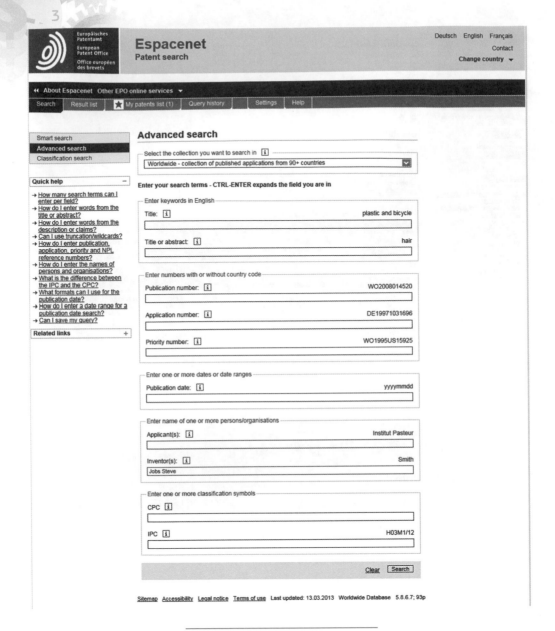

圖8-72　檢索Steve Jobs的專利

　　檢索結果如圖8-73所示，共有346件專利，顯然比剛剛只用Jobs做為關鍵字檢索，專利件數少了很多。

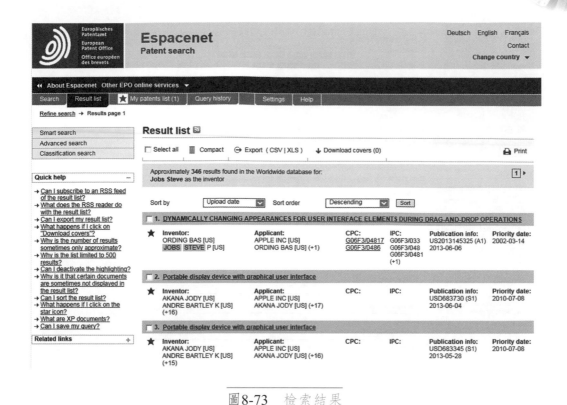

圖8-73　檢索結果

（六）特定發明人（全名）在特定公司的專利檢索

案例八 檢索Steve Jobs在Apple的專利

　　要檢索Steve Jobs在Apple有哪些專利，可以在Inventor欄中輸入Jobs Steve、在Applicant欄中輸入Apple，如圖8-74所示。

圖8-74　檢索Steve Jobs在Apple的專利

檢索結果如圖8-75所示，Steve Jobs在Apple共有339件專利。

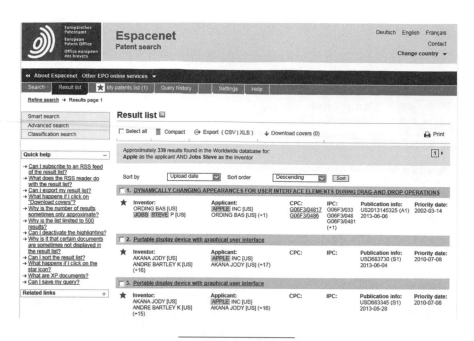

圖8-75　檢索結果

（七）特定發明人（全名）不在特定公司的專利檢索

案例九 檢索Steve Jobs不在Apple的專利

前面用進階檢索可以檢索出Steve Jobs在Apple的專利，但是，如果想知道他不在Apple的專利有哪些？進階檢索就不容易做到了，這時，我們可以改用智慧型檢索，再利用布林運算NOT來解決這個問題，如圖8-76所示。

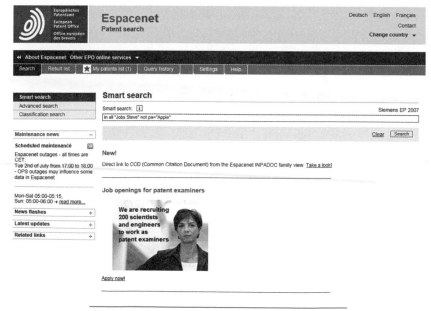

圖8-76　檢索Steve Jobs不在Apple的專利

藉由智慧型檢索的欄位限制，加上布林運算，即可找出Steve Jobs不在Apple的專利，共有7件，如圖8-77所示，數量正好跟前面檢索出來的相符。

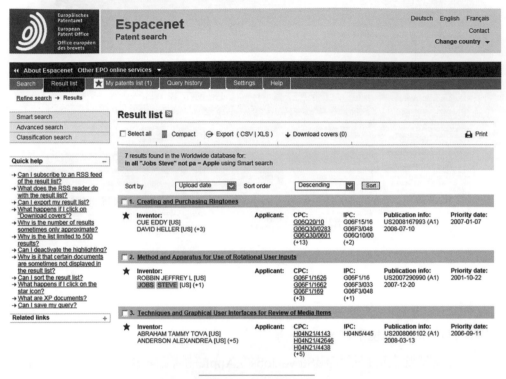

圖8-77　檢索結果

（八）特定公司專利檢索

案例十 檢索Apple的專利

要檢索Apple的專利，可在Applicant中輸入Apple，如圖8-78所示。

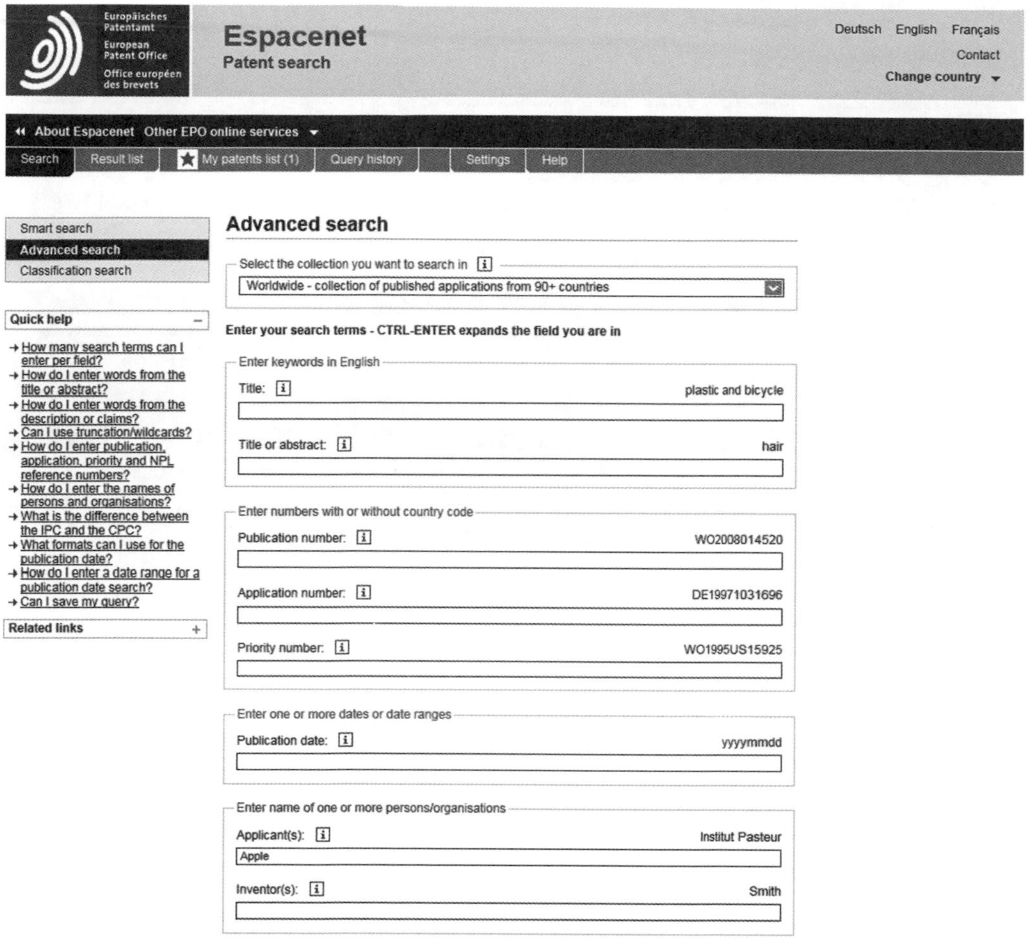

圖8-78　檢索Apple的專利

檢索結果如圖8-79顯示，共有18,842件專利。

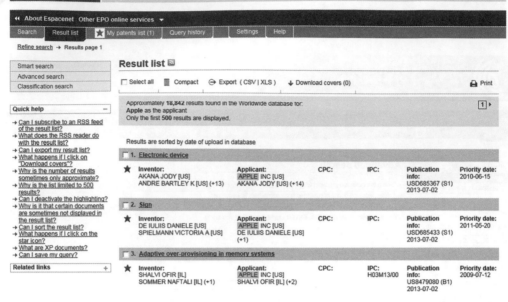

圖8-79　檢索結果

（九）特定公司在特定國家的專利檢索

案例十一 檢索Apple在美國的專利

利用歐洲專利資料庫，也可以檢索特定公司在特定國家的專利，如我們想了解Apple在美國申請專利的狀況，可以在Applicant上輸入Apple，Publication Number 輸入美國的國家代碼US，如圖8-80所示。

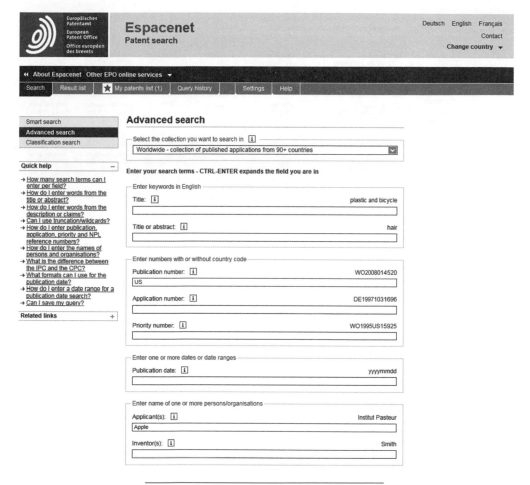

圖8-80　檢索Apple在美國申請的專利

檢索結果如圖8-81所示，共有9,454件專利。

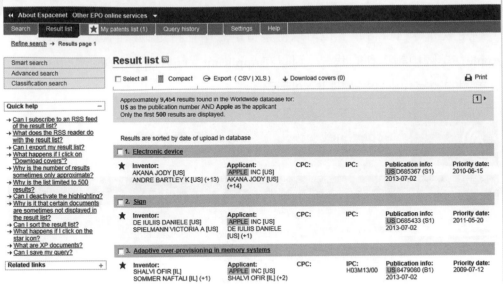

圖8-81 檢索結果

第九章

專利資訊分析

了解了專利說明書中所含蓋的專利資訊，本章將接著介紹如何分析專利的資訊，首先會說明專利分析的基本概念，再以一個實際的例子—電子商安全機制的專利，帶領讀者製作專利的管理圖及技術圖，並同時示範如何解析專利地圖所顯示的資訊，最後一節以一實際案例說明專利分析的內容與步驟。

9-1 專利分析

專利分析是指將各種與專利相關的資料，以統計的方法，加以整理成各種可以做分析、解讀的圖表訊息。專利資料係指專利之原始文件，屬於公開性資料，如專利說明書、專利的書目資料等，不管專利文獻以何種形式展現，專利說明書乃是所有專利資訊的源頭。

如果將專利資料進行初步的整理統計，則產生了專利資訊，專利資訊再根據專業知識的輔助，將資訊進行目的性的分析之後，又可以得到專利情報。劉尚志在其研究中將專利資料、專利資訊及專利情報三者的關係以圖表示如圖9-1所示。

由圖9-1可以看出，專利資料包括申請號及日期、核准號及日期，發明人、專利權人及其國別，國際及美國專利分類號，引證資料、發明背景及說明等，經過初步的格式化處理，就會產生發明人、權利人、時間、技術內容分類、專利範圍、引證資料等專利資訊。

專利資訊在專業人員的專業知識下，進行目的性分析之後，就會產生技術競爭分析、趨勢分析、研發項目規劃、權利範圍分析…等專利情報，以供企業探察企業技術發展與資源分配的關係，藉以從事企劃或技術發展的參考依據，並由專利被引用次數，了解其所隱含的經濟價值，進而做為企業擬訂科技策略、研發資源分配、技術預測、侵權判斷的重要參考。

專利分析的結果，Mogee認為應具有：分析競爭對手（Rival Analysis）、追蹤與預測技術（Technology Tracking and Forecasting）、國際專利策略分析（International Strategic Analysis）等三種價值。

在分析競爭對手方面，藉由專利分析可以了解不同公司間的技術競爭策略與態勢，以找尋可能的技術來源與合資對象、可能的技術銷售對象。在追蹤與預測技術的價值上，專利分析可以讓企業掌握技術的動向、技術的生命週期、演變的趨勢及技術的相關性…等資訊，以便讓企業能藉由這些資訊而擬訂其技術發展方向與策略。在國際專利策略分析上，經由專利分析可以用來輔助決定要在那些國家申請專利、決定權利範圍與利構成要件，以順利取得專利權。

專利資料
1. 申請號及日期、核准號及日期 2. 發明人、專利權人及其國別 3. IPC（國際專利分類號）、UPC（美國專利分類號） 4. 引證之專利或文獻 5. 發明或創新的背景，包括目前技術水準，本發明欲解決之問題及其技術範疇 6. 發明或創作的說明，包括先前技藝、發明或創作之目的、技術內容、特點以及功效，使熟練該技術者能瞭解其內容並據以實施

初步或格式化的

專利資訊
1. 發明人 2. 權利人 3. 時間（申請或取得專利） 4. 技術內容分類 5. 專利範圍 6. 引用之專利與其他文獻

在專業知識下進行目的性分析

專利情報
1. 技術競爭分析 2. 技術趨勢分析 3. 研發或技術發展項目之規劃 4. 重要專利辨識及權利範圍分析 5. 探察企業技術發展與資源分配的關係 6. 從事企劃或技術發展的參考依據 7. 瞭解專利被引用次數，隱含了專利的經濟價值

圖9-1　專利資料、專利資訊及專利情報關係圖

在第一章中將技術創新的過程，以S曲線表示，在技術的生命週期中，可分為萌芽期、成長期、成熟期及衰退期。而專利技術的生命週期圖，又與技術生命週期圖有所不同，專利技術的生命週期如圖9-2所示，專利技術的生命週期圖是以專利

權人數爲橫座標、專利申請件數爲縱座標，將專利申請的件數與專利權人人數，依時間加以排列，以看出產業相關技術變化過程。

專利技術的生命週期圖中，將一個專利技術的發展分爲五個時期，分別是技術萌芽期、技術成長期、技術成熟期、技術衰退期及技術淘汰期等，在圖9-2中分別以Ⅰ、Ⅱ、Ⅲ、Ⅳ、Ⅴ表示。在技術萌芽期時，技術剛開始發展，因爲尚未見到該技術將來市場的走向，所以廠商的投資意願不高，而且大多爲研究單位或少數的實驗室在進行該技術之研發，因此，不論是專利申請案件數與專利權人數都不多。

到了技術成長期，產業的技術可能會有所突破，或者廠商對於這個產業的市場價值有了認知，於是就會競相投入技術的研究發展，所以，專利的申請量與申請人數都會出現急遽上升的情形。

在技術成熟期時，該產業的技術趨於成熟，早期就投入研發的廠商已取得技術優勢，具有排斥其他公司進入產業之能力，因此，在此階段中專利申請人數不會再呈現大幅度的增加，而只會維持於一定的數量。而且因爲廠商對該產業之新技術或改良技術的研發能力相當地快速，專利件數還會維持增加的情況。

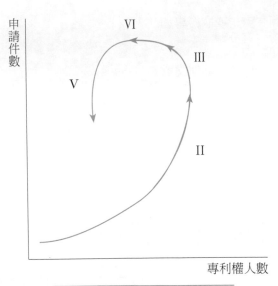

圖9-2　專利技術生命週期圖

技術進入衰退期後，經由市場機能之競爭，使得產業技術發展呈現穩定狀態，此時專利僅能對產品做小改良，因此，企業投資在研發上的資源不再擴張，只

剩下少數的人繼續發展此一類技術,而且其他廠商因為市規模變小,所以進入此市場之意願也不高,因此,專利申請件數逐漸趨緩,而專利權人亦隨之減少。

最後,技術進入淘汰期,廠商發覺此技術已無改變的空間,而且也已經無利可圖,所以,企業會將其研發資源轉投資在其他技術上,因此,專利的申請量及專利申請人數皆開始下降,最終可能會被新的技術所取代。

9-2 專利地圖

專利地圖(Patent Map)的概念源自日本,國內最早是由財團法人工業技術研究院大力提倡,簡單的說,它是把專利資訊予以地圖化,也就是以一種系統化的方法整理專利資料,以地圖性視覺化的效果展現其結果,讓我們可以一目了然的掌握許多專利資訊。

專利資料經過整理、分析之後,可以展現出專利競爭對手、專利發明人、專利技術、專利市場…等的分布,以及該等專利指標的優勢、劣勢等極為可貴的情報。所以,從廣義的來看,專利地圖是將專利資料轉換為資訊之系統化分析過程,透過企業的專業知識進行目的性分析,以產生專利情報。因此,企業在投入一項新的技術或產品研發之前,如果能夠先行掌握現行技術產品領域的專利地圖,除了可以避免闖入他人禁區外,也可以了解那裡是專利的地雷區,同時,也可以找到那裏才是可以切入研發的利基點。

專利地圖的價值,在陳碧莉的研究中認為,專利地圖可以發現技術進步的盲點,整理專利權的相關資訊即可以掌握技術與市場的動向,避免無謂的研發資源投資,同時,也可以藉此了解自己與產業內的其他競爭者間技術的差異。

李信穎則認為專利地圖對企業而言,具有攻擊與防守上雙重的戰略價值,在攻擊的戰略方面,專利地圖是研發規畫的最佳利器,可以幫助企業掌握技術開發的現況、觀察競爭企業的動向,利用對技術趨勢分析預測,可以進行企業在研發方向

的策略規畫，並據以擬訂未來的研發主題，構築具有攻擊性作戰能力的整體專利戰略網。

在防守策略上，利用專利地圖可以監控潛在競爭對手的研發情形，提防具有殺傷力專利的出現，同時可以篩選技術來源對象，以做為專利授權談判的後盾。誤觸專利地雷是產業界共同的危機，對專利前案做鑑定比對，可以做迴避設計，並發現專利地雷之位置，可以有效的降低專利侵權的風險。

Yoon將專利地圖分為三類：技術缺口地圖（Technology Vacuum Map）、專利權地圖（Claim Map）及技術投資組合地圖（Portfolio Map）。技術缺口地圖資料來源，主要來自於書目資料中的專利分類號、專利權人及專利的申請時間等欄位的資料，它的主要目的在找出產業中的關鍵技術，以掌握技術發展的趨勢及技術的缺口。

專利權地圖則是由解析專利說明書中的申請專利範圍、專利引證資料及專利分類號所產生，它的目的在避免於產品在製造時，因侵害專利而被競爭對手控告，同時，也可以藉由檢查自己專利的申請專利範圍，來評估該技術的可專利性。

至於技術投資組合地圖則是利用專利引證資料及專利權人的資料所製作，其目的在了解專利技術的發展趨勢，以評估新產品的策略，並且了解競爭對手的技術發展與策略。

但是，國內的學者通常將專利地圖分為專利的管理圖（Management Map）及專利的技術圖（Technology Map）二類，專利的管理圖所提供的是企業經營上的情報，目的在了解競爭對手的動向、產品開發的趨勢、市場參與的情況，常用的圖表有：歷年專利件數圖、發明人統計圖、引證圖…等。

而專利的技術圖則是提供企業有關技術的情報，目的在了解技術擴散的方向，以做為日後技術開發方向與主題之選擇，進而考量如何進行技術挖洞，常用的圖表有：技術功效矩陣圖、技術分布鳥瞰圖…等。

專利地圖可以提供企業營運在不同階段時之決策參考資訊，在收集創意階段，這個階段中正在摸索研發方向，藉由分析前案專利之創新特徵及技術，可以累積技術新知及研發能量，以啟發創意及靈感。而研發規劃階段時，因為已經對先前

的專利進行分析，可以評估技術開發的可行性，並預測未來技術的發展趨勢與自己開發自主性技術取得專利權之可行性，進而尋求有效迴避他人之既有專利。

在研究開發階段，先進行專利地圖分析，可以避免重複研發資源的投入，並參酌先前專利，適時修正研發方向，以求企業資源最佳分配模式。到了申請專利階段，專利地圖可以監控先前專利動態，以設定自己研發計畫，使整個研發過程之專利，完全在規劃及掌控中產出，有助於專利申請取得及權利範圍之設定。

企業在成果應用階段，應該積極的藉由專利權，來確保在產業內的競爭優勢，以達到獨享市場利潤、排除競爭對手仿冒的目的，並藉由專利權，一方面保障自己產品之製造、銷售或技術移轉之活動，另一方面可以有效降低因侵害他人專利而遭致索賠之風險。

最後，在技術合作階段，利用專利的分析結果，有助於企業選定適合之技術來源者或合作者，並可針對合作對象進行完整之專利檢索，以做為日後授權契約談判之有利籌碼。

在進行專利地圖分析之前，必須先從專利資料庫中將合乎條件的專利先檢索出來，再以這些專利的資料為母體，從事專利的管理圖及技術圖的分析，在接下來的二節中將分別介紹專利的管理圖及技術圖的內容及製作方式。

9-3 專利管理圖分析

專利管理圖分析的資料主要來自於專利公報中的書目資料，希望藉由對書目資料的統計分析，能了解競爭公司的動向、產品的開發趨勢、市場狀況及人才的動向等。

在李信穎的研究中將專利管理圖的內容整理如表9-1所示，專利的管理圖分析可分為專利件數分析、國家別分析、公司別分析、發明人分析、引證率分析、IPC與UPC分析等七大類。

表9-1 專利管理圖分類表

項目	內容
專利件數分析	1.技術生命週期圖 2.歷年專利數量比較圖
國家別分析	1.所屬專利分析 2.所屬國歷年專利件數圖
公司別分析	1.公司研發力比較 2.研發能力詳細數據 3.引證率分析 4.引證率詳細數據 5.公司相互引證次數 6.活動表 7.排行榜 8.競爭公司歷年專利件數圖
發明人分析	1.發明人分析表 2.發明人歷年專利件數圖
引證率分析	1.引證相關數據 2.專利引證次數
IPC	1.IPC專利分類分析圖 2.IPC專利技術歷年活動圖 3.競爭國家IPC專利件數圖 4.競爭公司IPC專利件數圖
UPC	1.UPC專利分類分析圖 2.UPC專利技術歷年活動圖 3.競爭國家UPC專利件數圖 4.競爭公司UPC專利件數圖

　　接下來將以電子商務的安全機制為案例對專利管理圖做說明，在這個案例中只以概略的檢索找到分析的母體，讀者若需得到精確的分析結果，還是要做更詳細的檢索。本案例中的專利是來自美國專利資料庫，檢索策略是以專利名稱欄中含「Electronic Commerce」及「Security」在任何欄位出現，為檢索條件，共檢索出69筆專利，以這69筆專利為母體進行分析。

一、專利件數分析

專利件數分析是以專利案數為基準進行統計分析，以了解整個產業技術領域專利產出之數量，以及投入該領域之公司（專利權人）之發展趨勢，從技術生命週期的角度來預測未來技術的發展。專利件數分析可以分為技術生命週期圖及歷年專利數量比較圖。

（一）技術生命週期圖

在做專利的技術生命週期分析時，所畫出來的圖要對應到圖9-2的技術生命週期，並加以判斷目前該技術是處於技術生命週期的那個階段，才能據以擬訂公司未來的研發策略。

技術生命週期圖分析的參數，如果以時間軸來看，可以從專利的申請日分析，也可以由專利的公告日為基準進行分析。從另一個角度來看，也可以由專利權人及發明人進行分析，以看出專利權人或發明人在不同時間的研發目標。所以，專利件數分析的組合，就可能有四種不同的組合，從這四種組合中去預測技術的未來趨勢，各種組合的分析如下。

1.以公告日分析發明人數及專利件數

第一種分析的組合是以專利的公告日為統計的基準，分析在不同的年份中，發明人數與專利件數間的關係，其圖形如圖9-3所示。由於專利公告的時間與申請的時間上有落差，所以在分析、閱讀時，應該要留意，不能只從表面的結果就做結論。

專利發明人數與專利件數分析，可以發現在該技術領域中，在不同的時間，專利件數與專利發明人數之間的關係。如果專利的發明人數與專利的件數都在成長中，顯示該技術可能還在成長期，如果專利的發明人數與專利的件數都減少，則表示該技術可能已經要進入衰退期。

以圖9-3為例，自2001年以後，除2003年之外，專利件數與發明人數都顯著的減少，這個現象就是值得去探究原因的，因為可能是技術的瓶頸，也可能是其他的原因所造成。

其次，針對2003年的專利件數突然增加，也是一個分析的警訊，需要特別加以探討研究，當然，這也不是唯一的答案，還可以與其他的管理圖做交叉比對，才能找出重要的訊息，在做專利分析時，切勿只由一張圖就輕易的做結

論。

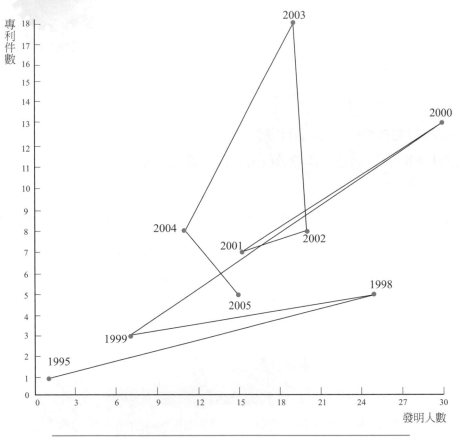

圖9-3　以公告日分析發明人數及專利件數之生命週期圖

2. 以公告日分析專利權人數及專利件數

　　第二種分析方式是以公告日為基準，對發明的專利權人與專利件數做分析，以了解產業中的企業，對該項技術研發的情形，如果專利權人數與專利件數都增加，表示該技術領域中有很多的公司正在投入研發，這些可能都是你的競爭對手，也可能是未來的合作夥伴。

　　以圖9-4為例，圖中所顯示的結果與圖9-3的結果非常類似，在2000年以後，投入該技術域研發的廠商商明顯的減少，對照圖9-3的結果，其原因就值得探討分析。尤其是2003年，在圖9-3及圖9-4都顯示當年的專利件數與發明人數、專利權人數都大幅成長，更值得仔細研究原因。在分析原因時，可以從技術發展歷史予以分析，也可以從產業發展的趨勢來分析，以找出發展異常的原因，進而對技術發展的方向，正確的加以預測。

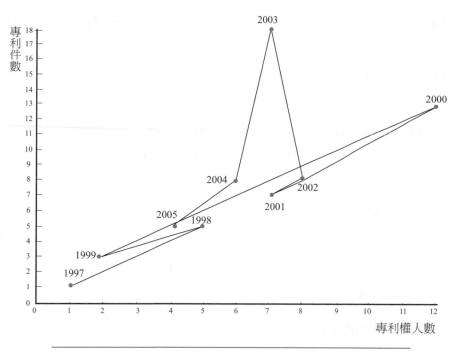

圖9-4 以公告日分析專利權人及專利件數之生命週期圖

3. 以申請日分析發明人數及專利件數

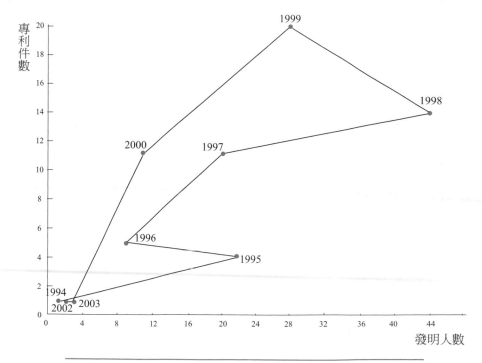

圖9-5 以申請日分析發明人數及專利件數之生命週期圖

　　第三種分析方式是以專利的申請日為基準，對專利的發明人與專利件數間的關係加以分析，分析結果如圖9-5所示。以專利的申請日為分析基準時，會發現在最後幾年的專利件數與發明人數都會很少，分析者千萬不能只從表面的將其解讀為該技術已至衰退期，因為我們所分析的母體係來自於專利資料庫，而專利資料庫中的專利資料都是已經核准的專利，還有很多專利還在審查中尚未核准，所以，在時間上是有落差的，在做專利分析時，應將這些異常的結果剔除。

　　在圖9-5中可以看到2000年以後的專利件數與發明人數都很少，其落點都在圖的左下方，因為審查的時間延遲，看起來在該技術領域中的專利件數及發明人數都減少，但是，實際上可能是還有很多專利尚未核准，故，在分析時應將這些資料暫時剔除。

4. 以公告日分析專利權人及專利件數

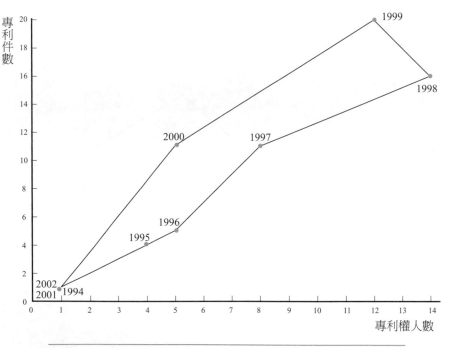

圖9-6　以公告日分析專利權人及專利件數之生命週期圖

　　最後一種組合是以公告日為基準，對專利權人與專利件數做分析，其結果如圖9-6中所示，由圖9-6出投入該技術領域研發的公司逐年增加中，其專利的產出亦是逐年成長中。

（二）歷年專利數量比較圖

　　由歷年專利產出數量的比較，可以分析該產業中之技術領域發展的趨勢，以能充分的掌握住技術發展的動態，在分析時，可以用專利的申請日為基準、也可以用專利的公告日為基準，由該技術在歷年的專利申請數量或各年專利的公告數量，了解到該技術過去的發展情形，進而預測未來發展的可能方向。必要時，也可以利用專利的申請日與公告日綜合分析，以了解該產業中的技術領域專利，從申請到獲准之平均時間。

　　以本案例為例，電子商務安全機制的專利，以申請日為基準其統計如圖9-7所示，由圖9-7可以發現該技術領域的專利自1994年開始申請，至1999年專利數量持續增加，顯示在這段期間內，投入該技術領域研發的公司可能很多。

　　再從公告日來看，將這69件專利以公告日為基準，統計如圖9-8所示，由圖9-8可以看出：該技術領域的專利在2000年及2003年公告的件數較多，單是從圖9-8還看不出有效的資訊，如果把公告日的資料與申請日的資料合併統計，就可能會看到另外的資訊。

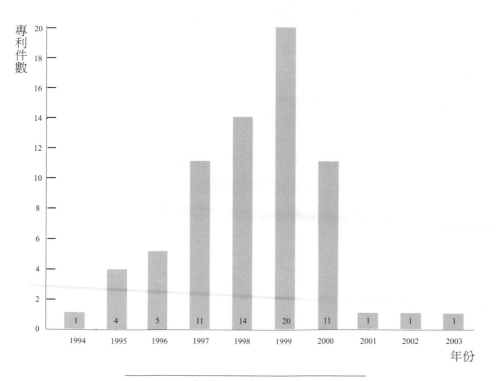

圖9-7　以申請日分析歷年專利數量圖

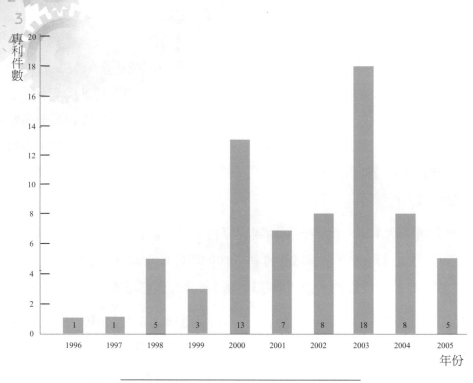

圖9-8　以公告日分析歷年專利數量圖

　　把電子商務安全機制的專利,將公告日與申請日合併分析如圖9-9所示,由圖9-9中可以看出該技術領域的專利由申請日至公告日間的時差約2～3年,第一件專利在1994年申請,第一件公告專利到1996年間才公告,也就是說,1994年、1995年及1996年間申請的專利,要到1998年之後才會陸續的核准,由圖中也可看出在2002年之後,還有很多的專利陸續在公告。

　　透過專利的技術生命週期分析與歷年專利數量分析,綜合比較各種圖形的趨勢,可以判斷該技術目前是在生命週期的那個階段,進而對於公司未來是不是要投入該技術領域的研發,有個決策的依據。

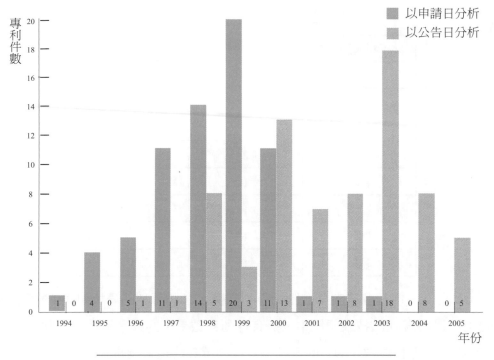

圖9-9　以公告日及申請日分析歷年專利數量圖

二、國家別分析

專利的國家別分析，是以專利權人所屬的國家為基準進行統計分析，以瞭解各國投入該產業發展的狀況。在專利的國家別分析中所用的圖表包括：各國專利分析表及各國專利件數圖等。

（一）各國專利分析表

各國專利分析表係列出各國專利產出情形，以及在該國中投入之專利權人數的比較分析表，透過各國專利分析表，可以顯示出該產業在各國之投入狀況，以了解該產業的技術發展是以哪一個國家為主，這些國家可能是技術領先的競爭國家，將來做技術引進時，也可以依據這份資料找出其競爭的國家，做為將來技術授權談判的籌碼。

表9-2　各國專利分析表

專利所屬國	專利件數	專利權人數
美國	37	25
加拿大	13	11
巴拿馬	13	1
以色列	2	1
日本	1	2
德國	1	1
南韓	1	1
秘魯	1	1

以本案例—電子商務安全機制的專利為例，各國專利的分析如表9-2所示，在表9-2中可以發現在該技術領域中，擁有專利件數最多的國家是美國，共有37件專利，超過全部專利件數（69）的一半以上，顯示美國在該技術域是屬於技術先的國家，其次是加拿大及巴拿馬各有13件專利。

從專利權人分析，也是美國的專利權人最多，美國的37件專利分布25個專利權人上，其次是加拿大有11個專利權人，這二個國家的專利都還算是分散，每個專利權人平有的專利都不算多。要注意的是巴拿馬，它的13個專利集中在1個專利權人手上，顯示在該國中這家公司的技術是處於領導地位。

做專利分析時，分析的人要能對特殊的現象，挑出來另外再做分析，才能找出數據背後的意義，唯有能找到這些因素，才能對公司的研發決策做出正確的判斷。

（二）各國專利件數圖

各國專利件數圖可以從各國在歷年申請或核准專利之情形，了解各技術先進國家歷年來，對此產業之投入情況，它是以專利件數為縱軸，以專利的公告年度或申請年度為橫軸，來顯示各國專利申請或公告的數的趨勢。

藉由對該產業中之重要國家的歷年專利產出做統計分析，可以發現各國在該技術領域中，歷年來資源投入的情形，專利產出的數量愈多，表示該國投入於該技術的資源愈多，亦即對該項技術愈重視，屬於在該技術研發領先的國家。

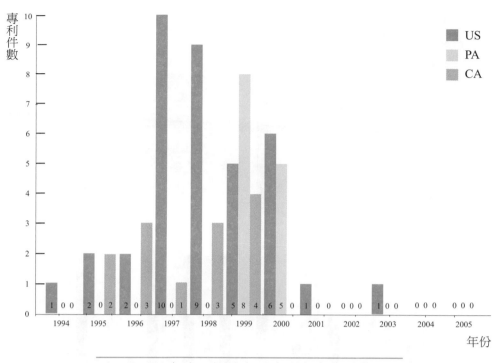

圖9-10　以申請日統計各國專利每年申請數量圖

　　以本案例中前三名的國家—美國、加拿大與巴馬為例,這三個國家的專利以申請日為基準的統計如圖9-10所示,由圖9-10中可以發現美國的專利申請案從1994年開始就有申請案,其中又以1997年及1998年較多,可見美國在這個技術域中屬於技術的領先者。

　　加拿大的專利申請案,則是集中在1995〜1999年,比較特別的是巴拿馬,它的專利申請案只有在1999年及2000年二年,其餘的年份中都沒有專利申請案,其原因也是值得再深入探討的。

　　也可以由專利的公告日來統計各國專利的數量變化情形,其專利件數計如圖9-11所示,由圖9-11中可以發現美國在1994年第一次提出相關專利申請案,到1996年才有第一件專利案被核准公告。巴拿馬的專利申請案集中在1999年及2000年,公告時間也集中在2003年及2004年,顯示專利的審查時間大約需要2〜3年。

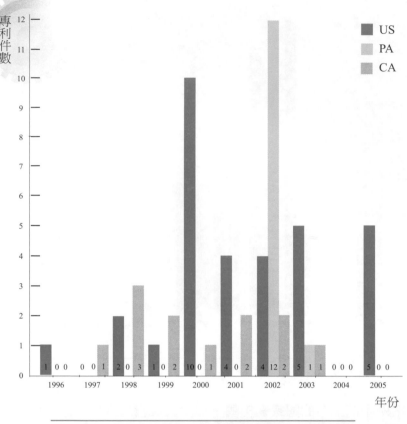

圖9-11　以公告日統計各國專利每年公告數量圖

三、公司別分析

　　專利的公司別分析係利用專利書目資料，針對特定的競爭公司進行各種競爭指標的分析，以深入了解各競爭公司的研發動向，達到知己知彼、百戰百勝之目的。在公司別的分析中，通常會採用的分工具有：公司研發能力分析、公司引證率分析、專利活動圖及競爭公司歷年專利分析等。

（一）公司研發能力分析

　　在公司的研發能力分析中，可以由專利的書目資料中獲得一些分析的指標，以進行分析各競爭公司之技術發展趨勢，進而詳細分析各公司之優缺點，俾找出各競爭公司間的研發特性，做為研擬未來技術發展、生產、行銷等功能之重要參考依據。以本案例中的69件專利為例，有關各公司的相關的統計資料經過整理後如表9-3中所示。

各項指標的說明如下：活動年期指各競爭公司在該技術領域內，有專利產出之活動期，從活動年期可以知道各公司投入該技術之研發時間以及資源等訊息。所屬國數係指專利申請公司的所屬國家數，由所屬國數可以發現同一公司透過各國子公司，產出專利之情況，由這個指標可以分析各競爭公司，於全球各地投入該技術研發的情形，以了解競爭公司的技術布局。

發明人是指競爭公司投入該領域技術研發的發明人數，由研發人員投入的多寡，可以了解該公司對本技術之企圖心與競爭潛力。平均專利年齡是由計算而來，它是將各專利權年齡總和除以專利件數所得之值，如果所計算出來的專利平均年齡愈短，表示該技術還可以獲得的保護時間愈長，因此，該公司可以運用專利技術獨占優勢的時間，相對的就較長。

由表9-3可以看出在電子商務安全機制的專利中，獲得專利最多的公司是USA Technologies, Inc.，共有15件專利，這15件專利都是在二年內所提出的，而發明人都是同一個人，對於這樣的資訊，表示該公司的技術集中在一個人手上，這是相當危險的，而其專利的平均年齡只有6年，顯示專利還有很長的一段運用時間。

表9-3中其他的公司，發明人數幾乎都大於專利件數，顯示他們的技術都不是集中在少數發明人手中。

表9-3　各公司研發能力統計表

公司名稱	專利件數	活動年期	所屬國數	發明人數	平均專利年齡
USA Technologies, Inc.	15	2	1	1	6
International Business Machines Corporation	6	5	1	11	6
Pitney Bowes Inc.	4	3	1	6	7
NCR Corporation	3	1	1	4	8
Motorola, Inc.	2	1	1	6	6
International Business Machines Corp.	2	1	1	8	7
Lucent Technologies Inc.	2	2	1	5	7
Visa International Service Association	2	1	1	8	7
Citibank, N.A.	2	2	1	1	9
VeriFone, Inc.	2	2	1	5	9

(二) 公司引證率分析

專利的引證率分析，可以看出專利的質，通常一個具有價值的專利，或者是一個先前技術，被引證的次數會比較多。同樣的，一個公司的專利如果品質比較好的話，或者該公司掌握了某些先前技術，通常它的專利被引證次數也相對的比較高。

引證率是由計算而來的，各公司專利的引證率是指該公司平均一篇專利被引證的次數，其計算公式如下：

$$引證率 = \frac{該公司專利總被引證次數}{該公司專利總件數}$$

以本案的技術為例，在電子商務安全機制的技術領域中，其專利的引證率統計如表9-4所示，在表9-4中可以發現Broadvision的專利被引證次數最高，且遠遠的超過第二名的Certco，Broadvision平均一篇專利會被引證23次，顯示該公司的專利在這個技術域中是屬於領先者。

表9-4　引證率統計表

公司名稱	引證率
Broadvision	23
Certco, LLC	9
The EC Company	8
Netscape Communications Corporation	7
Citibank, N.A.	5.5

除了透過各公司專利的引證率可以用來了解專利的質外，還可以藉由引證次數來了解各公司專利技術的獨立性。各個公司的專利被引證，又可以分為自我引證與被他人引證二種情況，專利的自我引證顯示專利權人係就該領域的技術，可能已經進行相關的專利布局，以求擴大其專利的技術範圍。而專利能被其他專利權人所引證，表示其技術在該領域中屬佼佼者。

表9-5　引證次數統計表

公司名稱	自我引證次數	被他人引證次數	總引證次數
Broadvision	0	23	23
Citibank, N.A.	1	10	11
Certco, LLC	0	9	9
The EC Company	0	8	8
Netscape Communications Corporation	0	7	7

　　為了能夠進一步了解各公司的專利被引證的情形，可以把專利引證的情形再分為自我引證及被他人引證二種狀況，以本案例—電子商務安全機制的專利為例，其結果如表9-5中所示，分析者應該以現有的相關資料做交叉比對及分析，才可能找到有用的資訊。

　　以Broadvision而言，在表9-5中顯示其專利的引證率為23，表示該公司平均一篇專利會被引證23次，在表9-5中則又顯示該公司的專利被引證23次，都是由其他公司加以引證的，表示該公司在這個領域中的技術，應該是處於領先地位。這些現象都是可以從統計圖表上看到的，如果分析者再把該公司的所有專利找出來，又會有不一樣的想法，因為該公司在這個技術領域中只有一篇專利，且經過篩選後，該技術域中只有69篇專利，該專利就被引證23次，大約有1/3的專利引證該篇專利，表示該專利在這個技術領域中，是非常重要的一篇專利。

（三）專利活動圖

　　專利活動圖是對特定的公司的專利，就其專利申請的活動，以圖形的方式進行分析，一般可以用樹狀圖來表示，在圖中將該公司的專利依活動的年份列出，以了解不同的時間中有那些專利的產出。

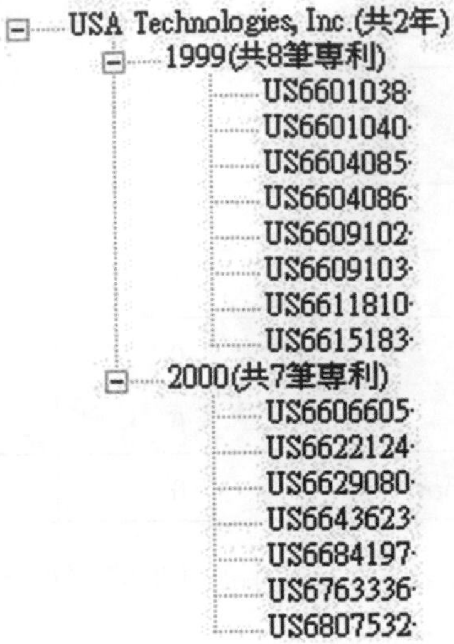

```
⊟ USA Technologies, Inc.(共2年)
  ⊟ 1999(共8筆專利)
      ├── US6601038·
      ├── US6601040·
      ├── US6604085·
      ├── US6604086·
      ├── US6609102·
      ├── US6609103·
      ├── US6611810·
      └── US6615183·
  ⊟ 2000(共7筆專利)
      ├── US6606605·
      ├── US6622124·
      ├── US6629080·
      ├── US6643623·
      ├── US6684197·
      ├── US6763336·
      └── US6807532·
```

圖9-12　專利活動圖

　　以電子商務安全機制的專利中，專利件數排名第一的USA Technologies, Inc.之專利活動爲例，該公司共有15件專利，依其活動年份統計，其結果如圖9-12所示，該公司在1999年中共申請8件專利、2000年中則申請7件專利，顯示該公司的專利活動時間非常集中。

（四）競爭公司歷年專利分析

　　藉由對競爭公司在年間的專利產出情形加以分析，可以有助於了解產業內的競爭者，其研發技術之活動趨勢。通常在分析時，挑選與本身競爭有關的公司做分析，也可能會挑前幾名的公司做分析。

　　以本案例的專利技術爲例，統計專利件數前三名的公司，渠等各年的專利活動統計如圖9-13所示，第一名的USA Technologies, Inc.其專利申請集中在1999年及2000年，IBM的專利則較爲分散，分別在1997年、1998年、1999年、2001年及2003年，而Pitney Bowes Inc.的專利分布在1996年、1998年及2000年。各公司專利申請的情形只是一個外表的現象，分析者亦應從產業的發展去探索其形成的原因。

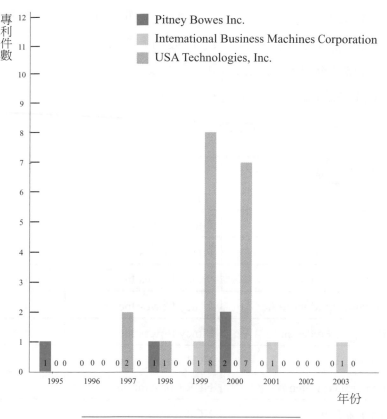

圖9-13　競爭公司歷年專利統計圖

四、發明人分析

　　專利的發明人分析是以專利公報書目資料中的發明人為分析對象，希望藉由對發明人的分析，了解各發明人在該產業投入之發展狀況，並能找出在該技術領域中誰是目前的發明大王、誰是未來具有潛力的新星及渠等任職的公司變化情形。發明人分析的工具有：發明人分析、發明人歷年專利產出分析等。

（一）發明人分析

　　專利的發明人分析係針對各發明人所屬的公司以及其專利產出件數做統計，藉以了解在此產業中的專業人士分布的情況。也可以藉由發明人的分析發現發明人所屬公司的改變情形，進而了解該公司的技術來源與其發展策略。

　　以電子商務的安全機制專利而言，其發明人與其所屬公司及專利件數的統計如表9-6所示。由表9-6可以發現專利最多的發明人是USA Technologies, Inc.的Kolls; H. Brock，共有15件專利，對照表9-6可以發現該公司只有15件專利，而且所有的專利都是由Kolls; H. Brock所研發，可見得他是該公司中非常重要的資產。

表9-6　發明人統計表

發明人	所屬公司	專利件數
Kolls; H. Brock	USA Technologies, Inc.	15
Cordery; Robert A.	Pitney Bowes Inc.	4
Lee; David K.	Pitney Bowes Inc.	4
Pintsov; Leon A.	Pitney Bowes Inc.	4
Weiant, Jr.; Monroe A.	Pitney Bowes Inc.	4
Ryan, Jr.; Frederick W.	Pitney Bowes Inc.	4
Chiang; Luo-Jen	NCR Corporation	3
Papierniak; Karen A.	NCR Corporation	3
Thaisz; James E.	NCR Corporation	3

　　專利件數排名第二的發明人有五人，各有四件專利，且都是在Pitney Bowes Inc.，可見得該公司的技術亦是相當的集中。

（二）發明人歷年專利產出分析

　　透過對發明人專利分年做產出分析，可以了解發明人在不同時間的研發產能。以電子商務安全機制的專利為例，挑選專利件數前三名的發明人各一人，對其歷年專利的產出統計，其結果如圖9-14所示。

　　由圖9-14可以發現Kolls的專利都是集中在1999年及2000年，Lee的專利則是分布在1996年、1998年及2000年，而Papierniak的專利亦是相當的集中，全部集中在1997年間。

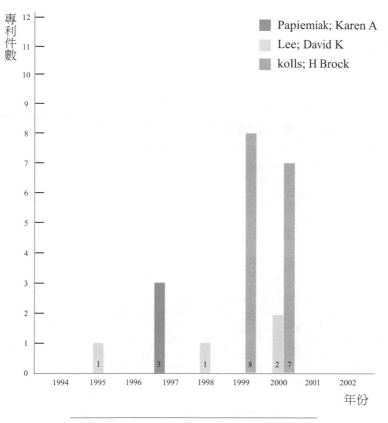

圖9-14　發明人歷年產出專利數統計圖

五、引證率分析

　　引證率分析係對該產業中的專利，彼此間引證之次數進行分析，以找出產業內的重要專利或者基礎專利，在分析時會針對該等專利被引證之次數、引證該專利之公司、引證的專利…等資訊加以統計。

　　在前面的公司別分析中，我們用引證率分析來找出各個競爭公司的專利被引證的次數，希望能找出那些公司的技術在該領域中是重要的技術，在本小節中將更進一步利用引證率分析找出那些專利被引證次數最多，以及那些專利引證過它，希望藉由這些資料了解技術的發展情形。

（一）引證次數分析

　　引證次數分析是列出該技術領域中，每一個重要的專利所屬的公司、被引證情形，以了解在該產業中重要專利的分布情況以及各公司之技術能力的發展。

　　以本案例之電子商務安全機制的專利為例，專利的引證次數計如表9-7所示，由表9-7中可以發現被引證次數最多的是Broadvision的US5710887號專利，總共被引

證23次，而且都是被其他的專利權人所引證，代表該專利的技術在這個技術領域中是相當重要的。

表9-7　專利引證次數統計表

專利號碼	總引證次數	專利權人	自我引證次數	被他人引證次數
US5710887	23	Broadvision	0	23
US5557518	11	Citibank, N.A.	1	10
US6029150	9	Certco, LLC	0	9
US5794234	8	The EC Company	0	8
US5671279	7	Netscape Communications Corporation	0	7
US5790677	5	Microsoft Corporation	0	5
US6055513	5	Telebuyer, LLC	0	5
US5850442	4	Entegrity Solutions Corporation	0	4
US5796841	3	Pitney Bowes Inc.	2	1

　　從表9-7中也可以發現這些專利雖然被引證次數都很多，但是大多是被其他專利權人所引證，很少由原專利權人自我引證，顯示這些擁有專利的公司並未對專利技術做相關布局。

（二）引證族譜圖

　　引證族譜圖可以顯示重要專利的引證情形，以及專利被引證的族譜關係。再以本案例中的專利為例，由圖9-15的專利引證資料中，為便於說明，選擇引證次數較少的US5796841專利製作其引證譜圖如圖9-15所示。

　　在製作專利引證族譜圖時，通常先把被引證的專利（US5796841）畫出來，再把第一代引證的專利（US6134328、US6898581、US6463534）列出後用直線予以連接，圖9-15中用紅色表示的專利表示是專利權人自我引證的專利，以黃色表示的專利則是被其他專利權人所引證的專利。

　　如果第一代引證專利中還有被引證的情形，則就在該專利的後面再把引證它的專利加上，而形成一個專利家族，圖9-15中的US6134328號專利就被US6898581號專利所引證，於是，在引證族譜圖上就把US6898581專利放在US6134328號專利的後面，以表現其引證的關係。

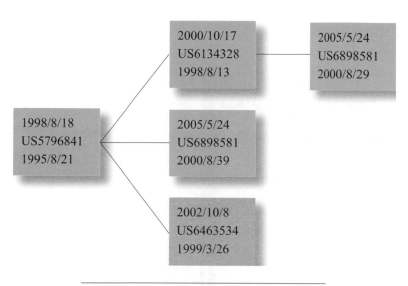

圖9-15　US5796841號美國專利引證圖

　　其次，在引證族譜圖中的每一個專利旁，再加註該專利的申請日及公告日，可以讓讀者由圖中就可以看出各個專利發展的時間關係，如果再加上專利權人的資料，則可以看出各競爭公司對技術的研發情形。

六、IPC分析

　　IPC 分析是以專利公報書目資料中的IPC 為基準進行相關分析，俾了解在該產業中的主要技術分類是什麼，除了可以能快速的掌握產業的相關技術外，更可以利用IPC的 技術分類，來探討各競爭國家或者是各競爭公司間，所研發之技術方向，並預測哪一種技術方法，可能會是未來市場的主流，或是那一種技術已經到了生命週期的末期，可能會被新技術取代…等重要分析資訊。

　　專利的IPC分析可以分為：IPC專利分類分析、IPC專利技術歷年活動分析、競爭國家IPC專利件數分析及競爭公司IPC專利件數分析等。

（一）IPC專利分類分析

　　IPC專利分類分析的目的，在於了解產業的技術分類項目，因為在專利審查委員在審查專利時，都會賦予該專利一個分類，利用專利書目資料上現成的分類，可以了解這個產業的主要應用技術領域在那裏，俾能充分掌握重要技術之分布概況。

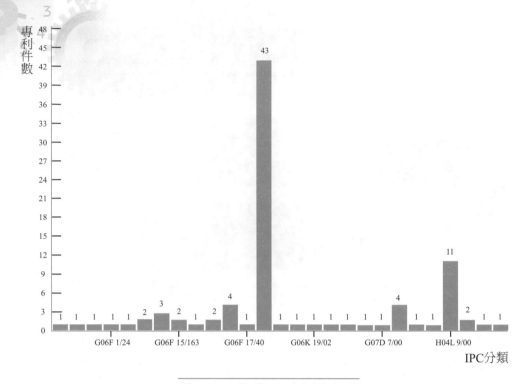

圖9-16　專利IPC分類統計圖

　　由於專利的IPC分類方式有五階，在做統計分析時，可以每一階都做分析，從不同階的統計圖中可以看出技術分布的情形，以本案例而言，其第五階IPC的統計如圖9-16所示，在圖9-16中可以很明顯的看到有二個IPC分類的專利是比較多的，一個是G06F 17/60、一個是H04L 9/00，分別有43篇及11篇專利。

　　再由IPC的分類可以知道，G06F 17/60的國際分類內容是：行政管理、商業、經營、監督或預測目的，而H04L 9/00國際分類的技術領域則是：保密或安全通信裝置。由IPC的分類就可以發現所找出來的專利，是非常符合所選的主題—電子商務安全機制，也就是說，有關電子商務安全機制專利的技術，大多是分布在G06F 17/60與H04L 9/00二個IPC分類中。

（二）IPC專利技術歷年活動分析

　　IPC專利技術歷年活動分析是以IPC專利分類分析為基礎，從IPC專利分類分析的結果，找出該產業的技術領域中，重要的IPC分類再進行歷年趨勢分析，希望透過時間軸，來分析整個產業技術發展的趨勢，以充分掌握產業中技術發展的資訊。

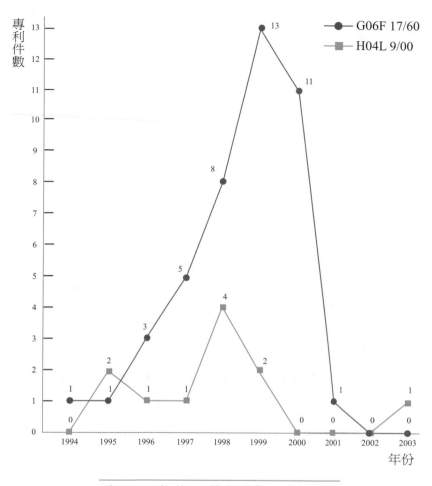

圖9-17　專利IPC技術歷年活動統計圖

　　圖9-17是利用圖9-16的統計結果，針對在五階IPC分類中專利數量較多的二個 IPC分類—G06F 17/60與H04L 9/00，分析其歷年專利數量的變化情形。在圖9-17可 以發現G06F 17/60分類下的專利，自995年之後就持續增加，直到1999年達到高峰 13件，而H04L 9/00則是以1998年的4件較多，其他的年份差異不大，自2000年至 2002年則沒有專利產出，其原因就值得探討。

（三）競爭國家IPC專利件數分析

　　競爭國家IPC專利件數分析是對競爭國家間，採用專利的IPC國際分類做統計 分析，探討各個國家在該技術領域中，發展技術的差異性，以了解各國之技術研發 重點的不同處。

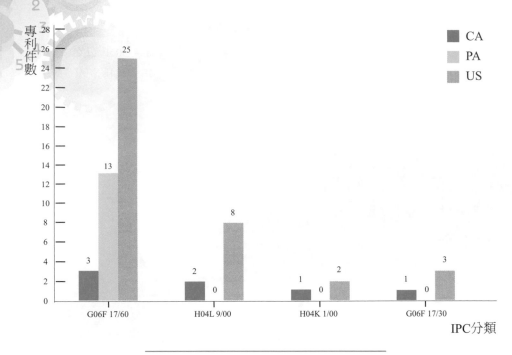

圖9-18　競爭國家IPC專利件數統計圖

　　以電子商務的安全機制專利而言，挑選專利數較多的三個國家—美國、加拿大、巴拿馬，就IPC分類中專利件數較多的四個分類進行分析，其結果如圖9-18所示。以美國專利而言，以G06F 17/60國際分類的專利件數最多，其次是H04L 9/00的國際分類，顯示美國的公司所投入的技術發展，集中在這二個國際分類的技術領域。

　　在圖9-18中也可以很明顯的看出巴拿馬的技術發展是完全集中在G06F 17/60這個國際分類之下，而加拿大的專利技術則較為分散，還看不出有集中的趨勢。

（四）競爭公司IPC專利件數分析

　　對競爭公司的IPC專利件數做分析，其目的是在了解競爭公司技術發展的重點。分析時可以參考公司別分析時所統計出來的競爭公司，再對其專利以IPC為指標進行統計分析。

　　以本案例為例，對在電子商務安全機制這個技術領域中，專利件數較多的三個公司—Pitney Bowes Inc.、IBM、USA Technology Inc.，分析其技術分布情形，結果如圖9-19所示。

　　在圖9-19中可以發現USA Technology Inc.的15件專利，全部集中在G06F 17/60國際分類之下，顯示該公司的技術發展相當的集中。而Pitney Bowes Inc.與IBM二公司的專利技術，則沒有顯著的集中領域。

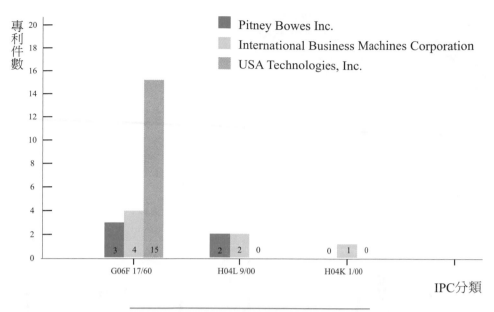

圖9-19　競爭公司IPC專利件數統計圖

七、UPC分析

對專做UPC分析是以UPC為基準，利用美國的專利分類作為分析基礎，因為美國的專利分類較國際專利分類細，而且更新時間較短，可以更精準的找到產業中的技術分類。專利的UPC分析可以分為：UPC專利分類分析、UPC專利技術歷年活動分析、競爭國家UPC專利件數分析及競爭公司UPC專利件數分析等。

（一）UPC專利分類分析

UPC專利分類分析也是利用專利公報書目資料中的美國分類號的欄位資料，進行統計分析。以電子商務安全機制的專利為例，其UPC統計如圖9-20所示，由圖9-20中可以發現二階UPC分類中，專利數量較多的是705/026[1]、705/014[2]及705/027[3]三個分類，專利件數分別是26件、13件及10件。

1　705/026 Electronic shopping （e.g., remote ordering）

2　705/014 Distribution or redemption of coupon, or incentive or promotion program

3　705/027 Presentation of image or description of sales item （e.g., electronic catalog browsing）
　　This subclass is indented under subclass 26.Subject matter which includes a feature enabling a user to inspect a listing, or other visual or audible representation of plural items available for purchase

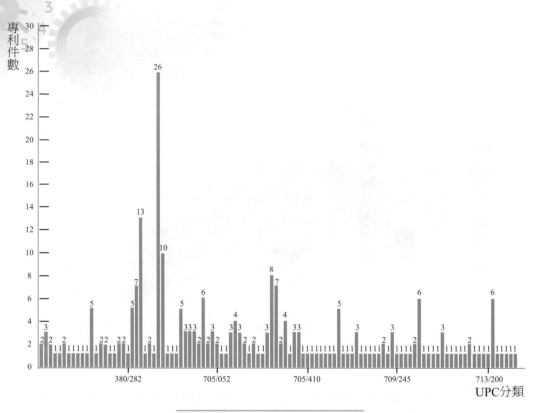

圖9-20　專利UPC分類統計圖

（二）UPC專利技術歷年活動分析

　　再以UPC專利分類分析中專利數量前三名的UPC分類，對其專利技術歷年活動情形分析，可以得到圖9-21，這個結果與圖9-17大致相同，這三個分類的專利都是在1999年達到高峰。

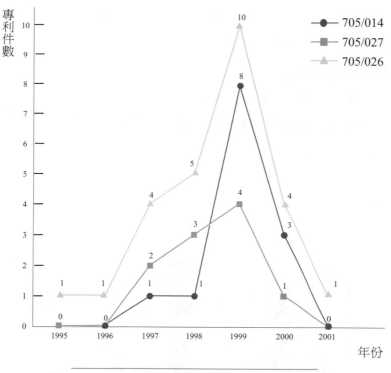

圖9-21　專利UPC技術歷年活動統計圖

（三）競爭國家UPC專利件數分析

　　以專利件數較多的三個國家—美國、巴拿馬及加拿大，做二階UPC專利分類的分析，會發現與IPC分類分析不太一樣的結果，美國的專利較為集中在705/026及705/027二個分類，而705/027又是705/026的下一階分類，顯示以美國專利分類來看，美國專利的技術集中在電子商務的訂購方法上。

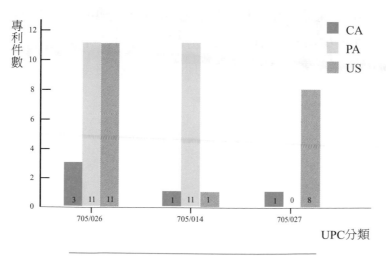

圖9-22　競爭國家UPC專利件數統計圖

而巴拿馬的專利則是分布在705/026及705/014這二個分類上，加拿大的專利分布較爲平均，看不出來技術集中的地方。

（四）競爭公司UPC專利件數分析

對競爭公司的UPC專利件數做分析，其目的也是在了解競爭公司技術發展的重點。分析時可以參考公司別分析時所統計出來的競爭公司，再對其專利以UPC爲指標進行統計分析。

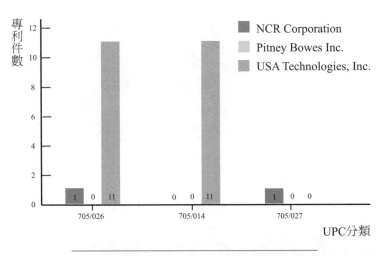

圖9-23　競爭公司UPC專利件數統計圖

以本案例之電子商務安全機制的專利爲例，挑選NCR Corporation、Pitney Bowes Inc.、USA Technology Inc.等三家公司爲例，進行UPC專利件數分析，其結果如圖9-23所示。

在圖9-23中可以發現，在專利件數前三名的UPC分類中，只有USA Technology Inc.的專利落在705/026及705/014這二個分類上，其他二個公司的專利大多都不在前三名的UPC分類中，顯示這二個公司的研發主力並不在熱門的分類中。

9-4 專利技術圖分析

做專利技術圖分析的目的，在於了解產業中目前技術擴散的狀況，以擬訂公司未來技術開發之方向並選定未來研發主題，較常用的技術圖有：技術功效分析及主要公司技術分布分析。

一、技術功效分析

專利的技術功效分析主要在分析產業中專利布署的現況，以了解該技術主題目前的技術分布狀況，以及可以再開發的技術在那裏，提供技術研發人員重要研發方向，一般常製作技術功效矩陣圖來展現技術功效分析的結果。

在製作專利的技術功效矩陣圖之前，必須先將該技術領域中的技術先行分類，並考量這些技術可以達成哪些功效，確定了技術與功效的分類之後，以一個二維矩陣，把技術的分類與功效的分類，分別放在矩陣的橫軸與縱軸上，如圖9-24所示。

功效 ＼ 技術	技術1	技術2	技術3	技術4
功效1				
功效2				
功效3				
功效4				

圖9-24　技術功效矩陣圖

圖9-24中的橫軸是技術分類，縱軸是功效分類，在訂出技術與功效的分類之後，先把這些技術、功效填入矩陣內，接著就要將所篩選出來的專利逐篇閱讀、分類。

每一篇專利在閱讀之後，都要將其依照原先定義的技術與功效分類予以分類，並且將專利號碼填入技術功效矩陣圖中相對應的位置，如果專利的數量很多的話，也可以記錄在別的地方，將統計的結果再寫入技術功效矩陣圖中，如圖9-25所示。

技術 功效	技術1	技術2	技術3	技術4
功效1	4			
功效2	5	7		
功效3			10	7
功效4			6	9

圖9-25　技術功效矩陣圖統計結果

在圖9-25的統計結果中，填了數字的位置表示以某技術達到某功效的專利數量，例如以技術1來達成功效1的專利有4篇，以技術1達成功效2的專利有5篇，顯示技術1只能達成功效1與功效2，而無法達到其他功效，因此，由專利的技術功效矩陣圖就可以概略的看出技術的發展方向。

在擬訂研發策略時，也可以考量技術功效矩陣圖的統計結果，以圖9-25為例，專利集中在圖的左上方與右下方紅色部分，而在圖的左下方與右上方綠色的部分都沒有專利，表示目前在該技術領域的公司，較少投入在這個方面的研究，未來可以投入這方面的研發。也可能是在這個區域的技術有某種技術障礙，以致於沒有人投入研發，也可能是大家都還在研發而尚未有具體成果。這些資訊都是公司在決定未來研發投資時的決策參考。

在製作技術功效矩陣之前，要先定義技術與功效的分類，通常在定義技術與功效的分類時，需與專業人員討論後才能定案，但是不同的專家，對於技術或者功效的分類方式、原則也不一定都相同。

以本案例之電子商務安全機制的專利為例，其技術的分類如圖9-26所示，可以把電子商務安全機制的專利技術分為三大類，分別為Sever端的技術、Client端的技術及其他，在Server端的技術依其使用功能的不同，又可以分為權限控制、資料庫管理、運算處理、網頁內容及其他等五類，Client端的技術則可以分為多媒體、使用者介面及其他等三類。

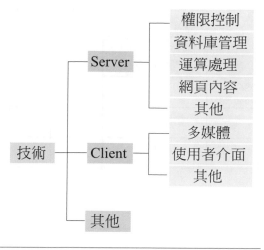

圖9-26　電子商務安全機制之技術分類圖

　　至於電子商務安全機制的專利功效分類，則如圖9-27中所示，共可以分為增加廣告效益、節省時間、提高服務品質、降低成本、增加安全性及其他等六大類。

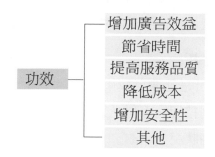

圖9-27　電子商務安全機制之功效分類圖

　　在確定了電子商務安全機制的技術與功效之後，接著就要將技術與功效分別填入技術功效矩陣中，如圖9-28所示。由於技術的分類有二階，所以，為了能夠讓讀者容易閱讀，可以如圖9-28把技術再分成二階來表示。

功效＼技術	Sever端					Client端			其他
	權限控制	資料庫管理	運算處理	網頁內容	其他	多媒體	使用者介面	其他	
增加廣告效益		US672**** US567****							
節省時間	US678**								
提高服務品質								US543**** US555****	
降低成本									
增加安全性									

圖9-28　電子商務安全機制之技術功效矩陣圖

　　最後的工作，就是逐篇閱讀專利，並將結果填入矩陣中，再由結果來找出可能投入研發的技術領域。同時，也可以將技術功效矩陣圖的統計結果，與管理圖做交叉分析，如可以分別對Server端及Client端的技術，再做公司別、國家別、發明人…等分析，藉以了解各公司在這些不同技術領中的技術研發情況。

二、主要公司技術分布分析

　　主要公司技術分布分析是延伸自技術功效矩陣圖，利用前面已經定義的技術類別與功效類別，將各專利技術的專利權人填入相對位置，以了解在該技術領域中的主要公司，其技術發展的狀況。

功效＼技術	Sever端					Client端			其他
	權限控制	資料庫管理	運算處理	網頁內容	其他	多媒體	使用者介面	其他	
增加廣告效益		A公司 B公司							
節省時間	A公司								
提高服務品質							A公司 D公司		
降低成本									
增加安全性									

圖9-29　電子商務安全機制之技術功效公司矩陣圖

技術功效公司矩陣圖如圖9-29所示，它的橫軸也是放技術分類、縱軸亦是放功效的分類，把技術功效矩陣圖中已經分類的專利之專利權人填入相對應位置，即可展現出各專利權人的技術落在那裏。

9-5 專利分析實務

本案例係以一特定用途的馬達做為分析的標的，先透過檢索找出符合需求的專利，再分別進行管理面及技術面的分析。

9-5-1 管理面分析

一、歷年專利趨勢分析

該技術每年專利的申請件數與核准件數統計如圖9-30所示，近20年的專利申請數每年都不到5件，到2002年才突然成長為9件，以後又回到5～6件，以2005年的10件為最多，但整體趨勢來看，還是呈現上升的趨勢。

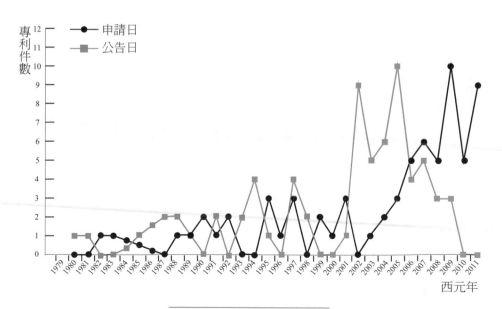

圖9-30　專利趨勢統計圖

二、專利權人分析

擁有專利數最多的是日本的Toyota公司，共有8件專利。專利數第2名的專利權人有2家，分別為Aisin公司與Honda公司，各有專利6件。

表9-8　專利權人統計表

專利權人	專利數
Toyota Jidosha Kabushiki Kaisha	8
Aisin Seiki Kabushiki Kaisha	6
Honda Motor Co., Ltd.	6
ZF Sachs AG	5
NTN Corporation	3
Axletech International IP Holdings, LLC	3

三、專利權人活動期分析

以專利權人活動期間來分析，Honda、ZF、Toyota等公司的專利活動期間都在2003年以前，Aisin公司及Axletech公司在2009年都還有專利的申請案，是未來要注意的專利權人。

表9-9　專利權人活動期統計表

專利權人	專利數	1994	2001	2002	2003	2004	2005	2006	2007	2008	2009
Toyota Jidosha Kabushiki Kaisha	8					2	2	1	3		
Aisin Seiki Kabushiki Kaisha	6					2	1	1	1		1
Honda Motor Co., Ltd.	6	2		1		1			2		
ZF Sachs AG	5		1	1	1	1		1			
NTN Corporation	3						1	1		1	
Axletech International IP Holdings, LLC	3						1			1	1

四、國家別分析

擁有專利權人最多的國家是日本，共有14個專利權人，專利件數共26件，約占全部專利件數的38％，顯示日本廠商在該技術的投入較世界其他國家為多。

表9-10　國家別統計表

國家	專利件數	專利權人數
日本	26	14
美國	17	13
德國	11	7
臺灣	5	5
瑞士	3	2

五、各國專利活動期分析

前5大專利國中，臺灣、瑞士、德國在2005年後，就沒有專利申請案。

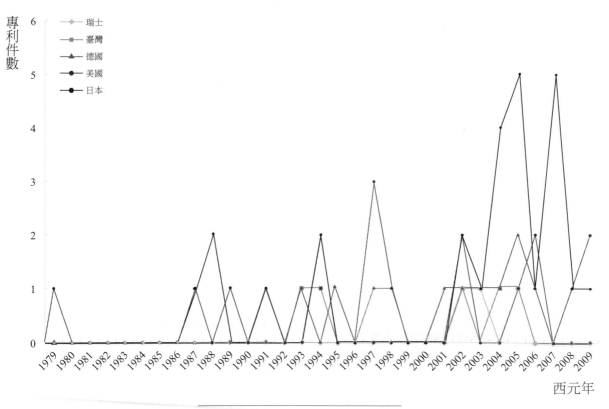

圖9-31　各國專利活動期統計圖

六、發明人分析

該技術的專利發明人相當分散，專利件數較多的發明人統計如表9-11所示，專利件數最多的是Toyota公司的Mizutani、Tojima及Torii，各有4件專利。其次有3件專利的發明人共有6位，分別是Toyota公司的Tsuchida、ZF公司的Bachmann、Axletech公司的Groves、Isogar、Justice及Larsen。

表9-11　發明人統計表

發明人	專利件數
Mizutani; Ryoji	4
Tojima; Yuki	4
Torii; Atsushi	4
Bachmann; Max	3
Groves; Barry	3
Isogai; Shigetaka	3
Justice; Clinton F	3
Larsen; Herb	3
Tsuchida; Michitaka	3

七、發明人活動期分析

　　以本技術專利數較多的發明人而言，其專利活動期間如表9-12所示，專利件數較多的Mizutain、Tojima及Torii等3人，雖然各有4件專利，但其專利的活動時間分布自2004年至2007年。

表9-12　發明人活動期統計表

發明人	專利權人	專利數	2001	2002	2003	2004	2005	2006	2007	2008	2009
Mizutani; Ryoji	Toyota	4				1	1	1	1		
Tojima; Yuki	Toyota	4				1	1	1	1		
Torii; Atsushi	Toyota	4				2	1		1		
Tsuchida; Michitaka	Toyota	3						1	2		
Bachmann; Max	ZF	3	1	1		1					
Groves; Barry	Axletech	3					1			1	1
Isogai; Shigetaka	Axletech	3				2					1
Justice; Clinton F	Axletech	3					1			1	1
Larsen; Herb	Axletech	3					1			1	1

八、引證率分析

　　被引證次數最多的專利是US5014800號專利，共被引證17次，其次是 US5087229號專利，共被引證14次，US4799564與US4330045號專利分別被引證13 及12次，US5691584與US6328123號專利，各自的被引證次數均為11次。

表9-13　引證率統計表

專利號	專利權人	被引證次數	引證公司數
US5014800	Aisin	17	11
US5087229	GM	14	8
US4799564	Mitsubishi	13	10
US4330045	Reliance Electric	12	12
US5691584	Honda	11	10
US6328123	Daimlerchrysler	11	8

9-5-2 技術面分析

一、齒輪技術

　　在變速上，使用最多的技術是以一般單齒輪減速，在馬達與輪胎的結合上， 使用最多的技術是用行星齒輪。

表9-14　齒輪技術功效矩陣

功效　　　技術	變速	馬達與齒輪及輪胎的結合
齒輪箱	20	7
行星齒輪	18	16
一般單齒輪減速	30	4
馬達＋機械有段換檔		
馬達＋機械無段換檔		
馬達直接驅動		

二、散熱技術

在馬達的散熱技術上，採液態冷卻方式的最多。

表9-15　散熱技術功效矩陣

功效＼技術	冷卻	效率	改善定子上的熱問題
銅損			
鐵損			
散熱鰭片	15	4	
液態	22		2
進氣道	14		
增加定子表面積	7		9

三、馬達技術

馬達本身相關的技術，在煞車上以機械式煞車的技術最多，減重則是以簡化結構為主要方式。

表9-16　馬達技術功效矩陣

功效＼技術	懸吊	煞車	效率	減重	防止異物入侵	過彎
直接固定在車體	13					
懸臂式固定	14					
阻尼式固定	15					
電力電子		22				
機械式消耗		30				
發電回充再生						
輕量化			18			
簡化結構			15	33		
外蓋					22	
濾網					12	
差速器						10

參考文獻

中文書目

王世仁、王世堯（2003.6.，初版），**智慧財產權剖析—論生物科技專利策略與實務**，全華圖書股份有限公司，臺北。

王美英譯（1998.11.，初版一刷），**知識創新之泉**，遠流出版事業股份有限公司，臺北。

王貳瑞、洪明洲（2002.10.，初版），**知識管理**，華泰文化事業股份有限公司，臺北。

王霆、陳勇、袁淳（2003.5.，初版一刷），**杜拉克知識管理**，水星文化事業出版社，臺北。

何光國（1994.1.，初版），**文獻計量學**，三民書局，臺北。

余序江、許志義、陳澤義（2001.7.，初版二刷），**科技管理導論：科技預測與規劃**，五南圖書出版股份有限公司，臺北。

吳承芬譯（2000.6.，初版一刷），**知識管理的基礎與實例**，小知堂文化事業有限公司，臺北。

李世鴻（2001.9.，初版三刷），**積體電路製程技術**，五南圖書出版公司，臺北。

李信穎，專利地圖分析—電子商務軟體專利個案分析，中原大學資訊管理研究所90年碩士論文，中壢。

李書政（2002.7.初版二刷），**知識管理理論、評估、應用**，美商麥格羅・希爾國際股份有限公司臺灣分公司，臺北。

李淑貞，產業利用專利資訊之研究—以我國半導體廠商為例，臺灣大學圖書資訊學研究所86年碩士論文，臺北。

周卓明、易湘雲（2003.9.，二版一刷），**專利寫作**，全華圖書股份有限公司，臺北。

林明緯，專利分析與專利投資組合建構—以半導體系統單晶片技術為例，元智大學管理研究所91年碩士論文，中壢。

林柳君（2000.6.，初版一刷），**閣樓上的林布蘭**，經典傳訊文化股份有限公司，臺北。

姜庭隆（2001.9.，初版），**半導體製程**，滄海書局，臺中。

姚仁德（1998.3.），**以專利統計作為經濟指標**，工業財產權與標準月刊，60期，第24頁。中華民國全國工業總會，臺北。

洪麗玲（1989.3.，初版），**半導體晶片之法律保護**，蔚理法律出版社，臺北。

范雯倩（2004.7.），NISSAN TOBE顧客經驗管理，能力，581期，第24頁至30頁。中國生產力中心，臺北。

徐宏昇（1992.5.，初版），**高科技與智慧財產權**，資訊傳真出版社，臺北。

高希均、李誠（2001.6.，一版六刷），**知識經濟之路**，天下遠見出版股份有限公司，臺北。

張昌財、黃廷合、賴沅暉、張盛鴻、吳贊鐸、李沿儒、梅國忠（2004.2.，初版一刷），**科技管理導論**，全華圖書股份有限公司，臺北。

張禹治（1997.8.，初版一刷），**專利奇兵**，時報文化，臺北。

張淑卿，**國際知識擴散分析－電子業專利引證資料之應用**，國立臺灣大學法政分處經濟學研究所91年碩士論文，臺北。

張登封，**專利檢索分析與產品規劃研究－抗癌藥物之實證研究**，國立東華大學國際企業研究所92年碩士論文，花蓮。

莊素玉、張玉文（2000.4.，一版六刷），**張忠謀與台積的知識管理**，天下遠見出版股份有限公司，臺北。

許耀華（2004.8），**專利分類系統及其應用**，智慧財產權月刊，68期，第5至21頁。智慧財產局，臺北。

陳永隆、莊宜昌（2003.5.，初版一刷），**知識價值鏈**，中國生產力中心，臺北。

陳啓桐（2004.10.），**解讀馬庫西形式申請專利範圍**，智慧財產權月刊，70期，第27至38頁。智慧財產局，臺北。

陳達仁（2004.10.），**專利檢索**，智慧財產權月刊，70期，第5至11頁。智慧財產局，臺北。

陳達仁、黃慕萱（2003.2.，再版），**專利資訊與專利檢索**，文華圖書館管理訊股份有限公司，臺北。

陳達仁、黃慕萱、蔣禮芸、李秀朗（2003.5.），**各國專利公報比較之研究**，圖書與資訊學刊，45期，第24頁至36頁。政治大學，臺北。

陳碧莉（1995），**專利地圖在研究開發上的應用**，財團法人工技術研究院，新竹。

馮震宇（1994.1.，初版），**了解新商標法**，永然文化出版股份有限公司，臺北。

馮震宇（1997.7.，初版），**了解營業秘密法－營業秘密法的理論與實務**，永然文化出版股份有限公司，臺北。

馮震宇（1999.11.），**國際保護智慧財產權組織及重要專利公約**，國立交通大學智慧財產權管理學分班講義，新竹。

馮震宇（2003.7.），**創新研發與專利策略**，能力，569期，第70頁至80頁。中國生產力中心，臺北。

黃文儀（2000.1.，二版），**專利實務**，三民書局，臺北。

黃慕萱（2004.10.），**專利資料庫介紹**，智慧財產權月刊，70期，第12至25頁。智慧財產局，臺北。

黃慕萱、陳達仁、張瀚文（2003.6.），**從專利計量的觀點評估國家科技競爭力**，中國圖書館學會會報，70期，第18至30頁。中國圖書館學會，臺北。

黃慕萱、蔣禮芸、陳達仁（2003.6.），**我國高科技業公司專利引用網路之研究－1998年至2000年**，科技管理學刊，第八卷第二期，第25頁至44頁。中華民國科技管理學會，交通大學，新竹。

楊和炳（2003.2.，初版一刷），**科技管理**，五南圖書出版股份有限公司，臺北。

葉茂林（89.12.，初版一刷），**捍衛著作權**，五南圖書出版有限公司，臺北。3

葉茂林、蘇宏文、李旦（1995.5.，初版），**營業秘密保護戰略－實務及契約範例應用**，永然文化出版股份有限公司，臺北。

葉德輝，**我國LCD產業專利資料分析之研究**，逢甲大學企業管理研究所92年碩士論文，臺中。

趙晉枚、蔡坤財、周慧芳、謝銘洋、張凱娜（1988.11.，初版），**智慧財產權入門**，月旦出版社股份有限公司，臺北。

劉尚志，**中小企業專利管理的策略與方法**，1998年產業科技研究發展管理研討會論文集，第20至25頁，臺北。

劉京偉譯（2000.6.，初版），**知識管理的第一本書**，城邦文化事業股份有限公司，臺北。

劉常勇（1997.9.，初版），**科技產業投資經營與競爭策略**，華泰文化事業股份有限公司，臺北。

蔣禮芸，**我國資訊電子業公司專利引用網路與技術分類關係之研究**，國立臺灣大學圖書資訊學研究所90年碩士論文，臺北。

蕭雄淋（2001.3.，初版一刷），**著作權法論**，五南圖書出版有限公司，臺北。

賴佳宏，**薄膜電晶體液晶顯示器（TFT-LCD）產業之技術發展趨勢研究—以專利分析與生命週期觀點**，中原大學企業管理研究所91年碩士論文，中壢。

賴奎魁、張善斌、吳曉君（2003.6.），**從美國專利資料庫探討企業商業方法技術專長及技術定位**，科技管理學刊，第八卷第二期，第91頁至122頁。中華民國科技管理學會，交通大學，新竹。

謝銘洋、古清華、丁中原、張凱娜（1996.11.，一版），**營業秘密法解讀**，月旦出版社股份有限公司，臺北。

謝銘洋、陳家駿、馮震宇、陳逸南、蔡明誠（1992.7.，初版），**著作權法解讀**，月旦出版社股份有限公司，臺北。

羅忠正、張鼎張（2004.5.，二版六刷），**半導體製程技術導論**。臺灣培生教育出版股份有限公司，臺北。

羅明通（2003.11.），**新修正著作權法上「散布權」及其「權利耗盡」條件之評析**，2003全國科技法律研討會論文集，第53至75頁。交通大學，新竹。

西文書目

Abernathy W. J., and J. M. Utterback, Patterns of innovation in technology, Technology Review 80(7):pp.40-47, 1978.

Allan Afuah, Innovation Management: Strategies, Implementation, and Profits, Oxford University Press, Inc., 1999.

Anthony L. Miele, Patent Strategy: the Manager's Guide to Profiting from Patent Portfolios, John Wiley & Son's Ltd, 2000.

Biju Paul Abraham, and Soumyo D. Moitra, Innovation assessment through patent analysis, Technovation, 21: pp.245-252, 2001.

Bradford, S. C., Sources of Information on Specific Subject, Engineering, 137:pp85 -86, 1934

Byung-Un Yoon, Chang-Byung Yoon and Yong-Tae Park, On the Development and Application of Self-Organizing Feature Map-Based Patent Map, R&D Management, 5(3), pp137-143, 2002.

Chubin, D.E. and Moitra, S.D., Content Analysis of References: Adjunct or Alternative to Citation Counting, Social Studies of Science, 5:pp423-441, 1975.

Damanpour F. Organizational Innovation: A meta-analysis of effects of eterminants and moderators, 1991.

Derek L. Ransley, and Richard C. Gaffeny, Upgrade your patenting process, Research Technology Management, pp.41-49, 1997.5-6.

Ellis P., Hepburn G. and Oppenheim C., Studies on Patent Citation Networks, Journal of Documentation 34:1:pp13-14, 1978.3.

Francis Narin, Technology Indicators and Corporate Strategy, Review of Business, Vol.14, No.3, pp.19-23, 1993 Spring.

Garfield, E., The 250 Most-cited Primary Authors, 1961-1975. Part II. The Correlation between Cited, Nobel Prizes, and Academy Membership, Current Content, 50:pp5-6, 1977.12.

H. Jackson Knight, Patent Strategy for Researchers and Research Managers, John Wiley &Son's Ltd, 1996.5

Holger Ernst, Patent applications and subsequent changes of performance: evidence from timc-series cross-section analyses on the firm level, Research Policy, 30 : pp.143-157, 2001.

Hong Xiao, Introduction to Semiconductor Manufacturing Technology, Pearson Education, Inc., 2001.

Ian Cooke and Paul Mayes, Introduction to Innovation and Technology Transfer, Artech House, Inc., 1996.

Iversen E. J., An Excursion into the Patent-bibliometrics of Norwegian Patenting Scientometrics, 49:1, pp63-80, 2000.9.

Karki M. M. S., Patent Citation Analysis: A Policy AnalysisTool, World Patent Information, 19:p269, 1997.12.

Leonard Berkowitz, Getting the most from your patent, Research Tech-nology Management, pp.26-42, 1993.3-4.

Lotka, A. J., The Frequency Distribution of Scientific Productivity, Jour-nal of the Washing ton Academy of Science, 16:pp317-323, 1926.

Martin Meyer, Does science push technology? Patents citing scientific literature, Research Policy, 29 : pp.409-434, 2000.

Mary Ellen Mogee, Using patent data for technology analysis and plan-ning, Research Technology Management, pp.43-49, 1991.7-8.

Meyer M., Patent Citations in a Novel Field of Technology-What can they Tell about Interactions between Emerging Communities of Science and Technology? Scientometrics, 48:2:p154, 2000.6.

Meyer M., What is Special about Patent Citations? Differences between Scientific and Patent Citations, Scientometrics, 49:1:p100,2000.9. Mogee, M. E., Using Patent Data for Technology Analysis and Planning, Research Technology Management, Vol.34 No.4, 1991 7-8.

Narin F. and Olivastro D., Linkage between Patents and Papers: An Interim EPO/US Comparison, Scientometrics, 41:pp53-58, 1998.1-2.

Narin F., Patent Bibliometrics, Scientometrics, 30:1,pp147-155,1994.5.

Paul Goldstein, Copyright's Highway—From Gutenberg to the Celestial Jukebox, Farrar, Straus & Giroux, Inc.,1995.

Peter Van Zant, Microchip Fabrication: A Practical Guide to Semiconductor Processing, McGraw-Hill, Inc., 2000 4th ed.

Rogers E. M., Diffusion of Innovations, New York: Free Press, 1983. Sher, I. H., Garfield, E., New Tool for Improving and Evaluating the Effectiveness of Research, Research Program Effectiveness, N.Y.:Gordon & Breach,pp135-146, 1966.

Tarek M. Khalil, Management of Technology: the key to competitiveness and wealth creation, McGraw-Hill Int'l Enterprises inc., 2000.

Thomas Housel, and Arthur H. Bell, Measuring and Managing Knowledge, McGraw-Hill Int'l Enterprises Inc., 2001.

Tijssen R. J. W., Buter R. K. and Van Leeuwen T. N.,Technological Rel-evance of Science: An Assessment of Citation Linkages between Patents and Research Papers, Scientometrics, 47:2:p395, 2000.2.

Tushman M. L., and L. Rosenkopf, Organization determinants of technological change: Towards a sociology of technological evolution, Research in Organizational Behavior 14:pp.311-47, 1992.

Uttal B. and J. Fierman, The corporate culture vultures, Fortune, 1983.10. W. Bradford Ashton, and Rajat K. Sen, Using patent information in technology business planning(I), Research Technology Management, pp.42-46, 1988.11-12.

W. Bradford Ashton, and Rajat K. Sen, Using patent information in technology business planning(II), Research Technology Management, pp.36-42, 1989.1-2.

Weinstock, M., Citation Index, Encyclopedia of Library and Information Science, v5, N.Y.: Marcel Dekker, pp16-40, 1971.

Zipf, G. K., The Psycho-Biology of Language, an Introduction to Dynamic Phinology, Boston, Houghton: Mifflin Co., 1935.

參考網站

http://aca.nccu.edu.tw/ex_gra/93/821.pdf<Access 2004/7/28>

http://iip.nccu.edu.tw/iip/NEW-iip/e-paper/2003/IIP_009.htm　<Access 2004/8/2>

http://iip.nccu.edu.tw/iip/NEW-iip/page/C_2_1.htm　<Access 2004/7/28>

http://law.shu.edu.tw/lawserious/all.html　<Access 2004/7/28>

http://mail.dreamsnet.net/~lst/intro/index.php　<Access 2004/7/28>

http://news.taiwannet.com.tw/newsdata/showdetail1.php?ID=7406<Access 2004 /8/2>

http://tim.nccu.edu.tw/wswang/tim/paper/paper_final.htm <Access 2004/7/28>

http://udn.com/NEWS/FINANCE/FIN2/2153756.shtml <Access 2004/7/28>

http://www.ccl.itri.org.tw/products/patent/85012.htm <Access 2004/11/3>

http://www.cyberlawyer.com.tw/alan4-1701.html <Access 2004/11/1>

http://www.frlicense.com/license.html <Access 2004/7/28>

http://www.itl.nctu.edu.tw/N_introduce.htm <Access 2004/7/28>

http://www.judicial.gov.tw/ <Access 2005/5/19>

http://www.law.ntu.edu.tw/bulletin/921022.htm <Access 2004/7/28>

http://www.nccu.edu.tw/academics/college_6.htm <Access 2004/7/28>

http://www.scu.edu.tw/lex/int1.htm <Access 2004/7/28>

http://www.tipo.gov.tw/copyright/copyright_law/copyright_law_2_1.asp<Access 2004/8/4>

http://www.tipo.gov.tw/copyright/copyright_law/copyright_law_2_4.asp<Access 2004/8/5>

http://www.tipo.gov.tw/copyright/copyright_law/copyright_law_2_7.asp<Access 2004/8/4>

http://www.tipo.gov.tw/copyright/copyright_law/copyright_law_2_9.asp<Access 2004/8/5>

http://www.tipo.gov.tw/copyright/copyright_law/copyright_law_95.asp<Access 2007/12/7>

http://www.tipo.gov.tw/copyright/search/netumpshow.asp?umpno=253&tit= &tit8=&tit9 =&titc=&titm=&point=&cont=mp3 <Access 2004/8/2>

http://www.tipo.gov.tw/patent/integratedcircuit/ic_7.asp <Access 2004/11/6>

http://www.tipo.gov.tw/patent/international_classify/dp_classify/dp_classify_8.asp <Access 2005/4/20>

http://www.tipo.gov.tw/patent/international_classify/dp_classify/dp_classify. asp <Access 2005/4/20>

http://www.tipo.gov.tw/patent/international_classify/patent_classify/patent_classify.asp
   <Access 2005/4/20>

http://www.tipo.gov.tw/patent/patent_report/95年專利統計.pdf <Access 2007/11/10>

http://www.tipo.gov.tw/trademark/trademark_repert/商標申請及公告核准前十名國籍統
   計表.pdf   <Access 2007/11/20>

http://www.tipo.gov.tw/trademark/trademark_repert/近十年商標申請案件核准比例統計
   表.pdf <Access 2007/11/20>

http://www.uspto.gov/web/patents/authority/kindcode.htm   <Access 2005/4/30>

http://www.wipo.int/scit/en/standards/pdf/03-09-01.pdf <Access 2005/4/2>

http://www01.imd.ch/wcy/ <Access 2004/7/28>

http://www.tipo.gov.tw/patent/international_classify/patent_classify/patent_classify_
   V8.asp <Access 2007/12/7>

附錄

附錄一　專利法

103.1.3.修訂

第一章	總則
第一條	爲鼓勵、保護、利用發明、新型及設計之創作，以促進產業發展，特制定本法。
第二條	本法所稱專利，分爲下列三種： 一、發明專利。 二、新型專利。 三、設計專利。
第三條	本法主管機關爲經濟部。 專利業務，由經濟部指定專責機關辦理。
第四條	外國人所屬之國家與中華民國如未共同參加保護專利之國際條約或無相互保護專利之條約、協定或由團體、機構互訂經主管機關核准保護專利之協議，或對中華民國國民申請專利，不予受理者，其專利申請，得不予受理。
第五條	專利申請權，指得依本法申請專利之權利。 專利申請權人，除本法另有規定或契約另有約定外，指發明人、新型創作人、設計人或其受讓人或繼承人。
第六條	專利申請權及專利權，均得讓與或繼承。 專利申請權，不得爲質權之標的。 以專利權爲標的設定質權者，除契約另有約定外，質權人不得實施該專利權。
第七條	受雇人於職務上所完成之發明、新型或設計，其專利申請權及專利權屬於雇用人，雇用人應支付受雇人適當之報酬。但契約另有約定者，從其約定。 前項所稱職務上之發明、新型或設計，指受雇人於僱傭關係中之工作所完成之發明、新型或設計。 一方出資聘請他人從事研究開發者，其專利申請權及專利權之歸屬依雙方契約約定；契約未約定者，屬於發明人、新型創作人或設計人。但出資人得實施其發明、新型或設計。 依第一項、前項之規定，專利申請權及專利權歸屬於雇用人或出資人者，發明人、新型創作人或設計人享有姓名表示權。
第八條	受雇人於非職務上所完成之發明、新型或設計，其專利申請權及專利權屬於受雇人。但其發明、新型或設計係利用雇用人資源或經驗者，雇用人得於支付合理報酬後，於該事業實施其發明、新型或設計。 受雇人完成非職務上之發明、新型或設計，應即以書面通知雇用人，如有必要並應告知創作之過程。 雇用人於前項書面通知到達後六個月內，未向受雇人爲反對之表示者，不得主張該發明、新型或設計爲職務上發明、新型或設計。

第九條	前條雇用人與受雇人間所訂契約，使受雇人不得享受其發明、新型或設計之權益者，無效。
第十條	雇用人或受雇人對第七條及第八條所定權利之歸屬有爭執而達成協議者，得附具證明文件，向專利專責機關申請變更權利人名義。專利專責機關認有必要時，得通知當事人附具依其他法令取得之調解、仲裁或判決文件。
第十一條	申請人申請專利及辦理有關專利事項，得委任代理人辦理之。 在中華民國境內，無住所或營業所者，申請專利及辦理專利有關事項，應委任代理人辦理之。 代理人，除法令另有規定外，以專利師為限。 專利師之資格及管理，另以法律定之。
第十二條	專利申請權為共有者，應由全體共有人提出申請。 二人以上共同為專利申請以外之專利相關程序時，除撤回或拋棄申請案、申請分割、改請或本法另有規定者，應共同連署外，其餘程序各人皆可單獨為之。但約定有代表者，從其約定。 前二項應共同連署之情形，應指定其中一人為應受送達人。未指定應受送達人者，專利專責機關應以第一順序申請人為應受送達人，並應將送達事項通知其他人。
第十三條	專利申請權為共有時，非經共有人全體之同意，不得讓與或拋棄。 專利申請權共有人非經其他共有人之同意，不得以其應有部分讓與他人。 專利申請權共有人拋棄其應有部分時，該部分歸屬其他共有人。
第十四條	繼受專利申請權者，如在申請時非以繼受人名義申請專利，或未在申請後向專利專責機關申請變更名義者，不得以之對抗第三人。 為前項之變更申請者，不論受讓或繼承，均應附具證明文件。
第十五條	專利專責機關職員及專利審查人員於任職期內，除繼承外，不得申請專利及直接、間接受有關專利之任何權益。 專利專責機關職員及專利審查人員對職務上知悉或持有關於專利之發明、新型或設計，或申請人事業上之秘密，有保密之義務，如有違反者，應負相關法律責任。 專利審查人員之資格，以法律定之。
第十六條	專利審查人員有下列情事之一，應自行迴避： 一、本人或其配偶，為該專利案申請人、專利權人、舉發人、代理人、代理人之合夥人或與代理人有僱傭關係者。 二、現為該專利案申請人、專利權人、舉發人或代理人之四親等內血親，或三親等內姻親。 三、本人或其配偶，就該專利案與申請人、專利權人、舉發人有共同權利人、共同義務人或償還義務人之關係者。 四、現為或曾為該專利案申請人、專利權人、舉發人之法定代理人或家長家屬者。

第十六條	五、現為或曾為該專利案申請人、專利權人、舉發人之訴訟代理人或輔佐人者。 六、現為或曾為該專利案之證人、鑑定人、異議人或舉發人者。 專利審查人員有應迴避而不迴避之情事者，專利專責機關得依職權或依申請撤銷其所為之處分後，另為適當之處分。
第十七條	申請人為有關專利之申請及其他程序，遲誤法定或指定之期間者，除本法另有規定外，應不受理。但遲誤指定期間在處分前補正者，仍應受理。 申請人因天災或不可歸責於己之事由，遲誤法定期間者，於其原因消滅後三十日內，得以書面敘明理由，向專利專責機關申請回復原狀。但遲誤法定期間已逾一年者，不得申請回復原狀。 申請回復原狀，應同時補行期間內應為之行為。 前二項規定，於遲誤第二十九條第四項、第五十二條第四項、第七十條第二項、第一百二十條準用第二十九條第四項、第一百二十條準用第五十二條第四項、第一百二十條準用第七十條第二項、第一百四十二條第一項準用第二十九條第四項、第一百四十二條第一項準用第五十二條第四項、第一百四十二條第一項準用第七十條第二項規定之期間者，不適用之。
第十八條	審定書或其他文件無從送達者，應於專利公報公告之，並於刊登公報後滿三十日，視為已送達。
第十九條	有關專利之申請及其他程序，得以電子方式為之；其實施辦法，由主管機關定之。
第二十條	本法有關期間之計算，其始日不計算在內。 第五十二條第三項、第一百十四條及第一百三十五條規定之專利權期限，自申請日當日起算。
第二章	發明專利
第一節	專利要件
第二十一條	發明，指利用自然法則之技術思想之創作。
第二十二條	可供產業上利用之發明，無下列情事之一，得依本法申請取得發明專利： 一、申請前已見於刊物者。 二、申請前已公開實施者。 三、申請前已為公眾所知悉者。 發明雖無前項各款所列情事，但為其所屬技術領域中具有通常知識者依申請前之先前技術所能輕易完成時，仍不得取得發明專利。

第二十二條	申請人有下列情事之一，並於其事實發生後六個月內申請，該事實非屬第一項各款或前項不得取得發明專利之情事： 一、因實驗而公開者。 二、因於刊物發表者。 三、因陳列於政府主辦或認可之展覽會者。 四、非出於其本意而洩漏者。 申請人主張前項第一款至第三款之情事者，應於申請時敘明其事實及其年、月、日，並應於專利專責機關指定期間內檢附證明文件。
第二十三條	申請專利之發明，與申請在先而在其申請後始公開或公告之發明或新型專利申請案所附說明書、申請專利範圍或圖式載明之內容相同者，不得取得發明專利。但其申請人與申請在先之發明或新型專利申請案之申請人相同者，不在此限。
第二十四條	下列各款，不予發明專利： 一、動、植物及生產動、植物之主要生物學方法。但微生物學之生產方法，不在此限。 二、人類或動物之診斷、治療或外科手術方法。 三、妨害公共秩序或善良風俗者。
第二節	申請
第二十五條	申請發明專利，由專利申請權人備具申請書、說明書、申請專利範圍、摘要及必要之圖式，向專利專責機關申請之。 申請發明專利，以申請書、說明書、申請專利範圍及必要之圖式齊備之日為申請日。 說明書、申請專利範圍及必要之圖式未於申請時提出中文本，而以外文本提出，且於專利專責機關指定期間內補正中文本者，以外文本提出之日為申請日。 未於前項指定期間內補正中文本者，其申請案不予受理。但在處分前補正者，以補正之日為申請日，外文本視為未提出。
第二十六條	說明書應明確且充分揭露，使該發明所屬技術領域中具有通常知識者，能瞭解其內容，並可據以實現。 申請專利範圍應界定申請專利之發明；其得包括一項以上之請求項，各請求項應以明確、簡潔之方式記載，且必須為說明書所支持。 摘要應敘明所揭露發明內容之概要；其不得用於決定揭露是否充分，及申請專利之發明是否符合專利要件。 說明書、申請專利範圍、摘要及圖式之揭露方式，於本法施行細則定之。

第二十七條	申請生物材料或利用生物材料之發明專利，申請人最遲應於申請日將該生物材料寄存於專利專責機關指定之國內寄存機構。但該生物材料為所屬技術領域中具有通常知識者易於獲得時，不須寄存。 申請人應於申請日後四個月內檢送寄存證明文件，並載明寄存機構、寄存日期及寄存號碼；屆期未檢送者，視為未寄存。 前項期間，如依第二十八條規定主張優先權者，為最早之優先權日後十六個月內。 申請前如已於專利專責機關認可之國外寄存機構寄存，並於第二項或前項規定之期間內，檢送寄存於專利專責機關指定之國內寄存機構之證明文件及國外寄存機構出具之證明文件者，不受第一項最遲應於申請日在國內寄存之限制。 申請人在與中華民國有相互承認寄存效力之外國所指定其國內之寄存機構寄存，並於第二項或第三項規定之期間內，檢送該寄存機構出具之證明文件者，不受應在國內寄存之限制。 第一項生物材料寄存之受理要件、種類、型式、數量、收費費率及其他寄存執行之辦法，由主管機關定之。
第二十八條	申請人就相同發明在與中華民國相互承認優先權之國家或世界貿易組織會員第一次依法申請專利，並於第一次申請專利之日後十二個月內，向中華民國申請專利者，得主張優先權。 申請人於一申請案中主張二項以上優先權時，前項期間之計算以最早之優先權日為準。 外國申請人為非世界貿易組織會員之國民且其所屬國家與中華民國無相互承認優先權者，如於世界貿易組織會員或互惠國領域內，設有住所或營業所，亦得依第一項規定主張優先權。 主張優先權者，其專利要件之審查，以優先權日為準。
第二十九條	依前條規定主張優先權者，應於申請專利同時聲明下列事項： 一、第一次申請之申請日。 二、受理該申請之國家或世界貿易組織會員。 三、第一次申請之申請案號數。 申請人應於最早之優先權日後十六個月內，檢送經前項國家或世界貿易組織會員證明受理之申請文件。 違反第一項第一款、第二款或前項之規定者，視為未主張優先權。 申請人非因故意，未於申請專利同時主張優先權，或依前項規定視為未主張者，得於最早之優先權日後十六個月內，申請回復優先權主張，並繳納申請費與補行第一項及第二項規定之行為。
第三十條	申請人基於其在中華民國先申請之發明或新型專利案再提出專利之申請者，得就先申請案申請時說明書、申請專利範圍或圖式所載之發明或新型，主張優先權。但有下列情事之一，不得主張之： 一、自先申請案申請日後已逾十二個月者。 二、先申請案中所記載之發明或新型已經依第二十八條或本條規定主張優先權者。

第三十條	三、先申請案係第三十四條第一項或第一百零七條第一項規定之分割案，或第一百零八條第一項規定之改請案。 四、先申請案為發明，已經公告或不予專利審定確定者。 五、先申請案為新型，已經公告或不予專利處分確定者。 六、先申請案已經撤回或不受理者。 前項先申請案自其申請日後滿十五個月，視為撤回。 先申請案申請日後逾十五個月者，不得撤回優先權主張。 依第一項主張優先權之後申請案，於先申請案申請日後十五個月內撤回者，視為同時撤回優先權之主張。 申請人於一申請案中主張二項以上優先權時，其優先權期間之計算以最早之優先權日為準。 主張優先權者，其專利要件之審查，以優先權日為準。 依第一項主張優先權者，應於申請專利同時聲明先申請案之申請日及申請案號數；未聲明者，視為未主張優先權。
第三十一條	相同發明有二以上之專利申請案時，僅得就其最先申請者准予發明專利。但後申請者所主張之優先權日早於先申請者之申請日者，不在此限。 前項申請日、優先權日為同日者，應通知申請人協議定之；協議不成時，均不予發明專利。其申請人為同一人時，應通知申請人限期擇一申請；屆期未擇一申請者，均不予發明專利。 各申請人為協議時，專利專責機關應指定相當期間通知申請人申報協議結果；屆期未申報者，視為協議不成。 相同創作分別申請發明專利及新型專利者，除有第三十二條規定之情事外，準用前三項規定。
第三十二條	同一人就相同創作，於同日分別申請發明專利及新型專利者，應於申請時分別聲明；其發明專利核准審定前，已取得新型專利權，專利專責機關應通知申請人限期擇一；申請人未分別申明或屆期未擇一者，不予發明專利。 申請人依前項規定選擇發明專利者，其新型專利權，自發明專利公告之日消滅。 發明專利審定前，新型專利權已當然消滅或撤銷確定者，不予專利。
第三十三條	申請發明專利，應就每一發明提出申請。 二個以上發明，屬於一個廣義發明概念者，得於一申請案中提出申請。
第三十四條	申請專利之發明，實質上為二個以上之發明時，經專利專責機關通知，或據申請人申請，得為分割之申請。 分割申請應於下列各款之期間內為之： 一、原申請案再審查審定前。 二、原申請案核准審定書送達後三十日內。但經再審查審定者，不得為之。

第三十四條	分割後之申請案，仍以原申請案之申請日為申請日；如有優先權者，仍得主張優先權。 分割後之申請案，不得超出原申請案申請時說明書、申請專利範圍或圖式所揭露之範圍。 依第二項第一款規定分割後之申請案，應就原申請案已完成之程序續行審查。 依第二項第二款規定分割後之申請案，續行原申請案核准審定前之審查程序；原申請案以核准審定時之申請專利範圍及圖式公告之。
第三十五條	發明專利權經專利申請權人或專利申請權共有人，於該專利案公告後二年內，依第七十一條第一項第三款規定提起舉發，並於舉發撤銷確定後二個月內就相同發明申請專利者，以該經撤銷確定之發明專利權之申請日為其申請日。 依前項規定申請之案件，不再公告。
第三節	審查及再審查
第三十六條	專利專責機關對於發明專利申請案之實體審查，應指定專利審查人員審查之。
第三十七條	專利專責機關接到發明專利申請文件後，經審查認為無不合規定程式，且無應不予公開之情事者，自申請日後經過十八個月，應將該申請案公開之。 專利專責機關得因申請人之申請，提早公開其申請案。 發明專利申請案有下列情事之一，不予公開： 一、自申請日後十五個月內撤回者。 二、涉及國防機密或其他國家安全之機密者。 三、妨害公共秩序或善良風俗者。 第一項、前項期間之計算，如主張優先權者，以優先權日為準；主張二項以上優先權時，以最早之優先權日為準。
第三十八條	發明專利申請日後三年內，任何人均得向專利專責機關申請實體審查。 依第三十四條第一項規定申請分割，或依第一百零八條第一項規定改請為發明專利，逾前項期間者，得於申請分割或改請後三十日內，向專利專責機關申請實體審查。 依前二項規定所為審查之申請，不得撤回。 未於第一項或第二項規定之期間內申請實體審查者，該發明專利申請案，視為撤回。
第三十九條	申請前條之審查者，應檢附申請書。 專利專責機關應將申請審查之事實，刊載於專利公報。 申請審查由發明專利申請人以外之人提起者，專利專責機關應將該項事實通知發明專利申請人。

第四十條	發明專利申請案公開後，如有非專利申請人爲商業上之實施者，專利專責機關得依申請優先審查之。 爲前項申請者，應檢附有關證明文件。
第四十一條	發明專利申請人對於申請案公開後，曾經以書面通知發明專利申請內容，而於通知後公告前就該發明仍繼續爲商業上實施之人，得於發明專利申請案公告後，請求適當之補償金。 對於明知發明專利申請案已經公開，於公告前就該發明仍繼續爲商業上實施之人，亦得爲前項之請求。 前二項規定之請求權，不影響其他權利之行使。但依本法第三十二條分別申請發明專利及新型專利，並已取得新型專利權者，僅得在請求補償金或行使新型專利權間擇一主張之。 第一項、第二項之補償金請求權，自公告之日起，二年間不行使而消滅。
第四十二條	專利專責機關於審查發明專利時，得依申請或依職權通知申請人限期爲下列各款之行爲： 一、至專利專責機關面詢。 二、爲必要之實驗、補送模型或樣品。 前項第二款之實驗、補送模型或樣品，專利專責機關認有必要時，得至現場或指定地點勘驗。
第四十三條	專利專責機關於審查發明專利時，除本法另有規定外，得依申請或依職權通知申請人限期修正說明書、申請專利範圍或圖式。 修正，除誤譯之訂正外，不得超出申請時說明書、申請專利範圍或圖式所揭露之範圍。 專利專責機關依第四十六條第二項規定通知後，申請人僅得於通知之期間內修正。 專利專責機關經依前項規定通知後，認有必要時，得爲最後通知；其經最後通知者，申請專利範圍之修正，申請人僅得於通知之期間內，就下列事項爲之： 一、請求項之刪除。 二、申請專利範圍之減縮。 三、誤記之訂正。 四、不明瞭記載之釋明。 違反前二項規定者，專利專責機關得於審定書敘明其事由，逕爲審定。 原申請案或分割後之申請案，有下列情事之一，專利專責機關得逕爲最後通知： 一、對原申請案所爲之通知，與分割後之申請案已通知之內容相同者。

第四十三條	二、對分割後之申請案所爲之通知，與原申請案已通知之內容相同者。 三、對分割後之申請案所爲之通知，與其他分割後之申請案已通知之內容相同者。
第四十四條	說明書、申請專利範圍及圖式，依第二十五條第三項規定，以外文本提出者，其外文本不得修正。 依第二十五條第三項規定補正之中文本，不得超出申請時外文本所揭露之範圍。 前項之中文本，其誤譯之訂正，不得超出申請時外文本所揭露之範圍。
第四十五條	發明專利申請案經審查後，應作成審定書送達申請人。 經審查不予專利者，審定書應備具理由。 審定書應由專利審查人員具名。再審查、更正、舉發、專利權期間延長及專利權期間延長舉發之審定書，亦同。
第四十六條	發明專利申請案違反第二十一條至第二十四條、第二十六條、第三十一條、第三十二條第一項、第三項、第三十三條、第三十四條第四項、第四十三條第二項、第四十四條第二項、第三項或第一百零八條第三項規定者，應爲不予專利之審定。 專利專責機關爲前項審定前，應通知申請人限期申復；屆期未申復者，逕爲不予專利之審定。
第四十七條	申請專利之發明經審查認無不予專利之情事者，應予專利，並應將申請專利範圍及圖式公告之。 經公告之專利案，任何人均得申請閱覽、抄錄、攝影或影印其審定書、說明書、申請專利範圍、摘要、圖式及全部檔案資料。但專利專責機關依法應予保密者，不在此限。
第四十八條	發明專利申請人對於不予專利之審定有不服者，得於審定書送達後二個月內備具理由書，申請再審查。但因申請程序不合法或申請人不適格而不受理或駁回者，得逕依法提起行政救濟。
第四十九條	申請案經依第四十六條第二項規定，爲不予專利之審定者，其於再審查時，仍得修正說明書、申請專利範圍或圖式。 申請案經審查發給最後通知，而爲不予專利之審定者，其於再審查時所爲之修正，仍受第四十三條第四項各款規定之限制。但經專利專責機關再審查認原審查程序發給最後通知爲不當者，不在此限。 有下列情事之一，專利專責機關得逕爲最後通知： 一、再審查理由仍有不予專利之情事者。 二、再審查時所爲之修正，仍有不予專利之情事者。 三、依前項規定所爲之修正，違反第四十三條第四項各款規定者。
第五十條	再審查時，專利專責機關應指定未曾審查原案之專利審查人員審查，並作成審定書送達申請人。

第五十一條	發明經審查涉及國防機密或其他國家安全之機密者，應諮詢國防部或國家安全相關機關意見，認有保密之必要者，申請書件予以封存；其經申請實體審查者，應作成審定書送達申請人及發明人。 申請人、代理人及發明人對於前項之發明應予保密，違反者該專利申請權視為拋棄。 保密期間，自審定書送達申請人後為期一年，並得續行延展保密期間，每次一年；期間屆滿前一個月，專利專責機關應諮詢國防部或國家安全相關機關，於無保密之必要時，應即公開。 第一項之發明經核准審定者，於無保密之必要時，專利專責機關應通知申請人於三個月內繳納證書費及第一年專利年費後，始予公告；屆期未繳費者，不予公告。 就保密期間申請人所受之損失，政府應給與相當之補償。
第四節	專利權
第五十二條	申請專利之發明，經核准審定者，申請人應於審定書送達後三個月內，繳納證書費及第一年專利年費後，始予公告；屆期未繳費者，不予公告。 申請專利之發明，自公告之日起給予發明專利權，並發證書。 發明專利權期限，自申請日起算二十年屆滿。 申請人非因故意，未於第一項或前條第四項所定期限繳費者，得於繳費期限屆滿後六個月內，繳納證書費及二倍之第一年專利年費後，由專利專責機關公告之。
第五十三條	醫藥品、農藥品或其製造方法發明專利權之實施，依其他法律規定，應取得許可證者，其於專利案公告後取得時，專利權人得以第一次許可證申請延長專利權期間，並以一次為限，且該許可證僅得據以申請延長專利權期間一次。 前項核准延長之期間，不得超過為向中央目的事業主管機關取得許可證而無法實施發明之期間；取得許可證期間超過五年者，其延長期間仍以五年為限。 第一項所稱醫藥品，不及於動物用藥品。 第一項申請應備具申請書，附具證明文件，於取得第一次許可證後三個月內，向專利專責機關提出。但在專利權期間屆滿前六個月內，不得為之。 主管機關就延長期間之核定，應考慮對國民健康之影響，並會同中央目的事業主管機關訂定核定辦法。
第五十四條	依前條規定申請延長專利權期間者，如專利專責機關於原專利權期間屆滿時尚未審定者，其專利權期間視為已延長。但經審定不予延長者，至原專利權期間屆滿日止。
第五十五條	專利專責機關對於發明專利權期間延長申請案，應指定專利審查人員審查，作成審定書送達專利權人。

第五十六條	經專利專責機關核准延長發明專利權期間之範圍，僅及於許可證所載之有效成分及用途所限定之範圍。
第五十七條	任何人對於經核准延長發明專利權期間，認有下列情事之一，得附具證據，向專利專責機關舉發之： 一、發明專利之實施無取得許可證之必要者。 二、專利權人或被授權人並未取得許可證。 三、核准延長之期間超過無法實施之期間。 四、延長專利權期間之申請人並非專利權人。 五、申請延長之許可證非屬第一次許可證或該許可證曾辦理延長者。 六、以取得許可證所承認之外國試驗期間申請延長專利權時，核准期間超過該外國專利主管機關認許者。 七、核准延長專利權之醫藥品為動物用藥品。 專利權延長經舉發成立確定者，原核准延長之期間，視為自始不存在。但因違反前項第三款、第六款規定，經舉發成立確定者，就其超過之期間，視為未延長。
第五十八條	發明專利權人，除本法另有規定外，專有排除他人未經其同意而實施該發明之權。 物之發明之實施，指製造、為販賣之要約、販賣、使用或為上述目的而進口該物之行為。 方法發明之實施，指下列各款行為： 一、使用該方法。 二、使用、為販賣之要約、販賣或為上述目的而進口該方法直接製成之物。 發明專利權範圍，以申請專利範圍為準，於解釋申請專利範圍時，並得審酌說明書及圖式。 摘要不得用於解釋申請專利範圍。
第五十九條	發明專利權之效力，不及於下列各款情事： 一、非出於商業目的之未公開行為。 二、以研究或實驗為目的實施發明之必要行為。 三、申請前已在國內實施，或已完成必須之準備者。但於專利申請人處得知其發明後未滿六個月，並經專利申請人聲明保留其專利權者，不在此限。 四、僅由國境經過之交通工具或其裝置。 五、非專利申請權人所得專利權，因專利權人舉發而撤銷時，其被授權人在舉發前，以善意在國內實施或已完成必須之準備者。 六、專利權人所製造或經其同意製造之專利物販賣後，使用或再販賣該物者。上述製造、販賣，不以國內為限。

第五十九條	七、專利權依第七十條第一項第三款規定消滅後，至專利權人依第七十條第二項回復專利權效力並經公告前，以善意實施或已完成必須之準備者。 前項第三款、第五款及第七款之實施人，限於在其原有事業目的範圍內繼續利用。 第一項第五款之被授權人，因該專利權經舉發而撤銷之後，仍實施時，於收到專利權人書面通知之日起，應支付專利權人合理之權利金。
第六十條	發明專利權之效力，不及於以取得藥事法所定藥物查驗登記許可或國外藥物上市許可為目的，而從事之研究、試驗及其必要行為。
第六十一條	混合二種以上醫藥品而製造之醫藥品或方法，其發明專利權效力不及於依醫師處方箋調劑之行為及所調劑之醫藥品。
第六十二條	發明專利權人以其發明專利權讓與、信託、授權他人實施或設定質權，非經向專利專責機關登記，不得對抗第三人。 前項授權，得為專屬授權或非專屬授權。 專屬被授權人在被授權範圍內，排除發明專利權人及第三人實施該發明。 發明專利權人為擔保數債權，就同一專利權設定數質權者，其次序依登記之先後定之。
第六十三條	專屬被授權人得將其被授予之權利再授權第三人實施。但契約另有約定者，從其約定。 非專屬被授權人非經發明專利權人或專屬被授權人同意，不得將其被授予之權利再授權第三人實施。 再授權，非經向專利專責機關登記，不得對抗第三人。
第六十四條	發明專利權為共有時，除共有人自己實施外，非經共有人全體之同意，不得讓與、信託、授權他人實施、設定質權或拋棄。
第六十五條	發明專利權共有人非經其他共有人之同意，不得以其應有部分讓與、信託他人或設定質權。 發明專利權共有人拋棄其應有部分時，該部分歸屬其他共有人。
第六十六條	發明專利權人因中華民國與外國發生戰事受損失者，得申請延展專利權五年至十年，以一次為限。但屬於交戰國人之專利權，不得申請延展。
第六十七條	發明專利權人申請更正專利說明書、申請專利範圍或圖式，僅得就下列事項為之： 一、請求項之刪除。 二、申請專利範圍之減縮。 三、誤記或誤譯之訂正。 四、不明瞭記載之釋明。

第六十七條	更正，除誤譯之訂正外，不得超出申請時說明書、申請專利範圍或圖式所揭露之範圍。 依第二十五條第三項規定，說明書、申請專利範圍及圖式以外文本提出者，其誤譯之訂正，不得超出申請時外文本所揭露之範圍。 更正，不得實質擴大或變更公告時之申請專利範圍。
第六十八條	專利專責機關對於更正案之審查，除依第七十七條規定外，應指定專利審查人員審查之，並作成審定書送達申請人。 專利專責機關於核准更正後，應公告其事由。 說明書、申請專利範圍及圖式經更正公告者，溯自申請日生效。
第六十九條	發明專利權人非經被授權人或質權人之同意，不得拋棄專利權，或就第六十七條第一項第一款或第二款事項為更正之申請。 發明專利權為共有時，非經共有人全體之同意，不得就第六十七條第一項第一款或第二款事項為更正之申請。
第七十條	有下列情事之一者，發明專利權當然消滅： 一、專利權期滿時，自期滿後消滅。 二、專利權人死亡而無繼承人。 三、第二年以後之專利年費未於補繳期限屆滿前繳納者，自原繳費期限屆滿後消滅。 四、專利權人拋棄時，自其書面表示之日消滅。 專利權人非因故意，未於第九十四條第一項所定期限補繳者，得於期限屆滿後一年內，申請回復專利權，並繳納三倍之專利年費後，由專利專責機關公告之。
第七十一條	發明專利權有下列情事之一，任何人得向專利專責機關提起舉發： 一、違反第二十一條至第二十四條、第二十六條、第三十一條、第三十二條第一項、第三項、第三十四條第四項、第四十三條第二項、第四十四條第二項、第三項、第六十七條第二項至第四項或第一百零八條第三項規定者。 二、專利權人所屬國家對中華民國國民申請專利不予受理者。 三、違反第十二條第一項規定或發明專利權人為非發明專利申請權人。 以前項第三款情事提起舉發者，限於利害關係人始得為之。 發明專利權得提起舉發之情事，依其核准審定時之規定。但以違反第三十四條第四項、第四十三條第二項、第六十七條第二項、第四項或第一百零八條第三項規定之情事，提起舉發者，依舉發時之規定。
第七十二條	利害關係人對於專利權之撤銷，有可回復之法律上利益者，得於專利權當然消滅後，提起舉發。
第七十三條	舉發，應備具申請書，載明舉發聲明、理由，並檢附證據。 專利權有二以上之請求項者，得就部分請求項提起舉發。 舉發聲明，提起後不得變更或追加，但得減縮。 舉發人補提理由或證據，應於舉發後一個月內為之。但在舉發審定前提出者，仍應審酌之。

第七十四條	專利專責機關接到前條申請書後，應將其副本送達專利權人。 專利權人應於副本送達後一個月內答辯；除先行申明理由，准予展期者外，屆期未答辯者，逕予審查。 舉發人補提之理由或證據有遲滯審查之虞，或其事證已臻明確者，專利專責機關得逕予審查。
第七十五條	專利專責機關於舉發審查時，在舉發聲明範圍內，得依職權審酌舉發人未提出之理由及證據，並應通知專利權人限期答辯；屆期未答辯者，逕予審查。
第七十六條	專利專責機關於舉發審查時，得依申請或依職權通知專利權人限期為下列各款之行為： 一、至專利專責機關面詢。 二、為必要之實驗、補送模型或樣品。 前項第二款之實驗、補送模型或樣品，專利專責機關認有必要時，得至現場或指定地點勘驗。
第七十七條	舉發案件審查期間，有更正案者，應合併審查及合併審定；其經專利專責機關審查認應准予更正時，應將更正說明書、申請專利範圍或圖式之副本送達舉發人。 同一舉發案審查期間，有二以上之更正案者，申請在先之更正案，視為撤回。
第七十八條	同一專利權有多件舉發案者，專利專責機關認有必要時，得合併審查。 依前項規定合併審查之舉發案，得合併審定。
第七十九條	專利專責機關於舉發審查時，應指定專利審查人員審查，並作成審定書，送達專利權人及舉發人。 舉發之審定，應就各請求項分別為之。
第八十條	舉發人得於審定前撤回舉發申請。但專利權人已提出答辯者，應經專利權人同意。 專利專責機關應將撤回舉發之事實通知專利權人；自通知送達後十日內，專利權人未為反對之表示者，視為同意撤回。
第八十一條	有下列情事之一，任何人對同一專利權，不得就同一事實以同一證據再為舉發： 一、他舉發案曾就同一事實以同一證據提起舉發，經審查不成立者。 二、依智慧財產案件審理法第三十三條規定向智慧財產法院提出之新證據，經審理認無理由者。
第八十二條	發明專利權經舉發審查成立者，應撤銷其專利權；其撤銷得就各請求項分別為之。 發明專利權經撤銷後，有下列情事之一，即為撤銷確定： 一、未依法提起行政救濟者。 二、提起行政救濟經駁回確定者。 發明專利權經撤銷確定者，專利權之效力，視為自始不存在。

第八十三條	第五十七條第一項延長發明專利權期間舉發之處理，準用本法有關發明專利權舉發之規定。
第八十四條	發明專利權之核准、變更、延長、延展、讓與、信託、授權、強制授權、撤銷、消滅、設定質權、舉發審定及其他應公告事項，應於專利公報公告之。
第八十五條	專利專責機關應備置專利權簿，記載核准專利、專利權異動及法令所定之一切事項。 前項專利權簿，得以電子方式為之，並供人民閱覽、抄錄、攝影或影印。
第八十六條	專利專責機關依本法應公開、公告之事項，得以電子方式為之；其實施日期，由專利專責機關定之。
第五節	強制授權
第八十七條	為因應國家緊急危難或其他重大緊急情況，專利專責機關應依緊急命令或中央目的事業主管機關之通知，強制授權所需專利權，並盡速通知專利權人。 有下列情事之一，而有強制授權之必要者，專利專責機關得依申請強制授權： 一、增進公益之非營利實施。 二、發明或新型專利權之實施，將不可避免侵害在前之發明或新型專利權，且較該在前之發明或新型專利權具相當經濟意義之重要技術改良。 三、專利權人有限制競爭或不公平競爭之情事，經法院判決或行政院公平交易委員會處分。 就半導體技術專利申請強制授權者，以有前項第一款或第三款之情事者為限。 專利權經依第二項第一款或第二款規定申請強制授權者，以申請人曾以合理之商業條件在相當期間內仍不能協議授權者為限。 專利權經依第二項第二款規定申請強制授權者，其專利權人得提出合理條件，請求就申請人之專利權強制授權。
第八十八條	專利專責機關於接到前條第二項及第九十條之強制授權申請後，應通知專利權人，並限期答辯；屆期未答辯者，得逕予審查。 強制授權之實施應以供應國內市場需要為主。但依前條第二項第三款規定強制授權者，不在此限。 強制授權之審定應以書面為之，並載明其授權之理由、範圍、期間及應支付之補償金。 強制授權不妨礙原專利權人實施其專利權。 強制授權不得讓與、信託、繼承、授權或設定質權。但有下列情事之一者，不在此限：

第八十八條	一、依前條第二項第一款或第三款規定之強制授權與實施該專利有關之營業，一併讓與、信託、繼承、授權或設定質權。 二、依前條第二項第二款或第五項規定之強制授權與被授權人之專利權，一併讓與、信託、繼承、授權或設定質權。
第八十九條	依第八十七條第一項規定強制授權者，經中央目的事業主管機關認無強制授權之必要時，專利專責機關應依其通知廢止強制授權。 有下列各款情事之一者，專利專責機關得依申請廢止強制授權： 一、作成強制授權之事實變更，致無強制授權之必要。 二、被授權人未依授權之內容適當實施。 三、被授權人未依專利專責機關之審定支付補償金。
第九十條	為協助無製藥能力或製藥能力不足之國家，取得治療愛滋病、肺結核、瘧疾或其他傳染病所需醫藥品，專利專責機關得依申請，強制授權申請人實施專利權，以供應該國家進口所需醫藥品。 依前項規定申請強制授權者，以申請人曾以合理之商業條件在相當期間內仍不能協議授權者為限。但所需醫藥品在進口國已核准強制授權者，不在此限。 進口國如為世界貿易組織會員，申請人於依第一項申請時，應檢附進口國已履行下列事項之證明文件： 一、已通知與貿易有關之智慧財產權理事會該國所需醫藥品之名稱及數量。 二、已通知與貿易有關之智慧財產權理事會該國無製藥能力或製藥能力不足，而有作為進口國之意願。但為低度開發國家者，申請人毋庸檢附證明文件。 三、所需醫藥品在該國無專利權，或有專利權但已核准強制授權或即將核准強制授權。 前項所稱低度開發國家，為聯合國所發布之低度開發國家。 進口國如非世界貿易組織會員，而為低度開發國家或無製藥能力或製藥能力不足之國家，申請人於依第一項申請時，應檢附進口國已履行下列事項之證明文件： 一、以書面向中華民國外交機關提出所需醫藥品之名稱及數量。 二、同意防止所需醫藥品轉出口。
第九十一條	依前條規定強制授權製造之醫藥品應全部輸往進口國，且授權製造之數量不得超過進口國通知與貿易有關之智慧財產權理事會或中華民國外交機關所需醫藥品之數量。 依前條規定強制授權製造之醫藥品，應於其外包裝依專利專責機關指定之內容標示其授權依據；其包裝及顏色或形狀，應與專利權人或其被授權人所製造之醫藥品足以區別。

第九十一條	強制授權之被授權人應支付專利權人適當之補償金；補償金之數額，由專利專責機關就與所需醫藥品相關之醫藥品專利權於進口國之經濟價值，並參考聯合國所發布之人力發展指標核定之。 強制授權被授權人於出口該醫藥品前，應於網站公開該醫藥品之數量、名稱、目的地及可資區別之特徵。 依前條規定強制授權製造出口之醫藥品，其查驗登記，不受藥事法第四十條之二第二項規定之限制。
第六節	納　費
第九十二條	關於發明專利之各項申請，申請人於申請時，應繳納申請費。 核准專利者，發明專利權人應繳納證書費及專利年費；請准延長、延展專利權期間者，在延長、延展期間內，仍應繳納專利年費。
第九十三條	發明專利年費自公告之日起算，第一年年費，應依第五十二條第一項規定繳納；第二年以後年費，應於屆期前繳納之。 前項專利年費，得一次繳納數年；遇有年費調整時，毋庸補繳其差額。
第九十四條	發明專利第二年以後之專利年費，未於應繳納專利年費之期間內繳費者，得於期滿後六個月內補繳之。但其專利年費之繳納，除原應繳納之專利年費外，應以比率方式加繳專利年費。 前項以比率方式加繳專利年費，指依逾越應繳納專利年費之期間，按月加繳，每逾一個月加繳百分之二十，最高加繳至依規定之專利年費加倍之數額；其逾繳期間在一日以上一個月以內者，以一個月論。
第九十五條	發明專利權人為自然人、學校或中小企業者，得向專利專責機關申請減免專利年費。
第七節	損害賠償及訴訟
第九十六條	發明專利權人對於侵害其專利權者，得請求除去之。有侵害之虞者，得請求防止之。 發明專利權人對於因故意或過失侵害其專利權者，得請求損害賠償。 發明專利權人為第一項之請求時，對於侵害專利權之物或從事侵害行為之原料或器具，得請求銷毀或為其他必要之處置。 專屬被授權人在被授權範圍內，得為前三項之請求。但契約另有約定者，從其約定。 發明人之姓名表示權受侵害時，得請求表示發明人之姓名或為其他回復名譽之必要處分。 第二項及前項所定之請求權，自請求權人知有損害及賠償義務人時起，二年間不行使而消滅；自行為時起，逾十年者，亦同。
第九十七條	依前條請求損害賠償時，得就下列各款擇一計算其損害： 一、依民法第二百十六條之規定。但不能提供證據方法以證明其損害時，發明專利權人得就其實施專利權通常所可獲得之利益，減除受害後實施同一專利權所得之利益，以其差額為所受損害。

第九十七條	二、依侵害人因侵害行為所得之利益。 三、依授權實施該發明專利所得收取之合理權利金為基礎計算損害。 依前項規定，侵害行為如屬故意，法院得因被害人之請求，依侵害情節，酌定損害額以上之賠償。但不得超過已證明損害額之三倍。
第九十七條之一	專利權人對進口之物有侵害其專利權之虞者，得申請海關先予查扣。 前項申請，應以書面為之，並釋明侵害之事實，及提供相當於海關核估該進口物完稅價格之保證金或相當之擔保。 海關受理查扣之申請，應即通知申請人；如認符合前項規定而實施查扣時，應以書面通知申請人及被查扣人。 被查扣人得提供第二項保證金二倍之保證金或相當之擔保，請求海關廢止查扣，並依有關進口貨物通關規定辦理。 海關在不損及查扣物機密資料保護之情形下，得依申請人或被查扣人之申請，同意其檢視查扣物。 查扣物經申請人取得法院確定判決，屬侵害專利權者，被查扣人應負擔查扣物之貨櫃延滯費、倉租、裝卸費等有關費用。
第九十七條之二	有下列情形之一，海關應廢止查扣: 一、申請人於海關通知受理查扣之翌日起十二日內，未依第九十六條規定就查扣物為侵害物提起訴訟，並通知海關者。 二、申請人就查扣物為侵害物所提訴訟經法院裁判駁回確定者。 三、查扣物經法院確定判決，不屬侵害專利權之物者。 四、申請人申請廢止查扣者。 五、符合前條第四項規定者。 前項第一款規定之期限，海關得視需要延長十二日。 海關依第一項規定廢止查扣者，應依有關進口貨物通關規定辦理。 查扣因第一項第一款至第四款之事由廢止者，申請人應負擔查扣物之貨櫃延滯費、倉租、裝卸費等有關費用。
第九十七條之三	查扣物經法院確定判決不屬侵害專利權之物者，申請人應賠償被查扣人因查扣或提供第九十七條之一第四項規定保證金所受之損害。 申請人就第九十七條之一第四項規定之保證金，被查扣人就第九十七條之一第二項規定之保證金，與質權人有同一權利。但前條第四項及第九十七條之一第六項規定之貨櫃延滯費、倉租、裝卸費等有關費用，優先於申請人或被查扣人之損害受償。 有下列情形之一者，海關應依申請人之申請，返還第九十七條之一第二項規定之保證金: 一、申請人取得勝訴之確定判決，或與被查扣人達成和解，已無繼續提供保證金之必要者。 二、因前條第一項第一款至第四款規定之事由廢止查扣，致被查扣人受有損害後，或被查扣人取得勝訴之確定判決後，申請人證明已定二十日以上之期間，催告被查扣人行使權利而未行使者。 三、被查扣人同意返還者。

第九十七條之三	有下列情形之一者，海關應依被查扣人之申請，返還第九十七條之一第四項規定之保證金： 一、因前條第一項第一款至第四款規定之事由廢止查扣，或被查扣人與申請人達成和解，已無繼續提供保證金之必要者。 二、申請人取得勝訴之確定判決後，被查扣人證明已定二十日以上之期間，催告申請人行使權利而未行使者。 三、申請人同意返還者。
第九十七條之四	前三條規定之申請查扣、廢止查扣、檢視查扣物、保證金或擔保之繳納、提供、返還之程序、應備文件及其他應遵行事項之辦法，由主管機關會同財政部定之。
第九十八條	專利物上應標示專利證書號數；不能於專利物上標示者，得於標籤、包裝或以其他足以引起他人認識之顯著方式標示之；其未附加標示者，於請求損害賠償時，應舉證證明侵害人明知或可得而知爲專利物。
第九十九條	製造方法專利所製成之物在該製造方法申請專利前，爲國內外未見者，他人製造相同之物，推定爲以該專利方法所製造。 前項推定得提出反證推翻之。被告證明其製造該相同物之方法與專利方法不同者，爲已提出反證。被告舉證所揭示製造及營業秘密之合法權益，應予充分保障。
第一百條	發明專利訴訟案件，法院應以判決書正本一份送專利專責機關。
第一百零一條	舉發案涉及侵權訴訟案件之審理者，專利專責機關得優先審查。
第一百零二條	未經認許之外國法人或團體，就本法規定事項得提起民事訴訟。
第一百零三條	法院爲處理發明專利訴訟案件，得設立專業法庭或指定專人辦理。 司法院得指定侵害專利鑑定專業機構。 法院受理發明專利訴訟案件，得囑託前項機構爲鑑定。
第三章	新型專利
第一百零四條	新型，指利用自然法則之技術思想，對物品之形狀、構造或組合之創作。
第一百零五條	新型有妨害公共秩序或善良風俗者，不予新型專利。
第一百零六條	申請新型專利，由專利申請權人備具申請書、說明書、申請專利範圍、摘要及圖式，向專利專責機關申請之。 申請新型專利，以申請書、說明書、申請專利範圍及圖式齊備之日爲申請日。 說明書、申請專利範圍及圖式未於申請時提出中文本，而以外文本提出，且於專利專責機關指定期間內補正中文本者，以外文本提出之日爲申請日。 未於前項指定期間內補正中文本者，其申請案不予受理。但在處分前補正者，以補正之日爲申請日，外文本視爲未提出。

第一百零七條	申請專利之新型,實質上爲二個以上之新型時,經專利專責機關通知,或據申請人申請,得爲分割之申請。 分割申請應於原申請案處分前爲之。
第一百零八條	申請發明或設計專利後改請新型專利者,或申請新型專利後改請發明專利者,以原申請案之申請日爲改請案之申請日。 改請之申請,有下列情事之一者,不得爲之: 一、原申請案准予專利之審定書、處分書送達後。 二、原申請案爲發明或設計,於不予專利之審定書送達後逾二個月。 三、原申請案爲新型,於不予專利之處分書送達後逾三十日。 改請後之申請案,不得超出原申請案申請時說明書、申請專利範圍或圖式所揭露之範圍。
第一百零九條	專利專責機關於形式審查新型專利時,得依申請或依職權通知申請人限期修正說明書、申請專利範圍或圖式。
第一百十條	說明書、申請專利範圍及圖式,依第一百零六條第三項規定,以外文本提出者,其外文本不得修正。 依第一百零六條第三項規定補正之中文本,不得超出申請時外文本所揭露之範圍。
第一百十一條	新型專利申請案經形式審查後,應作成處分書送達申請人。 經形式審查不予專利者,處分書應備具理由。
第一百十二條	新型專利申請案,經形式審查認有下列各款情事之一,應爲不予專利之處分: 一、新型非屬物品形狀、構造或組合者。 二、違反第一百零五條規定者。 三、違反第一百二十條準用第二十六條第四項規定之揭露方式者。 四、違反第一百二十條準用第三十三條規定者。 五、說明書、申請專利範圍或圖式未揭露必要事項,或其揭露明顯不清楚者。 六、修正,明顯超出申請時說明書、申請專利範圍或圖式所揭露之範圍者。
第一百十三條	申請專利之新型,經形式審查認無不予專利之情事者,應予專利,並應將申請專利範圍及圖式公告之。
第一百十四條	新型專利權期限,自申請日起算十年屆滿。
第一百十五條	申請專利之新型經公告後,任何人得向專利專責機關申請新型專利技術報告。 專利專責機關應將申請新型專利技術報告之事實,刊載於專利公報。 專利專責機關應指定專利審查人員作成新型專利技術報告,並由專利審查人員具名。 專利專責機關對於第一項之申請,應就第一百二十條準用第二十二條第一項第一款、第二項、第一百二十條準用第二十三條、第一百二十條準用第三十一條規定之情事,作成新型專利技術報告。

第一百十五條	依第一項規定申請新型專利技術報告，如敘明有非專利權人為商業上之實施，並檢附有關證明文件者，專利專責機關應於六個月內完成新型專利技術報告。 新型專利技術報告之申請，於新型專利權當然消滅後，仍得為之。 依第一項所為之申請，不得撤回。
第一百十六條	新型專利權人行使新型專利權時，如未提示新型專利技術報告，不得進行警告。
第一百十七條	新型專利權人之專利權遭撤銷時，就其於撤銷前，因行使專利權所致他人之損害，應負賠償責任。但其係基於新型專利技術報告之內容，且已盡相當之注意者，不在此限。
第一百十八條	專利專責機關對於更正案之審查，除依第一百二十條準用第七十七條第一項規定外，應為形式審查，並作成處分書送達申請人。 更正，經形式審查認有下列各款情事之一，應為不予更正之處分： 一、有第一百十二條第一款至第五款規定之情事者。 二、明顯超出公告時之申請專利範圍或圖式所揭露之範圍者。
第一百十九條	新型專利權有下列情事之一，任何人得向專利專責機關提起舉發： 一、違反第一百零四條、第一百零五條、第一百零八條第三項、第一百十條第二項、第一百二十條準用第二十二條、第一百二十條準用第二十三條、第一百二十條準用第二十六條、第一百二十條準用第三十一條、第一百二十條準用第三十四條第四項、第一百二十條準用第四十三條第二項、第一百二十條準用第四十四條第三項、第一百二十條準用第六十七條第二項至第四項規定者。 二、專利權人所屬國家對中華民國國民申請專利不予受理者。 三、違反第十二條第一項規定或新型專利權人為非新型專利申請權人者。 以前項第三款情事提起舉發者，限於利害關係人始得為之。 新型專利權得提起舉發之情事，依其核准處分時之規定。但以違反第一百零八條第三項、第一百二十條準用第三十四條第四項、第一百二十條準用第四十三條第二項或第一百二十條準用第六十七條第二項、第四項規定之情事，提起舉發者，依舉發時之規定。 舉發審定書，應由專利審查人員具名。
第一百二十條	第二十二條、第二十三條、第二十六條、第二十八條至第三十一條、第三十三條、第三十四條第三項、第四項、第三十五條、第四十三條第二項、第三項、第四十四條第三項、第四十六條第二項、第四十七條第二項、第五十一條、第五十二條第一項、第二項、第四項、第五十八條第一項、第二項、第四項、第五項、第五十九條、第六十二條至第六十五條、第六十七條、第六十八條第二項、第三項、第六十九條、第七十條、第七十二條至第八十二條、第八十四條至第九十八條、第一百條至第一百零三條，於新型專利準用之。

第四章	設計專利
第一百二十一條	設計，指對物品之全部或部分之形狀、花紋、色彩或其結合，透過視覺訴求之創作。 應用於物品之電腦圖像及圖形化使用者介面，亦得依本法申請設計專利。
第一百二十二條	可供產業上利用之設計，無下列情事之一，得依本法申請取得設計專利： 一、申請前有相同或近似之設計，已見於刊物者。 二、申請前有相同或近似之設計，已公開實施者。 三、申請前已為公眾所知悉者。 設計雖無前項各款所列情事，但為其所屬技藝領域中具有通常知識者依申請前之先前技藝易於思及時，仍不得取得設計專利。 申請人有下列情事之一，並於其事實發生後六個月內申請，該事實非屬第一項各款或前項不得取得設計專利之情事： 一、因於刊物發表者。 二、因陳列於政府主辦或認可之展覽會者。 三、非出於其本意而洩漏者。 申請人主張前項第一款及第二款之情事者，應於申請時敘明事實及其年、月、日，並應於專利專責機關指定期間內檢附證明文件。
第一百二十三條	申請專利之設計，與申請在先而在其申請後始公告之設計專利申請案所附說明書或圖式之內容相同或近似者，不得取得設計專利。但其申請人與申請在先之設計專利申請案之申請人相同者，不在此限。
第一百二十四條	下列各款，不予設計專利： 一、純功能性之物品造形。 二、純藝術創作。 三、積體電路電路布局及電子電路布局。 四、物品妨害公共秩序或善良風俗者。
第一百二十五條	申請設計專利，由專利申請權人備具申請書、說明書及圖式，向專利專責機關申請之。 申請設計專利，以申請書、說明書及圖式齊備之日為申請日。 說明書及圖式未於申請時提出中文本，而以外文本提出，且於專利專責機關指定期間內補正中文本者，以外文本提出之日為申請日。 未於前項指定期間內補正中文本者，其申請案不予受理。但在處分前補正者，以補正之日為申請日，外文本視為未提出。
第一百二十六條	說明書及圖式應明確且充分揭露，使該設計所屬技藝領域中具有通常知識者，能瞭解其內容，並可據以實現。 說明書及圖式之揭露方式，於本法施行細則定之。

第一百二十七條	同一人有二個以上近似之設計，得申請設計專利及其衍生設計專利。 衍生設計之申請日，不得早於原設計之申請日。 申請衍生設計專利，於原設計專利公告後，不得為之。 同一人不得就與原設計不近似，僅與衍生設計近似之設計申請為衍生設計專利。
第一百二十八條	相同或近似之設計有二以上之專利申請案時，僅得就其最先申請者，准予設計專利。但後申請者所主張之優先權日早於先申請者之申請日者，不在此限。 前項申請日、優先權日為同日者，應通知申請人協議定之；協議不成時，均不予設計專利。其申請人為同一人時，應通知申請人限期擇一申請；屆期未擇一申請者，均不予設計專利。 各申請人為協議時，專利專責機關應指定相當期間通知申請人申報協議結果；屆期未申報者，視為協議不成。 前三項規定，於下列各款不適用之： 一、原設計專利申請案與衍生設計專利申請案間。 二、同一設計專利申請案有二以上衍生設計專利申請案者，該二以上衍生設計專利申請案間。
第一百二十九條	申請設計專利，應就每一設計提出申請。 二個以上之物品，屬於同一類別，且習慣上以成組物品販賣或使用者，得以一設計提出申請。 申請設計專利，應指定所施予之物品。
第一百三十條	申請專利之設計，實質上為二個以上之設計時，經專利專責機關通知，或據申請人申請，得為分割之申請。 分割申請，應於原申請案再審查審定前為之。 分割後之申請案，應就原申請案已完成之程序續行審查。
第一百三十一條	申請設計專利後改請衍生設計專利者，或申請衍生設計專利後改請設計專利者，以原申請案之申請日為改請案之申請日。 改請之申請，有下列情事之一者，不得為之： 一、原申請案准予專利之審定書送達後。 二、原申請案不予專利之審定書送達後逾二個月。 改請後之設計或衍生設計，不得超出原申請案申請時說明書或圖式所揭露之範圍。
第一百三十二條	申請發明或新型專利後改請設計專利者，以原申請案之申請日為改請案之申請日。 改請之申請，有下列情事之一者，不得為之： 一、原申請案准予專利之審定書、處分書送達後。 二、原申請案為發明，於不予專利之審定書送達後逾二個月。 三、原申請案為新型，於不予專利之處分書送達後逾三十日。 改請後之申請案，不得超出原申請案申請時說明書、申請專利範圍或圖式所揭露之範圍。

第一百三十三條	說明書及圖式，依第一百二十五條第三項規定，以外文本提出者，其外文本不得修正。 第一百二十五條第三項規定補正之中文本，不得超出申請時外文本所揭露之範圍。
第一百三十四條	設計專利申請案違反第一百二十一條至第一百二十四條、第一百二十六條、第一百二十七條、第一百二十八條第一項至第三項、第一百二十九條第一項、第二項、第一百三十一條第三項、第一百三十二條第三項、第一百三十三條第二項、第一百四十二條第一項準用第三十四條第四項、第一百四十二條第一項準用第四十三條第二項、第一百四十二條第一項準用第四十四條第三項規定者，應為不予專利之審定。
第一百三十五條	設計專利權期限，自申請日起算十二年屆滿；衍生設計專利權期限與原設計專利權期限同時屆滿。
第一百三十六條	設計專利權人，除本法另有規定外，專有排除他人未經其同意而實施該設計或近似該設計之權。 設計專利權範圍，以圖式為準，並得審酌說明書。
第一百三十七條	衍生設計專利權得單獨主張，且及於近似之範圍。
第一百三十八條	衍生設計專利權，應與其原設計專利權一併讓與、信託、繼承、授權或設定質權。 原設計專利權依第一百四十二條第一項準用第七十條第一項第三款或第四款規定已當然消滅或撤銷確定，其衍生設計專利權有二以上仍存續者，不得單獨讓與、信託、繼承、授權或設定質權。
第一百三十九條	設計專利權人申請更正專利說明書或圖式，僅得就下列事項為之： 一、誤記或誤譯之訂正。 二、不明瞭記載之釋明。 更正，除誤譯之訂正外，不得超出申請時說明書或圖式所揭露之範圍。 依第一百二十五條第三項規定，說明書及圖式以外文本提出者，其誤譯之訂正，不得超出申請時外文本所揭露之範圍。 更正，不得實質擴大或變更公告時之圖式。
第一百四十條	設計專利權人非經被授權人或質權人之同意，不得拋棄專利權。
第一百四十一條	設計專利權有下列情事之一，任何人得向專利專責機關提起舉發： 一、違反第一百二十一條至第一百二十四條、第一百二十六條、第一百二十七條、第一百二十八條第一項至第三項、第一百三十一條第三項、第一百三十二條第三項、第一百三十三條第二項、第一百三十九條第二項至第四項、第一百四十二條第一項準用第三十四條第四項、第一百四十二條第一項準用第四十三條第二項、第一百四十二條第一項準用第四十四條第三項規定者。

第一百四十一條	二、專利權人所屬國家對中華民國國民申請專利不予受理者。 三、違反第十二條第一項規定或設計專利權人為非設計專利申請權人者。 以前項第三款情事提起舉發者，限於利害關係人始得為之。 設計專利權得提起舉發之情事，依其核准審定時之規定。但以違反第一百三十一條第三項、第一百三十二條第三項、第一百三十九條第二項、第四項、第一百四十二條第一項準用第三十四條第四項或第一百四十二條第一項準用第四十三條第二項規定之情事，提起舉發者，依舉發時之規定。
第一百四十二條	第二十八條、第二十九條、第三十四條第三項、第四項、第三十五條、第三十六條、第四十二條、第四十三條第一項至第三項、第四十四條第三項、第四十五條、第四十六條第二項、第四十七條、第四十八條、第五十條、第五十二條第一項、第二項、第四項、第五十八條第二項、第五十九條、第六十二條至第六十五條、第六十八條、第七十條、第七十二條、第七十三條第一項、第三項、第四項、第七十四條至第七十八條、第七十九條第一項、第八十條至第八十二條、第八十四條至第八十六條、第九十二條至第九十八條、第一百條至第一百零三條規定，於設計專利準用之。 第二十八條第一項所定期間，於設計專利申請案為六個月。 第二十九條第二項及第四項所定期間，於設計專利申請案為十個月。
第五章	**附則**
第一百四十三條	專利檔案中之申請書件、說明書、申請專利範圍、摘要、圖式及圖說，應由專利專責機關永久保存；其他文件之檔案，最長保存三十年。 前項專利檔案，得以微縮底片、磁碟、磁帶、光碟等方式儲存；儲存紀錄經專利專責機關確認者，視同原檔案，原紙本專利檔案得予銷毀；儲存紀錄之複製品經專利專責機關確認者，推定其為真正。 前項儲存替代物之確認、管理及使用規則，由主管機關定之。
第一百四十四條	主管機關為獎勵發明、新型或設計之創作，得訂定獎助辦法。
第一百四十五條	依第二十五條第三項、第一百零六條第三項及第一百二十五條第三項規定提出之外文本，其外文種類之限定及其他應載明事項之辦法，由主管機關定之。
第一百四十六條	第九十二條、第一百二十條準用第九十二條、第一百四十二條第一項準用第九十二條規定之申請費、證書費及專利年費，其收費辦法由主管機關定之。 第九十五條、第一百二十條準用第九十五條、第一百四十二條第一項準用第九十五條規定之專利年費減免，其減免條件、年限、金額及其他應遵行事項之辦法，由主管機關定之。
第一百四十七條	中華民國八十三年一月二十三日前所提出之申請案，不得依第五十三條規定，申請延長專利權期間。

第一百四十八條	本法中華民國八十三年一月二十一日修正施行前，已審定公告之專利案，其專利權期限，適用修正前之規定。但發明專利案，於世界貿易組織協定在中華民國管轄區域內生效之日，專利權仍存續者，其專利權期限，適用修正施行後之規定。 本法中華民國九十二年一月三日修正之條文施行前，已審定公告之新型專利申請案，其專利權期限，適用修正前之規定。 新式樣專利案，於世界貿易組織協定在中華民國管轄區域內生效之日，專利權仍存續者，其專利權期限，適用本法中華民國八十六年五月七日修正之條文施行後之規定。
第一百四十九條	本法中華民國一百年十一月二十九日修正之條文施行前，尚未審定之專利申請案，除本法另有規定外，適用修正施行後之規定。 本法中華民國一百年十一月二十九日修正之條文施行前，尚未審定之更正案及舉發案，適用修正施行後之規定。
第一百五十條	本法中華民國一百年十一月二十九日修正之條文施行前提出，且依修正前第二十九條規定主張優先權之發明或新型專利申請案，其先申請案尚未公告或不予專利之審定或處分尚未確定者，適用第三十條第一項規定。 本法中華民國一百年十一月二十九日修正之條文施行前已審定之發明專利申請案，未逾第三十四條第二項第二款規定之期間者，適用第三十四條第二項第二款及第六項規定。
第一百五十一條	第二十二條第三項第二款、第一百二十條準用第二十二條第三項第二款、第一百二十一條第一項有關物品之部分設計、第一百二十一條第二項、第一百二十二條第三項第一款、第一百二十七條、第一百二十九條第二項規定，於本法中華民國一百年十一月二十九日修正之條文施行後，提出之專利申請案，始適用之。
第一百五十二條	本法中華民國一百年十一月二十九日修正之條文施行前，違反修正前第三十條第二項規定，視為未寄存之發明專利申請案，於修正施行後尚未審定者，適用第二十七條第二項之規定；其有主張優先權，自最早之優先權日起仍在十六個月內者，適用第二十七條第三項之規定。
第一百五十三條	本法中華民國一百年十一月二十九日修正之條文施行前，依修正前第二十八條第三項、第一百零八條準用第二十八條第三項、第一百二十九條第一項準用第二十八條第三項規定，以違反修正前第二十八條第一項、第一百零八條準用第二十八條第一項、第一百二十九條第一項準用第二十八條第一項規定喪失優先權之專利申請案，於修正施行後尚未審定或處分，且自最早之優先權日起，發明、新型專利申請案仍在十六個月內，設計專利申請案仍在十個月內者，適用第二十九條第四項、第一百二十條準用第二十九條第四項、第一百四十二條第一項準用第二十九條第四項之規定。

第一百五十三條	本法中華民國一百年十一月二十九日修正之條文施行前，依修正前第二十八條第三項、第一百零八條準用第二十八條第三項、第一百二十九條第一項準用第二十八條第三項規定，以違反修正前第二十八條第二項、第一百零八條準用第二十八條第二項、第一百二十九條第一項準用第二十八條第二項規定喪失優先權之專利申請案，於修正施行後尚未審定或處分，且自最早之優先權日起，發明、新型專利申請案仍在十六個月內，設計專利申請案仍在十個月內者，適用第二十九條第二項、第一百二十條準用第二十九條第二項、第一百四十二條第一項準用第二十九條第二項之規定。
第一百五十四條	本法中華民國一百年十一月二十九日修正之條文施行前，已提出之延長發明專利權期間申請案，於修正施行後尚未審定，且其發明專利權仍存續者，適用修正施行後之規定。
第一百五十五條	本法中華民國一百年十一月二十九日修正之條文施行前，有下列情事之一，不適用第五十二條第四項、第七十條第二項、第一百二十條準用第五十二條第四項、第一百二十條準用第七十條第二項、第一百四十二條第一項準用第五十二條第四項、第一百四十二條第一項準用第七十條第二項之規定： 一、依修正前第五十一條第一項、第一百零一條第一項或第一百十三條第一項規定已逾繳費期限，專利權自始不存在者。 二、依修正前第六十六條第三款、第一百零八條準用第六十六條第三款或第一百二十九條第一項準用第六十六條第三款規定，於本法修正施行前，專利權已當然消滅者。
第一百五十六條	本法中華民國一百年十一月二十九日修正之條文施行前，尚未審定之新式樣專利申請案，申請人得於修正施行後三個月內，申請改為物品之部分設計專利申請案。
第一百五十七條	本法中華民國一百年十一月二十九日修正之條文施行前，尚未審定之聯合新式樣專利申請案，適用修正前有關聯合新式樣專利之規定。 本法中華民國一百年十一月二十九日修正之條文施行前，尚未審定之聯合新式樣專利申請案，且於原新式樣專利公告前申請者，申請人得於修正施行後三個月內申請改為衍生設計專利申請案。
第一百五十八條	本法施行細則，由主管機關定之。
第一百五十九條	本法之施行日期，由行政院定之。 本法中華民國一百零二年五月二十九日修正之條文，自公布日施行。

附錄二　專利法施行細則

101.11.9.修訂

第一章	總則
第一條	本細則依專利法(以下簡稱本法)第一百五十八條規定訂定之。
第二條	依本法及本細則所爲之申請，除依本法第十九條規定以電子方式爲之者外，應以書面提出，並由申請人簽名或蓋章；委任有代理人者，得僅由代理人簽名或蓋章。專利專責機關認有必要時，得通知申請人檢附身分證明或法人證明文件。 依本法及本細則所爲之申請，以書面提出者，應使用專利專責機關指定之書表；其格式及份數，由專利專責機關定之。
第三條	技術用語之譯名經國家教育研究院編譯者，應以該譯名爲原則；未經該院編譯或專利專責機關認有必要時，得通知申請人附註外文原名。 申請專利及辦理有關專利事項之文件，應用中文；證明文件爲外文者，專利專責機關認有必要時，得通知申請人檢附中文譯本或節譯本。
第四條	依本法及本細則所定應檢附之證明文件，以原本或正本爲之。 原本或正本，除優先權證明文件外，經當事人釋明與原本或正本相同者，得以影本代之。但舉發證據爲書證影本者，應證明與原本或正本相同。 原本或正本，經專利專責機關驗證無訛後，得予發還。
第五條	專利之申請及其他程序，以書面提出者，應以書件到達專利專責機關之日爲準；如係郵寄者，以郵寄地郵戳所載日期爲準。 郵戳所載日期不清晰者，除由當事人舉證外，以到達專利專責機關之日爲準。
第六條	依本法及本細則指定之期間，申請人得於指定期間屆滿前，敘明理由向專利專責機關申請延展。
第七條	申請人之姓名或名稱、印章、住居所或營業所變更時，應檢附證明文件向專利專責機關申請變更。但其變更無須以文件證明者，免予檢附。
第八條	因繼受專利申請權申請變更名義者，應備具申請書，並檢附下列文件： 一、因受讓而變更名義者，其受讓專利申請權之契約或讓與證明文件。但公司因併購而承受者，爲併購之證明文件。 二、因繼承而變更名義者，其死亡及繼承證明文件。
第九條	申請人委任代理人者，應檢附委任書，載明代理之權限及送達處所。 有關專利之申請及其他程序委任代理人辦理者，其代理人不得逾三人。 代理人有二人以上者，均得單獨代理申請人。 違反前項規定而爲委任者，其代理人仍得單獨代理。 申請人變更代理人之權限或更換代理人時，非以書面通知專利專責機關，對專利專責機關不生效力。 代理人之送達處所變更時，應向專利專責機關申請變更。

第十條	代理人就受委任之權限內有為一切行為之權。但選任或解任代理人、撤回專利申請案、撤回分割案、撤回改請案、撤回再審查申請、撤回更正申請、撤回舉發案或拋棄專利權,非受特別委任,不得為之。
第十一條	申請文件不符合法定程式而得補正者,專利專責機關應通知申請人限期補正;屆期未補正或補正仍不齊備者,依本法第十七條第一項規定辦理。
第十二條	依本法第十七條第二項規定,申請回復原狀者,應敘明遲誤期間之原因及其消滅日期,並檢附證明文件向專利專責機關為之。
第二章	發明專利之申請及審查
第十三條	本法第二十二條所稱申請前及第二十三條所稱申請在先,如依本法第二十八條第一項或第三十條第一項規定主張優先權者,指該優先權日前。本法第二十二條所稱刊物,指向公眾公開之文書或載有資訊之其他儲存媒體。
第十四條	本法第二十二條、第二十六條及第二十七所稱所屬技術領域中具有通常知識者,指具有申請時該發明所屬技術領域之一般知識及普通技能之人。 前項所稱申請時,如依本法第二十八條第一項或第三十條第一項規定主張優先權者,指該優先權日。
第十五條	因繼承、受讓、僱傭或出資關係取得專利申請權之人,就其被繼承人、讓與人、受雇人或受聘人在申請前之公開行為,適用本法第二十二條第三項規定。
第十六條	申請發明專利者,其申請書應載明下列事項: 一、發明名稱。 二、發明人姓名、國籍。 三、申請人姓名或名稱、國籍、住居所或營業所;有代表人者,並應載明代表人姓名。 四、委任代理人者,其姓名、事務所。 有下列情事之一,並應於申請時敘明之: 一、主張本法第二十二條第三項第一款至第三款規定之事實者。 二、主張本法第二十八條第一項規定之優先權者。 三、主張本法第三十條第一項規定之優先權者。 申請人有多次本法第二十二條第三項第一款至第三款所定之事實者,應於申請時敘明各次事實。但各次事實有密不可分之關係者,得僅敘明最早發生之事實。 依前項規定聲明各次事實者,本法第二十二條第三項規定期間之計算,以最早之事實發生日為準。

第十七條	申請發明專利者，其說明書應載明下列事項： 一、發明名稱。 二、技術領域。 三、先前技術：申請人所知之先前技術，並得檢送該先前技術之相關資料。 四、發明內容：發明所欲解決之問題、解決問題之技術手段及對照先前技術之功效。 五、圖式簡單說明：有圖式者，應以簡明之文字依圖式之圖號順序說明圖式。 六、實施方式：記載一個以上之實施方式，必要時得以實施例說明；有圖式者，應參照圖式加以說明。 七、符號說明：有圖式者，應依圖號或符號順序列出圖式之主要符號並加以說明。 說明書應依前項各款所定順序及方式撰寫，並附加標題。但發明之性質以其他方式表達較為清楚者，不在此限。 說明書得於各段落前，以置於中括號內之連續四位數之阿拉伯數字編號依序排列，以明確識別每一段落。 發明名稱，應簡明表示所申請發明之內容，不得冠以無關之文字。 申請生物材料或利用生物材料之發明專利，其生物材料已寄存者，應於說明書載明寄存機構、寄存日期及寄存號碼。申請前已於國外寄存機構寄存者，並應載明國外寄存機構、寄存日期及寄存號碼。 發明專利包含一個或多個核苷酸或胺基酸序列者，說明書應包含依專利專責機關訂定之格式單獨記載之序列表，並得檢送相符之電子資料。
第十八條	發明之申請專利範圍，得以一項以上之獨立項表示；其項數應配合發明之內容；必要時，得有一項以上之附屬項。獨立項、附屬項，應以其依附關係，依序以阿拉伯數字編號排列。 獨立項應敘明申請專利之標的名稱及申請人所認定之發明之必要技術特徵。 附屬項應敘明所依附之項號，並敘明標的名稱及所依附請求項外之技術特徵，其依附之項號並應以阿拉伯數字為之；於解釋附屬項時，應包含所依附請求項之所有技術特徵。 依附於二項以上之附屬項為多項附屬項，應以選擇式為之。 附屬項僅得依附在前之獨立項或附屬項。但多項附屬項間不得直接或間接依附。 獨立項或附屬項之文字敘述，應以單句為之。
第十九條	請求項之技術特徵，除絕對必要外，不得以說明書之頁數、行數或圖式、圖式中之符號予以界定。 請求項之技術特徵得引用圖式中對應之符號，該符號應附加於對應之技術特徵後，並置於括號內；該符號不得作為解釋請求項之限制。 請求項得記載化學式或數學式，不得附有插圖。

第十九條	複數技術特徵組合之發明，其請求項之技術特徵，得以手段功能用語或步驟功能用語表示。於解釋請求項時，應包含說明書中所敘述對應於該功能之結構、材料或動作及其均等範圍。
第二十條	獨立項之撰寫，以二段式為之者，前言部分應包含申請專利之標的名稱及與先前技術共有之必要技術特徵；特徵部分應以「其特徵在於」、「其改良在於」或其他類似用語，敘明有別於先前技術之必要技術特徵。解釋獨立項時，特徵部分應與前言部分所述之技術特徵結合。
第二十一條	摘要，應簡要敘明發明所揭露之內容，並以所欲解決之問題、解決問題之技術手段及主要用途為限；其字數，以不超過二百五十字為原則；有化學式者，應揭示最能顯示發明特徵之化學式。 摘要，不得記載商業性宣傳用語。 摘要不符合前二項規定者，專利專責機關得通知申請人限期修正，或依職權修正後通知申請人。 申請人應指定最能代表該發明技術特徵之圖為代表圖，並列出其主要符號，簡要加以說明。 未依前項規定指定或指定之代表圖不適當者，專利專責機關得通知申請人限期補正，或依職權指定或刪除後通知申請人。
第二十二條	說明書、申請專利範圍及摘要中之技術用語及符號應一致。 前項之說明書、申請專利範圍及摘要，應以打字或印刷為之。 說明書、申請專利範圍及摘要以外文本提出者，其補正之中文本，應提供正確完整之翻譯。
第二十三條	發明之圖式，應參照工程製圖方法以墨線繪製清晰，於各圖縮小至三分之二時，仍得清晰分辨圖式中各項細節。 圖式應註明圖號及符號，並依圖號順序排列，除必要註記外，不得記載其他說明文字。
第二十四條	發明專利申請案之說明書有部分缺漏或圖式有缺漏之情事，而經申請人補正者，以補正之日為申請日。但有下列情事之一者，仍以原提出申請之日為申請日： 一、補正之說明書或圖式已見於主張優先權之先申請案。 二、補正之說明書或圖式，申請人於專利專責機關確認申請日之處分書送達後三十日內撤回。 前項之說明書或圖式以外文本提出者，亦同。
第二十五條	本法第二十八條第一項所定之十二個月，自在與中華民國相互承認優先權之國家或世界貿易組織會員第一次申請日之次日起算至本法第二十五條第二項規定之申請日止。 本法第三十條第一項第一款所定之十二個月，自先申請案申請日之次日起算至本法第二十五條第二項規定之申請日止。

第二十六條	依本法第二十九條第二項規定檢送之優先權證明文件應為正本。 申請人於本法第二十九條第二項規定期間內檢送之優先權證明文件為影本者，專利專責機關應通知申請人限期補正與該影本為同一文件之正本；屆期未補正或補正仍不齊備者，依本法第二十九條第三項規定，視為未主張優先權。但其正本已向專利專責機關提出者，得以載明正本所依附案號之影本代之。 第一項優先權證明文件，經專利專責機關與該國家或世界貿易組織會員之專利受理機關已為電子交換者，視為申請人已提出。
第二十七條	本法第三十三條第二項所稱屬於一個廣義發明概念者，指二個以上之發明，於技術上相互關聯。 前項技術上相互關聯之發明，應包含一個或多個相同或對應之特別技術特徵。 前項所稱特別技術特徵，指申請專利之發明整體對於先前技術有所貢獻之技術特徵。 二個以上之發明於技術上有無相互關聯之判斷，不因其於不同之請求項記載或於單一請求項中以擇一形式記載而有差異。
第二十八條	發明專利申請案申請分割者，應就每一分割案，備具申請書，並檢附下列文件： 一、說明書、申請專利範圍、摘要及圖式。 二、原申請案有主張本法第二十二條第三項規定之事實者，其證明文件。 三、申請生物材料或利用生物材料之發明專利者，其寄存證明文件。 有下列情事之一，並應於每一分割申請案申請時敘明之： 一、主張本法第二十二條第三項第一款至第三款規定之情事者。 二、主張本法第二十八條第一項規定之優先權者。 三、主張本法第三十條第一項規定之優先權者。 分割申請，不得變更原申請案之專利種類。
第二十九條	依本法第三十四條第二項第二款規定於原申請案核准審定後申請分割者，應自其說明書或圖式所揭露之發明且非屬原申請案核准審定之申請專利範圍，申請分割。 前項之分割申請，其原申請案經核准審定之說明書、申請專利範圍或圖式不得變動。
第三十條	依本法第三十五條規定申請專利者，應備具申請書，並檢附舉發撤銷確定證明文件。

第三十一條	專利專責機關公開發明專利申請案時，應將下列事項公開之： 一、申請案號。 二、公開編號。 三、公開日。 四、國際專利分類。 五、申請日。 六、發明名稱。 七、發明人姓名。 八、申請人姓名或名稱、住居所或營業所。 九、委任代理人者，其姓名。 十、摘要。 十一、最能代表該發明技術特徵之圖式及其符號說明。 十二、主張本法第二十八條第一項優先權之各第一次申請專利之國家或世界貿易組織會員、申請案號及申請日。 十三、主張本法第三十條第一項優先權之各申請案號及申請日。 十四、有無申請實體審查。
第三十二條	發明專利申請案申請實體審查者，應備具申請書，載明下列事項： 一、申請案號。 二、發明名稱。 三、申請實體審查者之姓名或名稱、國籍、住居所或營業所；有代表人者，並應載明代表人姓名。 四、委任代理人者，其姓名、事務所。 五、是否為專利申請人。
第三十三條	發明專利申請案申請優先審查者，應備具申請書，載明下列事項： 一、申請案號及公開編號。 二、發明名稱。 三、申請優先審查者之姓名或名稱、國籍、住居所或營業所；有代表人者，並應載明代表人姓名。 四、委任代理人者，其姓名、事務所。 五、是否為專利申請人。 六、發明專利申請案之商業上實施狀況；有協議者，其協議經過。 申請優先審查之發明專利申請案尚未申請實體審查者，並應依前條規定申請實體審查。 依本法第四十條第二項規定應檢附之有關證明文件，為廣告目錄、其他商業上實施事實之書面資料或本法第四十一條第一項規定之書面通知。
第三十四條	專利專責機關通知面詢、實驗、補送模型或樣品、修正說明書、申請專利範圍或圖式，屆期未辦理或未依通知內容辦理者，專利專責機關得依現有資料續行審查。

第三十五條	說明書、申請專利範圍或圖式之文字或符號有明顯錯誤者，專利專責機關得依職權訂正，並通知申請人。
第三十六條	發明專利申請案申請修正說明書、申請專利範圍或圖式者，應備具申請書，並檢附下列文件： 一、修正部分劃線之說明書或申請專利範圍修正頁；其為刪除原內容者，應劃線於刪除之文字上；其為新增內容者，應劃線於新增之文字下方。但刪除請求項者，得以文字加註為之。 二、修正後無劃線之說明書、申請專利範圍或圖式替換頁；如修正後致說明書、申請專利範圍或圖式之頁數、項號或圖號不連續者，應檢附修正後之全份說明書、申請專利範圍或圖式。 前項申請書，應載明下列事項： 一、修正說明書者，其修正之頁數、段落編號與行數及修正理由。 二、修正申請專利範圍者，其修正之請求項及修正理由。 三、修正圖式者，其修正之圖號及修正理由。 修正申請專利範圍者，如刪除部分請求項，其他請求項之項號，應依序以阿拉伯數字編號重行排列；修正圖式者，如刪除部分圖式，其他圖之圖號，應依圖號順序重行排列。 發明專利申請案經專利專責機關為最後通知者，第二項第二款之修正理由應敘明本法第四十三條第四項各款規定之事項。
第三十七條	因誤譯申請訂正說明書、申請專利範圍或圖式者，應備具申請書，並檢附下列文件： 一、訂正部分劃線之說明書或申請專利範圍訂正頁；其為刪除原內容者，應劃線於刪除之文字上；其為新增內容者，應劃線於新增加之文字下方。 二、訂正後無劃線之說明書、申請專利範圍或圖式替換頁。 前項申請書，應載明下列事項： 一、訂正說明書者，其訂正之頁數、段落編號與行數、訂正理由及對應外文本之頁數、段落編號與行數。 二、訂正申請專利範圍者，其訂正之請求項、訂正理由及對應外文本之請求項之項號。 三、訂正圖式者，其訂正之圖號、訂正理由及對應外文本之圖號。
第三十八條	發明專利申請案同時申請誤譯訂正及修正說明書、申請專利範圍或圖式者，得分別提出訂正及修正申請，或以訂正申請書分別載明其訂正及修正事項為之。 發明專利同時申請誤譯訂正及更正說明書、申請專利範圍或圖式者，亦同。
第三十九條	發明專利申請案公開後至審定前，任何人認該發明應不予專利時，得向專利專責機關陳述意見，並得附具理由及相關證明文件。

第三章	新型專利之申請及審查
第四十條	新型專利申請案之說明書有部分缺漏或圖式有缺漏之情事，而經申請人補正者，以補正之日為申請日。但有下列情事之一者，仍以原提出申請之日為申請日： 一、補正之說明書或圖式已見於主張優先權之先申請案。 二、補正之說明書或部分圖式，申請人於專利專責機關確認申請日之處分書送達後三十日內撤回。 前項之說明書或圖式以外文本提出者，亦同。
第四十一條	本法第一百二十條準用第二十八條第一項所定之十二個月，自在與中華民國相互承認優先權之國家或世界貿易組織會員第一次申請日之次日起算至本法第一百零六條第二項規定之申請日止。 本法第一百二十條準用第三十條第一項第一款所定之十二個月，自先申請案申請日之次日起算至本法第一百零六條第二項規定之申請日止。
第四十二條	依本法第一百十五條第一項規定申請新型專利技術報告者，應備具申請書，載明下列事項： 一、申請案號。 二、新型名稱。 三、申請新型專利技術報告者之姓名或名稱、國籍、住居所或營業所；有代表人者，並應載明代表人姓名。 四、委任代理人者，其姓名、事務所。 五、是否為專利權人。
第四十三條	依本法第一百十五條第五項規定檢附之有關證明文件，為專利權人對為商業上實施之非專利權人之書面通知、廣告目錄或其他商業上實施事實之書面資料。
第四十四條	新型專利技術報告應載明下列事項： 一、新型專利證書號數。 二、申請案號。 三、申請日。 四、優先權日。 五、技術報告申請日。 六、新型名稱。 七、專利權人姓名或名稱、住居所或營業所。 八、申請新型專利技術報告者之姓名或名稱。 九、委任代理人者，其姓名。 十、專利審查人員姓名。 十一、國際專利分類。 十二、先前技術資料範圍。 十三、比對結果。
第四十五條	第十三條至第二十三條、第二十六條至第二十八條、第三十條、第三十四條至第三十八條規定，於新型專利準用之。

第四章	設計專利之申請及審查
第四十六條	本法第一百二十二條所稱申請前及第一百二十三條所稱申請在先，如依本法第一百四十二條第一項準用第二十八條第一項規定主張優先權者，指該優先權日前。 本法第一百二十二條所稱刊物，指向公眾公開之文書或載有資訊之其他儲存媒體。
第四十七條	本法第一百二十二條及第一百二十六條所稱所屬技藝領域中具有通常知識者，指具有申請時該設計所屬技藝領域之一般知識及普通技能之人。 前項所稱申請時，如依本法第一百四十二條第一項準用第二十八條第一項規定主張優先權者，指該優先權日。
第四十八條	因繼承、受讓、僱傭或出資關係取得專利申請權之人，就其被繼承人、讓與人、受雇人或受聘人在申請前之公開行為，適用本法第一百二十二條第三項規定。
第四十九條	申請設計專利者，其申請書應載明下列事項： 一、設計名稱。 二、設計人姓名、國籍。 三、申請人姓名或名稱、國籍、住居所或營業所；有代表人者，並應載明代表人姓名。 四、委任代理人者，其姓名、事務所。 有下列情事之一，並應於申請時敘明之： 一、主張本法第一百二十二條第三項第一款或第二款規定之事實者。 二、主張本法第一百四十二條第一項準用第二十八條第一項規定之優先權者。 申請衍生設計專利者，除前二項規定事項外，並應於申請書載明原設計申請案號。 申請人有多次本法第一百二十二條第三項第一款或第二款所定之事實者，應於申請時敘明各次事實。但各次事實有密不可分之關係者，得僅敘明最早發生之事實。 依前項規定聲明各次事實者，本法第一百二十二條第三項規定期間之計算，以最早之事實發生日為準。
第五十條	申請設計專利者，其說明書應載明下列事項： 一、設計名稱。 二、物品用途。 三、設計說明。 說明書應依前項各款所定順序及方式撰寫，並附加標題。但前項第二款或第三款已於設計名稱或圖式表達清楚者，得不記載。

第五十一條	設計名稱，應明確指定所施予之物品，不得冠以無關之文字。 物品用途，指用以輔助說明設計所施予物品之使用、功能等敘述。 設計說明，指用以輔助說明設計之形狀、花紋、色彩或其結合等敘述。 其有下列情事之一，應敘明之： 一、圖式揭露內容包含不主張設計之部分。 二、應用於物品之電腦圖像及圖形化使用者介面設計有連續動態變化者，應敘明變化順序。 三、各圖間因相同、對稱或其他事由而省略者。 有下列情事之一，必要時得於設計說明簡要敘明之： 一、有因材料特性、機能調整或使用狀態之變化，而使設計之外觀產生變化者。 二、有輔助圖或參考圖者。 三、以成組物品設計申請專利者，其各構成物品之名稱。
第五十二條	說明書所載之設計名稱、物品用途、設計說明之用語應一致。 前項之說明書，應以打字或印刷為之。 依本法第一百二十五條第三項規定提出之外文本，其說明書應提供正確完整之翻譯。
第五十三條	設計之圖式，應備具足夠之視圖，以充分揭露所主張設計之外觀；設計為立體者，應包含立體圖；設計為連續平面者，應包含單元圖。 前項所稱之視圖，得為立體圖、前視圖、後視圖、左側視圖、右側視圖、俯視圖、仰視圖、平面圖、單元圖或其他輔助圖。 圖式應參照工程製圖方法，以墨線圖、電腦繪圖或以照片呈現，於各圖縮小至三分之二時，仍得清晰分辨圖式中各項細節。 主張色彩者，前項圖式應呈現其色彩。 圖式中主張設計之部分與不主張設計之部分，應以可明確區隔之表示方式呈現。 標示為參考圖者，不得用於解釋設計專利權範圍。
第五十四條	設計之圖式，應標示各圖名稱，並指定立體圖或最能代表該設計之圖為代表圖。 未依前項規定指定或指定之代表圖不適當者，專利專責機關得通知申請人限期補正，或依職權指定後通知申請人。
第五十五條	設計專利申請案之說明書或圖式有部分缺漏之情事，而經申請人補正者，以補正之日為申請日。但有下列情事之一者，仍以原提出申請之日為申請日： 一、補正之說明書或圖式已見於主張優先權之先申請案。 二、補正之說明書或圖式，申請人於專利專責機關確認申請日之處分書送達後三十日內撤回。 前項之說明書或圖式以外文本提出者，亦同。

第五十六條	本法第一百四十二條第二項所定之六個月，自在與中華民國相互承認優先權之國家或世界貿易組織會員第一次申請日之次日起算至本法第一百二十五條第二項規定之申請日止。
第五十七條	本法第一百二十九條第二項所稱同一類別，指國際工業設計分類表同一大類之物品。
第五十八條	設計專利申請案申請分割者，應就每一分割案，備具申請書，並檢附下列文件： 一、說明書及圖式。 二、原申請案有主張本法第一百二十二條第三項規定之事實者，其證明文件。 有下列情事之一，並應於每一分割申請案申請時敘明之： 一、主張本法第一百二十二條第三項第一款、第二款規定之事實者。 二、主張本法第一百四十二條第一項準用第二十八條第一項規定之優先權者。 分割申請，不得變更原申請案之專利種類。
第五十九條	設計專利申請案申請修正說明書或圖式者，應備具申請書，並檢附下列文件： 一、修正部分劃線之說明書修正頁；其為刪除原內容者，應劃線於刪除之文字上；其為新增內容者，應劃線於新增之文字下方。 二、修正後無劃線之全份說明書或圖式。 前項申請書，應載明下列事項： 一、修正說明書者，其修正之頁數與行數及修正理由。 二、修正圖式者，其修正之圖式名稱及修正理由。
第六十條	因誤譯申請訂正說明書或圖式者，應備具申請書，並檢附下列文件： 一、訂正部分劃線之說明書訂正頁；其為刪除原內容者，應劃線於刪除之文字上；其為新增內容者，應劃線於新增加之文字下方。 二、訂正後無劃線之全份說明書或圖式。 前項申請書，應載明下列事項： 一、訂正說明書者，其訂正之頁數與行數、訂正理由及對應外文本之頁數與行數。 二、訂正圖式者，其訂正之圖式名稱、訂正理由及對應外文本之圖式名稱。
第六十一條	第二十六條、第三十條、第三十四條、第三十五條及第三十八條規定，於設計專利準用之。 本章之規定，適用於衍生設計專利。

第五章	專利權
第六十二條	本法第五十九條第一項第三款、第九十九條第一項所定申請前，於依本法第二十八條第一項或第三十條第一項規定主張優先權者，指該優先權日前。
第六十三條	申請專利權讓與登記者，應由原專利權人或受讓人備具申請書，並檢附讓與契約或讓與證明文件。 公司因併購申請承受專利權登記者，前項應檢附文件，為併購之證明文件。
第六十四條	申請專利權信託登記者，應由原專利權人或受託人備具申請書，並檢附下列文件： 一、申請信託登記者，其信託契約或證明文件。 二、信託關係消滅，專利權由委託人取得時，申請信託塗銷登記者，其信託契約或信託關係消滅證明文件。 三、信託關係消滅，專利權歸屬於第三人時，申請信託歸屬登記者，其信託契約或信託歸屬證明文件。 四、申請信託登記其他變更事項者，其變更證明文件。
第六十五條	申請專利權授權登記者，應由專利權人或被授權人備具申請書，並檢附下列文件： 一、申請授權登記者，其授權契約或證明文件。 二、申請授權變更登記者，其變更證明文件。 三、申請授權塗銷登記者，被授權人出具之塗銷登記同意書、法院判決書及判決確定證明書或依法與法院確定判決有同一效力之證明文件。但因授權期間屆滿而消滅者，免予檢附。 前項第一款之授權契約或證明文件，應載明下列事項： 一、發明、新型或設計名稱或其專利證書號數。 二、授權種類、內容、地域及期間。 專利權人就部分請求項授權他人實施者，前項第二款之授權內容應載明其請求項次。 第二項第二款之授權期間，以專利權期間為限。
第六十六條	申請專利權再授權登記者，應由原被授權人或再被授權人備具申請書，並檢附下列文件： 一、申請再授權登記者，其再授權契約或證明文件。 二、申請再授權變更登記者，其變更證明文件。 三、申請再授權塗銷登記者，再被授權人出具之塗銷登記同意書、法院判決書及判決確定證明書或依法與法院確定判決有同一效力之證明文件。但因原授權或再授權期間屆滿而消滅者，免予檢附。 前項第一款之再授權契約或證明文件應載明事項，準用前條第二項之規定。 在授權範圍，以原授權之範圍為限。

第六十七條	申請專利權質權登記者，應由專利權人或質權人備具申請書及專利證書，並檢附下列文件： 一、申請質權設定登記者，其質權設定契約或證明文件。 二、申請質權變更登記者，其變更證明文件。 三、申請質權塗銷登記者，其債權清償證明文件、質權人出具之塗銷登記同意書、法院判決書及判決確定證明書或依法與法院確定判決有同一效力之證明文件。 前項第一款之質權設定契約或證明文件，應載明下列事項： 一、發明、新型或設計名稱或其專利證書號數。 二、債權金額及質權設定期間。 前項第二款之質權設定期間，以專利權期間為限。 專利專責機關為第一項登記，應將有關事項加註於專利證書及專利權簿。
第六十八條	申請前五條之登記，依法須經第三人同意者，並應檢附第三人同意之證明文件。
第六十九條	申請專利權繼承登記者，應備具申請書，並檢附死亡與繼承證明文件。
第七十條	依本法第六十七條規定申請更正說明書、申請專利範圍或圖式者，應備具申請書，並檢附下列文件： 一、更正後無劃線之說明書、圖式替換頁。 二、更正申請專利範圍者，其全份申請專利範圍。 三、依本法第六十九條規定應經被授權人、質權人或全體共有人同意者，其同意之證明文件。 前項申請書，應載明下列事項： 一、更正說明書者，其更正之頁數、段落編號與行數、更正內容及理由。 二、更正申請專利範圍者，其更正之請求項、更正內容及理由。 三、更正圖式者，其更正之圖號及更正理由。 更正內容，應載明更正前及更正後之內容；其為刪除原內容者，應劃線於刪除之文字上；其為新增內容者，應劃線於新增之文字下方。 第二項之更正理由並應載明適用本法第六十七條第一項之款次。 更正申請專利範圍者，如刪除部分請求項，不得變更其他請求項之項號；更正圖式者，如刪除部分圖式，不得變更其他圖之圖號。 專利權人於舉發案審查期間申請更正者，並應於更正申請書載明舉發案號。
第七十一條	依本法第七十二條規定，於專利權當然消滅後提起舉發者，應檢附對該專利權之撤銷具有可回復之法律上利益之證明文件。
第七十二條	本法第七十三條第一項規定之舉發聲明，於發明、新型應敘明請求撤銷全部或部分請求項之意旨；其就部分請求項提起舉發者，並應具體指明請求撤銷之請求項；於設計應敘明請求撤銷設計專利權。 本法第七十三條第一項規定之舉發理由，應敘明舉發所主張之法條及具體事實，並敘明各具體事實與證據間之關係。

第七十三條	舉發案之審查及審定,應於舉發聲明範圍內為之。 舉發審定書主文,應載明審定結果;於發明、新型應就各請求項分別載明。
第七十四條	依本法第七十七條第一項規定合併審查之更正案與舉發案,應先就更正案進行審查,經審查認應不准更正者,應通知專利權人限期申復;屆期未申復或申復結果仍應不准更正者,專利專責機關得逕予審查。 依本法第七十七條第一項規定合併審定之更正案與舉發案,舉發審定書主文應分別載明更正案及舉發案之審定結果。但經審查認應不准更正者,僅於審定理由中敘明之。
第七十五條	專利專責機關依本法第七十八條第一項規定合併審查多件舉發案時,應將各舉發案提出之理由及證據通知各舉發人及專利權人。 各舉發人及專利權人得於專利專責機關指定之期間內就各舉發案提出之理由及證據陳述意見或答辯。
第七十六條	舉發案審查期間,專利專責機關認有必要時,得協商舉發人與專利權人,訂定審查計畫。
第七十七條	申請專利權之強制授權者,應備具申請書,載明申請理由,並檢附詳細之實施計畫書及相關證明文件。 申請廢止專利權之強制授權者,應備具申請書,載明申請廢止之事由,並檢附證明文件。
第七十八條	依本法第八十八條第二項規定,強制授權之實施應以供應國內市場需要為主者,專利專責機關應於核准強制授權之審定書內載明被授權人應以適當方式揭露下列事項: 一、強制授權之實施情況。 二、製造產品數量及產品流向。
第七十九條	本法第九十八條所定專利證書號數標示之附加,在專利權消滅或撤銷確定後,不得為之。但於專利權消滅或撤銷確定前已標示並流通進入市場者,不在此限。
第八十條	專利證書滅失、遺失或毀損致不堪使用者,專利權人應以書面敘明理由,申請補發或換發。
第八十一條	依本法第一百三十九條規定申請更正說明書或圖式者,應備具申請書,並檢附更正後無劃線之全份說明書或圖式。 前項申請書,應載明下列事項: 一、更正說明書者,其更正之頁數與行數、更正內容及理由。 二、更正圖式者,其更正之圖式名稱及更正理由。 更正內容,應載明更正前及更正後之內容;其為刪除原內容者,應劃線於刪除之文字上;其為新增內容者,應劃線於新增之文字下方。 第二項之更正理由並應載明適用本法第一百三十九條第一項之款次。 專利權人於舉發案審查期間申請更正者,並應於更正申請書載明舉發案號。

第八十二條	專利權簿應載明下列事項： 一、發明、新型或設計名稱。 二、專利權期限。 三、專利權人姓名或名稱、國籍、住居所或營業所。 四、委任代理人者，其姓名及事務所。 五、申請日及申請案號。 六、主張本法第二十八條第一項優先權之各第一次申請專利之國家或世界貿易組織會員、申請案號及申請日。 七、主張本法第三十條第一項優先權之各申請案號及申請日。 八、公告日及專利證書號數。 九、受讓人、繼承人之姓名或名稱及專利權讓與或繼承登記之年、月、日。 十、委託人、受託人之姓名或名稱及信託、塗銷或歸屬登記之年、月、日。 十一、被授權人之姓名或名稱及授權登記之年、月、日。 十二、質權人姓名或名稱及質權設定、變更或塗銷登記之年、月、日。 十三、強制授權之被授權人姓名或名稱、國籍、住居所或營業所及核准或廢止之年、月、日。 十四、補發證書之事由及年、月、日。 十五、延長或延展專利權期限及核准之年、月、日。 十六、專利權消滅或撤銷之事由及其年、月、日；如發明或新型專利權之部分請求項經刪除或撤銷者，並應載明該部分請求項項號。 十七、寄存機構名稱、寄存日期及號碼。 十八、其他有關專利之權利及法令所定之一切事項。
第八十三條	專利專責機關公告專利時，應將下列事項刊載專利公報： 一、專利證書號數。 二、公告日。 三、發明專利之公開編號及公開日。 四、國際專利分類或國際工業設計分類。 五、申請日。 六、申請案號。 七、發明、新型或設計名稱。 八、發明人、新型創作人或設計人姓名。 九、申請人姓名或名稱、住居所或營業所。 十、委任代理人者，其姓名。 十一、發明專利或新型專利之申請專利範圍及圖式；設計專利之圖式。 十二、圖式簡單說明或設計說明。 十三、主張本法第二十八條第一項優先權之各第一次申請專利之國家或世界貿易組織會員、申請案號及申請日。 十四、主張本法第二十條第一項優先權之各申請案號及申請日。 十五、生物材料或利用生物材料之發明，其寄存機構名稱、寄存日期及寄存號碼。

第八十四條	專利專責機關於核准更正後,應將下列事項刊載專利公報: 一、專利證書號數。 二、原專利公告日。 三、申請案號。 四、發明、新型或設計名稱。 五、專利權人姓名或名稱。 六、更正事項。
第八十五條	專利專責機關於舉發審定後,應將下列事項刊載專利公報: 一、被舉發案號數。 二、發明、新型或設計名稱。 三、專利權人姓名或名稱、住居所或營業所。 四、舉發人姓名或名稱。 五、委任代理人者,其姓名。 六、舉發日期。 七、審定主文。 八、審定理由。
第八十六條	專利申請人有延緩公告專利之必要者,應於繳納證書費及第一年專利年費時,向專利專責機關申請延緩公告。所請延緩之期限,不得逾三個月。
第六章	附則
第八十七條	依本法規定檢送之模型、樣品或書證,經專利專責機關通知限期領回者,申請人屆期未領回時,專利專責機關得逕行處理。
第八十八條	依本法及本細則所為之申請,其申請書、說明書、申請專利範圍、摘要及圖式,應使用本法修正施行後之書表格式。 有下列情事之一者,除申請書外,其說明書、圖式或圖說,得使用本法修正施行前之書表格式: 一、本法修正施行後三個月內提出之發明或新型專利申請案。 二、本法修正施行前以外文本提出之申請案,於修正施行後六個月內補正說明書、申請專利範圍、圖式或圖說。 三、本法修正施行前或依第一款規定提出之申請案,於本法修正施行後申請修正或更正,其修正或更正之說明書、申請專利範圍、圖式或圖說。
第八十九條	依本法第一百二十一條第二項、第一百二十九條第二項規定提出之設計專利申請案,其主張之優先權日早於本法修正施行日者,以本法修正施行日為其優先權日。
第九十條	本細則自中華民國一百零二年一月一日施行。

附錄三　著作權法

103.1.7.修訂

第一章	總則
第一條	為保障著作人著作權益，調和社會公共利益，促進國家文化發展，特制定本法。本法未規定者，適用其他法律之規定。
第二條	本法主管機關為經濟部。 著作權業務，由經濟部指定專責機關辦理。
第三條	本法用詞定義如下： 一、著作：指屬於文學、科學、藝術或其他學術範圍之創作。 二、著作人：指創作著作之人。 三、著作權：指因著作完成所生之著作人格權及著作財產權。 四、公眾：指不特定人或特定之多數人。但家庭及其正常社交之多數人，不在此限。 五、重製：指以印刷、複印、錄音、錄影、攝影、筆錄或其他方法直接、間接、永久或暫時之重複製作。於劇本、音樂著作或其他類似著作演出或播送時予以錄音或錄影；或依建築設計圖或建築模型建造建築物者，亦屬之。 六、公開口述：指以言詞或其他方法向公眾傳達著作內容。 七、公開播送：指基於公眾直接收聽或收視為目的，以有線電、無線電或其他器材之廣播系統傳送訊息之方法，藉聲音或影像，向公眾傳達著作內容。由原播送人以外之人，以有線電、無線電或其他器材之廣播系統傳送訊息之方法，將原播送之聲音或影像向公眾傳達者，亦屬之。 八、公開上映：指以單一或多數視聽機或其他傳送影像之方法於同一時間向現場或現場以外一定場所之公眾傳達著作內容。 九、公開演出：指以演技、舞蹈、歌唱、彈奏樂器或其他方法向現場之公眾傳達著作內容。以擴音器或其他器材，將原播送之聲音或影像向公眾傳達者，亦屬之。 十、公開傳輸：指以有線電、無線電之網路或其他通訊方法，藉聲音或影像向公眾提供或傳達著作內容，包括使公眾得於其各自選定之時間或地點，以上述方法接收著作內容。 十一、改作：指以翻譯、編曲、改寫、拍攝影片或其他方法就原著作另為創作。 十二、散布：指不問有償或無償，將著作之原件或重製物提供公眾交易或流通。 十三、公開展示：指向公眾展示著作內容。 十四、發行：指權利人散布能滿足公眾合理需要之重製物。 十五、公開發表：指權利人以發行、播送、上映、口述、演出、展示或其他方法向公眾公開提示著作內容。

第三條	十六、原件：指著作首次附著之物。 十七、權利管理電子資訊：指於著作原件或其重製物，或於著作向公眾傳達時，所表示足以確認著作、著作名稱、著作人、著作財產權人或其授權之人及利用期間或條件之相關電子資訊；以數字、符號表示此類資訊者，亦屬之。 十八、防盜拷措施：指著作權人所採取有效禁止或限制他人擅自進入或利用著作之設備、器材、零件、技術或其他科技方法。 十九、網路服務提供者，指提供下列服務者： （一）連線服務提供者：透過所控制或營運之系統或網路，以有線或無線方式，提供資訊傳輸、發送、接收，或於前開過程中之中介及短暫儲存之服務者。 （二）快速存取服務提供者：應使用者之要求傳輸資訊後，透過所控制或營運之系統或網路，將該資訊為中介及暫時儲存，以供其後要求傳輸該資訊之使用者加速進入該資訊之服務者。 （三）資訊儲存服務提供者：透過所控制或營運之系統或網路，應使用者之要求提供資訊儲存之服務者。 （四）搜尋服務提供者：提供使用者有關網路資訊之索引、參考或連結之搜尋或連結之服務者。 前項第八款所稱之現場或現場以外一定場所，包含電影院、俱樂部、錄影帶或碟影片播映場所、旅館房間、供公眾使用之交通工具或其他供不特定人進出之場所。
第四條	外國人之著作合於下列情形之一者，得依本法享有著作權。但條約或協定另有約定，經立法院議決通過者，從其約定： 一、於中華民國管轄區域內首次發行，或於中華民國管轄區域外首次發行後三十日內在中華民國管轄區域內發行者。但以該外國人之本國，對中華民國之著作，在相同之情形下，亦予保護且經查證屬實者為限。 二、依條約、協定或其本國法令、慣例，中華民國人之著作得在該國享有著作權者。

第二章	著作
第五條	本法所稱著作，例示如下： 一、語文著作。 二、音樂著作。 三、戲劇、舞蹈著作。 四、美術著作。 五、攝影著作。 六、圖形著作。 七、視聽著作。 八、錄音著作。 九、建築著作。 十、電腦程式著作。 前項各款著作例示內容，由主管機關訂定之。
第六條	就原著作改作之創作為衍生著作，以獨立之著作保護之。 衍生著作之保護，對原著作之著作權不生影響。
第七條	就資料之選擇及編排具有創作性者為編輯著作，以獨立之著作保護之。 編輯著作之保護，對其所收編著作之著作權不生影響。
第七條之一	表演人對既有著作或民俗創作之表演，以獨立之著作保護之。 表演之保護，對原著作之著作權不生影響。
第八條	二人以上共同完成之著作，其各人之創作，不能分離利用者，為共同著作。
第九條	下列各款不得為著作權之標的： 一、憲法、法律、命令或公文。 二、中央或地方機關就前款著作作成之翻譯物或編輯物。 三、標語及通用之符號、名詞、公式、數表、表格、簿冊或時曆。 四、單純為傳達事實之新聞報導所作成之語文著作。 五、依法令舉行之各類考試試題及其備用試題。 前項第一款所稱公文，包括公務員於職務上草擬之文告、講稿、新聞稿及其他文書。
第三章	著作人及著作權
第一節	通則
第十條	著作人於著作完成時享有著作權。但本法另有規定者，從其規定。
第十條之一	依本法取得之著作權，其保護僅及於該著作之表達，而不及於其所表達之思想、程序、製程、系統、操作方法、概念、原理、發現。

第二節	著作人
第十一條	受雇人於職務上完成之著作，以該受雇人爲著作人。但契約約定以雇用人爲著作人者，從其約定。 依前項規定，以受雇人爲著作人者，其著作財產權歸雇用人享有。但契約約定其著作財產權歸受雇人享有者，從其約定。 前二項所稱受雇人，包括公務員。
第十二條	出資聘請他人完成之著作，除前條情形外，以該受聘人爲著作人。但契約約定以出資人爲著作人者，從其約定。 依前項規定，以受聘人爲著作人者，其著作財產權依契約約定歸受聘人或出資人享有。未約定著作財產權之歸屬者，其著作財產權歸受聘人享有。 依前項規定著作財產權歸受聘人享有者，出資人得利用該著作。
第十三條	在著作之原件或其已發行之重製物上，或將著作公開發表時，以通常之方法表示著作人之本名或眾所周知之別名者，推定爲該著作之著作人。 前項規定，於著作發行日期、地點及著作財產權人之推定，準用之。
第十四條	（刪除）
第三節	著作人格權
第十五條	著作人就其著作享有公開發表之權利。但公務員，依第十一條及第十二條規定爲著作人，而著作財產權歸該公務員隸屬之法人享有者，不適用之。 有下列情形之一者，推定著作人同意公開發表其著作： 一、著作人將其尚未公開發表著作之著作財產權讓與他人或授權他人利用時，因著作財產權之行使或利用而公開發表者。 二、著作人將其尚未公開發表之美術著作或攝影著作之著作原件或其重製物讓與他人，受讓人以其著作原件或其重製物公開展示者。 三、依學位授予法撰寫之碩士、博士論文，著作人已取得學位者。 依第十一條第二項及第十二條第二項規定，由雇用人或出資人自始取得尚未公開發表著作之著作財產權者，因其著作財產權之讓與、行使或利用而公開發表者，視爲著作人同意公開發表其著作。 前項規定，於第十二條第三項準用之。
第十六條	著作人於著作之原件或其重製物上或於著作公開發表時，有表示其本名、別名或不具名之權利。著作人就其著作所生之衍生著作，亦有相同之權利。 前條第一項但書規定，於前項準用之。 利用著作之人，得使用自己之封面設計，並加冠設計人或主編之姓名或名稱。但著作人有特別表示或違反社會使用慣例者，不在此限。 依著作利用之目的及方法，於著作人之利益無損害之虞，且不違反社會使用慣例者，得省略著作人之姓名或名稱。

第十七條	著作人享有禁止他人以歪曲、割裂、竄改或其他方法改變其著作之內容、形式或名目致損害其名譽之權利。
第十八條	著作人死亡或消滅者,關於其著作人格權之保護,視同生存或存續,任何人不得侵害。但依利用行為之性質及程度、社會之變動或其他情事可認為不違反該著作人之意思者,不構成侵害。
第十九條	共同著作之著作人格權,非經著作人全體同意,不得行使之。各著作人無正當理由者,不得拒絕同意。 共同著作之著作人,得於著作人中選定代表人行使著作人格權。 對於前項代表人之代表權所加限制,不得對抗善意第三人。
第二十條	未公開發表之著作原件及其著作財產權,除作為買賣之標的或經本人允諾者外,不得作為強制執行之標的。
第二十一條	著作人格權專屬於著作人本身,不得讓與或繼承。
第四節	著作財產權
第一款	著作財產權之種類
第二十二條	著作人除本法另有規定外,專有重製其著作之權利。 表演人專有以錄音、錄影或攝影重製其表演之權利。 前二項規定,於專為網路中繼性傳輸,或合法使用著作,屬技術操作過程中必要之過渡性、附帶性而不具獨立經濟意義之暫時性重製,不適用之。但電腦程式不在此限。 前項網路合法中繼性傳輸之暫時性重製情形,包括網路瀏覽、快速存取或其他為達成傳輸功能之電腦或機械本身技術上所不可避免之現象。
第二十三條	著作人專有公開口述其語文著作之權利。
第二十四條	著作人除本法另有規定外,專有公開播送其著作之權利。 表演人就其經重製或公開播送後之表演,再公開播送者,不適用前項規定。
第二十五條	著作人專有公開上映其視聽著作之權利。
第二十六條	著作人除本法另有規定外,專有公開演出其語文、音樂或戲劇、舞蹈著作之權利。 表演人專有以擴音器或其他器材公開演出其表演之權利。但將表演重製後或公開播送後再以擴音器或其他器材公開演出者,不在此限。 錄音著作經公開演出者,著作人得請求公開演出之人支付使用報酬。
第二十六條之一	著作人除本法另有規定外,專有公開傳輸其著作之權利。 表演人就其經重製於錄音著作之表演,專有公開傳輸之權利。
第二十七條	著作人專有公開展示其未發行之美術著作或攝影著作之權利。
第二十八條	著作人專有將其著作改作成衍生著作或編輯成編輯著作之權利。但表演不適用之。

第二十八條之一	著作人除本法另有規定外，專有以移轉所有權之方式，散布其著作之權利。 表演人就其經重製於錄音著作之表演，專有以移轉所有權之方式散布之權利。
第二十九條	著作人除本法另有規定外，專有出租其著作之權利。 表演人就其經重製於錄音著作之表演，專有出租之權利。
第二十九條之一	依第十一條第二項或第十二條第二項規定取得著作財產權之雇用人或出資人，專有第二十二條至第二十九條規定之權利。
第二款	著作財產權之存續期間
第三十條	著作財產權，除本法另有規定外，存續於著作人之生存期間及其死亡後五十年。 著作於著作人死亡後四十年至五十年間首次公開發表者，著作財產權之期間，自公開發表時起存續十年。
第三十一條	共同著作之著作財產權，存續至最後死亡之著作人死亡後五十年。
第三十二條	別名著作或不具名著作之著作財產權，存續至著作公開發表後五十年。但可證明其著作人死亡已逾五十年者，其著作財產權消滅。 前項規定，於著作人之別名為眾所周知者，不適用之。
第三十三條	法人為著作人之著作，其著作財產權存續至其著作公開發表後五十年。但著作在創作完成時起算五十年內未公開發表者，其著作財產權存續至創作完成時起五十年。
第三十四條	攝影、視聽、錄音及表演之著作財產權存續至著作公開發表後五十年。 前條但書規定，於前項準用之。
第三十五條	第三十條至第三十四條所定存續期間，以該期間屆滿當年之末日為期間之終止。 繼續或逐次公開發表之著作，依公開發表日計算著作財產權存續期間時，如各次公開發表能獨立成一著作者，著作財產權存續期間自各別公開發表日起算。如各次公開發表不能獨立成一著作者，以能獨立成一著作時之公開發表日起算。 前項情形，如繼續部分未於前次公開發表日後三年內公開發表者，其著作財產權存續期間自前次公開發表日起算。
第三款	著作財產權之讓與、行使及消滅
第三十六條	著作財產權得全部或部分讓與他人或與他人共有。 著作財產權之受讓人，在其受讓範圍內，取得著作財產權。 著作財產權讓與之範圍依當事人之約定；其約定不明之部分，推定為未讓與。

第三十七條	著作財產權人得授權他人利用著作，其授權利用之地域、時間、內容、利用方法或其他事項，依當事人之約定；其約定不明之部分，推定爲未授權。 前項授權不因著作財產權人嗣後將其著作財產權讓與或再爲授權而受影響。 非專屬授權之被授權人非經著作財產權人同意，不得將其被授與之權利再授權第三人利用。 專屬授權之被授權人在被授權範圍內，得以著作財產權人之地位行使權利，並得以自己名義爲訴訟上之行爲。著作財產權人在專屬授權範圍內，不得行使權利。 第二項至前項規定，於中華民國九十年十一月十二日本法修正施行前所爲之授權，不適用之。 有下列情形之一者，不適用第七章規定。但屬於著作權集體管理團體管理之著作，不在此限： 一、音樂著作經授權重製於電腦伴唱機者，利用人利用該電腦伴唱機公開演出該著作。 二、將原播送之著作再公開播送。 三、以擴音器或其他器材，將原播送之聲音或影像向公眾傳達。 四、著作經授權重製於廣告後，由廣告播送人就該廣告爲公開播送或同步公開傳輸，向公眾傳達。
第三十八條	（刪除）
第三十九條	以著作財產權爲質權之標的物者，除設定時另有約定外，著作財產權人得行使其著作財產權。
第四十條	共同著作各著作人之應有部分，依共同著作人間之約定定之；無約定者，依各著作人參與創作之程度定之。各著作人參與創作之程度不明時，推定爲均等。 共同著作之著作人拋棄其應有部分者，其應有部分由其他共同著作人依其應有部分之比例分享之。 前項規定，於共同著作之著作人死亡無繼承人或消滅後無承受人者，準用之。
第四十條之一	共有之著作財產權，非經著作財產權人全體同意，不得行使之；各著作財產權人非經其他共有著作財產權人之同意，不得以其應有部分讓與他人或爲他人設定質權。各著作財產權人，無正當理由者，不得拒絕同意。 共有著作財產權人，得於著作財產權人中選定代表人行使著作財產權。對於代表人之代表權所加限制，不得對抗善意第三人。 前條第二項及第三項規定，於共有著作財產權準用之。

第四十一條	著作財產權人投稿於新聞紙、雜誌或授權公開播送著作者,除另有約定外,推定僅授與刊載或公開播送一次之權利,對著作財產權人之其他權利不生影響。
第四十二條	著作財產權因存續期間屆滿而消滅。於存續期間內,有下列情形之一者,亦同: 一、著作財產權人死亡,其著作財產權依法應歸屬國庫者。 二、著作財產權人為法人,於其消滅後,其著作財產權依法應歸屬於地方自治團體者。
第四十三條	著作財產權消滅之著作,除本法另有規定外,任何人均得自由利用。
第四款	著作財產權之限制
第四十四條	中央或地方機關,因立法或行政目的所需,認有必要將他人著作列為內部參考資料時,在合理範圍內,得重製他人之著作。但依該著作之種類、用途及其重製物之數量、方法,有害於著作財產權人之利益者,不在此限。
第四十五條	專為司法程序使用之必要,在合理範圍內,得重製他人之著作。 前條但書規定,於前項情形準用之。
第四十六條	依法設立之各級學校及其擔任教學之人,為學校授課需要,在合理範圍內,得重製他人已公開發表之著作。 第四十四條但書規定,於前項情形準用之。
第四十七條	為編製依法令應經教育行政機關審定之教科用書,或教育行政機關編製教科用書者,在合理範圍內,得重製、改作或編輯他人已公開發表之著作。 前項規定,於編製附隨於該教科用書且專供教學之人教學用之輔助用品,準用之。但以由該教科用書編製者編製為限。 依法設立之各級學校或教育機構,為教育目的之必要,在合理範圍內,得公開播送他人已公開發表之著作。 前三項情形,利用人應將利用情形通知著作財產權人並支付使用報酬。使用報酬率,由主管機關定之。
第四十八條	供公眾使用之圖書館、博物館、歷史館、科學館、藝術館或其他文教機構,於下列情形之一,得就其收藏之著作重製之: 一、閱覽人供個人研究之要求,重製已公開發表著作之一部分,或期刊或已公開發表之研討會論文集之單篇著作,每人以一份為限。 二、基於保存資料之必要者。 三、就絕版或難以購得之著作,應同性質機構之要求者。
第四十八條之一	中央或地方機關、依法設立之教育機構或供公眾使用之圖書館,得重製下列已公開發表之著作所附之摘要: 一、依學位授予法撰寫之碩士、博士論文,著作人已取得學位者。 二、刊載於期刊中之學術論文。 三、已公開發表之研討會論文集或研究報告。
第四十九條	以廣播、攝影、錄影、新聞紙、網路或其他方法為時事報導者,在報導之必要範圍內,得利用其報導過程中所接觸之著作。

第五十條	以中央或地方機關或公法人之名義公開發表之著作，在合理範圍內，得重製、公開播送或公開傳輸。
第五十一條	供個人或家庭為非營利之目的，在合理範圍內，得利用圖書館及非供公眾使用之機器重製已公開發表之著作。
第五十二條	為報導、評論、教學、研究或其他正當目的之必要，在合理範圍內，得引用已公開發表之著作。
第五十三條	中央或地方政府機關、非營利機構或團體、依法立案之各級學校，為專供視覺障礙者、學習障礙者、聽覺障礙者或其他感知著作有困難之障礙者使用之目的，得以翻譯、點字、錄音、數位轉換、口述影像、附加手語或其他方式利用已公開發表之著作。 前項所定障礙者或其代理人為供該障礙者個人非營利使用，準用前項規定。 依前二項規定製作之著作重製物，得於前二項所定障礙者、中央或地方政府機關、非營利機構或團體、依法立案之各級學校間散布或公開傳輸。
第五十四條	中央或地方機關、依法設立之各級學校或教育機構辦理之各種考試，得重製已公開發表之著作，供為試題之用。但已公開發表之著作如為試題者，不適用之。
第五十五條	非以營利為目的，未對觀眾或聽眾直接或間接收取任何費用，且未對表演人支付報酬者，得於活動中公開口述、公開播送、公開上映或公開演出他人已公開發表之著作。
第五十六條	廣播或電視，為公開播送之目的，得以自己之設備錄音或錄影該著作。但以其公開播送業經著作財產權人之授權或合於本法規定者為限。 前項錄製物除經著作權專責機關核准保存於指定之處所外，應於錄音或錄影後六個月內銷燬之。
第五十六條之一	為加強收視效能，得以依法令設立之社區共同天線同時轉播依法設立無線電視臺播送之著作，不得變更其形式或內容。
第五十七條	美術著作或攝影著作原件或合法重製物之所有人或經其同意之人，得公開展示該著作原件或合法重製物。 前項公開展示之人，為向參觀人解說著作，得於說明書內重製該著作。
第五十八條	於街道、公園、建築物之外壁或其他向公眾開放之戶外場所長期展示之美術著作或建築著作，除下列情形外，得以任何方法利用之： 一、以建築方式重製建築物。 二、以雕塑方式重製雕塑物。 三、為於本條規定之場所長期展示目的所為之重製。 四、專門以販賣美術著作重製物為目的所為之重製。

第五十九條	合法電腦程式著作重製物之所有人得因配合其所使用機器之需要,修改其程式,或因備用存檔之需要重製其程式。但限於該所有人自行使用。 前項所有人因滅失以外之事由,喪失原重製物之所有權者,除經著作財產權人同意外,應將其修改或重製之程式銷燬之。
第五十九條之一	在中華民國管轄區域內取得著作原件或其合法重製物所有權之人,得以移轉所有權之方式散布之。
第六十條	著作原件或其合法著作重製物之所有人,得出租該原件或重製物。但錄音及電腦程式著作,不適用之。 附含於貨物、機器或設備之電腦程式著作重製物,隨同貨物、機器或設備合法出租且非該項出租之主要標的物者,不適用前項但書之規定。
第六十一條	揭載於新聞紙、雜誌或網路上有關政治、經濟或社會上時事問題之論述,得由其他新聞紙、雜誌轉載或由廣播或電視公開播送,或於網路上公開傳輸。但經註明不許轉載、公開播送或公開傳輸者,不在此限。
第六十二條	政治或宗教上之公開演說、裁判程序及中央或地方機關之公開陳述,任何人得利用之。但專就特定人之演說或陳述,編輯成編輯著作者,應經著作財產權人之同意。
第六十三條	依第四十四條、第四十五條、第四十八條第一款、第四十八條之一至第五十條、第五十二條至第五十五條、第六十一條及第六十二條規定得利用他人著作者,得翻譯該著作。 依第四十六條及第五十一條規定得利用他人著作者,得改作該著作。 依第四十六條至第五十條、第五十二條至第五十四條、第五十七條第二項、第五十八條、第六十一條及第六十二條規定利用他人著作者,得散布該著作。
第六十四條	依第四十四條至第四十七條、第四十八條之一至第五十條、第五十二條、第五十三條、第五十五條、第五十七條、第五十八條、第六十條至第六十三條規定利用他人著作者,應明示其出處。 前項明示出處,就著作人之姓名或名稱,除不具名著作或著作人不明者外,應以合理之方式為之。

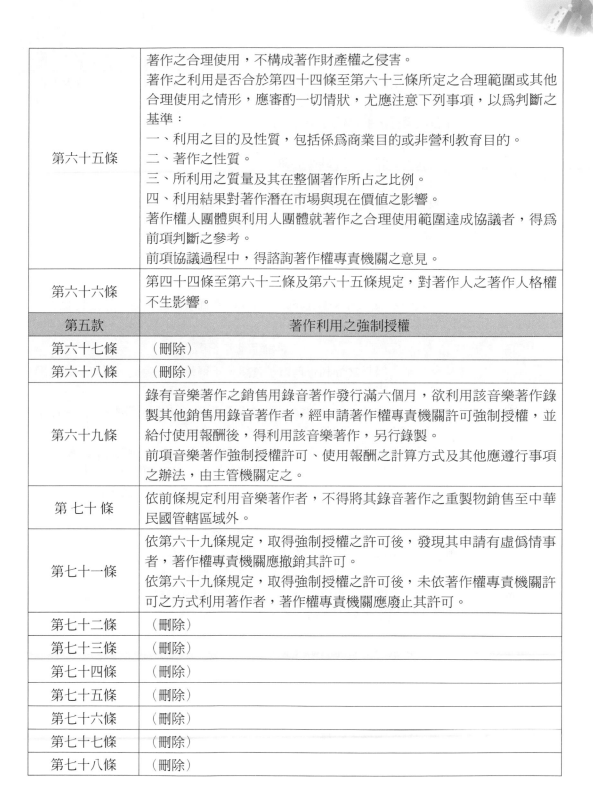

第六十五條	著作之合理使用，不構成著作財產權之侵害。 著作之利用是否合於第四十四條至第六十三條所定之合理範圍或其他合理使用之情形，應審酌一切情狀，尤應注意下列事項，以為判斷之基準： 一、利用之目的及性質，包括係為商業目的或非營利教育目的。 二、著作之性質。 三、所利用之質量及其在整個著作所占之比例。 四、利用結果對著作潛在市場與現在價值之影響。 著作權人團體與利用人團體就著作之合理使用範圍達成協議者，得為前項判斷之參考。 前項協議過程中，得諮詢著作權專責機關之意見。
第六十六條	第四十四條至第六十三條及第六十五條規定，對著作人之著作人格權不生影響。
第五款	著作利用之強制授權
第六十七條	（刪除）
第六十八條	（刪除）
第六十九條	錄有音樂著作之銷售用錄音著作發行滿六個月，欲利用該音樂著作錄製其他銷售用錄音著作者，經申請著作權專責機關許可強制授權，並給付使用報酬後，得利用該音樂著作，另行錄製。 前項音樂著作強制授權許可、使用報酬之計算方式及其他應遵行事項之辦法，由主管機關定之。
第七十條	依前條規定利用音樂著作者，不得將其錄音著作之重製物銷售至中華民國管轄區域外。
第七十一條	依第六十九條規定，取得強制授權之許可後，發現其申請有虛偽情事者，著作權專責機關應撤銷其許可。 依第六十九條規定，取得強制授權之許可後，未依著作權專責機關許可之方式利用著作者，著作權專責機關應廢止其許可。
第七十二條	（刪除）
第七十三條	（刪除）
第七十四條	（刪除）
第七十五條	（刪除）
第七十六條	（刪除）
第七十七條	（刪除）
第七十八條	（刪除）

第四章	製版權
第七十九條	無著作財產權或著作財產權消滅之文字著述或美術著作,經製版人就文字著述整理印刷,或就美術著作原件以影印、印刷或類似方式重製首次發行,並依法登記者,製版人就其版面,專有以影印、印刷或類似方式重製之權利。 製版人之權利,自製版完成時起算存續十年。 前項保護期間,以該期間屆滿當年之末日,爲期間之終止。 製版權之讓與或信託,非經登記,不得對抗第三人。 製版權登記、讓與登記、信託登記及其他應遵行事項之辦法,由主管機關定之。
第八十條	第四十二條及第四十三條有關著作財產權消滅之規定、第四十四條至第四十八條、第四十九條、第五十一條、第五十二條、第五十四條、第六十四條及第六十五條關於著作財產權限制之規定,於製版權準用之。
第四章之一	權利管理電子資訊
第八十條之一	著作權人所爲之權利管理電子資訊,不得移除或變更。但有下列情形之一者,不在此限: 一、因行爲時之技術限制,非移除或變更著作權利管理電子資訊即不能合法利用該著作。 二、錄製或傳輸系統轉換時,其轉換技術上必要之移除或變更。 明知著作權利管理電子資訊,業經非法移除或變更者,不得散布或意圖散布而輸入或持有該著作原件或其重製物,亦不得公開播送、公開演出或公開傳輸。
第八十條之二	著作權人所採取禁止或限制他人擅自進入著作之防盜拷措施,未經合法授權不得予以破解、破壞或以其他方法規避之。 破解、破壞或規避防盜拷措施之設備、器材、零件、技術或資訊,未經合法授權不得製造、輸入、提供公眾使用或爲公眾提供服務。 前二項規定,於下列情形不適用之: 一、爲維護國家安全者。 二、中央或地方機關所爲者。 三、檔案保存機構、教育機構或供公眾使用之圖書館,爲評估是否取得資料所爲者。 四、爲保護未成年人者。 五、爲保護個人資料者。 六、爲電腦或網路進行安全測試者。 七、爲進行加密研究者。 八、爲進行還原工程者。 九、爲依第四十四條至第六十三條及第六十五條規定利用他人著作者。 十、其他經主管機關所定情形。 前項各款之內容,由主管機關定之,並定期檢討。

第五章	著作權集體管理團體與著作權審議及調解委員會
第八十一條	著作財產權人為行使權利、收受及分配使用報酬，經著作權專責機關之許可，得組成著作權集體管理團體。 專屬授權之被授權人，亦得加入著作權集體管理團體。 第一項團體之許可設立、組織、職權及其監督、輔導，另以法律定之。
第八十二條	著作權專責機關應設置著作權審議及調解委員會，辦理下列事項： 一、第四十七條第四項規定使用報酬率之審議。 二、著作權集體管理團體與利用人間，對使用報酬爭議之調解。 三、著作權或製版權爭議之調解。 四、其他有關著作權審議及調解之諮詢。 前項第三款所定爭議之調解，其涉及刑事者，以告訴乃論罪之案件為限。
第八十二條之一	著作權專責機關應於調解成立後七日內，將調解書送請管轄法院審核。 前項調解書，法院應儘速審核，除有違反法令、公序良俗或不能強制執行者外，應由法官簽名並蓋法院印信，除抽存一份外，發還著作權專責機關送達當事人。 法院未予核定之事件，應將其理由通知著作權專責機關。
第八十二條之二	調解經法院核定後，當事人就該事件不得再行起訴、告訴或自訴。 前項經法院核定之民事調解，與民事確定判決有同一之效力；經法院核定之刑事調解，以給付金錢或其他代替物或有價證券之一定數量為標的者，其調解書具有執行名義。
第八十二條之三	民事事件已繫屬於法院，在判決確定前，調解成立，並經法院核定者，視為於調解成立時撤回起訴。 刑事事件於偵查中或第一審法院辯論終結前，調解成立，經法院核定，並經當事人同意撤回者，視為於調解成立時撤回告訴或自訴。
第八十二條之四	民事調解經法院核定後，有無效或得撤銷之原因者，當事人得向原核定法院提起宣告調解無效或撤銷調解之訴。 前項訴訟，當事人應於法院核定之調解書送達後三十日內提起之。
第八十三條	前條著作權審議及調解委員會之組織規程及有關爭議之調解辦法，由主管機關擬訂，報請行政院核定後發布之。
第六章	權利侵害之救濟
第八十四條	著作權人或製版權人對於侵害其權利者，得請求排除之，有侵害之虞者，得請求防止之。
第八十五條	侵害著作人格權者，負損害賠償責任。雖非財產上之損害，被害人亦得請求賠償相當之金額。 前項侵害，被害人並得請求表示著作人之姓名或名稱、更正內容或為其他回復名譽之適當處分。

第八十六條	著作人死亡後,除其遺囑另有指定外,下列之人,依順序對於違反第十八條或有違反之虞者,得依第八十四條及前條第二項規定,請求救濟: 一、配偶。 二、子女。 三、父母。 四、孫子女。 五、兄弟姐妹。 六、祖父母。
第八十七條	有下列情形之一者,除本法另有規定外,視為侵害著作權或製版權: 一、以侵害著作人名譽之方法利用其著作者。 二、明知為侵害製版權之物而散布或意圖散布而公開陳列或持有者。 三、輸入未經著作財產權人或製版權人授權重製之重製物或製版物者。 四、未經著作財產權人同意而輸入著作原件或其國外合法重製物者。 五、以侵害電腦程式著作財產權之重製物作為營業之使用者。 六、明知為侵害著作財產權之物而以移轉所有權或出租以外之方式散布者,或明知為侵害著作財產權之物,意圖散布而公開陳列或持有者。 七、未經著作財產權人同意或授權,意圖供公眾透過網路公開傳輸或重製他人著作,侵害著作財產權,對公眾提供可公開傳輸或重製著作之電腦程式或其他技術,而受有利益者。 前項第七款之行為人,採取廣告或其他積極措施,教唆、誘使、煽惑、說服公眾利用電腦程式或其他技術侵害著作財產權者,為具備該款之意圖。
第八十七條之一	有下列情形之一者,前條第四款之規定,不適用之: 一、為供中央或地方機關之利用而輸入。但為供學校或其他教育機構之利用而輸入或非以保存資料之目的而輸入視聽著作原件或其重製物者,不在此限。 二、為供非營利之學術、教育或宗教機構保存資料之目的而輸入視聽著作原件或一定數量重製物,或為其圖書館借閱或保存資料之目的而輸入視聽著作以外之其他著作原件或一定數量重製物,並應依第四十八條規定利用之。 三、為供輸入者個人非散布之利用或屬入境人員行李之一部分而輸入著作原件或一定數量重製物者。 四、中央或地方政府機關、非營利機構或團體、依法立案之各級學校,為專供視覺障礙者、學習障礙者、聽覺障礙者或其他感知著作有困難之障礙者使用之目的,得輸入以翻譯、點字、錄音、數位轉換、口述影像、附加手語或其他方式重製之著作重製物,並應依第五十三條規定利用之。

第八十七條之一	五、附含於貨物、機器或設備之著作原件或其重製物，隨同貨物、機器或設備之合法輸入而輸入者，該著作原件或其重製物於使用或操作貨物、機器或設備時不得重製。 六、附屬於貨物、機器或設備之說明書或操作手冊隨同貨物、機器或設備之合法輸入而輸入者。但以說明書或操作手冊為主要輸入者，不在此限。 前項第二款及第三款之一定數量，由主管機關另定之。
第八十八條	因故意或過失不法侵害他人之著作財產權或製版權者，負損害賠償責任。數人共同不法侵害者，連帶負賠償責任。 前項損害賠償，被害人得依下列規定擇一請求： 一、依民法第二百十六條之規定請求。但被害人不能證明其損害時，得以其行使權利依通常情形可得預期之利益，減除被侵害後行使同一權利所得利益之差額，為其所受損害。 二、請求侵害人因侵害行為所得之利益。但侵害人不能證明其成本或必要費用時，以其侵害行為所得之全部收入，為其所得利。 依前項規定，如被害人不易證明其實際損害額，得請求法院依侵害情節，在新臺幣一萬元以上一百萬元以下酌定賠償額。如損害行為屬故意且情節重大者，賠償額得增至新臺幣五百萬元。
第八十八條之一	依第八十四條或前條第一項請求時，對於侵害行為作成之物或主要供侵害所用之物，得請求銷燬或為其他必要之處置。
第八十九條	被害人得請求由侵害人負擔費用，將判決書內容全部或一部登載新聞紙、雜誌。
第八十九條之一	第八十五條及第八十八條之損害賠償請求權，自請求權人知有損害及賠償義務人時起二年間不行使而消滅。自有侵權行為時起，逾十年者亦同。
第九十條	共同著作之各著作權人，對於侵害其著作權者，得各依本章之規定，請求救濟，並得按其應有部分，請求損害賠償。 前項規定，於因其他關係成立之共有著作財產權或製版權之共有人準用之。
第九十條之一	著作權人或版權人對輸入或輸出侵害其著作權或製版權之物者，得申請海關先予查扣。 前項申請應以書面為之，並釋明侵害之事實，及提供相當於海關核估該進口貨物完稅價格或出口貨物離岸價格之保證金，作為被查扣人因查扣所受損害之賠償擔保。 海關受理查扣之申請，應即通知申請人。如認符合前項規定而實施查扣時，應以書面通知申請人及被查扣人。 申請人或被查扣人，得向海關申請檢視被查扣之物。 查扣之物，經申請人取得法院民事確定判決，屬侵害著作權或製版權者，由海關予以沒入。沒入物之貨櫃延滯費、倉租、裝卸費等有關費用暨處理銷毀費用應由被查扣人負擔。

第九十條之一	前項處理銷燬所需費用，經海關限期通知繳納而不繳納者，依法移送強制執行。 有下列情形之一者，除由海關廢止查扣依有關進出口貨物通關規定辦理外，申請人並應賠償被查扣人因查扣所受損害： 一、查扣之物經法院確定判決，不屬侵害著作權或製版權之物者。 二、海關於通知申請人受理查扣之日起十二日內，未被告知就查扣誤為侵害物之訴訟已提起者。 三、申請人申請廢止查扣者。 前項第二款規定之期限，海關得視需要延長十二日。 有下列情形之一者，海關應依申請人之申請返還保證金： 一、申請人取得勝訴之確定判決或與被查扣人達成和解，已無繼續提供保證金之必要者。 二、廢止查扣後，申請人證明已定二十日以上之期間，催告被查扣人行使權利而未行使者。 三、被查扣人同意返還者。 被查扣人就第二項之保證金與質權人有同一之權利。 海關於執行職務時，發現進出口貨物外觀顯有侵害著作權之嫌者，得於一個工作日內通知權利人並通知進出口人提供授權資料。權利人接獲通知後對於空運出口貨物應於四小時內，空運進口及海運進出口貨物應於一個工作日內至海關協助認定。權利人不明或無法通知，或權利人未於通知期限內至海關協助認定，或經權利人認定系爭標的物未侵權者，若無違反其他通關規定，海關應即放行。 經認定疑似侵權之貨物，海關應採行暫不放行措施。 海關採行暫不放行措施後，權利人於三個工作日內，未依第一項至第十項向海關申請查扣，或未採行保護權利之民、刑事訴訟程序，若無違反其他通關規定，海關應即予放行。
第九十條之二	前條之實施辦法，由主管機關會同財政部定之。
第九十條之三	違反第八十條之一規定，致著作權人受損害者，負賠償責任。數人共同違反者，負連帶賠償責任。 第八十四條、第八十八條之一、第八十九條之一及第九十條之一規定，於違反第八十條之一規定者，準用之。
第六章之一	網路服務提供者之民事免責事由
第九十條之四	符合下列規定之網路服務提供者，適用第九十條之五至第九十條之八之規定： 一、以契約、電子傳輸、自動偵測系統或其他方式，告知使用者其著作權或製版權保護措施，並確實履行該保護措施。 二、以契約、電子傳輸、自動偵測系統或其他方式，告知使用者若有三次涉有侵權情事，應終止全部或部分服務。 三、公告接收通知文件之聯繫窗口資訊。 四、執行第三項之通用辨識或保護技術措施。

第九十條之四	連線服務提供者於接獲著作權人或製版權人就其使用者所為涉有侵權行為之通知後，將該通知以電子郵件轉送該使用者，視為符合前項第一款規定。 著作權人或製版權人已提供為保護著作權或製版權之通用辨識或保護技術措施，經主管機關核可者，網路服務提供者應配合執行之。
第九十條之五	有下列情形者，連線服務提供者對其使用者侵害他人著作權或製版權之行為，不負賠償責任： 一、所傳輸資訊，係由使用者所發動或請求。 二、資訊傳輸、發送、連結或儲存，係經由自動化技術予以執行，且連線服務提供者未就傳輸之資訊為任何篩選或修改。
第九十條之六	有下列情形者，快速存取服務提供者對其使用者侵害他人著作權或製版權之行為，不負賠償責任： 一、未改變存取之資訊。 二、於資訊提供者就該自動存取之原始資訊為修改、刪除或阻斷時，透過自動化技術為相同之處理。 三、經著作權人或製版權人通知其使用者涉有侵權行為後，立即移除或使他人無法進入該涉有侵權之內容或相關資訊。
第九十條之七	有下列情形者，資訊儲存服務提供者對其使用者侵害他人著作權或製版權之行為，不負賠償責任： 一、對使用者涉有侵權行為不知情。 二、未直接自使用者之侵權行為獲有財產上利益。 三、經著作權人或製版權人通知其使用者涉有侵權行為後，立即移除或使他人無法進入該涉有侵權之內容或相關資訊。
第九十條之八	有下列情形者，搜尋服務提供者對其使用者侵害他人著作權或製版權之行為，不負賠償責任： 一、對所搜尋或連結之資訊涉有侵權不知情。 二、未直接自使用者之侵權行為獲有財產上利益。 三、經著作權人或製版權人通知其使用者涉有侵權行為後，立即移除或使他人無法進入該涉有侵權之內容或相關資訊。
第九十條之九	資訊儲存服務提供者應將第九十條之七第三款處理情形，依其與使用者約定之聯絡方式或使用者留存之聯絡資訊，轉送該涉有侵權之使用者。但依其提供服務之性質無法通知者，不在此限。 前項之使用者認其無侵權情事者，得檢具回復通知文件，要求資訊儲存服務提供者回復其被移除或使他人無法進入之內容或相關資訊。 資訊儲存服務提供者於接獲前項之回復通知後，應立即將回復通知文件轉送著作權人或製版權人。 著作權人或製版權人於接獲資訊儲存服務提供者前項通知之次日起十個工作日內，向資訊儲存服務提供者提出已對該使用者訴訟之證明者，資訊儲存服務提供者不負回復之義務。

第九十條之九	著作權人或製版權人未依前項規定提出訴訟之證明，資訊儲存服務提供者至遲應於轉送回復通知之次日起十四個工作日內，回復被移除或使他人無法進入之內容或相關資訊。但無法回復者，應事先告知使用者，或提供其他適當方式供使用者回復。
第九十條之十	有下列情形之一者，網路服務提供者對涉有侵權之使用者，不負賠償責任： 一、依第九十條之六至第九十條之八之規定，移除或使他人無法進入該涉有侵權之內容或相關資訊。 二、知悉使用者所為涉有侵權情事後，善意移除或使他人無法進入該涉有侵權之內容或相關資訊。
第九十條之十一	因故意或過失，向網路服務提供者提出不實通知或回復通知，致使用者、著作權人、製版權人或網路服務提供者受有損害者，負損害賠償責任。
第九十條之十二	第九十條之四聯繫窗口之公告、第九十條之六至第九十條之九之通知、回復通知內容、應記載事項、補正及其他應遵行事項之辦法，由主管機關定之。
第七章	罰則
第九十一條	擅自以重製之方法侵害他人之著作財產權者，處三年以下有期徒刑、拘役，或科或併科新臺幣七十五萬元以下罰金。 意圖銷售或出租而擅自以重製之方法侵害他人之著作財產權者，處六月以上五年以下有期徒刑，得併科新臺幣二十萬元以上二百萬元以下罰金。 以重製於光碟之方法犯前項之罪者，處六月以上五年以下有期徒刑，得併科新臺幣五十萬元以上五百萬元以下罰金。 著作僅供個人參考或合理使用者，不構成著作權侵害。
第九十一條之一	擅自以移轉所有權之方法散布著作原件或其重製物而侵害他人之著作財產權者，處三年以下有期徒刑、拘役，或科或併科新臺幣五十萬元以下罰金。 明知係侵害著作財產權之重製物而散布或意圖散布而公開陳列或持有者，處三年以下有期徒刑，得併科新臺幣七萬元以上七十五萬元以下罰金。 犯前項之罪，其重製物為光碟者，處六月以上三年以下有期徒刑，得併科新臺幣二十萬元以上二百萬元以下罰金。但違反第八十七條第四款規定輸入之光碟，不在此限。 犯前二項之罪，經供出其物品來源，因而破獲者，得減輕其刑。
第九十二條	擅自以公開口述、公開播送、公開上映、公開演出、公開傳輸、公開展示、改作、編輯、出租之方法侵害他人之著作財產權者，處三年以下有期徒刑、拘役，或科或併科新臺幣七十五萬元以下罰金。

第九十三條	有下列情形之一者，處二年以下有期徒刑、拘役，或科或併科新臺幣五十萬元以下罰金： 一、侵害第十五條至第十七條規定之著作人格權者。 二、違反第七十條規定者。 三、以第八十七條第一項第一款、第三款、第五款或第六款方法之一侵害他人之著作權者。但第九十一條之一第二項及第三項規定情形，不在此限。 四、違反第八十七條第一項第七款規定者。
第九十四條	（刪除）
第九十五條	違反第一百十二條規定者，處一年以下有期徒刑、拘役，或科或併科新臺幣二萬元以上二十五萬元以下罰金。
第九十六條	違反第五十九條第二項或第六十四條規定者，科新臺幣五萬元以下罰金。
第九十六條之一	有下列情形之一者，處一年以下有期徒刑、拘役或科或併科新臺幣二萬元以上二十五萬元以下罰金： 一、違反第八十條之一規定者。 二、違反第八十條之二第二項規定者。
第九十六條之二	依本章科罰金時，應審酌犯人之資力及犯罪所得之利益。如所得之利益超過罰金最多額時，得於所得利益之範圍內酌量加重。
第九十七條	（刪除）
第九十七條之一	事業以公開傳輸之方法，犯第九十一條、第九十二條及第九十三條第四款之罪，經法院判決有罪者，應即停止其行為；如不停止，且經主管機關邀集專家學者及相關業者認定侵害情節重大，嚴重影響著作財產權人權益者，主管機關應限期一個月內改正，屆期不改正者，得命令停業或勒令歇業。
第九十八條	犯第九十一條至第九十三條、第九十五條至第九十六條之一之罪，供犯罪所用或因犯罪所得之物，得沒收之。但犯第九十一條第三項及第九十一條之一第三項之罪者，其得沒收之物，不以屬於犯人者為限。
第九十八條之一	犯第九十一條第三項或第九十一條之一第三項之罪，其行為人逃逸而無從確認者，供犯罪所用或因犯罪所得之物，司法警察機關得逕為沒入。 前項沒入之物，除沒入款項繳交國庫外，銷燬之。其銷燬或沒入款項之處理程序，準用社會秩序維護法相關規定辦理。
第九十九條	犯第九十一條至第九十三條、第九十五條之罪者，因被害人或其他有告訴權人之聲請，得令將判決書全部或一部登報，其費用由被告負擔。

第一百條	本章之罪，須告訴乃論。但犯第九十一條第三項及第九十一條之一第三項之罪，不在此限。
第一百零一條	法人之代表人、法人或自然人之代理人、受雇人或其他從業人員，因執行業務，犯第九十一條至第九十三條、第九十五條至第九十六條之一之罪者，除依各該條規定處罰其行為人外，對該法人或自然人亦科各該條之罰金。 對前項行為人、法人或自然人之一方告訴或撤回告訴者，其效力及於他方。
第一百零二條	未經認許之外國法人，對於第九十一條至第九十三條、第九十五條至第九十六條之一之罪，得為告訴或提起自訴。
第一百零三條	司法警察官或司法警察對侵害他人之著作權或製版權，經告訴、告發者，得依法扣押其侵害物，並移送偵辦。
第一零四條	（刪除）
第八章	附則
第一百零五條	依本法申請強制授權、製版權登記、製版權讓與登記、製版權信託登記、調解、查閱製版權登記或請求發給謄本者，應繳納規費。 前項收費基準，由主管機關定之。
第一百零六條	著作完成於中華民國八十一年六月十日本法修正施行前，且合於中華民國八十七年一月二十一日修正施行前本法第一百零六條至第一百零九條規定之一者，除本章另有規定外，適用本法。 著作完成於中華民國八十一年六月十日本法修正施行後者，適用本法。
第一百零六條一	著作完成於世界貿易組織協定在中華民國管轄區域內生效日之前，未依歷次本法規定取得著作權而依本法所定著作財產權期間計算仍在存續中者，除本章另有規定外，適用本法。但外國人著作在其源流國保護期間已屆滿者，不適用之。 前項但書所稱源流國依西元一九七一年保護文學與藝術著作之伯恩公約第五條規定決定之。
第一百零六條二	依前條規定受保護之著作，其利用人於世界貿易組織協定在中華民國管轄區域內生效日之前，已著手利用該著作或為利用該著作已進行重大投資者，除本章另有規定外，自該生效日起二年內，得繼續利用，不適用第六章及第七章規定。 自中華民國九十二年六月六日本法修正施行起，利用人依前項規定利用著作者，除出租或出借之情形外，應對被利用著作之著作財產權人支付該著作一般經自由磋商所應支付合理之使用報酬。 依前條規定受保護之著作，利用人未經授權所完成之重製物，自本法修正公布一年後，不得再行銷售。但仍得出租或出借。 利用依前條規定受保護之著作另行創作之著作重製物，不適用前項規定，但除合於第四十四條至第六十五條規定外，應對被利用著作之著作財產權人支付該著作一般經自由磋商所應支付合理之使用報酬。

第一百零六條三	於世界貿易組織協定在中華民國管轄區域內生效日之前，就第一百零六條之一著作改作完成之衍生著作，且受歷次本法保護者，於該生效日以後，得繼續利用，不適用第六章及第七章規定。 自中華民國九十二年六月六日本法修正施行起，利用人依前項規定利用著作者，應對原著作之著作財產權人支付該著作一般經自由磋商所應支付合理之使用報酬。 前二項規定，對衍生著作之保護，不生影響。
第一百零七條	（刪除）
第一百零八條	（刪除）
第一百零九條	（刪除）
第一百十條	第十三條規定，於中華民國八十一年六月十日本法修正施行前已完成註冊之著作，不適用之。
第一百十一條	有下列情形之一者，第十一條及第十二條規定，不適用之： 一、依中華民國八十一年六月十日修正施行前本法第十條及第十一條規定取得著作權者。 二、依中華民國八十七年一月二十一日修正施行前本法第十一條及第十二條規定取得著作權者。
第一百十二條	中華民國八十一年六月十日本法修正施行前，翻譯受中華民國八十一年六月十日修正施行前本法保護之外國人著作，如未經其著作權人同意者，於中華民國八十一年六月十日本法修正施行後，除合於第四十四條至第六十五條規定者外，不得再重製。 前項翻譯之重製物，於中華民國八十一年六月十日本法修正施行滿二年後，不得再行銷售。
第一百十三條	自中華民國九十二年六月六日本法修正施行前取得之製版權，依本法所定權利期間計算仍在存續中者，適用本法規定。
第一百十四條	（刪除）
第一百十五條	本國與外國之團體或機構互訂保護著作權之協議，經行政院核准者，視為第四條所稱協定。
第一百十五條一	製版權登記簿、註冊簿或製版物樣本，應提供民眾閱覽抄錄。 中華民國八十七年一月二十一日本法修正施行前之著作權註冊簿、登記簿或著作樣本，得提供民眾閱覽抄錄。
第一百十五條二	法院為處理著作權訴訟案件，得設立專業法庭或指定專人辦理。 著作權訴訟案件，法院應以判決書正本一份送著作權專責機關。
第一百十六條	（刪除）
第一百十七條	本法除中華民國八十七年一月二十一日修正公布之第一百零六條之一至第一百零六條之三規定，自世界貿易組織協定在中華民國管轄區域內生效日起施行及中華民國九十五年五月五日修正之條文，自中華民國九十五年七月一日施行外，自公布日施行。

附錄四　商標法

100.5.31.修訂

第一章	總　則
第　一　條	為保障商標權、證明標章權、團體標章權、團體商標權及消費者利益，維護市場公平競爭，促進工商企業正常發展，特制定本法。
第　二　條	欲取得商標權、證明標章權、團體標章權或團體商標權者，應依本法申請註冊。
第　三　條	本法之主管機關為經濟部。 商標業務，由經濟部指定專責機關辦理。
第　四　條	外國人所屬之國家，與中華民國如未共同參加保護商標之國際條約或無互相保護商標之條約、協定，或對中華民國國民申請商標註冊不予受理者，其商標註冊之申請，得不予受理。
第　五　條	商標之使用，指為行銷之目的，而有下列情形之一，並足以使相關消費者認識其為商標： 一、將商標用於商品或其包裝容器。 二、持有、陳列、販賣、輸出或輸入前款之商品。 三、將商標用於與提供服務有關之物品。 四、將商標用於與商品或服務有關之商業文書或廣告。 前項各款情形，以數位影音、電子媒體、網路或其他媒介物方式為之者，亦同。
第　六　條	申請商標註冊及其相關事務，得委任商標代理人辦理之。但在中華民國境內無住所或營業所者，應委任商標代理人辦理之。 商標代理人應在國內有住所。
第　七　條	二人以上欲共有一商標，應由全體具名提出申請，並得選定其中一人為代表人，為全體共有人為各項申請程序及收受相關文件。 未為前項選定代表人者，商標專責機關應以申請書所載第一順序申請人為應受送達人，並應將送達事項通知其他共有商標之申請人。
第　八　條	商標之申請及其他程序，除本法另有規定外，遲誤法定期間、不合法定程式不能補正或不合法定程式經指定期間通知補正屆期未補正者，應不受理。但遲誤指定期間在處分前補正者，仍應受理之。 申請人因天災或不可歸責於己之事由，遲誤法定期間者，於其原因消滅後三十日內，得以書面敘明理由，向商標專責機關申請回復原狀。但遲誤法定期間已逾一年者，不得申請回復原狀。 申請回復原狀，應同時補行期間內應為之行為。 前二項規定，於遲誤第三十二條第三項規定之期間者，不適用之。
第　九　條	商標之申請及其他程序，應以書件或物件到達商標專責機關之日為準；如係郵寄者，以郵寄地郵戳所載日期為準。 郵戳所載日期不清晰者，除由當事人舉證外，以到達商標專責機關之日為準。

第 十 條	處分書或其他文件無從送達者，應於商標公報公告之，並於刊登公報後滿三十日，視爲已送達。
第十一條	商標專責機關應刊行公報，登載註冊商標及其相關事項。 前項公報，得以電子方式爲之；其實施日期，由商標專責機關定之。
第十二條	商標專責機關應備置商標註冊簿，登載商標註冊、商標權異動及法令所定之一切事項，並對外公開之。 前項商標註冊簿，得以電子方式爲之。
第十三條	有關商標之申請及其他程序，得以電子方式爲之；其實施辦法，由主管機關定之。
第十四條	商標專責機關對於商標註冊之申請、異議、評定及廢止案件之審查，應指定審查人員審查之。 前項審查人員之資格，以法律定之。
第十五條	商標專責機關對前條第一項案件之審查，應作成書面之處分，並記載理由送達申請人。 前項之處分，應由審查人員具名。
第十六條	有關期間之計算，除第三十三條第一項、第七十五條第四項及第一百零三條規定外，其始日不計算在內。
第十七條	本章關於商標之規定，於證明標章、團體標章、團體商標，準用之。
第二章	商　標
第一節	申請註冊
第十八條	商標，指任何具有識別性之標識，得以文字、圖形、記號、顏色、立體形狀、動態、全像圖、聲音等，或其聯合式所組成。 前項所稱識別性，指足以使商品或服務之相關消費者認識爲指示商品或服務來源，並得與他人之商品或服務相區別者。
第十九條	申請商標註冊，應備具申請書，載明申請人、商標圖樣及指定使用之商品或服務，向商標專責機關申請之。 申請商標註冊，以提出前項申請書之日爲申請日。 商標圖樣應以清楚、明確、完整、客觀、持久及易於理解之方式呈現。 申請商標註冊，應以一申請案一商標之方式爲之，並得指定使用於二個以上類別之商品或服務。 前項商品或服務之分類，於本法施行細則定之。 類似商品或服務之認定，不受前項商品或服務分類之限制。
第二十條	在與中華民國有相互承認優先權之國家或世界貿易組織會員，依法申請註冊之商標，其申請人於第一次申請日後六個月內，向中華民國就該申請同一之部分或全部商品或服務，以相同商標申請註冊者，得主張優先權。 外國申請人爲非世界貿易組織會員之國民且其所屬國家與中華民國無相互承認優先權者，如於互惠國或世界貿易組織會員領域內，設有住所或營業所者，得依前項規定主張優先權。

第二十條	依第一項規定主張優先權者,應於申請註冊同時聲明,並於申請書載明下列事項: 一、第一次申請之申請日。 二、受理該申請之國家或世界貿易組織會員。 三、第一次申請之申請案號。 申請人應於申請日後三個月內,檢送經前項國家或世界貿易組織會員證明受理之申請文件。 未依第三項第一款、第二款或前項規定辦理者,視為未主張優先權。 主張優先權者,其申請日以優先權日為準。 主張複數優先權者,各以其商品或服務所主張之優先權日為申請日。
第二十一條	於中華民國政府主辦或認可之國際展覽會上,展出使用申請註冊商標之商品或服務,自該商品或服務展出日後六個月內,提出申請者,其申請日以展出日為準。 前條規定,於主張前項展覽會優先權者,準用之。
第二十二條	二人以上於同日以相同或近似之商標,於同一或類似之商品或服務各別申請註冊,有致相關消費者混淆誤認之虞,而不能辨別時間先後者,由各申請人協議定之;不能達成協議時,以抽籤方式定之。
第二十三條	商標圖樣及其指定使用之商品或服務,申請後即不得變更。但指定使用商品或服務之減縮,或非就商標圖樣為實質變更者,不在此限。
第二十四條	申請人之名稱、地址、代理人或其他註冊申請事項變更者,應向商標專責機關申請變更。
第二十五條	商標註冊申請事項有下列錯誤時,得經申請或依職權更正之: 一、申請人名稱或地址之錯誤。 二、文字用語或繕寫之錯誤。 三、其他明顯之錯誤。 前項之申請更正,不得影響商標同一性或擴大指定使用商品或服務之範圍。
第二十六條	申請人得就所指定使用之商品或服務,向商標專責機關請求分割為二個以上之註冊申請案,以原註冊申請日為申請日。
第二十七條	因商標註冊之申請所生之權利,得移轉於他人。
第二十八條	共有商標申請權或共有人應有部分之移轉,應經全體共有人之同意。但因繼承、強制執行、法院判決或依其他法律規定移轉者,不在此限。 共有商標申請權之拋棄,應得全體共有人之同意。但各共有人就其應有部分之拋棄,不在此限。 前項共有人拋棄其應有部分者,其應有部分由其他共有人依其應有部分之比例分配之。 前項規定,於共有人死亡而無繼承人或消滅後無承受人者,準用之。 共有商標申請權指定使用商品或服務之減縮或分割,應經全體共有人之同意。

第二節	審查及核准
第二十九條	商標有下列不具識別性情形之一，不得註冊： 一、僅由描述所指定商品或服務之品質、用途、原料、產地或相關特性之說明所構成者。 二、僅由所指定商品或服務之通用標章或名稱所構成者。 三、僅由其他不具識別性之標識所構成者。 有前項第一款或第三款規定之情形，如經申請人使用且在交易上已成爲申請人商品或服務之識別標識者，不適用之。 商標圖樣中包含不具識別性部分，且有致商標權範圍產生疑義之虞，申請人應聲明該部分不在專用之列；未爲不專用之聲明者，不得註冊。
第三十條	商標有下列情形之一，不得註冊： 一、僅爲發揮商品或服務之功能所必要者。 二、相同或近似於中華民國國旗、國徽、國璽、軍旗、軍徽、印信、勳章或外國國旗，或世界貿易組織會員依巴黎公約第六條之三第三款所爲通知之外國國徽、國璽或國家徽章者。 三、相同於國父或國家元首之肖像或姓名者。 四、相同或近似於中華民國政府機關或其主辦展覽會之標章，或其所發給之褒獎牌狀者。 五、相同或近似於國際跨政府組織或國內外著名且具公益性機構之徽章、旗幟、其他徽記、縮寫或名稱，有致公眾誤認誤信之虞者。 六、相同或近似於國內外用以表明品質管制或驗證之國家標誌或印記，且指定使用於同一或類似之商品或服務者。 七、妨害公共秩序或善良風俗者。 八、使公眾誤認誤信其商品或服務之性質、品質或產地之虞者。 九、相同或近似於中華民國或外國之葡萄酒或蒸餾酒地理標示，且指定使用於與葡萄酒或蒸餾酒同一或類似商品，而該外國與中華民國簽訂協定或共同參加國際條約，或相互承認葡萄酒或蒸餾酒地理標示之保護者。 十、相同或近似於他人同一或類似商品或服務之註冊商標或申請在先之商標，有致相關消費者混淆誤認之虞者。但經該註冊商標或申請在先之商標所有人同意申請，且非顯屬不當者，不在此限。 十一、相同或近似於他人著名商標或標章，有致相關公眾混淆誤認之虞，或有減損著名商標或標章之識別性或信譽之虞者。但得該商標或標章之所有人同意申請註冊者，不在此限。 十二、相同或近似於他人先使用於同一或類似商品或服務之商標，而申請人因與該他人間具有契約、地緣、業務往來或其他關係，知悉他人商標存在，意圖仿襲而申請註冊者。但經其同意申請註冊者，不在此限。

第 三 十 條	十三、有他人之肖像或著名之姓名、藝名、筆名、字號者。但經其同意申請註冊者，不在此限。 十四、有著名之法人、商號或其他團體之名稱，有致相關公眾混淆誤認之虞者。但經其同意申請註冊者，不在此限。 十五、商標侵害他人之著作權、專利權或其他權利，經判決確定者。但經其同意申請註冊者，不在此限。 前項第九款及第十一款至第十四款所規定之地理標示、著名及先使用之認定，以申請時為準。 第一項第四款、第五款及第九款規定，於政府機關或相關機構為申請人時，不適用之。 前條第三項規定，於第一項第一款規定之情形，準用之。
第三十一條	商標註冊申請案經審查認有第二十九條第一項、第三項、前條第一項、第四項或第六十五條第三項規定不得註冊之情形者，應予核駁審定。 前項核駁審定前，應將核駁理由以書面通知申請人限期陳述意見。 指定使用商品或服務之減縮、商標圖樣之非實質變更、註冊申請案之分割及不專用之聲明，應於核駁審定前為之。
第三十二條	商標註冊申請案經審查無前條第一項規定之情形者，應予核准審定。 經核准審定之商標，申請人應於審定書送達後二個月內，繳納註冊費後，始予註冊公告，並發給商標註冊證；屆期未繳費者，不予註冊公告。 申請人非因故意，未於前項所定期限繳費者，得於繳費期限屆滿後六個月內，繳納二倍之註冊費後，由商標專責機關公告之。但影響第三人於此期間內申請註冊或取得商標權者，不得為之。
第三節	商標權
第三十三條	商標自註冊公告當日起，由權利人取得商標權，商標權期間為十年。 商標權期間得申請延展，每次延展為十年。
第三十四條	商標權之延展，應於商標權期間屆滿前六個月內提出申請，並繳納延展註冊費；其於商標權期間屆滿後六個月內提出申請者，應繳納二倍延展註冊費。 前項核准延展之期間，自商標權期間屆滿日後起算。
第三十五條	商標權人於經註冊指定之商品或服務，取得商標權。 除本法第三十六條另有規定外，下列情形，應經商標權人之同意： 一、於同一商品或服務，使用相同於註冊商標之商標者。 二、於類似之商品或服務，使用相同於註冊商標之商標，有致相關消費者混淆誤認之虞者。 三、於同一或類似之商品或服務，使用近似於註冊商標之商標，有致相關消費者混淆誤認之虞者。 商標經註冊者，得標明註冊商標或國際通用註冊符號。

第三十六條	下列情形，不受他人商標權之效力所拘束： 一、以符合商業交易習慣之誠實信用方法，表示自己之姓名、名稱，或其商品或服務之名稱、形狀、品質、性質、特性、用途、產地或其他有關商品或服務本身之說明，非作為商標使用者。 二、為發揮商品或服務功能所必要者。 三、在他人商標註冊申請日前，善意使用相同或近似之商標於同一或類似之商品或服務者。但以原使用之商品或服務為限；商標權人並得要求其附加適當之區別標示。 附有註冊商標之商品，由商標權人或經其同意之人於國內外市場上交易流通，商標權人不得就該商品主張商標權。但為防止商品流通於市場後，發生變質、受損，或有其他正當事由者，不在此限。
第三十七條	商標權人得就註冊商標指定使用之商品或服務，向商標專責機關申請分割商標權。
第三十八條	商標圖樣及其指定使用之商品或服務，註冊後即不得變更。但指定使用商品或服務之減縮，不在此限。 商標註冊事項之變更或更正，準用第二十四條及第二十五條規定。 註冊商標涉有異議、評定或廢止案件時，申請分割商標權或減縮指定使用商品或服務者，應於處分前為之。
第三十九條	商標權人得就其註冊商標指定使用商品或服務之全部或一部指定地區為專屬或非專屬授權。 前項授權，非經商標專責機關登記者，不得對抗第三人。 授權登記後，商標權移轉者，其授權契約對受讓人仍繼續存在。 非專屬授權登記後，商標權人再為專屬授權登記者，在先之非專屬授權登記不受影響。 專屬被授權人在被授權範圍內，排除商標權人及第三人使用註冊商標。 商標權受侵害時，於專屬授權範圍內，專屬被授權人得以自己名義行使權利。但契約另有約定者，從其約定。
第四十條	專屬被授權人得於被授權範圍內，再授權他人使用。但契約另有約定者，從其約定。 非專屬被授權人非經商標權人或專屬被授權人同意，不得再授權他人使用。 再授權，非經商標專責機關登記者，不得對抗第三人。
第四十一條	商標授權期間屆滿前有下列情形之一，當事人或利害關係人得檢附相關證據，申請廢止商標授權登記： 一、商標權人及被授權人雙方同意終止者。其經再授權者，亦同。 二、授權契約明定，商標權人或被授權人得任意終止授權關係，經當事人聲明終止者。 三、商標權人以被授權人違反授權契約約定，通知被授權人解除或終止授權契約，而被授權人無異議者。 四、其他相關事證足以證明授權關係已不存在者。

第四十二條	商標權之移轉，非經商標專責機關登記者，不得對抗第三人。
第四十三條	移轉商標權之結果，有二以上之商標權人使用相同商標於類似之商品或服務，或使用近似商標於同一或類似之商品或服務，而有致相關消費者混淆誤認之虞者，各商標權人使用時應附加適當區別標示。
第四十四條	商標權人設定質權及質權之變更、消滅，非經商標專責機關登記者，不得對抗第三人。 商標權人為擔保數債權就商標權設定數質權者，其次序依登記之先後定之。 質權人非經商標權人授權，不得使用該商標。
第四十五條	商標權人得拋棄商標權。但有授權登記或質權登記者，應經被授權人或質權人同意。 前項拋棄，應以書面向商標專責機關為之。
第四十六條	共有商標權之授權、再授權、移轉、拋棄、設定質權或應有部分之移轉或設定質權，應經全體共有人之同意。但因繼承、強制執行、法院判決或依其他法律規定移轉者，不在此限。 共有商標權人應有部分之拋棄，準用第二十八條第二項但書及第三項規定。 共有商標權人死亡而無繼承人或消滅後無承受人者，其應有部分之分配，準用第二十八條第四項規定。 共有商標權指定使用商品或服務之減縮或分割，準用第二十八條第五項規定。
第四十七條	有下列情形之一，商標權當然消滅： 一、未依第三十四條規定延展註冊者，商標權自該商標權期間屆滿後消滅。 二、商標權人死亡而無繼承人者，商標權自商標權人死亡後消滅。 三、依第四十五條規定拋棄商標權者，自其書面表示到達商標專責機關之日消滅。
第四節	異　議
第四十八條	商標之註冊違反第二十九條第一項、第三十條第一項或第六十五條第三項規定之情形者，任何人得自商標註冊公告日後三個月內，向商標專責機關提出異議。 前項異議，得就註冊商標指定使用之部分商品或服務為之。 異議應就每一註冊商標各別申請之。
第四十九條	提出異議者，應以異議書載明事實及理由，並附副本。異議書如有提出附屬文件者，副本中應提出。 商標專責機關應將異議書送達商標權人限期答辯；商標權人提出答辯書者，商標專責機關應將答辯書送達異議人限期陳述意見。 依前項規定提出之答辯書或陳述意見書有遲滯程序之虞，或其事證已臻明確者，商標專責機關得不通知相對人答辯或陳述意見，逕行審理。

第五十條	異議商標之註冊有無違法事由，除第一百零六條第一項及第三項規定外，依其註冊公告時之規定。
第五十一條	商標異議案件，應由未曾審查原案之審查人員審查之。
第五十二條	異議程序進行中，被異議之商標權移轉者，異議程序不受影響。 前項商標權受讓人得聲明承受被異議人之地位，續行異議程序。
第五十三條	異議人得於異議審定前，撤回其異議。 異議人撤回異議者，不得就同一事實，以同一證據及同一理由，再提異議或評定。
第五十四條	異議案件經異議成立者，應撤銷其註冊。
第五十五條	前條撤銷之事由，存在於註冊商標所指定使用之部分商品或服務者，得僅就該部分商品或服務撤銷其註冊。
第五十六條	經過異議確定後之註冊商標，任何人不得就同一事實，以同一證據及同一理由，申請評定。
第五節	評　定
第五十七條	商標之註冊違反第二十九條第一項、第三十條第一項或第六十五條第三項規定之情形者，利害關係人或審查人員得申請或提請商標專責機關評定其註冊。 以商標之註冊違反第三十條第一項第十款規定，向商標專責機關申請評定，其據以評定商標之註冊已滿三年者，應檢附於申請評定前三年有使用於據以主張商品或服務之證據，或其未使用有正當事由之事證。 依前項規定提出之使用證據，應足以證明商標之眞實使用，並符合一般商業交易習慣。
第五十八條	商標之註冊違反第二十九條第一項第一款、第三款、第三十條第一項第九款至第十五款或第六十五條第三項規定之情形，自註冊公告日後滿五年者，不得申請或提請評定。 商標之註冊違反第三十條第一項第九款、第十一款規定之情形，係屬惡意者，不受前項期間之限制。
第五十九條	商標評定案件，由商標專責機關首長指定審查人員三人以上為評定委員評定之。
第六十條	評定案件經評定成立者，應撤銷其註冊。但不得註冊之情形已不存在者，經斟酌公益及當事人利益之衡平，得為不成立之評定。
第六十一條	評定案件經處分後，任何人不得就同一事實，以同一證據及同一理由，申請評定。
第六十二條	第四十八條第二項、第三項、第四十九條至第五十三條及第五十五條規定，於商標之評定，準用之。

第六節	廢　止
第六十三條	商標註冊後有下列情形之一，商標專責機關應依職權或據申請廢止其註冊： 一、自行變換商標或加附記，致與他人使用於同一或類似之商品或服務之註冊商標構成相同或近似，而有使相關消費者混淆誤認之虞者。 二、無正當事由迄未使用或繼續停止使用已滿三年者。但被授權人有使用者，不在此限。 三、未依第四十三條規定附加適當區別標示者。但於商標專責機關處分前已附加區別標示並無產生混淆誤認之虞者，不在此限。 四、商標已成為所指定商品或服務之通用標章、名稱或形狀者。 五、商標實際使用時有致公眾誤認誤信其商品或服務之性質、品質或產地之虞者。 被授權人為前項第一款之行為，商標權人明知或可得而知而不為反對之表示者，亦同。 有第一項第二款規定之情形，於申請廢止時該註冊商標已為使用者，除因知悉他人將申請廢止，而於申請廢止前三個月內開始使用者外，不予廢止其註冊。 廢止之事由僅存在於註冊商標所指定使用之部分商品或服務者，得就該部分之商品或服務廢止其註冊。
第六十四條	商標權人實際使用之商標與註冊商標不同，而依社會一般通念並不失其同一性者，應認為有使用其註冊商標。
第六十五條	商標專責機關應將廢止申請之情事通知商標權人，並限期答辯；商標權人提出答辯書者，商標專責機關應將答辯書送達申請人限期陳述意見。但申請人之申請無具體事證或其主張顯無理由者，得逕為駁回。 第六十三條第一項第二款規定情形，其答辯通知經送達者，商標權人應證明其有使用之事實；屆期未答辯者，得逕行廢止其註冊。 註冊商標有第六十三條第一項第一款規定情形，經廢止其註冊者，原商標權人於廢止日後三年內，不得註冊、受讓或被授權使用與原註冊圖樣相同或近似之商標於同一或類似之商品或服務；其於商標專責機關處分前，聲明拋棄商標權者，亦同。
第六十六條	商標註冊後有無廢止之事由，適用申請廢止時之規定。
第六十七條	第四十八條第二項、第三項、第四十九條第一項、第三項、第五十二條及第五十三條規定，於廢止案之審查，準用之。 以註冊商標有第六十三條第一項第一款規定申請廢止者，準用第五十七條第二項及第三項規定。 商標權人依第六十五條第二項提出使用證據者，準用第五十七條第三項規定。

第七節	權利侵害之救濟
第六十八條	未經商標權人同意，爲行銷目的而有下列情形之一，爲侵害商標權： 一、於同一商品或服務，使用相同於註冊商標之商標者。 二、於類似之商品或服務，使用相同於註冊商標之商標，有致相關消費者混淆誤認之虞者。 三、於同一或類似之商品或服務，使用近似於註冊商標之商標，有致相關消費者混淆誤認之虞者。
第六十九條	商標權人對於侵害其商標權者，得請求除去之；有侵害之虞者，得請求防止之。 商標權人依前項規定爲請求時，得請求銷毀侵害商標權之物品及從事侵害行爲之原料或器具。但法院審酌侵害之程度及第三人利益後，得爲其他必要之處置。 商標權人對於因故意或過失侵害其商標權者，得請求損害賠償。 前項之損害賠償請求權，自請求權人知有損害及賠償義務人時起，二年間不行使而消滅；自有侵權行爲時起，逾十年者亦同。
第七十條	未得商標權人同意，有下列情形之一，視爲侵害商標權： 一、明知爲他人著名之註冊商標，而使用相同或近似之商標，有致減損該商標之識別性或信譽之虞者。 二、明知爲他人著名之註冊商標，而以該著名商標中之文字作爲自己公司、商號、團體、網域或其他表彰營業主體之名稱，有致相關消費者混淆誤認之虞或減損該商標之識別性或信譽之虞者。 三、明知有第六十八條侵害商標權之虞，而製造、持有、陳列、販賣、輸出或輸入尚未與商品或服務結合之標籤、吊牌、包裝容器或與服務有關之物品。
第七十一條	商標權人請求損害賠償時，得就下列各款擇一計算其損害： 一、依民法第二百十六條規定。但不能提供證據方法以證明其損害時，商標權人得就其使用註冊商標通常所可獲得之利益，減除受侵害後使用同一商標所得之利益，以其差額爲所受損害。 二、依侵害商標權行爲所得之利益；於侵害商標權者不能就其成本或必要費用舉證時，以銷售該項商品全部收入爲所得利益。 三、就查獲侵害商標權商品之零售單價一千五百倍以下之金額。但所查獲商品超過一千五百件時，以其總價定賠償金額。 四、以相當於商標權人授權他人使用所得收取之權利金數額爲其損害。 前項賠償金額顯不相當者，法院得予酌減之。
第七十二條	商標權人對輸入或輸出之物品有侵害其商標權之虞者，得申請海關先予查扣。 前項申請，應以書面爲之，並釋明侵害之事實，及提供相當於海關核估該進口物品完稅價格或出口物品離岸價格之保證金或相當之擔保。 海關受理查扣之申請，應即通知申請人；如認符合前項規定而實施查扣時，應以書面通知申請人及被查扣人。

第七十二條	被查扣人得提供第二項保證金二倍之保證金或相當之擔保，請求海關廢止查扣，並依有關進出口物品通關規定辦理。 查扣物經申請人取得法院確定判決，屬侵害商標權者，被查扣人應負擔查扣物之貨櫃延滯費、倉租、裝卸費等有關費用。
第七十三條	有下列情形之一，海關應廢止查扣： 一、申請人於海關通知受理查扣之翌日起十二日內，未依第六十九條規定就查扣物為侵害物提起訴訟，並通知海關者。 二、申請人就查扣物為侵害物所提訴訟經法院裁定駁回確定者。 三、查扣物經法院確定判決，不屬侵害商標權之物者。 四、申請人申請廢止查扣者。 五、符合前條第四項規定者。 前項第一款規定之期限，海關得視需要延長十二日。 海關依第一項規定廢止查扣者，應依有關進出口物品通關規定辦理。 查扣因第一項第一款至第四款之事由廢止者，申請人應負擔查扣物之貨櫃延滯費、倉租、裝卸費等有關費用。
第七十四條	查扣物經法院確定判決不屬侵害商標權之物者，申請人應賠償被查扣人因查扣或提供第七十二條第四項規定保證金所受之損害。 申請人就第七十二條第四項規定之保證金，被查扣人就第七十二條第二項規定之保證金，與質權人有同一之權利。但前條第四項及第七十二條第五項規定之貨櫃延滯費、倉租、裝卸費等有關費用，優先於申請人或被查扣人之損害受償。 有下列情形之一，海關應依申請人之申請，返還第七十二條第二項規定之保證金： 一、申請人取得勝訴之確定判決，或與被查扣人達成和解，已無繼續提供保證金之必要者。 二、因前條第一項第一款至第四款規定之事由廢止查扣，致被查扣人受有損害後，或被查扣人取得勝訴之確定判決後，申請人證明已定二十日以上之期間，催告被查扣人行使權利而未行使者。 三、被查扣人同意返還者。 有下列情形之一，海關應依被查扣人之申請返還第七十二條第四項規定之保證金： 一、因前條第一項第一款至第四款規定之事由廢止查扣，或被查扣人與申請人達成和解，已無繼續提供保證金之必要者。 二、申請人取得勝訴之確定判決後，被查扣人證明已定二十日以上之期間，催告申請人行使權利而未行使者。 三、申請人同意返還者。

第七十五條	海關於執行職務時，發現輸入或輸出之物品顯有侵害商標權之虞者，應通知商標權人及進出口人。 海關為前項之通知時，應限期商標權人至海關進行認定，並提出侵權事證，同時限期進出口人提供無侵權情事之證明文件。但商標權人或進出口人有正當理由，無法於指定期間內提出者，得以書面釋明理由向海關申請延長，並以一次為限。 商標權人已提出侵權事證，且進出口人未依前項規定提出無侵權情事之證明文件者，海關得採行暫不放行措施。 商標權人提出侵權事證，經進出口人依第二項規定提出無侵權情事之證明文件者，海關應通知商標權人於通知之時起三個工作日內，依第七十二條第一項規定申請查扣。 商標權人未於前項規定期限內，依第七十二條第一項規定申請查扣者，海關得於取具代表性樣品後，將物品放行。
第七十六條	海關在不損及查扣物機密資料保護之情形下，得依第七十二條所定申請人或被查扣人或前條所定商標權人或進出口人之申請，同意其檢視查扣物。 海關依第七十二條第三項規定實施查扣或依前條第三項規定採行暫不放行措施後，商標權人得向海關申請提供相關資料；經海關同意後，提供進出口人、收發貨人之姓名或名稱、地址及疑似侵權物品之數量。 商標權人依前項規定取得之資訊，僅限於作為侵害商標權案件之調查及提起訴訟之目的而使用，不得任意洩漏予第三人。
第七十七條	商標權人依第七十五條第二項規定進行侵權認定時，得繳交相當於海關核估進口貨樣完稅價格及相關稅費或海關核估出口貨樣離岸價格及相關稅費百分之一百二十之保證金，向海關申請調借貨樣進行認定。但以有調借貨樣進行認定之必要，且經商標權人書面切結不侵害進出口人利益及不使用於不正當用途者為限。 前項保證金，不得低於新臺幣三千元。 商標權人未於第七十五條第二項所定提出侵權認定事證之期限內返還所調借之貨樣，或返還之貨樣與原貨樣不符或發生缺損等情形者，海關應留置其保證金，以賠償進出口人之損害。 貨樣之進出口人就前項規定留置之保證金，與質權人有同一之權利。
第七十八條	第七十二條至第七十四條規定之申請查扣、廢止查扣、保證金或擔保之繳納、提供、返還之程序、應備文件及其他應遵行事項之辦法，由主管機關會同財政部定之。 第七十五條至第七十七條規定之海關執行商標權保護措施、權利人申請檢視查扣物、申請提供侵權貨物之相關資訊及申請調借貨樣，其程序、應備文件及其他相關事項之辦法，由財政部定之。
第七十九條	法院為處理商標訴訟案件，得設立專業法庭或指定專人辦理。

第三章	證明標章、團體標章及團體商標
第八十條	證明標章,指證明標章權人用以證明他人商品或服務之特定品質、精密度、原料、製造方法、產地或其他事項,並藉以與未經證明之商品或服務相區別之標識。 前項以證明產地者,該地理區域之商品或服務應具有特定品質、聲譽或其他特性,證明標章之申請人得以含有該地理名稱或足以指示該地理區域之標識申請註冊為產地證明標章。 主管機關應會同中央目的事業主管機關輔導與補助艱困產業、瀕臨艱困產業及傳統產業,提升生產力及產品品質,並建立各該產業別標示其產品原產地為台灣製造之證明標章。 前項產業之認定與輔導、補助之對象、標準、期間及應遵行事項等,由主管機關會商各該中央目的事業主管機關後定之,必要時得免除證明標章之相關規費。
第八十一條	證明標章之申請人,以具有證明他人商品或服務能力之法人、團體或政府機關為限。 前項之申請人係從事於欲證明之商品或服務之業務者,不得申請註冊。
第八十二條	申請註冊證明標章者,應檢附具有證明他人商品或服務能力之文件、證明標章使用規範書及不從事所證明商品之製造、行銷或服務提供之聲明。 申請註冊產地證明標章之申請人代表性有疑義者,商標專責機關得向商品或服務之中央目的事業主管機關諮詢意見。 外國法人、團體或政府機關申請產地證明標章,應檢附以其名義在其原產國受保護之證明文件。 第一項證明標章使用規範書應載明下列事項: 一、證明標章證明之內容。 二、使用證明標章之條件。 三、管理及監督證明標章使用之方式。 四、申請使用該證明標章之程序事項及其爭議解決方式。 商標專責機關於註冊公告時,應一併公告證明標章使用規範書;註冊後修改者,應經商標專責機關核准,並公告之。
第八十三條	證明標章之使用,指經證明標章權人同意之人,依證明標章使用規範書所定之條件,使用該證明標章。
第八十四條	產地證明標章之產地名稱不適用第二十九條第一項第一款及第三項規定。 產地證明標章權人不得禁止他人以符合商業交易習慣之誠實信用方法,表示其商品或服務之產地。
第八十五條	團體標章,指具有法人資格之公會、協會或其他團體,為表彰其會員之會籍,並藉以與非該團體會員相區別之標識。

第八十六條	團體標章註冊之申請，應以申請書載明相關事項，並檢具團體標章使用規範書，向商標專責機關申請之。 前項團體標章使用規範書應載明下列事項： 一、會員之資格。 二、使用團體標章之條件。 三、管理及監督團體標章使用之方式。 四、違反規範之處理規定。
第八十七條	團體標章之使用，指團體會員為表彰其會員身分，依團體標章使用規範書所定之條件，使用該團體標章。
第八十八條	團體商標，指具有法人資格之公會、協會或其他團體，為指示其會員所提供之商品或服務，並藉以與非該團體會員所提供之商品或服務相區別之標識。 前項用以指示會員所提供之商品或服務來自一定產地者，該地理區域之商品或服務應具有特定品質、聲譽或其他特性，團體商標之申請人得以含有該地理名稱或足以指示該地理區域之標識申請註冊為產地團體商標。
第八十九條	團體商標註冊之申請，應以申請書載明商品或服務，並檢具團體商標使用規範書，向商標專責機關申請之。 前項團體商標使用規範書應載明下列事項： 一、會員之資格。 二、使用團體商標之條件。 三、管理及監督團體商標使用之方式。 四、違反規範之處理規定。 產地團體商標使用規範書除前項應載明事項外，並應載明地理區域界定範圍內之人，其商品或服務及資格符合使用規範書時，產地團體商標權人應同意其成為會員。 商標專責機關於註冊公告時，應一併公告團體商標使用規範書；註冊後修改者，應經商標專責機關核准，並公告之。
第 九 十 條	團體商標之使用，指團體或其會員依團體商標使用規範書所定之條件，使用該團體商標。
第九十一條	第八十二條第二項、第三項及第八十四條規定，於產地團體商標，準用之。
第九十二條	證明標章權、團體標章權或團體商標權不得移轉、授權他人使用，或作為質權標的物。但其移轉或授權他人使用，無損害消費者利益及違反公平競爭之虞，經商標專責機關核准者，不在此限。
第九十三條	證明標章權人、團體標章權人或團體商標權人有下列情形之一者，商標專責機關得依任何人之申請或依職權廢止證明標章、團體標章或團體商標之註冊：

第九十三條	一、證明標章作爲商標使用。 二、證明標章權人從事其所證明商品或服務之業務。 三、證明標章權人喪失證明該註冊商品或服務之能力。 四、證明標章權人對於申請證明之人，予以差別待遇。 五、違反前條規定而爲移轉、授權或設定質權。 六、未依使用規範書爲使用之管理及監督。 七、其他不當方法之使用，致生損害於他人或公眾之虞。 被授權人爲前項之行爲，證明標章權人、團體標章權人或團體商標權人明知或可得而知而不爲反對之表示者，亦同。
第九十四條	證明標章、團體標章或團體商標除本章另有規定外，依其性質準用本法有關商標之規定。
第四章	罰　則
第九十五條	未得商標權人或團體商標權人同意，爲行銷目的而有下列情形之一，處三年以下有期徒刑、拘役或科或併科新臺幣二十萬元以下罰金： 一、於同一商品或服務，使用相同於註冊商標或團體商標之商標者。 二、於類似之商品或服務，使用相同於註冊商標或團體商標之商標，有致相關消費者混淆誤認之虞者。 三、於同一或類似之商品或服務，使用近似於註冊商標或團體商標之商標，有致相關消費者混淆誤認之虞者。
第九十六條	未得證明標章權人同意，爲行銷目的而於同一或類似之商品或服務，使用相同或近似於註冊證明標章之標章，有致相關消費者誤認誤信之虞者，處三年以下有期徒刑、拘役或科或併科新臺幣二十萬元以下罰金。 明知有前項侵害證明標章權之虞，販賣或意圖販賣而製造、持有、陳列附有相同或近似於他人註冊證明標章標識之標籤、包裝容器或其他物品者，亦同。
第九十七條	明知他人所爲之前二條商品而販賣，或意圖販賣而持有、陳列、輸出或輸入者，處一年以下有期徒刑、拘役或科或併科新臺幣五萬元以下罰金；透過電子媒體或網路方式爲之者，亦同。
第九十八條	侵害商標權、證明標章權或團體商標權之物品或文書，不問屬於犯人與否，沒收之。
第九十九條	未經認許之外國法人或團體，就本法規定事項得爲告訴、自訴或提起民事訴訟。我國非法人團體經取得證明標章權者，亦同。
第五章	附　則
第一百條	本法中華民國九十二年四月二十九日修正之條文施行前，已註冊之服務標章，自本法修正施行當日起，視爲商標。
第一百零一條	本法中華民國九十二年四月二十九日修正之條文施行前，已註冊之聯合商標、聯合服務標章、聯合團體標章或聯合證明標章，自本法修正施行之日起，視爲獨立之註冊商標或標章；其存續期間，以原核准者爲準。

第一百零二條	本法中華民國九十二年四月二十九日修正之條文施行前，已註冊之防護商標、防護服務標章、防護團體標章或防護證明標章，依其註冊時之規定；於其專用期間屆滿前，應申請變更為獨立之註冊商標或標章；屆期未申請變更者，商標權消滅。
第一百零三條	依前條申請變更為獨立之註冊商標或標章者，關於第六十三條第一項第二款規定之三年期間，自變更當日起算。
第一百零四條	依本法申請註冊、延展註冊、異動登記、異議、評定、廢止及其他各項程序，應繳納申請費、註冊費、延展註冊費、登記費、異議費、評定費、廢止費等各項相關規費。 前項收費標準，由主管機關定之。
第一百零五條	本法中華民國一○○年五月三十一日修正之條文施行前，註冊費已分二期繳納者，第二期之註冊費依修正前之規定辦理。
第一百零六條	本法中華民國一○○年五月三十一日修正之條文施行前，已受理而尚未處分之異議或評定案件，以註冊時及本法修正施行後之規定均為違法事由為限，始撤銷其註冊；其程序依修正施行後之規定辦理。但修正施行前已依法進行之程序，其效力不受影響。 本法一○○年五月三十一日修正之條文施行前，已受理而尚未處分之評定案件，不適用第五十七條第二項及第三項之規定。 對本法一○○年五月三十一日修正之條文施行前註冊之商標、證明標章及團體標章，於本法修正施行後提出異議、申請或提請評定者，以其註冊時及本法修正施行後之規定均為違法事由為限。
第一百零七條	本法中華民國一○○年五月三十一日修正之條文施行前，尚未處分之商標廢止案件，適用本法修正施行後之規定辦理。但修正施行前已依法進行之程序，其效力不受影響。 本法一○○年五月三十一日修正之條文施行前，已受理而尚未處分之廢止案件，不適用第六十七條第二項準用第五十七條第二項之規定。
第一百零八條	本法中華民國一○○年五月三十一日修正之條文施行前，以動態、全像圖或其聯合式申請註冊者，以修正之條文施行日為其申請日。
第一百零九條	以動態、全像圖或其聯合式申請註冊，並主張優先權者，其在與中華民國有相互承認優先權之國家或世界貿易組織會員之申請日早於本法中華民國一○○年五月三十一日修正之條文施行前者，以一○○年五月三十一日修正之條文施行日為其優先權日。 於中華民國政府主辦或承認之國際展覽會上，展出申請註冊商標之商品或服務而主張展覽會優先權，其展出日早於一○○年五月三十一日修正之條文施行前者，以一○○年五月三十一日修正之條文施行日為其優先權日。
第一百十條	本法施行細則，由主管機關定之。
第一百十一條	本法之施行日期，由行政院定之。

附錄五　營業秘密法

102.1.30.修訂

第一條	為保障營業秘密，維護產業倫理與競爭秩序，調和社會公共利益，特制定本法。本法未規定者，適用其他法律之規定。
第二條	本法所稱營業秘密，係指方法、技術、製程、配方、程式、設計或其他可用於生產、銷售或經營之資訊，而符合左列要件者： 一、非一般涉及該類資訊之人所知者。 二、因其秘密性而具有實際或潛在之經濟價值者。 三、所有人已採取合理之保密措施者。
第三條	受僱人於職務上研究或開發之營業秘密，歸僱用人所有。但契約另有約定者，從其約定。 受僱人於非職務上研究或開發之營業秘密，歸受僱人所有。但其營業秘密係利用僱用人之資源或經驗者，僱用人得於支付合理報酬後，於該事業使用其營業秘密。
第四條	出資聘請他人從事研究或開發之營業秘密，其營業秘密之歸屬依契約之約定；契約未約定者，歸受聘人所有。但出資人得於業務上使用其營業秘密。
第五條	數人共同研究或開發之營業秘密，其應有部分依契約之約定；無約定者，推定為均等。
第六條	營業秘密得全部或部分讓與他人或與他人共有。 營業秘密為共有時，對營業秘密之使用或處分，如契約未有約定者，應得共有人之全體同意。但各共有人無正當理由，不得拒絕同意。 各共有人非經其他共有人之同意，不得以其應有部分讓與他人。但契約另有約定者，從其約定。
第七條	營業秘密所有人得授權他人使用其營業秘密。其授權使用之地域、時間、內容、使用方法或其他事項，依當事人之約定。 前項被授權人非經營業秘密所有人同意，不得將其被授權使用之營業秘密再授權第三人使用。 營業秘密共有人非經共有人全體同意，不得授權他人使用該營業秘密。但各共有人無正當理由，不得拒絕同意。
第八條	營業秘密不得為質權及強制執行之標的。
第九條	公務員因承辦公務而知悉或持有他人之營業秘密者，不得使用或無故洩漏之。 當事人、代理人、辯護人、鑑定人、證人及其他相關之人，因司法機關偵查或審理而知悉或持有他人營業秘密者，不得使用或無故洩漏之。 仲裁人及其他相關之人處理仲裁事件，準用前項之規定。

第十條	有左列情形之一者，為侵害營業秘密。 一、以不正當方法取得營業秘密者。 二、知悉或因重大過失而不知其為前款之營業秘密，而取得、使用或洩漏者。 三、取得營業秘密後，知悉或因重大過失而不知其為第一款之營業秘密，而使用或洩漏者。 四、因法律行為取得營業秘密，而以不正當方法使用或洩漏者。 五、依法令有守營業秘密之義務，而使用或無故洩漏者。 前項所稱之不正當方法，係指竊盜、詐欺、脅迫、賄賂、擅自重製、違反保密義務、引誘他人違反其保密義務或其他類似之方法。
第十一條	營業秘密受侵害時，被害人得請求排除之，有侵害之虞者，得請求防止之。 被害人為前項請求時，對於侵害行為作成之物或專供侵害所用之物，得請求銷燬或為其他必要之處置。
第十二條	因故意或過失不法侵害他人之營業秘密者，負損害賠償責任。數人共同不法侵害者，連帶負賠償責任。 前項之損害賠償請求權，自請求權人知有行為及賠償義務人時起，二年間不行使而消滅；自行為時起，逾十年者亦同。
第十三條	依前條請求損害賠償時，被害人得依左列各款規定擇一請求： 一、依民法第二百十六條之規定請求。但被害人不能證明其損害時，得以其使用時依通常情形可得預期之利益，減除被侵害後使用同一營業秘密所得利益之差額，為其所受損害。 二、請求侵害人因侵害行為所得之利益。但侵害人不能證明其成本或必要費用時，以其侵害行為所得之全部收入，為其所得利益。 依前項規定，侵害行為如屬故意，法院得因被害人之請求，依侵害情節，酌定損害額以上之賠償。但不得超過已證明損害額之三倍。
第十三條一	意圖為自己或第三人不法之利益，或損害營業秘密所有人之利益，而有下列情形之一，處五年以下有期徒刑或拘役，得併科新臺幣一百萬元以上一千萬元以下罰金： 以竊取、侵占、詐術、脅迫、擅自重製或其他不正方法而取得營業秘密，或取得後進而使用、洩漏者。 知悉或持有營業秘密，未經授權或逾越授權範圍而重製、使用或洩漏該營業秘密者。 持有營業秘密，經營業秘密所有人告知應刪除、銷毀後，不為刪除、銷毀或隱匿該營業秘密者。 明知他人知悉或持有之營業秘密有前三款所定情形，而取得、使用或洩漏者。 前項之未遂犯罰之。 科罰金時，如犯罪行為人所得之利益超過罰金最多額，得於所得利益之三倍範圍內酌量加重。

第十三條二	意圖在外國、大陸地區、香港或澳門使用,而犯前條第一項各款之罪者,處一年以上十年以下有期徒刑,得併科新臺幣三百萬元以上五千萬元以下之罰金。 前項之未遂犯罰之。 科罰金時,如犯罪行為人所得之利益超過罰金最多額,得於所得利益之二倍至十倍範圍內酌量加重。
第十三條三	第十三條之一之罪,須告訴乃論。 對於共犯之一人告訴或撤回告訴者,其效力不及於其他共犯。 公務員或曾任公務員之人,因職務知悉或持有他人之營業秘密,而故意犯前二條之罪者,加重其刑至二分之一。
第十三條四	法人之代表人、法人或自然人之代理人、受雇人或其他從業人員,因執行業務,犯第十三條之一、第十三條之二之罪者,除依該條規定處罰其行為人外,對該法人或自然人亦科該條之罰金。但法人之代表人或自然人對於犯罪之發生,已盡力為防止行為者,不在此限。
第十四條	法院為審理營業秘密訴訟案件,得設立專業法庭或指定專人辦理。 當事人提出之攻擊或防禦方法涉及營業秘密,經當事人聲請,法院認為適當者,得不公開審判或限制閱覽訴訟資料。
第十五條	外國人所屬之國家與中華民國如無相互保護營業秘密之條約或協定,或依其本國法令對中華民國國民之營業秘密不予保護者,其營業秘密得不予保護。
第十六條	本法自公布日施行。

附錄六　積體電路電路布局保護法

91.6.12.

第一章	總　則
第一條	為保障積體電路電路布局，並調和社會公共利益，以促進國家科技及經濟之健全發展，特制定本法。
第二條	本法用詞定義如左： 一、積體電路：將電晶體、電容器、電阻器或其他電子元件及其間之連接線路，集積在半導體材料上或材料中，而具有電子電路功能之成品或半成品。 二、電路布局：指在積體電路上之電子元件及接續此元件之導線的平面或立體設計。 三、散布：指買賣、授權、轉讓或為買賣、授權、轉讓而陳列。 四、商業利用：指為商業目的公開散布電路布局或含該電路布局之積體電路。 五、複製：以光學、電子或其他方式，重複製作電路布局或含該電路布局之積體電路。 六、還原工程：經分析、評估積體電路而得知其原電子電路圖或功能圖，並據以設計功能相容之積體電路之電路布局。
第三條	本法主管機關為經濟部。 前項業務由經濟部指定專責機關辦理。必要時，得將部分事項委託相關之公益法人或團體。
第四條	電路布局專責機關及前條第二項後段所規定之公益法人或團體所屬人員，對於職務或業務上所知悉或持有之祕密不得洩漏。
第五條	外國人合於左列各款之一者，得就其電路布局依本法申請登記： 一、其所屬國家與中華民國共同參加國際條約或有相互保護電路布局之條約、協定或由團體、機構互訂經經濟部核准保護電路布局之協議，或對中華民國國民之電路布局予以保護且經查證屬實者。 二、首次商業利用發生於中華民國管轄境內者。但以該外國人之本國對中華民國國民，在相同之情形下，予以保護且經查證屬實者為限。
第二章	登記之申請
第六條	電路布局之創作人或其繼受人，除本法另有規定外，就其電路布局得申請登記。 前項創作人或繼受人為數人時，應共同申請登記。但契約另有訂定者，從其約定。
第七條	受雇人職務上完成之電路布局創作，由其雇用人申請登記。但契約另有訂定者，從其約定。 出資聘人完成之電路布局創作，準用前項之規定。 前二項之受雇人或受聘人，本於其創作之事實，享有姓名表示權。

第八條	申請人申請電路布局登記及辦理電路布局有關事項，得委任在中華民國境內有住所之代理人辦理之。 在中華民國境內無住所或營業所者，申請電路布局登記及辦理電路布局有關事項，應委任在中華民國境內有住所之代理人辦理之。
第九條	二人以上共同申請，或為電路布局權之共有者，除約定有代表者外，辦理一切程序時，應共同連署，並指定其中一人為應受送達人。未指定應受送達人者，電路布局專責機關除以第一順序申請人為應受送達人外，並應將送達事項通知其他人。
第十條	申請電路布局登記，應備具申請書、說明書、圖式或照片，向電路布局專責機關為之。申請時已商業利用而有積體電路成品者，應檢附該成品。 前項圖式、照片或積體電路成品，涉及積體電路製造方法之祕密者，申請人得以書面敘明理由，向電路布局專責機關申請以其他資料代之。 受讓人或繼承人申請時應敘明創作人姓名，並檢附證明文件。
第十一條	前條規定之申請書應載明左列事項： 申請人姓名、國籍、住居所；如為法人，其名稱、事務所及其代表人姓名。 創作人姓名、國籍、住居所；如為法人，其名稱、事務所及其代表人姓名。 創作名稱及創作日。 申請日前曾商業利用者，其首次商業利用之年、月、日。
第十二條	申請電路布局登記以規費繳納及第十條所規定之文件齊備之日為申請日。
第十三條	電路布局首次商業利用後逾二年者，不得申請登記。
第十四條	凡申請人為有關電路布　局登記及其他程序，不合法定程式者，電路布局專責機關應通知限期補正；屆期未補正者，應不受理。但在處分前補正者，仍應受理。 申請人因天災或不可歸責於己之事由延誤法定期間者，於其原因消滅後三十日內，得以書面敘明理由向電路布局專責機關申請回復原狀。但延誤法定期間已逾一年者，不在此限。 申請回復原狀，應同時補行　期間內應為之行為。
第三章	電路布局權
第十五條	電路布局非經登記，不得主張本法之保護。 電路布局經登記者，應發給登記證書。
第十六條	本法保護之電路布局權，應具備左列各款要件： 由於創作人之智慧努力而非抄襲之設計。 在創作時就積體電路產業及電路布局設計者而言非屬平凡、普通或習知者。 以組合平凡、普通或習知之元件或連接線路所設計之電路布局，應僅就其整體組合符合前項要件者保護之。

第十七條	電路布局權人專有排除他人未經其同意而爲左列各款行爲之權利： 一、複製電路布局之一部或全部。 二、爲商業目的輸入、散布電路布局或含該電路布局之積體電路。
第十八條	電路布局權不及於左列各款情形： 爲研究、教學或還原工程之目的，分析或評估他人之電路布局，而加以複製者。 依前款分析或評估之結果，完成符合第十六條之電路布局或據以製成積體電路者。 合法複製之電路布局或積體電路所有者，輸入或散布其所合法持有之電路布局或積體電路。 取得積體電路之所有人，不知該積體電路係侵害他人之電路布局權，而輸入、散布其所持有非法製造之積體電路者。 由第三人自行創作之相同電路布局或積體電路。
第十九條	電路布局權期間爲十年，自左列二款中較早發生者起算： 一、電路布局登記之申請日。 二、首次商業利用之日。
第二十條	電路布局權人之姓名或名稱有變更者，應申請變更登記。
第二十一條	數人共有電路布局權者，其讓與、授權或設定質權，應得共有人全體之同意。 電路布局權共有人未得其他共有人全體之同意，不得將其應有部分讓與、授權或設定質權。各共有人，無正當理由者，不得拒絕同意。 電路布局權之共有人拋棄其應有部分者，其應有部分由其他共有人依其應有部分之比例分配之。 前項規定，於電路布局權之共有人中有死亡而無繼承人或解散後無承受人之情形者，準用之。
第二十二條	電路布局權有左列各款情事之一者，應由各當事人署名，檢附契約或證明文件，向電路布局專責機關申請登記，非經登記，不得對抗善意第三人： 一、讓與。 二、授權。 三、質權之設定、移轉、變更、消滅。 電路布局權之繼承，應檢附證明文件，向電路布局專責機關申請換發登記證書。
第二十三條	以電路布局權爲標的而設定質權者，除另有約定外，質權人不得利用電路布局。
第二十四條	爲增進公益之非營利使用，電路布局專責機關得依申請，特許該申請人實施電路布局權。其實施應以供應國內市場需要爲主。 電路布局權人有不公平競爭之情事，經法院判決或行政院公平交易委員會處分確定者，雖無前項之情形，電路布局專責機關亦得依申請，特許該申請人實施電路布局權。

第二十四條	電路布局專責機關接到特許實施申請書後,應將申請書副本送達電路布局權人,限期三個月內答辯;逾期不答辯者,得逕行處理之。 特許實施權不妨礙他人就同一電路布局權再取得實施權。 特許實施權人應給予電路布局權人適當之補償金,有爭執時,由電路布局專責機關核定之。 特許實施權,除應與特許實施有關之營業一併移轉外,不得轉讓、授權或設定質權。 第一項或第二項所列舉特許實施之原因消滅時,電路布局專責機關得依申請終止特許實施。 特許實施權人違反特許實施之目的時,電路布局專責機關得依電路布局權人之申請或依職權撤銷其特許實施權。
第二十五條	有左列情事之一者,除本法另有規定外,電路布局權當然消滅: 一、電路布局權期滿者,自期滿之次日消滅。 二、電路布局權人死亡,無人主張其為繼承人者,電路布局權自依法應歸屬國庫之日消滅。 法人解散者,電路布局權自依法應歸屬地方自治團體之日消滅。 電路布局權人拋棄者,自其書面表示之日消滅。
第二十六條	電路布局權人未得被授權人或質權人之承諾,不得拋棄電路布局權。 電路布局權之拋棄,不得部分為之。
第二十七條	有左列情形之一者,電路布局專責機關應依職權或據利害關係人之申請,撤銷電路布局登記,並於撤銷確定後,限期追繳登記證書,無法追回者,應公告證書作廢: 一、經法院判決確定無電路布局權者。 二、電路布局之登記違反第五條至第七條、第十條、第十三條、第三十八條或第三十九條之規定者。 三、電路布局權違反第十六條之規定者。 前項情形,電路布局專責機關應將申請書副本或依職權審查理由書送達電路布局權人或其代理人, 限期三十日內答辯;屆期不答辯者,逕予審查。 前項答辯期間,電路布局權人得先行以書面敘明理由,申請展延。但以一次為限。
第二十八條	申請有關電路布局登記,符合本法規定者,電路布局專責機關應登記於電路布局權簿,並刊登於公報。 電路布局權之撤銷、消滅或拋棄亦同。

第四章	侵害之救濟
第二十九條	電路布局權人對於侵害其電路布局權者，得請求損害賠償，並得請求排除其侵害；事實足證有侵害之虞者，得請求防止之。 專屬被授權人亦得為前項請求。但以電路布局權人經通知後而不為前項請求，且契約無相反約定者為限。 前二項規定於第三人明知或有事實足證可得而知，為商業目的輸入或散布之物品含有不法複製之電路布局所製成之積體電路時， 適用之。但侵害人將該積體電路與物品分離者，不在此限。 電路布局權人或專屬被授權人行使前項權利時，應檢附鑑定書。 數人共同不法侵害電路布局權者，連帶負損害賠償責任。
第三十條	依前條請求損害賠償時，得就左列各款擇一計算其損害： 依民法第二百十六條之規定。但不能提供證據方法以證明其損害時，被侵害人得就其利用電路布局通常可獲得之利益，減除受侵害後利用同一電路布局所得之利益，以其差額為所受損害。 侵害電路布局權者，因侵害所得之利益。侵害者不能就其成本或必要費用舉證時，以販賣該電路布局或含該電路布局之積體電路之全部收入為所得利益。 請求法院依侵害情節，酌定新臺幣五百萬元以下之金額。
第三十一條	第十八條第四款之所有人於電路布局權人以書面通知侵害之事實並檢具鑑定書後，為商業目的繼續輸入、散布善意取得之積體電路者，電路布局權人得向其請求相當於電路布局通常利用可收取權利金之損害賠償。
第三十二條	第二十九條之被侵害人，得請求銷燬侵害電路布局權之積體電路及將判決書內容全部或一部登載新聞紙；其費用由敗訴人負擔。
第三十三條	外國法人或團體就本法規定事項得提起民事訴訟，不以業經認許者為限。
第三十四條	法院為處理電路布局權訴訟案件，得設立專業法庭或指定專人辦理。
第五章	附則
第三十五條	本法之規定，不影響電路布局權人或第三人依其他法律所取得之權益。
第三十六條	電路布局專責機關為處理有關電路布局權之鑑定、爭端之調解及特許實施等事宜，得設鑑定暨調解委員會。 前項委員會之設置辦法，由主管機關定之。
第三十七條	電路布局權簿及檔案，應由電路布局專責機關永久保存，惟得以微縮底片、磁碟、磁帶、光碟等方式儲存。
第三十八條	依本法所為之各項申請，應繳納規費；其金額由主管機關定之。
第三十九條	本法施行前二年內為首次商業利用者，得於本法施行後六個月內申請登記。
第四十條	本法施行細則，由主管機關定之。
第四十一條	本法自公布後六個月施行。 本法修正條文自公布日施行。

發明專利申請書

（本申請書格式、順序，請勿任意更動，※記號部分請勿填寫）

※ 申請案號：　　　　　　　　　　　　※案　由：10000

※ 申請日：

☐本案一併申請實體審查

一、發明名稱：（中文/英文）

二、申請人：（共　　人）（多位申請人時，應將本欄位完整複製後依序填寫，姓名或名稱欄視身分種類填寫，不須填寫的部分可自行刪除）

（第 1 申請人）

國　　籍：　☐中華民國　☐大陸地區（☐大陸、☐香港、☐澳門）
　　　　　　☐外國籍：＿＿＿＿＿＿

身分種類：　☐自然人　　　　　　　☐法人、公司、機關、學校

ID：

姓名：　姓：　　　　　　　　名：
　　　　Family　　　　　　　Given
　　　　name　：　　　　　　name　：

（簽章）

名稱：　（中文）
　　　　（英文）

（簽章）

代表人：（中文）
　　　　（英文）

（簽章）

地址：　（中文）
　　　　（英文）

☐註記此申請人爲應受送達人

聯絡電話及分機：

1

◎代理人：（多位代理人時，應將本欄位完整複製後依序填寫）

ID：

姓名：
　　　　　　　　　　　　　　　　　　　　　　　　　　　　　　（簽章）

證書字號：

地址：

聯絡電話及分機：

三、發明人：（共　人）（多位發明人時，應將本欄位完整複製後依序填寫）

（第1發明人）

ID：　　　　　　　　　　　　　　　國籍：

姓名：姓：　　　　　　　　　　　　名：
　　　　Family　　　　　　　　　　　　Given
　　　　name　　　　　　　　　　　　name

四、聲明事項：（不須填寫的部分可自行刪除）

☐　主張優惠期：（申請人有多次本項聲明之事實者，應將所主張之事由欄位完整複製後依序填寫）

　　☐因實驗而公開者；事實發生日期為　年　月　日。

　　☐因於刊物發表者；事實發生日期為　年　月　日。

　　☐因陳列於政府主辦或認可之展覽會者；事實發生日期為　年　月　日。

☐　主張優先權：

　　　　【格式請依：受理國家（地區）、申請日、申請案號　順序註記】

　　　　1.

　　　　2.

☐　主張利用生物材料：

　　☐　須寄存生物材料者：

　　　　　國內寄存資訊　【格式請依：寄存機構、日期、號碼　順序註記】

　　　　　國外寄存資訊　【格式請依：寄存國家、機構、日期、號碼　順序註記】

　　☐　無須寄存生物材料者：

　　　　　所屬技術領域中具有通常知識者易於獲得時，不須寄存。

☐　聲明本人就相同創作在申請本發明專利之同日，另申請新型專利。

五、說明書頁數、請求項數及申請規費：

摘要：(   )頁，說明書：(   ) 頁，申請專利範圍：(   )頁，圖式：(   ) 頁，合計共 (   ) 頁。

申請專利範圍之請求項共 (   ) 項，圖式共(   )圖。

規費：共計新台幣   元整。(規費請參見申請須知)

☐ 本案未附英文說明書，但所檢附之申請書中發明名稱、申請人姓名或名稱、發明人姓名及摘要同時附有英文翻譯者，可減收申請規費。

六、外文本種類及頁數：(不須填寫的部分可自行刪除)

外文本種類：☐ 日文   ☐ 英文   ☐ 德文   ☐ 韓文   ☐ 法文   ☐ 俄文

                ☐葡萄牙文   ☐ 西班牙文   ☐ 阿拉伯文

外文本頁數：外文摘要、說明書及申請專利範圍共(   )頁，圖式(   )頁，合計共(   )頁。

七、附送書件：(不須填寫的部分可自行刪除)

☐1、摘要一式 3 份。

☐2、說明書一式 3 份。

☐3、申請專利範圍一式 3 份。

☐4、必要圖式一式 3 份。

☐5、委任書 1 份。

☐6、外文摘要一式 2 份。

☐7、外文說明書一式 2 份。

☐8、外文申請專利範圍一式 2 份。

☐9、外文圖式一式 2 份。

☐10、優先權證明文件正本及首頁影本各 1 份、首頁中譯本 2 份。

☐11、優惠期證明文件 1 份。

☐12、生物材料寄存證明文件：

       ☐國外寄存機構出具之寄存證明文件正本 1 份。

3

　　　　□國內寄存機構出具之寄存證明文件正本 1 份。

　　　　□所屬技術領域中具有通常知識者易於獲得之證明文件 1 份。

　　□13、如有影響國家安全之虞之申請案，其證明文件正本 1 份。

　　□14、其他：

八、個人資料保護注意事項：

申請人已詳閱申請須知所定個人資料保護注意事項，並已確認本申請案之附件(除委任書外)，不包含應予保密之個人資料；其載有個人資料者，同意智慧財產局提供任何人以自動化或非自動化之方式閱覽、抄錄、攝影或影印。

發明摘要

※ 申請案號：

※ 申請日：　　　　　　　　　　　※ＩＰＣ 分類：

【發明名稱】（中文/英文）

【中文】

【英文】

1

【代表圖】

　　【本案指定代表圖】：第（　　　）圖。

　　【本代表圖之符號簡單說明】：

【本案若有化學式時，請揭示最能顯示發明特徵的化學式】：

發明專利說明書

（本說明書格式、順序，請勿任意更動）

【發明名稱】（中文/英文）

【技術領域】

　　　【0001】

【先前技術】

　　　【0002】

　　　【0003】

【發明內容】

　　　【0004】

【圖式簡單說明】

　　　【0005】

【實施方式】

　　　【0006】

【符號說明】

　　　【0007】

【生物材料寄存】

　國內寄存資訊【請依寄存機構、日期、號碼順序註記】

　國外寄存資訊【請依寄存國家、機構、日期、號碼順序註記】

【序列表】(請換頁單獨記載)

申請專利範圍

1.

2.

1

圖式

附錄八　新型專利申請書

新型專利申請書

（本申請書格式、順序，請勿任意更動，※記號部分請勿填寫）

※申請案號：　　　　　　　　　　　　　　※案　　　由：10002

※申請日：

一、新型名稱：（中文/英文）

二、申請人：（共　　人）（多位申請人時，應將本欄位完整複製後依序填寫，姓名或名稱欄視身分種類填寫，不須填寫的部分可自行刪除）

（第1申請人）

國　　籍：　□中華民國　□大陸地區（□大陸、□香港、□澳門）
　　　　　　□外國籍：＿＿＿＿＿＿

身分種類：　□自然人　　　　　　　□法人、公司、機關、學校

ID：

姓名：　姓：　　　　　　　　　名：
　　　　Family name：　　　　　　Given name：

（簽章）

名稱：　（中文）
　　　　（英文）

（簽章）

代表人：（中文）
　　　　（英文）

（簽章）

地址：　（中文）
　　　　（英文）

□註記此申請人為應受送達人

聯絡電話及分機：

1

◎代理人：（多位代理人時，應將本欄位完整複製後依序填寫）

ID：

姓名：

（簽章）

證書字號：

地址：

聯絡電話及分機：

三、新型創作人：（共　人）（多位新型創作人時，應將本欄位完整複製後依序填寫）
（第 1 新型創作人）

ID：　　　　　　　　　　　　國籍：

姓名：姓：　　　　　　　　　　名：
　　　　Family　　　　　　　　　　Given
　　　　name　　　　　　　　　　name

四、聲明事項：（依法不須填寫的部分可自行刪除）

☐ 主張優惠期：（申請人有多次本項聲明之事實者，應將所主張之事由欄位完整複製後依序填寫）

　　☐因實驗而公開者；事實發生日期為　年　月　日。

　　☐因於刊物發表者；事實發生日期為　年　月　日。

　　☐因陳列於政府主辦或認可之展覽會者；事實發生日期為　年　月　日。

☐ 主張優先權：

【格式請依：受理國家（地區）、申請日、申請案號　順序註記】

1.

2.

☐ 聲明本人就相同創作在申請本新型專利之同日，另申請發明專利。

五、申請規費：

摘要：（　）頁，說明書：（　　）頁，申請專利範圍：（　　）頁，圖式：（　　）頁，合計共（　　　）頁。

申請專利範圍之請求項共（　　）項，圖式共（　　）圖。

規費：新台幣 3,000 元整。

六、外文本種類：(不須填寫的部分可自行刪除)

外文本種類：☐ 日文　☐ 英文　☐ 德文　☐ 韓文　☐ 法文　☐ 俄文

☐ 葡萄牙文　☐ 西班牙文　☐ 阿拉伯文

外文本頁數：外文摘要、說明書及申請專利範圍共(　　)頁，圖式(　　)頁，

合計共(　　)頁。

七、附送書件：(不須填寫的部分可自行刪除)

☐ 1、摘要一式 2 份。

☐ 2、說明書一式 2 份。

☐ 3、申請專利範圍一式 2 份。

☐ 4、圖式一式 2 份。

☐ 5、委任書 1 份。

☐ 6、外文摘要一式 2 份。

☐ 7、外文說明書一式 2 份。

☐ 8、外文申請專利範圍一式 2 份。

☐ 9、外文圖式一式 2 份。

☐ 10、優先權證明文件正本及首頁影本各 1 份、首頁中譯本 2 份。

☐ 11、優惠期證明文件 1 份。

☐ 12、如有影響國家安全之虞之申請案，其證明文件正本 1 份。

☐ 13、其他：

八、個人資料保護注意事項：

申請人已詳閱申請須知所定個人資料保護注意事項，並已確認本申請案之附件(除委任書外)，不包含應予保密之個人資料；其載有個人資料者，同意智慧財產局提供任何人以自動化或非自動化之方式閱覽、抄錄、攝影或影印。

新型摘要

※ 申請案號：

※ 申請日：　　　　　　　　　※ＩＰＣ 分類：

【新型名稱】（中文/英文）

【中文】

【英文】

【代表圖】

　　【本案指定代表圖】：第（　　　）圖。

　　【本代表圖之符號簡單說明】：

2

新型專利說明書

（本說明書格式、順序，請勿任意更動）

【新型名稱】（中文/英文）

【技術領域】

　　【0001】

【先前技術】

　　【0002】

【新型內容】

　　【0003】

【圖式簡單說明】

　　【0004】

【實施方式】

　　【0005】

【符號說明】

　　【0006】

1

申請專利範圍

1.

2.

圖式

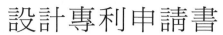

附錄九　設計專利申請書

設計專利申請書

（本申請書格式、順序，請勿任意更動，※記號部分請勿填寫）

※申請案號：　　　　　　　　　　　※案　　　由：10003

※申請日：　　　　　　　設計種類：□整體□部分□圖像□成組

一、設計名稱：（中文/英文）

二、申請人：（共　　人）（多位申請人時，應將本欄位完整複製後依序填寫，姓名或名稱欄視身分種類填寫，不須填寫的部分可自行刪除）

（第1申請人）

國　　籍：　　□中華民國 □大陸地區（□大陸、□香港、□澳門）
　　　　　　　□外國籍：＿＿＿＿＿＿＿

身分種類：　　□自然人　　　　　　　□法人、公司、機關、學校

ID：

姓名：　姓：　　　　　　　　名：
　　　　Family　：　　　　　　Given　：
　　　　name　　　　　　　　name
　　　　　　　　　　　　　　　　　　　　　　　　　　（簽章）

名稱：　（中文）
　　　　（英文）
　　　　　　　　　　　　　　　　　　　　　　　　　　（簽章）

代表人：（中文）
　　　　（英文）
　　　　　　　　　　　　　　　　　　　　　　　　　　（簽章）

地址：　（中文）
　　　　（英文）

□註記此申請人為應受送達人

聯絡電話及分機：

1

◎代理人：（多位代理人時，應將本欄位完整複製後依序填寫）

ID：

姓名：

（簽章）

證書字號：

地址：

聯絡電話及分機：

三、設計人：（共　人）（多位設計人時，應將本欄位完整複製後依序填寫）

（第1設計人）

ID：　　　　　　　　　　　　國籍：

姓名：姓：　　　　　　　　　名：
　　　　Family name ．　　　　　　Given name ：

四、聲明事項：（不須填寫的部分可自行刪除）

☐ 主張優惠期：（申請人有多次本項聲明之事實者，應將所主張之事由欄位完整複製後依序填寫）

　　☐因於刊物發表者；事實發生日期為　年　月　日。

　　☐因陳列於政府主辦或認可之展覽會者；事實發生日期為　年　月　日。

☐ 主張優先權：

　　【格式請依：受理國家（地區）、申請日、申請案號　順序註記】

　　1.

　　2.

五、申請規費：

說明書：（　　）頁，圖式：（　　）頁，合計共（　　　）頁；圖式共(　　)圖。

規費：新台幣 3,000 元整。

六、外文本種類及頁數：(不須填寫的部分可自行刪除)

外文本種類：□ 日文　□ 英文　□ 德文　□ 韓文　□ 法文　□ 俄文

　　　　　　□ 葡萄牙文　□ 西班牙文　□ 阿拉伯文

外文本頁數：外文說明書(　　)頁，圖式(　　　)頁，合計共(　　　)頁。

七、附送書件： (不須填寫的部分可自行刪除)

□1、說明書一式 2 份。

□2、圖式一式 2 份。

□3、委任書 1 份。

□4、外文說明書一式 2 份。

□5、外文圖式一式 2 份。

□6、優先權證明文件正本及首頁影本各 1 份、首頁中譯本 2 份。

□7、優惠期證明文件 1 份。

□8、其他：

八、個人資料保護注意事項：

申請人已詳閱申請須知所定個人資料保護注意事項，並已確認本申請案之附件(除委任書外)，不包含應予保密之個人資料；其載有個人資料者，同意智慧財產局提供任何人以自動化或非自動化之方式閱覽、抄錄、攝影或影印。

設計專利說明書

（本說明書格式、順序，請勿任意更動，※記號部分請勿填寫）

※ 申請案號：　　　　　　　　　　　　※LOC分類：

※ 申請日：

【設計名稱】（中文/英文）

【物品用途】

　　【0001】

【設計說明】(圖式包括色彩者，如不主張色彩，應於本欄敘明之)

　　【0002】

1

圖式

(指定之代表圖，請單獨置於圖式第 1 頁)

1

國家圖書館出版品預行編目資料

解析專利資訊／魯明德編著. ——四版. ——新
北市土城區；全華圖書, 2014.03
面； 公分
參考書目：面
ISBN 978-957-21-9351-8（平裝）
1. 專利 2. 智慧財產權
440.6 103003375

解析專利資訊（第四版）

作 者／魯明德

執行編輯／余孟玟

發 行 人／陳本源

出 版 者／全華圖書股份有限公司

郵政帳號／0100836-1號

印 刷 者／宏懋打字印刷股份有限公司

圖書編號／0906103

四版一刷／2014年3月

Ｉ Ｓ Ｂ Ｎ／978-957-21-9351-8（平裝）

定 價／680元

全華圖書／www.chwa.com.tw

全華科技網 Open Tech／www.opentech.com.tw

若您對書籍內容、排版印刷有任何問題，歡迎來信指導 book@chwa.com.tw

臺北總公司（北區營業處）
地址：23671 新北市土城區忠義路21號
電話：(02) 2262-5666
傳眞：(02) 6637-3695、6637-3696

南區營業處
地址：80769 高雄市三民區應安街12號
電話：(07) 381-1377
傳眞：(07) 862-5562

中區營業處
地址：40256 臺中市南區樹義一巷26-1號
電話：(04) 2261-8485
傳真：(04) 3600-9806